高等教育医药类"十三五"创新型系列规划教材

供医学、药学类各专业使用

有机化学

姚 刚　曾小华　主编

化学工业出版社

·北京·

《有机化学》共分十五章，包括绪论，立体化学基础，烷烃和环烷烃，烯烃和炔烃，芳香烃，卤代烃，醇、硫醇、酚和醚，醛和酮，羧酸和取代羧酸，羧酸衍生物，有机含氮化合物，杂环化合物，糖类，脂类和甾族化合物，氨基酸、多肽和核酸。按官能团从易到难展开，采用脂肪族和芳香族化合物混合编排的方式，在讲述立体化学后，将结构理论、电子效应、反应机制等融合于各章节。本书突出医学与有机化学的联系，强调有机化学对医学的基础作用。为更好地服务医学教育，培养高素质医学人才，根据医学专业的教学要求，本书编写力求做到：充实与本课程相关的化学和生命科学领域的重要进展，强调内容的系统性，注重培养学生的逻辑思维能力；提升教材内容、文字的表达水平，提高教材的可读性。

　　本书可供高等院校临床医学、口腔医学、医学影像学、预防医学、检验及麻醉等医学类专业使用，也可供生命科学其他各专业使用和参考。

图书在版编目（CIP）数据

有机化学／姚刚，曾小华主编. —北京：化学工业出版社，2019.9（2021.1重印）
高等教育医药类"十三五"创新型系列规划教材
ISBN 978-7-122-34780-0

Ⅰ.①有…　Ⅱ.①姚…②曾…　Ⅲ.①有机化学-高等学校-教材　Ⅳ.①O62

中国版本图书馆 CIP 数据核字（2019）第 133637 号

责任编辑：甘九林　闫　敏　杨　菁　　　　文字编辑：陈　雨
责任校对：王　静　　　　　　　　　　　　装帧设计：关　飞

出版发行：化学工业出版社（北京市东城区青年湖南街 13 号　邮政编码 100011）
印　　装：三河市双峰印刷装订有限公司
787mm×1092mm　1/16　印张 18¾　字数 456 千字　2021 年 1 月北京第 1 版第 2 次印刷

购书咨询：010-64518888　　　　　　　　售后服务：010-64518899
网　　址：http://www.cip.com.cn
凡购买本书，如有缺损质量问题，本社销售中心负责调换。

定　　价：52.00 元

《有机化学》编写人员

主　　编　姚　刚　曾小华

副 主 编　张海清　沈　珵　王红梅

编写人员　（以姓氏笔画为序）

马俊凯（湖北医药学院）

王红梅（湖北医药学院）

石从云（武汉科技大学）

沈　珵（湖北中医药大学）

张海清（武汉科技大学）

金小红（湖北科技学院）

姚　刚（湖北科技学院）

章佳安（湖北科技学院）

曾小华（湖北医药学院）

前 言

《有机化学》是为贯彻落实"5+3"（五年医学教育加三年住院医师规范化培训）为主体的医学教育综合改革方案，按照五年制医学类专业教学大纲、培养目标编写而成的。本书内容突出"基本理论、基础知识和基本技能"，以达到医学教育基本要求。

有机化学是医学专业的基础课，同时又是一门科学素质教育课程，它的中心任务是为后续医学课程打好基础。因此本书力求根据教学时数，精选教材内容，使学生易于理解并掌握有机化学的基本理论和基础知识。编写时注重内容的科学性和先进性，强调启发性与适应性，力求文字精练，易教易学。

本书在编写时注意突出以下特点：

1. 在内容上加强生命科学与有机化学的关系，为学生学习有机化学和后续的与有机化学有关的课程奠定必要的基础。

2. 强化有机化学的基础知识，培养学生的逻辑思维能力和自我学习能力，着重培养医学学生的化学思维能力。

3. 教材内容的深度和广度严格控制在医学专业五年制教学要求的范围内，使其更适合于"5+3"的培养体系。

中国化学会《有机化学命名原则》（2017）作为《有机化学命名原则》（1980）的增补修订版已经出版，可在中国化学会网站在线阅读。新版《有机化学命名原则》修订了部分有机化合物的中文系统命名原则，考虑到新的命名原则尚待推广，本书暂未调整相关有机化合物的命名。相关内容的教学可参阅《有机化学命名原则》（2017）。

本书由姚刚、曾小华担任主编，张海清、沈琤、王红梅担任副主编。编写人员有湖北科技学院姚刚（第一章、第十三章）、武汉科技大学张海清（第二章、第六章）、湖北中医药大学沈琤（第三章、第五章）、武汉科技大学石从云（第四章）、湖北医药学院马俊凯（第七章）、湖北医药学院王红梅（第八章、第十四章）、湖北科技学院章佳安（第九章）、湖北医药学院曾小华（第十章、第十一章）、湖北科技学院金小红（第十二章、第十五章）。

本书的出版得到了湖北医药学院、武汉科技大学、湖北中医药大学、湖北科技学院的大力支持，在此一并表示衷心的感谢。

限于编者的学识水平，书中难免有疏漏和不妥之处，敬请读者不吝指正。

编者

目 录

第三章　烷烃和环烷烃 / 31

第四章　烯烃和炔烃 / 50

第十二章　杂环化合物 / 199

第十三章　糖类 / 216

附录 / 263

参考文献 / 285

第一章

绪　论

第一节　有机化合物和有机化学

一、有机化合物和有机化学的由来及意义

"有机化学"（Organic Chemistry）这一名词于 1806 年首次由瑞典化学家 J. Berzelius 提出，当时是相对于"无机化学"而提出的。由于科学条件限制，有机化学研究的对象只局限于从天然动植物有机体中提取的有机物。因而许多化学家认为，在生物体内由于存在所谓的"生命力"，才能产生有机化合物，而在实验室里是不能由无机化合物合成的。

J. Berzelius 定义有机化合物是"生物体中的物质"；把从地球上的矿物、空气和海洋中得到的物质定义为无机物。1828 年德国一位青年化学家 F. Wöhler 在实验室里浓缩氰酸铵时，制得了有机物尿素。

$$NH_4^+OCN^- \xrightarrow{\text{加热}} H_2N-\overset{\overset{\displaystyle O}{\|}}{C}-NH_2$$

这是一个具有划时代意义的发现，它为近代有机化合物概念的确立奠定了基础。可是按照 J. Berzelius 对有机化合物的定义，尿素是不可能在实验室里制备出来的，所以这个实验结果在当时并不被化学家所认同。随着合成方法的改进和发展，越来越多的有机化合物不断地在实验室中合成出来。如 1845 年德国化学家 H. Kolber 合成了乙酸，1854 年法国化学家 M. Berthelot 合成了油脂等。从此人们才冲破了传统的有机物来自"生命力"的束缚，有机化学进入了有机合成时代，1850～1900 年的 50 年时间里，数百万种有机化合物被合成出来。如今，许多生命物质，如蛋白质（我国科学家于 1965 年首次合成了分子量较小的蛋白质——胰岛素）、核酸和激素等也都成功地合成出来。1848 年 L. Gmelin 根据 F. Wöhler 的实验和越来越多的有机合成事实，确立了有机化合物的新概念，即有机化合物是含碳化合物。有机化学是研究含碳化合物的化学。由于历史的沿用，现在人们仍然使用"有机"两字来描述有机化合物和有机化学，不过它的含义与早期 J. Berzelius "有机"的含义有本质的差别。

当代对有机化合物（organic compounds）和有机化学的定义是：有机化合物即含碳的

化合物（CO、CO_2、碳酸盐、氰化物、硫氰化物、氰酸盐、金属碳化物等少数与无机化合物相同的化合物除外）；有机化学是研究有机化合物的结构、性质及变化规律的科学。

有机化学最初的意义就是生物物质的化学，即以生物体中物质为研究对象。可见"有机"二字是同生命现象紧密相连而产生的，是历史的遗留。近200年来，有机化学已经发展成一门庞大的学科，仅1995年一年化学家就创造了100万个以上的新化合物。现在，从结构复杂多样的生物大分子的合成，到模拟生物过程模型的确立，标志着有机合成技术已达到了相当高的水平。

有机化学理论和实验上的成就，为现代分子生物学的诞生和发展打下了坚实的基础，是生命科学的有力支柱。生命科学也为有机化学的发展充实了丰富的内容，生命科学问题永远赋予有机化学家启示。从20世纪后半期诺贝尔奖的授予对象也反映了学科之间的交叉和融合的力量。J. Watson和F. Crick的DNA双螺旋结构分子模型的提出是分子生物学发展史上划时代的结果。这一发现是基于对DNA分子内各种化学键的本质，特别是对氢键配对的充分了解的结果。T. Cech和S. Altman对核酶的发现，改变了酶就是蛋白质的传统观念。2015年诺贝尔生理学或医学奖获得者屠呦呦受中国典籍《肘后备急方》启发，成功提取出的青蒿素，创造性地研制出抗疟新药——青蒿素和双氢青蒿素，获得对疟原虫100%的抑制率，被誉为"拯救2亿人口"的发现。美国医学家，诺贝尔奖获得者A. Kornberg认为："人类的形态和行为，都是由一系列各负其责的化学反应来决定的""生命的许多方面都可用化学语言来表达，这是一个真正的世界语""把生命理解成化学"。实践表明，几乎所有生命科学中的问题都必将接受化学的挑战。20世纪90年代后期兴起的化学生物学是一门用化学理论、研究方法和手段在分子水平上探索生命科学问题的学科，这是化学自觉进入生命科学领域的标志。

有机化学与生命科学广泛地相互渗透，相互融合，二者的学科界限越来越模糊，使人们看到了有机化学在研究生物体本义上的回归。药理学关于药物的构效关系研究、中草药成分提取、分离以及病因的探索等，无一不是以有机化学知识为基础。治疗疾病所用的药物绝大部分是有机化合物。有机化学是生命学科不可缺少的基础学科，也是医学教育的一门重要基础课。人体组成成分除水分子和无机离子外，几乎都是有机分子，机体代谢过程同样遵循有机化学反应的规律。掌握有机化合物的基础知识以及结构与性质的关系，有助于认识蛋白质、核酸和糖等生命物质的结构和功能，可为探索生命的奥妙奠定基础。有机化合物、有机反应数目众多，学习有机化学除了掌握本学科的相关知识外，更重要的是学习有机化学家思考和分析问题及解决问题的方法。

二、 有机化合物的结构式

了解和掌握有机化合物的分子结构是学习有机化学的关键，是研究有机物分子行为，掌握有机物性质、反应、制备和生物活性的基础。

在1857年德国化学家F. A. Kekulé和英国化学家A. S. Couper就分别提出了碳为4价的概念，并已经清楚地指出了碳原子与碳原子、碳原子与其他原子之间，可以用单键、双键和三键相互连接成碳链、碳环或杂环。接着在1874年，荷兰化学家J. H. van't Hoff提出了碳原子的正四面体学说，法国化学家J. A. Le Bel提出了不对称碳原子的概念，从而为有机化合物的研究开辟了立体化学（stereochemistry）的内容。

（一）凯库勒结构式

在有机化合物中，原子的化合价用短线"—"将各原子连接在一起表示结构的化学式称为凯库勒（Kekulé）结构式。例如：

其中，短线表示成键的电子对。

从立体的角度来观察甲烷分子，碳原子位于正四面体的中心，四个氢原子则在正四面体的四个顶点，如图 1-1 所示。

图 1-1　甲烷的正四面体模型、球棒模型、比例模型

（二）路易斯结构式

将凯库勒结构式中各原子之间成键的短线改为电子对表示即为路易斯（Lewis）结构式，但在书写路易斯结构式时必须把所有的价电子都表示出来。如：

路易斯结构式反映了键的饱和性，其简化式的表示方式为：标出或省略分子中的孤对电子（未共享电子对），成键电子对（共价键）用短直线表示（或省略短直线）。如水分子、甲醇分子的 Lewis 简化式为：

第二节　有机化合物中的化学键

一、价键理论

碳原子的电子排布式为 $1s^2 2s^2 2p^2$。碳原子为四价，通常通过其外层四个电子与其他原

子的外层电子共享电子对，形成稀有气体的外层电子构型，生成稳定的分子。碳原子能够与其他碳原子通过单键、双键或三键相互结合形成各种链状或环状结构，碳原子还能与氢、氧、硫、氮、磷、卤素等许多其他元素的原子通过化学键相结合。

构成有机分子最主要的化学键是共价键。1916 年化学家 G. N. Lewis 提出了经典共价键理论，即 Lewis 共价键理论：当两个电负性相同或相近的原子相互靠近时，原子通过共享电子形成稳定的稀有气体外电子层构型，原子间的共享电子对即共价键（covalent bond）。Lewis 共价键理论又称为八隅律（octet rule），因为除氦（He）含两个价电子外，大多数稀有气体原子的外电子层含八个电子。有机化合物中各原子的结合遵循八隅律。Lewis 共价键理论虽然有助于理解有机化合物结构与性质的关系，但仍有很多事实不能用此理论解释。随着量子力学的建立，化学家们用量子力学的观点来描述核外电子在空间的运动状态和处理化学键问题，建立了现代共价键理论。

现代共价键理论的基本要点是：当成键的两个原子互相接近到一定距离时，两个自旋方向相反的单电子相互配对，电子云密集于两核之间，降低了两核间正电荷的排斥力，使体系能量降低，并分别对两原子核产生引力，形成稳定的共价键。每个原子所能形成共价键的数目取决于该原子中的单电子数目，含有几个单电子，就能与几个自旋方向相反的单电子形成共价键，因此共价键具有饱和性。形成共价键的原子轨道重叠程度越大，核间电子云越密集，形成的共价键就越稳定。因此，原子总是尽可能地沿着原子轨道最大重叠方向形成共价键，该性质决定了共价键的方向性。有机物中常见的共价键有 σ 键和 π 键。由两个成键原子轨道沿着键轴方向发生最大重叠所形成的共价键叫作 σ 键。σ 键的电子云围绕键轴呈对称分布。不管是由何种原子轨道重叠而成，也不管原子轨道的形状如何，只要重叠部分成轴对称分布的都是 σ 键，σ 键成键两原子可以沿键轴自由旋转，如图 1-2 所示，有机物中的单键都是 σ 键。由两个互相平行的 p 轨道侧面互相重叠而成的键叫作 π 键，与 σ 键不同，其电子云分布在两原子键轴的上方和下方，成键的两原子不能自由旋转，如图 1-3 所示。

图 1-2　s 轨道与 p 轨道重叠成键示意图

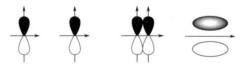

图 1-3　p 轨道与 p 轨道重叠成键示意图

二、 杂化轨道理论

碳原子基态电子构型为 $1s^2 2s^2 2p_x^1 2p_y^1 2p_z^0$，其外层只有 2 个单电子，按价键理论只能形成 2 个共价键，与有机化合物中碳原子为四价和甲烷分子呈正四面体构型等事实不符。1931 年美国化学家鲍林（Pauling）提出了杂化轨道理论：原子在形成分子时，形成分子的各原子相互影响，使得同一个原子内不同类型能量相近的原子轨道重新组合，形成能量、形状和空间方向与原轨道不同的新轨道。这种原子轨道重新组合的过程称为杂化，所形成的新原子轨道称为杂化轨道（hybrid orbital）。有机化合物中，碳原子有 sp³、sp² 和 sp 三种杂化轨道。

1. sp³ 杂化轨道

碳原子在形成单键过程中，其外层 2s 轨道有一个电子激发到 2p$_z$ 轨道，形成激发态，此时 1 个 2s 轨道和 3 个 2p 轨道各有一个电子，为 2s^{1}2p$_x^1$2p$_y^1$2p$_z^1$。然后 3 个 2p 轨道与一个 2s 轨道重新组合杂化，形成 4 个完全相同的 sp³ 杂化轨道。其形状一头大一头小，每个杂化轨道由 1/4 的 s 与 3/4 的 p 轨道杂化组成。这四个 sp³ 杂化轨道的方向都指向正四面体的四个顶点，因此 sp³ 杂化轨道间的夹角都是 109°28′（109.5°），见图 1-4（a）。

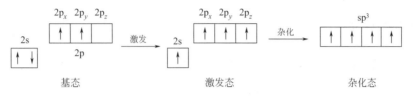

2. sp² 杂化轨道

碳原子在形成双键过程中，基态 2s 轨道中的一个电子激发到 2p$_z$ 空轨道，形成激发态，然后碳的激发态中 1 个 2s 轨道和 2 个 2p 轨道重新组合杂化，形成三个相同的 sp² 杂化轨道，还剩余一个 p 轨道未参与杂化。

每一个 sp² 杂化轨道均由 1/3 的 s 与 2/3 的 p 轨道杂化组成，这三个 sp² 杂化轨道在同一平面，夹角为 120°。余下一个没有参与杂化的 2p 轨道，垂直于三个 sp² 杂化轨道所处的平面，见图 1-4（b）。乙烯分子中的两个碳原子和其他烯烃分子中构成双键的碳原子均为 sp² 杂化。

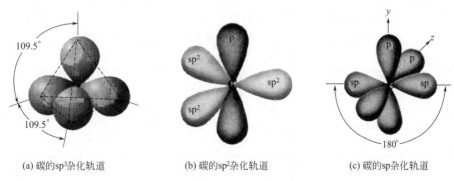

(a) 碳的sp³杂化轨道   (b) 碳的sp²杂化轨道   (c) 碳的sp杂化轨道

图 1-4 碳原子的三种杂化轨道

3. sp 杂化轨道

碳原子在形成三键过程中，基态 2s 轨道中的一个电子激发到 2p$_z$ 空轨道，形成激发态，激发态的一个 2s 轨道与一个 2p 轨道重新组合杂化形成两个相同的 sp 杂化轨道，还剩余两个 2p 轨道未参与杂化。

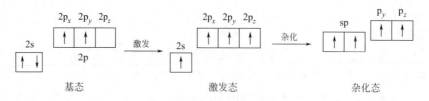

sp 杂化轨道夹角为 180°，呈直线形。余下两个互相垂直的 2p 轨道又都与此直线垂直，见图 1-4（c）。乙炔分子中的碳原子和其他炔烃分子中构成碳碳三键的碳原子均为 sp 杂化。

三、 共价键的属性

共价键的键长、键角、键能和键的极性等属性是描述有机化合物结构和性质的基础，通常称为键参数。

共价键的键长是指成键两原子核间的距离（单位：pm）。共价键的键长主要取决于两个原子的成键类型，而受邻近原子或基团的影响较小。例如乙烷中的 C—C 键长为 154pm，乙烯中的 C=C 键长为 134pm，而乙炔中的 C≡C 键长为 120pm。必须指出，同一类的共价键的键长在不同化合物中可能稍有区别，因为构成共价键的原子在分子中不是孤立的，而是互相影响的。如乙烷中 C—C 键长就不同于丙烯，丙烯中的甲基与双键相连的 C—C 键长为 151pm，而不是 154pm。

两个共价键之间的夹角称为键角，即分子中一个原子分别与另两个原子形成的共价键之间的夹角。在有机分子中饱和碳原子的四个键的键角为 109°28′。一般来讲，已经知道一个分子中的键长和键角的数据，就可知该分子的大概形状了。某些键角受外力作用而改变过大时会影响分子的稳定性。

离解能是裂解分子中某一个共价键时所需的能量，键能是指分子中同种类型共价键离解能的平均值。以共价键结合的双原子分子的键能等于其离解能，例如 1mol H_2 分解成氢原子需要吸收 436kJ 的热量，这个数值就是 H—H 键的离解能，也是其键能。但对于多原子分子来说，键能与键的离解能是不同的。例如 CH_4 有四个碳氢键，其先后裂解所需的离解能是各不相同的，其键能就是四个碳氢键离解能的平均值（415.3kJ/mol）。通过键能可判断键的稳定性，键能越大，键越稳定。几种共价键的键长、键能见表 1-1。

表 1-1　几种共价键的键长、键能

共价键	键长/pm	键能/（kJ/mol）	共价键	键长/pm	键能/（kJ/mol）
C—H	109	414.2	C—N	147	305.4
C—C	154	347.3	C—O	143	359.8
C=C	134	610.9	O—H	96	464.4
C≡C	120	836.8	N—H	103	389.1

共价键的极性是共价键的属性之一，电负性相同的原子形成共价键时，其成键电子云对称地分布于两个原子中间，这种共价键称为非极性共价键。如乙烷分子中的 C—C 键，氢分子的中 H—H 键。而电负性不同的原子形成共价键时，其成键电子云分布是不对称的，较多地偏向电负性较大的原子，使它带有部分负电荷（δ^-），另一原子则带有部分正电荷（δ^+），这种共价键称为极性共价键。

键的极性大小用偶极矩（μ）表示，它的值等于正电荷和负电荷中心的距离 d 与电荷值 q 的乘积，$\mu = q \cdot d$。偶极矩的单位为 C·m（库仑·米），为矢量，具有方向性，用 +—→ 表示其方向，由电负性较小的原子指向电负性较大的原子。键的极性大小取决于成键两个原子的电负性差异，偶极矩值越大，键的极性也越强。

有机物中一些常见的共价键的偶极矩在 $(1.334 \sim 1.167) \times 10^{-30} C \cdot m$ 之间。对于双原子分子来说，键的偶极矩就是分子的偶极矩。但对多原子分子来说，则分子的偶极矩是各键的偶极矩的矢量和，也就是说多原子分子的极性不只取决于键的极性，也取决于各键在空间分布的方向，亦即取决于分子的形状。例如四氯化碳分子中 C—Cl 键是极性键，偶极矩为 $4.868 \times 10^{-30} C \cdot m$，但分子呈正四面体型，为对称分子，四个氯原子对称地分布于碳的周围，各键的极性相互抵消，所以四氯化碳分子没有极性（$\boldsymbol{\mu} = 0$），而一氯甲烷的分子不对称，C—Cl 键的极性没有被抵消，分子的偶极矩为 $6.201 \times 10^{-30} C \cdot m$，为极性分子。

键的极性和物质的物理、化学性质密切相关，键的极性决定着分子的极性，因此对熔点、沸点和溶解度有较大影响；键的极性也能决定发生在这个键上的反应类型，甚至还能影响邻近一些键的反应活性。

极化性又称极化度，它表示成键的电子云在外界电场的作用下，发生变化的相对难易程度。极化度除了与成键原子的结构、键的种类有关外，还与外界电场强度有关。成键原子的原子半径越大，电负性越小，核对成键电子的束缚越小，键的极化度就越大。例如 C—X 键的极化顺序是 C—I＞C—Br＞C—Cl＞C—F。在碳碳共价键中，π 键比 σ 键容易极化。键的极化是在外电场的影响下产生的，是一种暂时现象，当除去外界电场时，就恢复到原来的状态。

共价键的极性和极化性，是有机化合物各种性质的内在因素。有机化学反应的实质，就是在一定条件下，由于共价键电子云的移动而发生的旧键的断裂和新键的形成。

四、 分子间作用力

一个分子的偶极正端与另一分子的偶极负端之间的吸引力称为偶极-偶极作用力。例如：一碘甲烷分子中碘带部分负电荷（δ^-），碳带部分正电荷（δ^+），一碘甲烷分子间通过偶极-偶极作用力相互吸引。

偶极-偶极作用力

氢键是一种分子间作用力，发生在以共价键与其他原子键合的氢原子上，即氢原子与另一原子之间（Z—H⋯Y）。通常发生氢键作用的氢原子两边的原子（Z、Y）都是电负性较强的原子，如 O、N 等。氢键既可以是分子间氢键，也可以是分子内氢键，其键能一般为 $5 \sim 30 kJ/mol$。氢键对于生物高分子具有非常重要的意义，它对于稳定蛋白质和核酸的二、三、四级结构起着重要作用。

氢键

虽然非极性分子在静态时偶极矩为零，但其在动态时会产生瞬时偶极，非极性分子间由于瞬时偶极而产生作用力，其作用力很弱，但它在细胞膜的磷脂非极性链之间起着极其重要的作用。

第三节　有机化合物的分类和有机反应类型

一、有机化合物的分类

有机化合物可根据分子中碳原子构成的骨架分类，或依据分子中所含官能团分类。根据基本骨架特征，即分子中碳原子的连接方式不同，有机化合物分为非闭合的开链化合物和闭合的环状化合物。环状化合物又分为碳环化合物和杂环化合物。碳环化合物骨架仅含碳原子，其中含有苯环类的化合物称为芳香族化合物，不含苯环的称为脂环化合物。杂环化合物成环原子中除了碳原子外，还含有氧、硫、氮等杂原子。

官能团又称功能团，是指有机物分子结构中最能代表该类化合物性质的原子或基团，主要化学反应的发生也与它有关。如乙醇（CH_3CH_2OH）和丙三醇[$CH_2(OH)CH(OH)CH_2OH$]等醇类化合物都含有羟基（—OH），羟基就是醇类化合物的官能团。由于它们含有相同的官能团，因此醇类化合物有相似的理化性质。羧酸类化合物的官能团是羧基（—COOH）。如苯甲酸、烟酸等。有机化合物也可按官能团分类，此种分类方法便于认识含相同官能团的化合物的共性。一些主要的官能团如表 1-2 所示。

表 1-2　一些主要的官能团

化合物类型	官能团	官能团名称	实例	实例名称
烯烃	$\diagup C = C \diagdown$	碳碳双键	$H_2C = CH_2$	乙烯
炔烃	$-C \equiv C-$	碳碳三键	$HC \equiv CH$	乙炔
卤代烃	—X	卤素	CH_3CH_2Cl	氯乙烷
醇	—OH	羟基	CH_3CH_2OH	乙醇
硫醇	—SH	巯基	CH_3CH_2SH	乙硫醇
醚	R—O—R	醚键	$C_2H_5—O—C_2H_5$	乙醚
醛	$\overset{O}{\overset{\|}{-C-H}}$	醛基	$H_3C\overset{O}{\overset{\|}{-C-H}}$	乙醛
酮	$\overset{O}{\overset{\|}{-C-}}$	羰基	$H_3C\overset{O}{\overset{\|}{-C-}}CH_3$	丙酮
羧酸	$\overset{O}{\overset{\|}{-C-OH}}$	羧基	$CH_3\overset{O}{\overset{\|}{C-OH}}$	乙酸
酯	$\overset{O}{\overset{\|}{-C-O-}}$	酯键	$H_3C\overset{O}{\overset{\|}{-C-O-}}C_2H_5$	乙酸乙酯
胺	$-NH_2$	氨基	$C_2H_5-NH_2$	乙胺

一些有机化合物含有多个官能团，包括含有多个相同官能团的多官能团化合物和含有多个不同官能团的混合官能团化合物。它们在性质上既能体现出各官能团性质，也能体现出各官能团之间相互影响而产生的特殊性质。

二、 有机反应类型

　　有机化学反应实质上就是分子中旧键的断裂和新键的形成，共价键的断裂方式有两种：均裂和异裂。根据共价键断裂方式的不同，有机化学反应分为自由基型反应和离子型反应。

　　均裂是指有机反应时共价键均等分裂成两部分，共价键断裂后，两个原子共用的一对电子由两个原子各保留一个。均裂产生的带有未成对电子的原子或基团称为自由基或游离基，如：

$$H_3C\frown H \xrightarrow{均裂} H_3C\cdot + \cdot H$$

　　"$H_3C\cdot$"为甲基自由基，"$\cdot H$"为氢自由基，即氢原子。这种通过共价键的均裂生成自由基而发生的反应，称为自由基反应或游离基反应。自由基反应一般在光、热或自由基引发剂（过氧化物 ROOR）的作用下进行。

　　异裂是指有机反应中共价键非均等断键过程，共价键断裂后，共用电子对只归属于原来生成共价键的两个原子中的一个，形成两个带相反电荷的离子。如：

$$H-\overset{\overset{\displaystyle H}{|}}{\underset{\underset{\displaystyle H}{|}}{C}}-Cl \xrightarrow{异裂} H-\overset{\overset{\displaystyle H}{|}}{\underset{\underset{\displaystyle H}{|}}{C}}^{+} + Cl^{-}$$

　　这种经过共价键异裂，有正、负离子生成的反应，称为离子型反应。带正电荷的碳原子称为正碳离子。自由基、正碳离子均不稳定，只在瞬间存在。

第四节　有机酸碱理论

　　在有机反应中，常伴随有酸碱反应，而理解有机酸碱的概念对于理解有机反应是很重要的。有机反应中被广泛应用的是酸碱质子理论和酸碱电子理论（Lewis 酸碱理论）。

一、 酸碱质子理论

　　酸碱质子理论最具代表性的是布朗斯特-劳里（Bronsted-Lowry）酸碱理论。该理论认为，能给出质子（H^+）的物质是酸，能接受质子的物质是碱，即酸是质子的给予体，碱是质子的接受体。酸碱不再只限于分子，还可以是离子。

　　酸碱质子理论体现了酸与碱之间相互转化和互相依存的关系，即为：酸给出质子后就成为其共轭碱，碱接受质子后就成为其共轭酸；酸的酸性越强，其共轭碱的碱性越弱，碱的碱性越强，其共轭酸的酸性越弱；在酸碱反应中，平衡总是向着生成较弱的酸或较弱的碱的方向进行。

$$\text{HCl} + \text{H}_2\text{O} \rightleftharpoons \text{Cl}^- + \text{H}_3\text{O}^+$$

酸　　　碱　　　　　　　共轭碱　　　　　　共轭酸

（较 H_2O 弱的碱）（较 HCl 弱的酸）

$$\text{H}_2\text{SO}_4 + \text{C}_2\text{H}_5\ddot{\text{O}}\text{H} \rightleftharpoons \text{HSO}_4^- + \text{C}_2\text{H}_5\overset{+}{\ddot{\text{O}}}\text{H}_2$$

酸　　　碱　　　　　　　共轭碱　　　　　　共轭酸

（较C_2H_5OH弱的碱）（较H_2SO_4弱的酸）

对于酸而言，其给出质子的倾向越大，说明酸性越强，酸性强弱通常用酸在水中的解离常数 K_a 或其负对数 pK_a 表示，K_a 值越大或 pK_a 值越小，酸性越强。对于碱，其接受质子的倾向越大，说明碱性越强，碱性强弱可以用碱在水中的解离常数 K_b 或其负对数 pK_b 表示。K_b 值越大或 pK_b 值越小，碱性越强。

按照酸碱质子理论，如 CH_3COOH、CH_3OH 等有机化合物，都含有羟基（—OH），它们都可以由羟基提供质子（H^+），所以都是酸，只是 CH_3COOH 的酸性比 CH_3OH 强。而 CH_3NH_2、CH_3OH 等有机化合物都能接受质子，质子与 N 和 O 原子上的未共用电子对形成配位键，生成相应的共轭酸，所以它们都是碱，只是 CH_3NH_2 的碱性比 CH_3OH 强。在这里 CH_3OH 既可以是提供质子的酸，又可以是作为接受质子的碱，H_2O 也是如此，既可作为酸也可作为碱，这完全取决于它所处的环境。

二、 酸碱电子理论

酸碱电子理论即通常所说的路易斯（Lewis）酸碱理论。Lewis酸是指能接受一对电子形成共价键的物质；Lewis碱是指能提供一对电子形成共价键的物质。酸是电子对的接受体；碱是电子对的给予体。

根据 Lewis 酸碱理论，缺电子的分子、原子和正离子等都属于 Lewis 酸。例如，$FeBr_3$ 分子中的铁原子，其外层只有 6 个电子，有一空轨道，可以接受一对电子。因此 $FeBr_3$ 是 Lewis酸。同样 $AlCl_3$ 的铝原子外层也是 6 个电子，有一空轨道，可以接受一对电子，所以 $AlCl_3$ 也是 Lewis酸。Lewis碱通常是具有孤对电子的化合物、负离子或 π 电子对等。例如：NH_3、RNH_2、R—O—R、R—OH、OH^-、RO^- 等都是 Lewis碱。酸碱反应的实质是形成配位键、得到一个酸碱加合物的过程。

$$\text{H}_3\text{N:} + \text{BF}_3 \rightleftharpoons \text{H}_3\text{N} \rightarrow \text{BF}_3$$

碱　　　酸　　　　　　酸碱配合物

$$\text{FeBr}_3 + :\!\ddot{\text{Br}}\!-\!\ddot{\text{Br}}\!: \rightleftharpoons \text{FeBr}_4^- + :\!\ddot{\text{Br}}^+$$

Lewis酸　　　Lewis碱　　　　　　

(电子对受体) (电子对供体)

第五节　分子轨道和共振理论

一、 分子轨道

分子轨道是指电子围绕多原子分子的原子核运动的状态，分子轨道用波函数 ψ 表示。波函数 ψ 是应用原子轨道的线性组合得到的近似结果，组成分子轨道的原子轨道必须具备能量上相近、对称性相同、轨道最大程度地重叠三个条件，这样组成的分子轨道能量最低。按照分子轨道理论，分子轨道数目与其成键原子轨道数相等，即有几个成键原子轨道就有几个分子轨道。两个成键原子轨道组合成两个分子轨道，其中一个是成键轨道，能量比组成它的原子轨道低，性质稳定，另一个是反键轨道，能量比组成它的原子轨道高，性质不稳定。电子在分子轨道上的排布遵循能量最低原理、Pauling 和 Hund 规则，即电子首先填充在能级最低的分子轨道上，且每个轨道上只能容纳两个自旋相反的电子，然后按分子轨道能级，依次将电子从低能级轨道向高能级轨道填充。

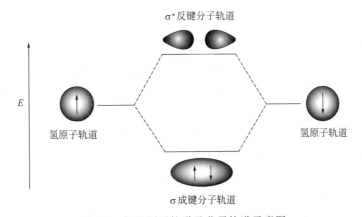

图 1-5　氢的原子轨道及分子轨道示意图

对氢分子而言，2 个氢原子的 1s 轨道组合成 2 个分子轨道，在基态下氢分子的 2 个电子占据在成键轨道上，且自旋相反，从而组成化学键，体系能量降低，形成稳定分子。而反键轨道上是空的，没有电子。图 1-5 是氢的原子轨道及分子轨道示意图。

二、 共振理论

美国化学家鲍林于 1933 年在经典价键理论基础上，提出了共振理论。有机化合物不能用一个单一的 Lewis 结构式表示，即 1 个分子、离子或自由基，可用 2 个或多个仅在电子排列上有差别的 Lewis 结构式来表示。如乙酸根（$CH_3CO_2^-$）的结构可以用下列 2 个共振式或共振杂化体表示。

在共振理论中，每一个 Lewis 结构式都称为共振式，任何一个单一的共振式都不能代表分子或离子的真实结构，只有共振式的群体或共振杂化体才能代表分子或离子的真实结构。在极限共振式之间的 $\longleftrightarrow$ 表示 2 个共振式之间的共振，表示箭头两侧是具有两个结构特征的单一化合物。上式的乙酸根是两个共振式的共振杂化体，其中每个氧原子都带相同负电荷（δ^-），两个碳氧键既不是单键也不是双键，而是介于单键与双键之间的完全相同的两个键。共振杂化体的能量比参与共振的任何一个共振式能量都低。

书写同一个化合物分子或离子的不同共振式时应注意：第一，所有原子的相对位置不变，只有电子的位置改变；第二，用双箭头"$\longleftrightarrow$"（共振符号）连接共振式。

第六节　研究有机化合物结构的一般方法

有机化合物主要来源有两个途径：一是从天然的动植物机体中获取；二是化学合成，对它们的识别和了解都离不开对其进行结构表征。表征有机化合物的结构一般要经历下列几个过程。

一、　分离纯化

从自然界提取的有机物通常是混合物，人工合成的有机物也由于反应复杂、副反应多而含有杂质。因此除去杂质、纯化产物是进行有机化合物结构研究的前提。有机化合物的分离纯化方法通常有蒸馏、重结晶、升华以及色谱法等。研究时，需根据有机物的特点以及实验条件选择合适的纯化方法。化合物经分离纯化之后，还需检验其纯度，一般通过测定化合物的物理常数如熔点、沸点或色谱法等验证。

色谱技术（包括薄层色谱、纸层色谱、柱层色谱、气相色谱和高效液相色谱）在化合物的分离、纯化和纯度鉴定等方面的应用越来越广泛，尤其是高效液相色谱又称高压液相层析（HPLC），具有分离效率高、分离速度快等特点，比经典的柱层色谱要快数百倍；分析样品纯度时所需样品量可少于 1mg。HPLC 在有机化学、药物化学、生物化学和医学领域已广泛使用。

二、　元素分析

通过分离提纯手段将化合物纯化后，需进一步知道这种化合物是由哪几种元素组成的，各元素的含量又是多少。只有确定了有机分子的元素组成及其含量才能进一步确定该化合物的实验式。

三、　测定分子量和确定分子式

实验式是最简单的化学式，表示组成化合物分子的元素种类和各元素间原子的最小个数比，不代表分子中真正所含的原子数目。只有在测定分子量之后，才能确定化合物的分子式。有时实验式就是分子式，例如，实验式为 CH_2O 的化合物，若测得的分子量为 30，则它的分子式也是 CH_2O；有时分子式与实验式是倍数关系，如测定上述化合物的分子量为 146，是实验式 C_3H_7NO 的两倍，因此该化合物的分子式为 $C_6H_{14}N_2O_2$。

过去测定化合物的分子量通常采用沸点升高法和冰点降低法等经典的物理化学方法，而现在通常用质谱法替代了过去的经典方法。

四、 确定结构式

有机化合物普遍存在同分异构现象，因此确定了有机化合物的分子式后，需进一步确定该化合物的结构。有机化合物结构的确定常通过化学法和现代物理分析法。化学法一般是采用对化合物进行降解、合成或衍生物制备等手段；现代物理分析法是采用红外吸收光谱、紫外吸收光谱、X 射线衍射、核磁共振谱和质谱等波谱技术对化合物的结构进行解析。这两种方法是相辅相成的，往往由一种方法得到结论，再通过另一种方法加以验证。

本章小结

有机化合物是含碳的化合物，有机化学是研究有机化合物的结构、性质及变化规律的科学，生命过程是以有机分子变化过程为基础的。构成有机分子最主要的化学键是共价键，有极性和非极性之分，由共价键构成的有机化合物也有极性和非极性之分。用于表示有机化合物分子结构的有凯库勒结构式和路易斯结构式，有机分子中不能用单一的路易斯结构式表示的，则应用共振式或共振杂化体来表示。

有机化合物可根据其结构分为链状化合物和环状化合物，还可按有机化合物所含官能团分类，如：烷、烯、炔、醇、醚、醛、羧酸等。有机反应过程其实质就是旧键断裂、新键形成的过程，根据化学键断裂方式的不同，有机反应分为自由基反应和离子型反应。有机酸碱理论有酸碱质子理论和酸碱电子理论。有机化学是生命学科的灵魂，是医学、药学和其他生命科学不可或缺的基础学科。

习 题

1-1 写出下列化合物的路易斯（Lewis）结构简化式。

(1) CH_3OH (2) CH_3OCH_3 (3) CH_3COOH (4) $CH_3CH_2NH_2$

1-2 指出下列化合物中碳原子的杂化类型及所含碳碳键的类型。

(1) $H_3C—CH_3$ (2) $H_2C=CH_2$ (3) $HC≡CH$

1-3 指出下列化合物所含官能团的名称和化合物的类别。

(1) $CH_3CH=CH_2$ (2) $HC≡CCH_3$ (3) $CH_3CH_2—Br$ (4) $CH_3CH_2—OH$

(5) $H_3C—O—CH_3$ (6) $H_3C—CHO$ (7) $CH_3CH_2—NH_2$ (8) $CH_3CH_2—COOH$

1-4 下列化合物或离子哪些是 Lewis 酸，哪些是 Lewis 碱？

(1) H^+ (2) NH_3 (3) BF_3 (4) $AlCl_3$

(5) $C_2H_5O^-$ (6) CH_3OCH_3

1-5 写出下列化合物的共轭碱。

(1) CH_3OH (2) HCl (3) CH_3COOH (4) CH_3CH_2SH

1-6 键的极性和极化性各指的是什么？

1-7 碳酸根的 Lewis 结构式如下，请写出碳酸根的共振式结构。

$$\overset{..}{\underset{..}{O}}=C\overset{\displaystyle \overset{..}{\underset{..}{O}}{}^{-}}{\underset{\displaystyle \overset{..}{\underset{..}{O}}{}^{-}}{}}$$

1-8 指出下列化合物中共价键的断裂方式。

（1） $H_3C—CH_3 \longrightarrow 2CH_3\cdot$ （2） $I—I \longrightarrow 2I\cdot$

（3） $Br—Br \longrightarrow Br^+ + Br^-$ （4） $H—Br \longrightarrow H^+ + Br^-$

第二章
立体化学基础

同分异构（isomerism）是有机化合物分子中普遍存在的现象。所谓同分异构，指的是化合物分子式相同而结构不同的现象。结构指的是分子中原子或基团相互连接的方式和次序，以及原子或基团在空间的相对位置。分子中原子或基团相互连接的方式和次序称为分子的构造（construction），所以，分子式相同，而构造不同，也就是分子中原子或基团的连接方式和次序不同引起的异构称为构造异构（constitutional isomerism）；而原子或基团在空间的相对位置涉及分子的空间立体形象，所以，分子式相同，构造也相同，而原子或基团在空间的相对位置不同所引起的异构称为立体异构（stereoisomerism）。

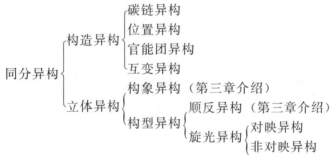

立体化学（stereochemistry）是现代有机化学的重要组成部分，是研究分子的立体结构、反应的立体性及其相关规律和应用的科学。分子的立体结构（stereostructure）是指分子中原子或原子团在空间的不同排列方式及这种排列的立体形象。有机分子具有三维立体结构，有机化合物的许多性质与它们的三维结构密切相关，所以立体化学是研究有机分子结构和性质的重要基础。对映异构是指分子式、构造式相同，构型不同的有机分子，是互呈镜像对映关系的立体异构现象。本章主要讨论对映异构（旋光异构 optical isomerism）。

第一节　手性、手性分子和对映体

一、 手性

实物在镜子中都有镜像，实物与其镜像之间具有对映关系。如果我们把左手放在镜子前面，镜子里的镜像看上去就是右手；如果把右手放在镜子前面，镜子里的镜像看上去就是左手。左手和右手看起来非常相似，但如果你把右手的手套戴到左手上就会觉得不合适，这表明左手与右手实际上是有差异的。也就是说，我们的左手和右手是实物和镜像的关系，且是无法完全重合的。这种互为实物和镜像的关系，彼此又不能完全重合的现象称为手性（chirality）。如果一个物体与它的镜像不能重合，这个物体就是具有手性的，反之称为非手性的。

二、 手性分子和对映体

微观世界的分子也有手性和非手性之分。在立体化学中，与其镜像不能重合的分子称为手性分子（chiral molecule），而与其镜像能重合的分子称为非手性分子（achiral molecule）。凡是手性分子，必有一对互为镜像的构型异构体，这一对互为镜像的构型异构体称为对映异构体（enantiomer），简称对映体，而非手性分子不存在对映异构体。

观察乳酸（2-羟基丙酸）分子的两个立体结构式（图 2-1），这两个立体结构式互为实物和镜像关系，相似而不能相互重合，因此，乳酸分子是手性分子，这两个立体结构式是一对对映异构体。

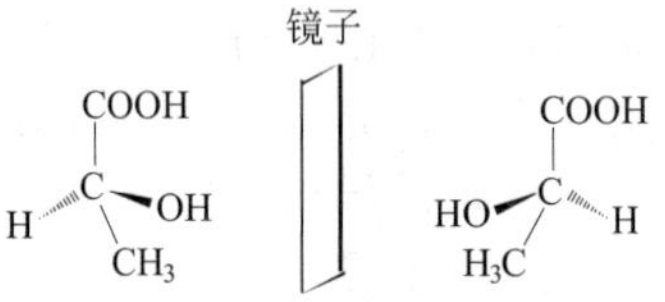

图 2-1　乳酸分子的两个立体结构式

再观察丙酸分子的两种立体结构式（图 2-2），也互为实物和镜像关系，但通过某种操作它们是可以重合的，表示它们是同一种化合物，非手性分子，不存在对映异构体。

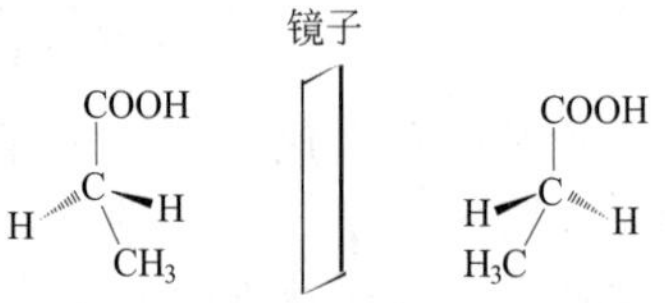

图 2-2　丙酸分子的实物和镜像

仔细观察两个乳酸分子的结构，可以发现乳酸分子中有一个碳原子上所连的四个原子或基团（—COOH、—OH、—CH_3、—H）各不相同。此类连有四个不同的原子或基团的碳原子称为不对称碳原子，又称手性碳原子（chiral carbon），不对称碳原子为手性中心（chiral center）。基于sp^3杂化碳原子的四面体构型，手性碳原子上的四个互不相同的基团在空间有两种不同的排列方式。因此，含有一个手性碳原子的分子一定是手性分子，一定存在一对对映异构体。

一对对映体原子和基团连接的方式和次序是相同的，只是原子和基团在空间的排列方式不同。结构上的这种微小差异，在性质上会有怎样的体现呢？实验证明，它们的熔点、沸点、相对密度、折射率、溶解度等都是相同的，也就是说它们除了对偏振光的作用不同外（见本节三），绝大部分物理性质是相同的。化学性质除了与手性试剂作用时会有所不同外，与非手性试剂作用时是完全相同的。一对对映体还有一个非常重要的区别在于两者的生理作用是不同的。

三、 平面偏振光和旋光性

光是一种电磁波，电磁波是横波，它振动着前进，而且它的振动方向与前进方向是垂直的。普通光的光波可在垂直于它前进方向的所有平面上振动。如果让普通光通过一个尼科耳（Nicol）棱镜，则只有振动方向与棱镜晶轴平行的光线才能通过。通过尼科耳棱镜的光就只在一个平面上振动，这种只在一个平面上振动的光称为平面偏振光（plane polarized light），简称偏振光或偏光。偏振光振动的平面习惯上称为偏振面。

当偏振光通过液体物质或物质的溶液时，会有两种情况，有的物质或溶液能使平面偏振光的偏振面发生旋转，有的不能。如图 2-3 所示，平面偏振光经过丙酸溶液后，偏振面没有发生旋转，而经过乳酸溶液后，偏振面发生了旋转。能使偏振光的偏振面发生旋转的性质称为旋光性（optical activity）。具有旋光性的物质称为旋光性物质或旋光活性物质或光学活性物质。能使平面偏振光向右旋转的旋光性物质称为右旋体，通常用"d"或"＋"表示；能使平面偏振光向左旋转的旋光性物质称为左旋体，通常用"l"或"－"。旋光性物质使偏振面旋转的角度叫作旋光度（optical rotation），用"α"表示。

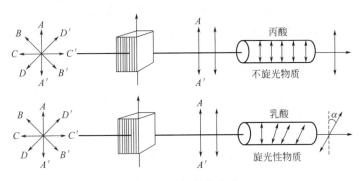

图 2-3　物质的旋光性

旋光性物质的旋光度通常用旋光仪（polarimeter）来测定。图 2-4 为旋光仪的构造简图。旋光仪主要由一个光源和两个棱镜组成。第一个棱镜是固定不动的，叫作起偏镜，第二个棱镜是可以转动的，叫作检偏镜。由光源发出的普通光线经过第一个棱镜变成偏振光，然后通过盛液管，再由第二个棱镜检验平面偏振光是否发生了旋转，旋转了多大角度。检偏镜和刻度盘相连，检偏镜旋转的时候刻度盘也随之旋转，所以，通过刻度盘的读数就可以确定检偏镜旋转的角度，也就是旋光度。

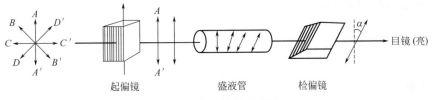

起偏镜　　　　　盛液管　　　　检偏镜

图 2-4　旋光仪构造简图

需要注意的是，如果所测旋光性物质为未知物，用圆盘旋光仪经过一次测定是没有办法确定其旋光方向的。必须用不同长度的盛液管或者不同的浓度经过两次或两次以上的测定才能确定其旋光方向。

物质的旋光度大小与很多因素有关，除了分子本身的结构外，还与溶液的浓度、盛液管的长度、入射光的波长、测定时的温度以及所用溶剂等有关。如果把分子结构以外的影响因素都固定，则测出的旋光度就可以作为旋光物质的特征常数。比旋光度就是这样一个特征常数。用波长为 589nm 的钠光灯（D 线）作光源，盛液管的长度为 1dm，待测物的浓度为 1g/mL 时测得的旋光度，称为比旋光度（specific rotation），通常用 $[\alpha]_D^t$ 来表示。

也就是说，比旋光度是指在特定条件下所测得的旋光度。但实际上，我们可以在任一长度的盛液管中，用任一浓度的溶液进行测定，用实际所测得的旋光度，通过下式换算成比旋光度。

$$[\alpha]_D^t = \frac{\alpha}{lc}$$

式中　D——入射光波长（钠光源 D 线，波长为 589nm）；

　　　t——测定温度，℃；

　　　α——实测的旋光度，（°）；

　　　l——样品池的长度，dm；

　　　c——样品的浓度，g/mL（纯液体用密度 g/cm³）。

由于旋光物质在溶液中会和溶剂发生溶剂化，这时偏振光和溶剂化的分子作用，因此同一种旋光物质用不同溶剂配制溶液所测得的旋光度会有不同，所以在表示比旋光度时要标明所用的溶剂。

比旋光度值的大小只取决于物质本身的性质，代表旋光性物质旋光能力的大小，像熔点、沸点、相对密度和折射率一样，是化合物的一种物理常数。一对对映体的比旋光度大小是相同的，但旋光方向是相反的。

例题：将 520mg 胆固醇样品溶于 10mL 氯仿中，然后将其装满 10cm 长的旋光管，在室温（20℃）通过偏振的钠光测得旋光度为 -5°，计算胆固醇的比旋光度。

解：
$$[\alpha]_D^{20} = \frac{\alpha}{lc} = \frac{-5°}{(0.52g/10mL) \times 1dm} = -96.15°$$

答：胆固醇的比旋光度为左旋 96.15°（0.052，氯仿）。

科学文献中报道化合物比旋光度时，一般在 $[\alpha]_D^t$ 值之后的括号内标出测定旋光度时使用的溶剂和溶液的浓度（以小写 c 表示百分比浓度）。如：心血管药地尔硫䓬的 $[\alpha]_D^{20} = +98.3°$（$c1$，CH_3OH），表示地尔硫䓬的比旋光度为右旋 98.3°，测定温度为 20℃，使用钠光 D 线作为光源，溶剂为甲醇，溶液浓度为 1g/100mL。

四、 分子的对称性和手性

要判定一个分子是否具有手性，除了用模型来考察它的实物和镜像是否重合外，也可以通过讨论分子的对称性来实现。

1. 对称面

对称面（symmetrical plane）是可以把分子分成实物和镜像两部分的假想平面。如图 2-5 所示，丙酸分子中，通过 C1、C2、C3 所在平面把分子分成实物和镜像两部分，所以这个平面就是丙酸分子的对称面。而反-1,2-二氯乙烯分子是平面型的，分子所在平面就是它的对称面。

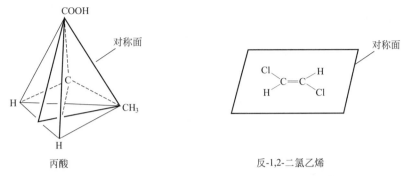

图 2-5　分子的对称面

2. 对称中心

　　如果分子中有一个点，从分子中任何一个原子或基团出发向这个点作一直线，通过这个点后在等距离处都可以遇到相同的原子或基团，则这个点就是分子的对称中心 (symmetrical center)。如图 2-6 所示的两个分子都存在对称中心。

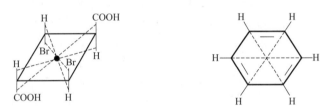

图 2-6　分子的对称中心

　　如果一个分子有对称面或对称中心，这个分子与其镜像是可以完全重合的，是非手性分子，不存在对映体。如果一个分子没有对称面、对称中心等对称性因素，这个分子就是手性分子。

第二节　费歇尔投影式

　　用模型可以比较直观地表示化合物的立体构型，但操作起来比较麻烦。透视式（图 2-7）也可以比较直观地表示分子的构型，透视式通常用实线"—"表示位于纸平面上的键；用虚楔形线"┅"表示伸向纸平面后方的键；实楔形线"◢"表示伸向纸平面前方的键。但书写仍然不方便。

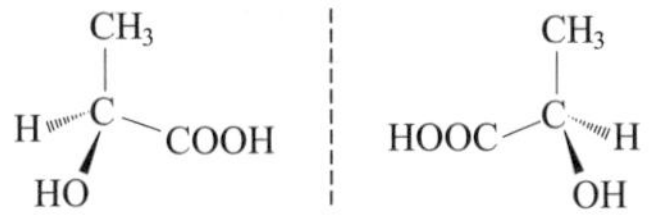

图 2-7　乳酸分子的透视式

　　为了便于书写和进行比较，1891 年，德国化学家费歇尔（Fischer）提出用一个平面投影式来表示分子的立体构型，这个平面投影式被称为费歇尔投影式（Fischer projections），如图 2-8 所示。费歇尔投影式是一种表示分子三维空间结构较简便的平面投影式方法。在将一个化合物立体结构式写成费歇尔投影式时，必须遵循以下要点：①以垂直线代表主链，编号最小的碳原子位于上端，编号最大的碳原子位于下端；②水平线和垂直线的交叉点代表手性碳原子，它正好位于纸平面上；③两个横键代表模型中伸向纸平面前方的键，两个竖直的键代表模型中伸向纸平面后方的键。

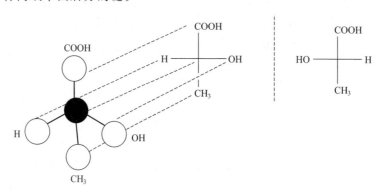

图 2-8　乳酸分子的费歇尔投影式

　　费歇尔投影式是用一个平面的式子表示化合物的立体构型，遵循上述三个要点的称为严格的费歇尔投影式，所以不能随意进行操作。有时为了讨论问题方便，人们可按以下规则改变分子 Fischer 投影式的表达形式，改变后的 Fischer 投影式不拘泥于上述要点①，但仍遵循要点②和要点③。对一个费歇尔投影式，如果在纸面上旋转 180°，其构型不变；如果在纸面上旋转 90°（270°）或者离开纸面翻转 180°，表示的构型就会发生改变；费歇尔投影式中连在手性碳上的基团两两交换偶数次，构型不会发生改变，但交换奇数次后所表示的化合物是原化合物的对映体。

　　费歇尔投影式书写方便，在表示化合物构型时被广泛使用。美中不足的是，费歇尔投影式在表示含有一个手性碳原子化合物的构型时是很合适的，但在表示含有两个或两个以上手性碳原子化合物的构型时，它所表示的立体结构都是重叠式构象，与分子的真实形象不符。这时，用纽曼（Newman）投影式（见第三章）来表示就比较合适。当然，每一种表示法都各有千秋，同一个立体异构体也可以用各种不同的方法表示它的立体构型。

第三节　对映异构体的构型标记法

一、 D/L 构型标记法

　　1951 年之前，人们还无法确定对映体的真实空间结构。例如，人们知道甘油醛有左旋体和右旋体之分，但是左旋体和右旋体分别对应哪一种空间排列是不清楚的。为了便于研究并能够表示旋光物质构型之间的关系，最早人为规定以（＋）-甘油醛为标准来确定对映体的相对构型，并规定在费歇尔投影式中，把碳链竖直，醛基在碳链上端，羟甲基在下端，手性碳原子上羟基在右边的为右旋甘油醛，标记为 D-构型；羟基在左边的为左旋甘油醛，标记为 L-构型。

$$
\begin{array}{ccc}
& CHO & \\
H & \!\!-\!\!-\!\!-\!\! & OH \\
& CH_2OH &
\end{array}
\qquad
\begin{array}{ccc}
& CHO & \\
HO & \!\!-\!\!-\!\!-\!\! & H \\
& CH_2OH &
\end{array}
$$

D-(+)-甘油醛　　　　　　L-(-)-甘油醛
（Ⅰ）　　　　　　　　　（Ⅱ）

以甘油醛为标准，通过化学反应把其他化合物和甘油醛相关联或相对照来确定其构型。当化学反应不涉及手性碳原子，即反应过程中与手性碳原子直接相连接的键不发生断裂时，就可以保证手性碳原子的构型不发生变化，所以凡是由 D-甘油醛通过化学反应得到的化合物，或是未知构型的化合物通过化学反应可以转化成 D-甘油醛，其构型都是 D 构型。同样，与 L-甘油醛可以关联的化合物都是 L 构型，通过这种方法确定的化合物的构型是以人为指定的甘油醛构型为标准的，所以称为相对构型（relative configuration）。

1951 年，通过 X 光衍射技术可以测定化合物的绝对构型之后，证明了 D-甘油醛的相对构型与其绝对构型正好是一致的，因此，甘油醛的相对构型也就是它的绝对构型（absolute configuration）。从而也证明了以甘油醛为标准确定的其他化合物的相对构型也就是它们的绝对构型。

D/L 标记法应用已久，也比较方便，但也有局限性。有些化合物与甘油醛不易建立联系，因此其构型不易确定。目前，D/L 标记法一般用于糖类和氨基酸的构型标记。

二、 R/S 构型标记法

R/S 构型标记法是根据 IUPAC 的建议所采用的系统命名法，是根据手性碳原子所连接的四个基团在空间的排列以"次序规则"为基础的标记方法，也称为绝对构型标记法。其规则如下：

① 将手性碳原子上相连的四个不同原子或基团（a、b、c、d）按次序规则确定优先次序（或称大小次序）。

② 将最小次序的原子或基团（d）远离观察者，其余三个原子或基团面向观察者，观察三个原子或基团由大到小的顺序，若由 a→b→c 为顺时针方向旋转的为 R 构型，若是逆时针方向旋转的为 S 构型。如图 2-9 所示。

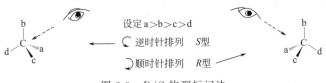

图 2-9　R/S 构型标记法

次序规则是取代基按照优先顺序排列的规则，具体如下：

① 直接相连原子的原子序数大的优先，原子序数小的排在后面，同位素质量数大的优

先。几种常见原子优先次序为：I＞Br＞Cl＞S＞P＞O＞N＞C＞H。

② 如果直接相连原子的原子序数相同，则比较连在这个原子上的其他原子序数，大者优先，依此类推。常见的烃基优先次序为：—C(CH₃)₃＞—CH(CH₃)₂＞—CH₂CH₃＞—CH₃。

③ 如果是不饱和基团，可看成是与两个或三个相同原子与之相连。即：

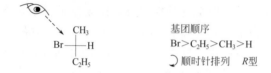

④ R 构型优先于 S 构型，Z 型优先于 E 型（见第四章）。

R/S 标记法也可直接应用于费歇尔投影式。但要注意费歇尔投影式投影时是横键在前，竖键在后的，所以在观察的时候要注意最低次序基团的位置要远离观察者，如图 2-10 所示。

CH₃
Br——H
C₂H₅

基团顺序
Br＞C₂H₅＞CH₃＞H

顺时针排列　R 型

图 2-10　由费歇尔投影式标记构型

由费歇尔投影式直接标记化合物的构型时，规则如下：

① 如果最小的基团在竖键上（在后面，远离观察者），按次序规则观察其他三个基团，顺时针旋转为 R 构型，逆时针旋转为 S 构型。

H
H₂N——COOH
CH₃

基团次序：NH₂＞COOH＞CH₃＞H
最小基团H位于竖键
顺时针, R-构型

CH₃
ClH₂C——Cl
CH(CH₃)₂

基团次序：Cl＞CH₂Cl＞CH(CH₃)₂＞CH₃
最小基团CH₃位于竖键
逆时针, S-构型

② 如果最小的基团在横键上（在前面，靠近观察者），按次序规则观察其他三个基团，顺时针旋转为 S 构型，逆时针旋转为 R 构型。

CHO
H——OH
CH₂OH

基团次序：OH＞CHO＞CH₂OH＞H
最小基团H位于横键
逆时针, R-构型

Br
H——Cl
CH₃

基团次序：Br＞Cl＞CH₃＞H
最小基团H位于横键
顺时针, S-构型

值得注意的是，无论是 D/L 还是 R/S，都是手性碳原子的构型，是根据手性碳原子所连的四个原子或基团在空间的排列所作的标记，与旋光方向之间没有必然的联系。例如 R 构型的旋光化合物中有左旋体，也有右旋体。在一对对映体中，若 R 构型是右旋体，则其对映体必然是左旋体；反之亦然。

含两个或两个以上手性碳原子的化合物的构型或投影式，也可用同样方法对每一个手性碳原子进行 R/S 标记，需要注意的是要按照命名编号原则标出每个手性碳原子的编号。

CH₃
H——2——Cl
H——3——Br
CH₃

基团次序

$$C^{2*}—Cl＞\overset{\displaystyle Br}{\underset{\displaystyle CH_3}{—CHCH_3}}＞—CH_3＞—H$$

$$C^{3*}—Br＞\overset{\displaystyle Cl}{\underset{\displaystyle CH_3}{—CHCH_3}}＞—CH_3＞—H$$

(2S,3R)-2-氯-3-溴丁烷

第四节 外消旋体、非对映体和内消旋体

一、外消旋体

人们认识的第一个旋光性化合物是乳酸，发现不同来源的乳酸的旋光性不同。例如从肌肉组织中分离得到的乳酸为右旋乳酸，由乳酸杆菌发酵葡萄糖得到的乳酸为左旋乳酸，而由丙酮酸经还原反应得到的乳酸无旋光性。后来进一步研究证明还原丙酮酸得到的乳酸是右旋乳酸和左旋乳酸的等量混合物，即一对对映体的等量混合物。

一对对映体的旋光大小是相同的，而旋光方向是相反的。如果把一对对映体等量混合，它们对偏振光的作用正好相互抵消，对外不表现旋光性。所以，一对对映体的等量混合物没有旋光性，称为外消旋体（racemate），用 "±" 或 "dl" 表示。

外消旋体和纯的对映体除旋光性不同外，其他物理性质也有差异。如，三种乳酸的一些物理性质见表 2-1。

表 2-1 不同旋光性乳酸的一些物理常数

名称	熔点/℃	$[\alpha]_D^t$	pK_a	溶解度/(g/100mL)
（+）乳酸	26	$+3.8°$	3.76	∞
（—）乳酸	26	$-3.8°$	3.76	∞
（±）乳酸	18	$0°$	3.76	∞

二、非对映体

通过前面的学习我们知道，含有一个手性碳原子的化合物有两种立体异构体，这两种立体异构体是一对对映体。分子中含有的手性碳原子愈多，立体异构体的数目也愈多。一般含有 n 个手性碳原子的化合物，最多可以有 2^n 种立体异构体。以氯代苹果酸为例，分子中含有两个手性碳原子，这两个手性碳原子上所连的四个基团不同，是两个不同的手性碳原子。每个手性碳原子有两种不同的构型，所以，氯代苹果酸有如下四种立体异构体。

这四种立体异构体中，Ⅰ和Ⅱ、Ⅲ和Ⅳ互呈实物和镜像关系，是对映体。再来比较一下Ⅰ和Ⅲ，在它们的立体结构式中，连有羟基的手性碳原子的构型是相同的，连有氯的手性碳原子的构型是不同的。因此，Ⅰ和Ⅲ所代表的两个分子属于立体异构体，但这两种立体异构体不呈实物和镜像关系。像这种不呈实物和镜像关系的立体异构体称为非对映异构体，简称非对映体（diastereomer）。同样，Ⅰ和Ⅳ、Ⅱ和Ⅲ、Ⅱ和Ⅳ也都属于非对映体。

非对映体的物理性质，如熔点、沸点、溶解度等都不同，比旋光度也不同。旋光方向可能相同，也可能不同。因此，非对映体混合在一起时，可以用一般的物理方法进行分离。

三、 内消旋体

如果分子中含有两个手性碳原子，但这两个手性碳原子所连的四个基团是相同的，也就是含有两个相同的手性碳原子时，分子有几种立体异构体呢？我们以 2,3-二羟基丁酸（酒石酸）为例来讨论，仿照氯代苹果酸，我们写出它的四种立体结构：

$$
\begin{array}{cccc}
\text{COOH} & \text{COOH} & \text{COOH} & \text{COOH} \\
\text{H——OH} & \text{HO——H} & \text{H——OH} & \text{HO——H} \\
\text{HO——H} & \text{H——OH} & \text{H——OH} & \text{HO——H} \\
\text{COOH} & \text{COOH} & \text{COOH} & \text{COOH} \\
\text{I} & \text{II} & \text{III} & \text{IV} \\
(2R,3R) & (2S,3S) & (2R,3S) & (2S,3R)
\end{array}
$$

在这四种立体结构中，Ⅰ和Ⅱ是一对对映体。Ⅲ和Ⅳ好像也是一对对映体，但实际上只要把Ⅲ在纸面上旋转 180°就可以得到Ⅳ，也就是说Ⅲ和Ⅳ是可以完全重合的，它们代表的是同一种构型。在Ⅲ和Ⅳ所代表的分子中存在一个对称面，所以，这个分子是非手性分子，不具有旋光性，也不存在对映体。由于分子内含有相同的手性碳原子，两个手性碳原子的构型相反，它们的旋光性在分子内相互抵消，整个分子不具有旋光性，这种分子叫作内消旋体（mesomer）。

$$
\begin{array}{c}
\text{COOH} \\
\text{H——OH} \\
\text{--------------- 对称面} \\
\text{H——OH} \\
\text{COOH}
\end{array}
$$

内消旋体和外消旋体虽然都没有旋光性，但它们在本质上是不同的。内消旋体是一个纯的非手性分子，本身不具有旋光性，不能拆分成具有旋光活性的化合物；而外消旋体是等量的具有旋光活性的左旋体和右旋体组成的混合物，可以采用一定的方法拆分成两个具有旋光活性的化合物。

酒石酸分子中含有两个手性碳原子，但只有三种立体异构体（一对对映体和一个内消旋体，对映体和内消旋体属于非对映异构体），立体异构体数目小于 2^2 个。分子中含有的手性碳原子越多，立体异构体的数目也越多，情况也就越复杂。

酒石酸分子中含有手性碳原子，但它的内消旋体是非手性分子。由此可见，含有一个手性碳原子的分子一定是手性分子，但含有多个手性碳原子的分子却不一定是手性分子。所以，不能说含有手性碳原子的分子都是手性分子。

四、 外消旋体的拆分

外消旋体是一对对映体的等量混合物。由于一对对映体的熔点、沸点、溶解度等物理常数都相同，所以不能用常规的物理方法如蒸馏、分馏、重结晶等进行分离。

将外消旋体分离成左旋体和右旋体的过程通常叫作外消旋体的拆分。外消旋体的拆分常用的有机械拆分法、酶解拆分法、柱色谱拆分法、诱导结晶拆分法和化学拆分法。

（1）机械拆分法　利用对映体结晶形态的不同直接进行分离，是最原始的拆分方法，这种拆分法对晶体的要求很高，且分离效率比较低，所以已较少使用。

（2）酶解拆分法　利用酶对一对对映体的作用不同进行分离。酶对底物的立体选择性非常高，利用酶和一对对映体反应性能或反应速率的差别使对映体得到分离。

（3）柱色谱拆分法　加入某种旋光性物质作为吸附剂，利用对映体和吸附剂之间吸附能力的不同或对映体与吸附剂所形成的一对非对映吸附物性质的差异，使其分别洗脱出来，从而达到分离的目的。

（4）诱导结晶拆分法　在外消旋体的过饱和溶液中加入某种纯的异构体的晶体作为晶种，诱导这一异构体优先结晶析出，滤去晶体，母液中加入外消旋体制成过饱和溶液，则另一种异构体含量较高会优先结晶。如此反复进行结晶就可以将一对对映体拆分成纯的异构体。

（5）化学拆分法　目前应用最广的拆分方法。通过化学反应把一对对映体转变为非对映体，利用非对映体物理性质的差异，用一般的物理方法进行分离。

化学拆分法最适用于外消旋的酸或碱的拆分。如要拆分外消旋的酸，通常用一种纯的旋光性的碱与之发生反应，生成的两种盐中在构型上酸的部分是对映的，碱的部分是相同的，所以这两种盐是非对映体，利用它们物理性质上的差异就可以将它们分离。两种盐分离后分别加入无机强酸，就可以置换出（＋）酸和（－）酸了。

$$
(\pm)酸\begin{cases}(+)酸\\(-)酸\end{cases} + (+)碱 \longrightarrow \begin{matrix}(+)酸(+)碱\\(-)酸(+)碱\end{matrix} \xrightarrow{一般方法分离}
$$

$$
\longrightarrow \begin{matrix}(+)酸(+)碱 \xrightarrow{HCl} (+)酸 + (+)碱*HCl\\(-)酸(+)碱 \xrightarrow{HCl} (-)酸 + (+)碱*HCl\end{matrix}
$$

同样，如果要拆分外消旋的碱，加入一种旋光性的酸来进行分离。如果外消旋化合物既不是酸也不是碱，可以在化合物分子中设法引入一个羧基，然后再进行拆分。

第五节　不含手性碳原子的手性分子

前面我们讨论的手性分子中都含有手性碳原子，而有些化合物的分子并不含有手性碳原子，但却是手性分子，有对映体存在。

例如丙二烯型的化合物，由于 sp 杂化碳原子上所连两个 π 键所在的平面相互垂直，所以，如果两端碳原子上连有相同的原子或基团时，分子有对称面，是非手性分子，没有对映体。如果丙二烯两端碳原子上各连两个不同基团时，分子就是手性分子，有对映体存在。

联苯分子中两个苯环通过一个单键相连，当邻位没有取代基，或取代基体积较小，不足以限制碳碳单键的自由旋转时，两个苯环可以绕碳碳单键旋转，没有对映体存在。

但苯环中的邻位即 2,2′、6,6′上连有体积较大的取代基时，则两个苯环之间单键的旋转就会受到阻碍，致使两个苯环不能处在同一个平面上，而互成一定角度。

当邻位所连的两个体积较大的取代基相同时，分子有对称面（每个苯环所在的平面都是另一个苯环的对称面），这个分子是非手性分子，不具有旋光性。

当邻位上所连的两个体积较大的取代基不同时，分子就具有手性，就有对映体存在。如 6,6′-二硝基联苯-2,2′-二甲酸已经分离出的一对对映体。

手性中心也不一定都是碳原子，除了碳以外，还有一些元素如 N、P、S、Si、As 等的共价化合物也是四面体型的。当这些原子所连的四个原子或基团不同时，这个原子也就是手性原子，分子也可能是手性分子。如：

它们都是光活性分子，都有对映体存在。

第六节　手性分子的来源及生理活性

一、　手性分子的来源

在生物体内存在许多手性化合物，而且这些手性化合物都具有许多手性中心，应该有许多立体异构体存在，但这些手性化合物在生物体内几乎都是以单一对映体的形式存在的。例如糜蛋白酶含有 251 个手性中心，理论上最多可以有 2^{251} 个立体异构体，但实际上，在机体中只存在其中的一种异构体。

还有许多手性化合物可以通过化学反应来合成。通过化学反应可以在非手性分子中形成手性碳原子。也就是说，通过化学反应可以由非手性分子得到手性分子。但是在反应过程中生成左旋体和右旋体的机会是均等的。所以，通过反应只能得到等量的左旋体和右旋体的混合物——外消旋体。例如，由丁烷合成2-氯丁烷，得到的是外消旋体。

$$CH_3CH_2CH_2CH_3 \xrightarrow{\text{Cl}_2/\text{光照}} CH_3\overset{*}{C}HCH_2CH_3$$
$$| \atop Cl$$

由无旋光性的反应物在无旋光性的条件下进行反应，不经过拆分不可能得到具有旋光性的产物。但是，如果在反应过程中存在某种手性条件，则两种对映体生成的机会就不均等，这样就可以得到具有旋光活性的产物。这种不经过拆分直接合成出具有旋光活性物质的方法称为手性合成或不对称合成（asymmetric synthesis），这里不作陈述。

二、 手性分子的生理活性

一对对映体的分子式相同、原子间的连接方式和次序也相同，只有原子和基团在空间的排列不同。对映体结构上的这种微小差异，体现在生理作用上的差异却是非常巨大的。如多巴，它的化学名为2-氨基-3-(3′,4′-二羟基苯基)丙酸，分子中有一个手性碳原子，因此有一对对映体（1）和（2），左旋体（1）可以用于治疗帕金森病，而右旋体（2）无此生理作用，并且会在体内积聚，不能被代谢。

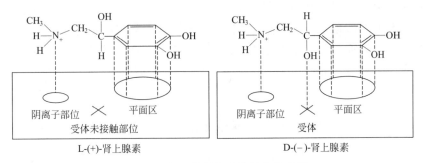

为什么一对对映体结构上如此小的差异体现在生理活性上的差异却如此巨大？这是因为，手性分子与受体发生作用时，只有手性分子的立体结构与受体的立体结构互补时，才能进入受体的靶位而产生生理作用。而一对对映体只有其中的一个异构体与受体结构互补，所以只有一种异构体能够进入受体靶位发生生理作用。

例如，肾上腺素类药物和受体作用时有三个结合位点（图2-11）：氨基、苯环及两个酚羟基、侧链的醇基。从图2-11中可看出L-（＋）-肾上腺素只有两个基团能与受体结合，因而生理作用很弱；而D-（－）-肾上腺素有三个基团能与受体结合，因而生理作用较强。

图 2-11　肾上腺素与受体结合示意图

沙利度胺（Thalidomide）事件

在 20 世纪 60 年代出现的沙利度胺（Thalidomide）事件，成为药学史上的沉痛教训。沙利度胺又名"反应停"，分子中含有一个手性碳原子，最早于 1956 年在原联邦德国以外消旋体的形式上市，主要用于治疗和缓解孕妇妊娠期呕吐。由于临床疗效非常明显，所以"反应停"风靡欧洲、亚洲（以日本为主）、北美洲和拉丁美洲的多个国家。R-(＋)-和 S-(－)-沙利度胺都有镇静作用，可用于缓解妊娠妇女的晨吐反应，因而我国将其称为"反应停"。

1960 年左右，使用沙利度胺的国家突然发现许多新生儿的上肢、下肢特别短小，手臂和腿都没有长骨，手脚直接连在身体上，其形状酷似"海豹"，部分新生儿还伴有心脏和消化道畸形、多发性神经炎等。大量的流行病学调查证实，"海豹肢畸形"是由于患儿的母亲在妊娠期间服用沙利度胺所引起的。到 1961 年 11 月，"反应停"在世界各国陆续被强制撤回。

R-沙利度胺,中枢镇静和抑制作用   S-沙利度胺,强烈致畸作用

S-(－)-沙利度胺还有免疫抑制活性。无数妇女服用了消旋药物，减轻了反应，但随后产下了数千例畸胎。原因出自代谢产物。S-(－)-沙利度胺的二酰亚胺进行酶促水解，生成邻苯二甲酰亚胺基戊二酸，后者可渗入胎盘，干扰胎儿的谷氨酸类物质转变为叶酸的生化反应，从而干扰胎儿发育，造成畸胎。两种构型在体内会发生消旋化，即无论服用沙利度胺哪一种的光学异构体，在血清中最终都是消旋的。也就是说即使服用有效的 R-构型沙利度胺，依然无法保证其没有毒性。"反应停事件"使人们对手性或者消旋化合物作为药物有了更深刻的认识，也促使药品审核部门加强了药品上市申请的审核制度，特别是具有手性的药品。

1992 年美国食品药品监督管理局（FDA）已经规定，一种新的手性药物在上市之前必须全面评估不同的光学异构体及外消旋体对药效和毒性的影响，否则不允许上市。2006 年 1 月中国国家食品药品监督管理局（SFDA）也出台了内容与 FDA 一致的《手性药物药学技术指导》草案。随着近年来手性药物研究的迅速发展，为增强药效及降低毒副作用，药物以单一光学异构体形式上市将是药物的发展趋势。

本章小结

本章主要学习了立体异构中的对映异构及其相关知识，涉及很多基本概念，如构造、构造异构、立体异构、手性、手性碳原子、手性分子、对映体、非对映体、对称面、对称中心、平面偏振光、旋光度、比旋光度、内消旋体、外消旋体、外消旋体的拆分等，学习时首

先要理解这些基本概念，弄清这些概念之间的关系；学习了用费歇尔投影式表示立体结构的方法，并且详尽介绍了构型的标记方法——D/L 标记法和 R/S 标记法；了解了不含手性碳原子的手性分子；明白了手性分子的生理活性及其基础。

习 题

2-1 名词解释

(1) 手性　　　　(2) 对映体　　　　(3) 手性碳原子　　　　(4) 手性分子

(5) 旋光度　　　(6) 比旋光度　　　(7) 内消旋体　　　　　(8) 外消旋体

2-2 （＋）-乳酸和（－）-乳酸在下述方面有哪些异同点？

(1) 熔点　　　　(2) 密度　　　　(3) 折射率

(4) 旋光性　　　(5) 水中溶解度

2-3 50mg 可的松溶解在 10mL 乙醇中，用 25cm 的旋光管测得的旋光度为＋2.16°。计算可的松的比旋光度。

2-4 选择题

(1) 下列化合物中存在内消旋体的是（　　　）。

A. 2,3-二甲基丁酸　　　　　　　B. 2,3-二甲基丁二酸

C. 2-甲基戊酸　　　　　　　　　D. 2,3-二甲基己二酸

(2) 下列异构属于构造异构的是（　　　）。

A. 顺反异构　　　B. 对映异构　　　C. 构象异构　　　D. 碳链异构

(3) 下列结构中与（R）-2-羟基丁酸互为对映体的是（　　　）。

A. $HOOC \underset{H}{\overset{CH_2CH_3}{\rule{2em}{0.4pt}}} OH$　　B. $HOOC \underset{CH_2CH_3}{\overset{OH}{\rule{2em}{0.4pt}}} H$　　C. $H_3CH_2C \underset{COOH}{\overset{H}{\rule{2em}{0.4pt}}} OH$　　D. $H \underset{OH}{\overset{COOH}{\rule{2em}{0.4pt}}} CH_2CH_3$

(4) 下列化合物中有手性碳原子的是（　　　）。

A. $CH_3CH_2\underset{NH_2}{CH}CH_2CH_3$　　B. $CH_3\underset{OH}{CH}CH_2CH_3$　　C. $CH_3\underset{Br}{\overset{Cl}{C}}CH_3$　　D. $BrCH_2CH_2COOH$

2-5 画出下列化合物所有可能的立体异构体的费歇尔投影式，并标记 R、S 构型。

(1) $CH_3CH_2\underset{Cl}{CH}—CH_2CH_3$　　　　(2) $CH_3\underset{Br}{CH}\underset{Br}{CH}CH_3$

(3) $CH_3\underset{Cl}{CH}\underset{OH}{CH}CH_3$　　　　(4) $CH_3CH_2\underset{OH}{CH}CH=CHCH_3$

(5) $CH_3\underset{Br}{CH}\underset{CH_3}{CH}CH_3$　　　　(6) $CH_3CH_2—\underset{OH}{CH}\underset{OH}{CH}COOH$

2-6 根据次序规则，分别由高到低排列下两组基团的优先次序。

(1) —H、—CH$_2$CH$_3$、—Br、—CH$_2$CH$_2$OH

(2) —COOH、—CH$_2$OH、—OH、—CHO

2-7 指出下面化合物的构型是 R 还是 S。

$$H \underset{C_2H_5}{\overset{COOH}{\rule{2em}{0.4pt}}} OH$$

下列构型中哪些与上述构型相同？哪些是它的对映体？

(1)
$$\begin{array}{c} \text{C}_2\text{H}_5 \\ \text{H} \!-\!\!\!-\!\!\!-\! \text{OH} \\ \text{COOH} \end{array}$$

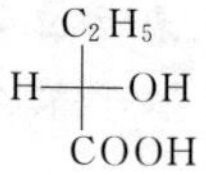

(2)
$$\begin{array}{c} \text{C}_2\text{H}_5 \\ \text{H} \!-\!\!\!-\!\!\!-\! \text{COOH} \\ \text{OH} \end{array}$$

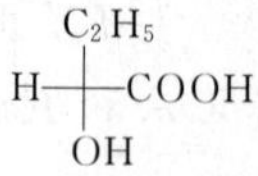

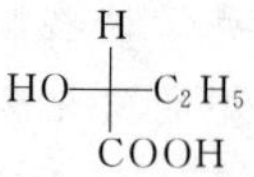

(3)
$$\begin{array}{c} \text{H} \\ \text{HO} \!-\!\!\!-\!\!\!-\! \text{C}_2\text{H}_5 \\ \text{COOH} \end{array}$$

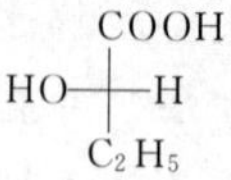

(4)
$$\begin{array}{c} \text{COOH} \\ \text{HO} \!-\!\!\!-\!\!\!-\! \text{H} \\ \text{C}_2\text{H}_5 \end{array}$$

(5)
$$\text{HO} \cdots \overset{\overset{\displaystyle \text{C}_2\text{H}_5}{|}}{\underset{\underset{\displaystyle \text{H}}{|}}{\text{C}}} - \text{COOH}$$

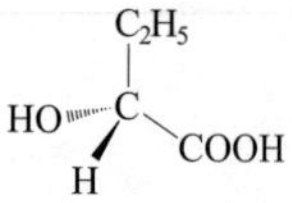

(6)

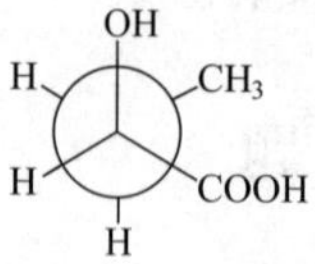

(7)

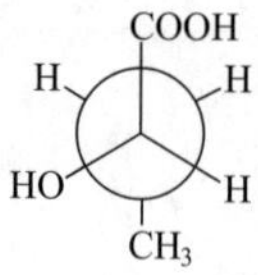

第三章

烷烃和环烷烃

由碳和氢两种元素组成的化合物称为烃（hydrocarbon）。根据分子的碳架不同，烃可分为链烃和环烃两大类。根据分子中碳碳键的不同，烃又可分为饱和烃和不饱和烃。其他各类有机化合物可视作烃的衍生物，如甲醇 CH_3OH 可视为 CH_4 分子中的一个 H 原子被羟基（—OH）取代的衍生物。本章主要讨论烷烃（alkane）和环烷烃（cycloalkane）的结构、命名、异构现象、理化性质等内容，是学习后续各章的基础。

第一节　烷烃

烷烃是指分子中的碳原子以单键相连，其余的价键都与氢结合而成的链状化合物。烷烃分子中碳结合的氢原子数目已达最高限度，不能再增加，即碳原子的价键被氢原子饱和，故又称为"饱和烃"。最简单的烷烃是甲烷，其次是乙烷、丙烷、丁烷等，它们的分子式分别为 CH_4、C_2H_6、C_3H_8、C_4H_{10} 等，每增加一个碳原子，就相应增加两个氢原子，因此可用 C_nH_{2n+2} 作为烷烃的分子通式。像烷烃分子这样具有同一通式、化学结构相似、化学性质也相似、物理性质表现出规律性变化的一个系列，称为同系列。同系列中的化合物互称为同系物。相邻同系物在组成上相差一个恒定的结构增量，即 CH_2，这个 CH_2 称为同系差。

一、 烷烃的结构

烷烃分子中的碳原子，即饱和碳原子，均为 sp^3 杂化，原子之间以 sp^3 杂化轨道形成 σ键。以甲烷为例：碳原子经过 sp^3 杂化，形成的 4 个 sp^3 杂化轨道，分别与 4 个氢原子的 1s 轨道重叠形成 4 个 C—H σ键。由于 sp^3 杂化轨道呈正四面体构型，所以甲烷分子也是正四面体构型。sp^3 杂化轨道夹角是 $109°28'$，故 H—C—H 键角也是 $109°28'$，如图 3-1 所示。

乙烷分子中的两个碳原子分别以 sp^3 杂化轨道重叠形成 C—C σ键，其余 sp^3 杂化轨道分别与 6 个氢原子的 1s 轨道重叠形成 C—H σ键，如图 3-2 所示。

依此类推，随着碳原子的增加，可形成丙烷、丁烷等各种烷烃。由于碳原子 sp^3 杂化的特征，使得 C—C—C 键角等于或近似 $109°28'$，所以烷烃分子中的直链并不是直线，实际上

(a) sp³杂化轨道

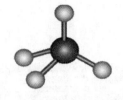
(b) 甲烷的球棍模型

(c) 甲烷的比例模型

图 3-1　sp³ 杂化轨道与甲烷的分子结构模型

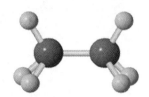

图 3-2　乙烷和丁烷的分子结构模型

是锯齿形的，这从丁烷的分子结构模型可以看出，如图 3-2 所示。

二、 烷烃的异构和命名

（一） 烷烃的构造异构

分子式相同而结构不同的化合物叫作同分异构体（isomer），这种现象称为同分异构现象。在同分异构体中，凡因分子中原子间的连接次序或连接方式不同而产生的异构称为构造异构（constitutional isomerism）。

甲烷、乙烷、丙烷分子中的碳原子和氢原子，都只有一种连接方式，不产生构造异构。从含 4 个碳的丁烷开始，碳原子不仅可以连接成直链，还可以连接成支链，产生数目不同的构造异构体。如丁烷 C_4H_{10} 有两种结合方式，戊烷 C_5H_{12} 有三种结合方式。

$$C_4H_{10}:\qquad CH_3CH_2CH_2CH_3\qquad\qquad CH_3\underset{\underset{CH_3}{|}}{C}HCH_3$$

$$C_5H_{12}:\qquad CH_3CH_2CH_2CH_2CH_3\qquad CH_3\underset{\underset{CH_3}{|}}{C}HCH_2CH_3\qquad CH_3\underset{\underset{CH_3}{|}}{\overset{\overset{CH_3}{|}}{C}}CH_3$$

C_6H_{14} 有 5 种，C_7H_{16} 有 9 种，$C_{12}H_{26}$ 有 355 种构造异构体。随着碳原子数的增加，异构体数目快速增加。

烷烃分子中的碳原子按照与其直接相连的碳原子的数目不同，可分为伯、仲、叔、季碳原子，只与另外一个碳原子相连的称为伯碳原子或一级碳原子（用 1°表示），与另外两个碳原子相连的称为仲碳原子或二级（2°）碳原子，与另外三个碳原子相连的称为叔碳原子或三级（3°）碳原子，与另外四个碳原子相连的称为季碳原子或四级（4°）碳原子。与此相对应，氢原子可以分为三种类型：与伯、仲、叔碳原子相连的氢原子分别称为伯、仲、叔氢原子（用 1°、2°、3°表示）。例如：

$$\begin{array}{cccccccc} & & & & \overset{1°}{CH_3} & \overset{1°}{CH_3} & & \\ & H & H & & | & | & & \\ H-\overset{1°}{C}-\overset{2°}{C}-\overset{3°}{C}-\overset{4°}{C}-CH_3 & & & & & & & \\ & | & | & | & | & & & \\ & H & H & H & \overset{1°}{CH_3} & & & \end{array}$$

（二）烷烃的命名

烷烃的命名是有机化合物命名的基础，通常使用普通命名法和系统命名法。

1. 普通命名法

普通命名法也称为习惯命名法，适用于结构简单的烷烃，命名方法如下：

直链烷烃（没有支链）称为"正某烷"，也可用"n"表示，常省略"正"字。"某"指烷烃中 C 原子的数目。含 1～10 个碳原子的烷烃用天干甲、乙、丙、丁、戊、己、庚、辛、壬、癸表示，10 个碳原子以上的烷烃用中文数字，如十一、十二等表示。

支链烷烃用"异"表示，分子中碳链一端的第二位碳原子上带有一个"—CH₃"而其他碳原子上再无取代基的烷烃，也可用"i"或"iso"表示；用"新"表示分子中碳链一端的第二位碳原子上带有两个"—CH₃"而无其他的取代基的烷烃，也用"neo"表示。如：

$$CH_3CH_2CH_2CH_2CH_3$$
正戊烷
n-pentane

$$\begin{array}{c} CH_3CHCH_2CH_3 \\ | \\ CH_3 \end{array}$$
异戊烷
iso-pentane

$$\begin{array}{c} CH_3 \\ | \\ CH_3CCH_3 \\ | \\ CH_3 \end{array}$$
新戊烷
neo-pentane

2. 系统命名法

系统命名法也称为 IUPAC 命名法，直链烷烃的系统命名法与普通命名法相似，只是将"正"字省略。支链烷烃可看作直链烷烃上含有烷基取代基，即直链烷烃的取代衍生物。

烷基是指烷烃分子去掉氢原子剩下的原子团，一价烷基的通式为 C_nH_{2n+1}，常用"R-"表示。命名烷基时，将烷烃名称中的"烷"字改为"基"字即可。常见的烷基有：

$$CH_3—$$
甲基

$$CH_3CH_2—$$
乙基

$$CH_3CH_2CH_2—$$
丙基

$$\begin{array}{c} CH_3CH— \\ | \\ CH_3 \end{array}$$
异丙基

$$CH_3CH_2CH_2CH_2—$$
丁基

$$\begin{array}{c} CH_3CHCH_2— \\ | \\ CH_3 \end{array}$$
异丁基

$$\begin{array}{c} CH_3CH_2CH— \\ | \\ CH_3 \end{array}$$
仲丁基

$$\begin{array}{c} CH_3 \\ | \\ CH_3C— \\ | \\ CH_3 \end{array}$$
叔丁基

系统命名法的要点如下：

（1）选择主链　选择分子中最长的碳链为主链，根据主链碳原子数目称为"某烷"。如果有几条碳链等长，则选择含取代基最多的碳链为主链。例如：

$$\begin{array}{c} \overset{3}{C}H_3\overset{}{C}H\overset{4}{C}H_2\overset{5}{C}H_2\overset{6}{C}H_3 \\ | \\ \underset{1}{C}H_2\underset{}{C}H_3 \end{array}$$

选择 6 个碳的己烷为主链，而不是 5 个碳的戊烷为主链。

（2）给主链碳原子编号　从靠近取代基的一端开始，将主链碳原子用阿拉伯数字编号，即使含支链的碳原子编号尽可能小；若 2 个不同取代基位于相同位次时，应使次序小的取代基编号小（参照"次序规则"排列）；若 2 个相同取代基具有相同位次时，应使第 3 个取代基的位次尽可能小（"最低系列"原则）。例如：

$$CH_3CH_2CHCH_2CH_2CHCH_2CH_3$$

各取代基位置标注：CH_2CH_3、CH_3

3-甲基-6-乙基辛烷

$$CH_3CHCH_2CH_2CHCHCH_3$$

2,3,6-三甲基庚烷

（3）写出名称　将取代基的位置、数量、名称补充在主链名称前面。书写名称的规则：取代基的位次用阿拉伯数字表示，阿拉伯数字与汉字之间用半字线"-"隔开；相同的取代基可以合并，并用汉字"二"或"三"等表示出取代基的数目；表示各取代基位次的阿拉伯数字之间要用半角逗号","隔开；取代基的书写顺序：按次序规则，较优基团后列出。例如：

2,8-二甲基-7-乙基癸烷

$$CH_3CHCHCH_2CH_2CH_3$$
各取代基：Cl、CH_3

3-甲基-2-氯己烷

（三）烷烃的构象异构

烷烃分子中的 C—C 单键可以自由旋转，从而使具有一定构造和构型的化合物分子中各基团产生了不同的空间排列方式，这种由于单键的旋转而形成的各原子或基团的不同空间排列称为构象（conformation）。同一分子的不同构象互为构象异构体（conformer），构象异构是立体异构的一种类型。

1. 乙烷的构象

由于乙烷分子中的 C—Cσ键绕轴自由旋转时，氢原子之间的相对空间位置会发生改变，由此可产生无数种构象异构体，它们的能量各不相同，其中较为典型的是能量最高和最低的两种异构体，即最不稳定和最稳定的构象，分别称为重叠式构象和交叉式构象，如图 3-3 所示。

重叠式　　　　　　　　　　交叉式

图 3-3　乙烷的重叠式和交叉式分子结构模型

为了更方便地表达乙烷及其他分子的构象，人们通常使用锯架投影式（也称萨哈斯 Sawhares 式）和纽曼（Newman）投影式表达。

锯架式是从侧面观察分子，能直接反映碳原子和氢原子在空间的排列情况。乙烷的两种构象用锯架式表示如下：

重叠式　　　　　　交叉式

纽曼投影式是沿着C—Cσ键观察分子，两个碳原子在投影式中处于重叠位置，前面的碳原子用一个点表示，后面的碳原子被挡住了，用一个圆圈表示，然后在相应的碳原子上连接H原子，在重叠式构象中，即使后面的H原子被挡住了，也要在旁边画出。

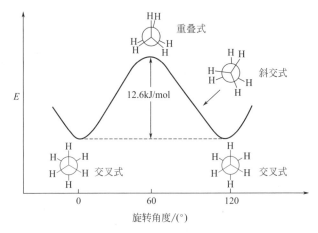

从锯架式和纽曼投影式表达中，我们不难发现，乙烷的交叉式构象中两个碳原子上的氢原子距离最远，相互间斥力最小，能量最低，是乙烷所有构象中最稳定的构象，称为优势构象。重叠式构象中两个碳原子上的氢原子距离最近，斥力最大，能量最高，是乙烷所有构象中最不稳定的构象。其他构象的能量介于二者之间。交叉式构象与重叠式构象的内能虽不同，但差别较小，约为12.6kJ/mol，室温下分子的热运动就可使两种构象越过能垒以极快的速度相互转换，因此，室温下乙烷分子是由重叠式、交叉式和介于二者之间的无数构象异构体组成的平衡混合物，不能进行分离。

乙烷分子中C—C键旋转时，分子内能的变化如图3-4所示。

图3-4　乙烷分子构象的能量曲线

2. 丁烷的构象

丁烷可以看作是乙烷分子中每个碳原子上的一个氢原子被甲基取代而得。在丁烷分子中有三个C—Cσ键，每个σ键绕轴自由旋转时，都可产生无数个构象异构体，因此，情况相对比较复杂。这里仅讨论围绕C2和C3键旋转所产生的四种典型构象异构体。其中包含两种交叉式和两种重叠式，即对位交叉式、邻位交叉式、部分重叠式和全重叠式。

在对位交叉式中，两个甲基相距最远，彼此间的斥力最小，能量最低，是丁烷的优势构象；在邻位交叉式中两个甲基相距较近，能量较低，是较稳定的构象；部分重叠式的两个甲基虽比邻位交叉式远一点，但两个甲基都和另一碳原子上的氢原子处于相重叠的位置，距离较近，能量较高，属不稳定构象；全重叠式中两个甲基处于重叠位置，氢原子也处于重叠位置，距离最近，斥力最大，能量最高，是丁烷中最不稳定的构象。因此四种构象的稳定性顺序为：对位交叉式＞邻位交叉式＞部分重叠式＞全重叠式。

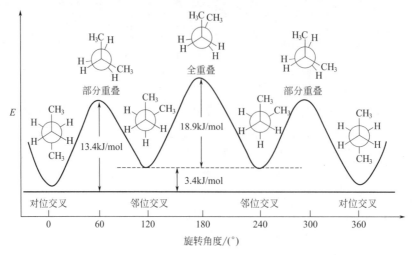

图 3-5　丁烷分子构象的能量曲线

丁烷各构象之间的能量差也不是太大（最大约 18.9kJ/mol），在室温下它们能相互转变，而不能分离，并且大多数丁烷分子以对位交叉式存在，全重叠式实际上几乎不存在。

由一种构象转变为另一种构象，需要提供一定的能量，如图 3-5 所示。因此所谓单键的自由旋转，并不是完全自由的。

三、　物理性质

有机化合物的物理性质一般是指状态、沸点、熔点、密度、溶解度、折射率等，在一定条件下都有固定的数值，称为物理常数。通过测定化合物的物理常数，可对化合物进行鉴别或鉴定其纯度。烷烃同系物的物理性质随碳原子数目的增加而表现出有规律的变化。

在常温常压下，C_1～C_4 的直链烷烃是气体，C_5～C_{17} 的直链烷烃是液体，含 18 个碳原子以上的直链烷烃是固体。正烷烃的沸点随分子量（即碳原子数目）的增加而升高。相邻的低级烷烃之间沸点差较大，但随着分子量的增加，相邻烷烃的沸点差逐渐减少。在同碳原子数的烷烃异构体中，支链越多，沸点越低。烷烃的沸点主要取决于分子间的范德华力，因为当分子的分支增多时，分子间的接触面积小，因而色散力小，沸点低。熔点除了和分子量以及分子间作用力有关外，还与分子在晶格中的排列有关，通常分子的对称性越高，在晶格中的排列越整齐规则，熔点越高。所以正烷烃的熔点也是随分子量的增加而升高，但与沸点不同的是偶数碳原子的烷烃比奇数碳原子的烷烃升高的幅度要大一些，例如，在戊烷的三种异构体中以新戊烷熔点最高。

	$CH_3CH_2CH_2CH_2CH_3$	$CH_3\underset{\underset{CH_3}{\vert}}{CH}CH_2CH_3$	$CH_3\overset{\overset{CH_3}{\vert}}{\underset{\underset{CH_3}{\vert}}{C}}CH_3$
沸点	36.1℃	29.9℃	9.4℃
熔点	−129.8℃	−160℃	−17℃

烷烃的相对密度也随分子量的增加而增加，但都小于1，所以烷烃都比水轻。烷烃为非极性分子，根据"相似相溶"原理，烷烃不溶于水，而易溶于非极性或低极性的有机溶剂，如四氯化碳、乙醚、氯仿等。

四、 化学性质

烷烃分子中C—C键和C—H键为非极性和弱极性的σ键，键都比较稳定，所以，烷烃对离子型试剂有极大的化学稳定性。一般情况下与强酸、强碱、强氧化剂、强还原剂都不发生反应。但在一定条件下，如适当的温度、压力以及催化剂的作用下烷烃也可以发生一些反应。较为典型的是由共价键均裂产生的自由基型反应，如卤代反应。

（一）卤代反应

在高温或光照条件下，烷烃与卤素（氯或溴）作用，烷烃中的氢原子能被卤原子取代生成卤代烷，这个反应称为烷烃的卤代反应（halogenation reaction）。

1. 甲烷的卤代反应

甲烷在光照或高温条件下可以与卤素反应，生成一氯甲烷和氯化氢，同时放出热量。

$$CH_4 + Cl_2 \xrightarrow{h\nu \text{ 或高温}} CH_3Cl + HCl$$

反应难以停留在一氯取代阶段，生成的一氯甲烷容易继续氯代生成二氯甲烷、三氯甲烷和四氯化碳。甲烷的氯代反应通常得到的是四种氯代产物的混合物，但反应条件对反应产物的组成有较大的影响，所以，控制一定的反应条件，也可使其中一种氯代烷成为主要产物。

$$CH_3Cl + Cl_2 \xrightarrow{h\nu \text{ 或高温}} CH_2Cl_2 + HCl$$

$$CH_2Cl_2 + Cl_2 \xrightarrow{h\nu \text{ 或高温}} CHCl_3 + HCl$$

$$CHCl_3 + Cl_2 \xrightarrow{h\nu \text{ 或高温}} CCl_4 + HCl$$

除了以上氯代反应外，其他的卤素也能与烷烃发生卤代反应，只是表现出不同的反应活性。卤素的相对反应活性顺序是：氟＞氯＞溴＞碘。氟很活泼，故烷烃与氟反应非常剧烈，并放出大量热，不易控制，甚至会引起爆炸。碘的活性较低，且碘代是吸热反应，活化能也很大，反应不易进行。其中具有实际意义的卤代反应只有氯代和溴代。

2. 烷烃的卤代反应历程

反应历程（reaction mechanism）又称反应机制或反应机理，是指由反应物到产物所经历的过程。反应历程是根据该反应的大量实验事实，总结归纳作出的理论假设，这种假设必须符合并能说明已经发生的实验事实。大量的研究表明，甲烷的卤代反应属于自由基（亦称游离基）取代反应历程。自由基链反应通常经历链引发、链增长、链终止三个阶段。

（1）链引发　是指分子通过吸收光或热能后，共价键发生均裂产生自由基的过程。自由基是带有单电子的原子或原子团。氯气在光照或者加热条件下，氯分子吸收能量发生共价键均裂，形成两个带有单电子的氯自由基（Cl·）。

$$Cl_2 \xrightarrow{h\nu \text{ 或高温}} Cl\cdot + Cl\cdot$$

氯自由基能量高，非常活泼，它的外层有7个电子，有夺取一个电子形成八隅体结构的倾向，即它要通过形成新的化学键来释放能量，形成稳定体系。

（2）链增长 是指自由基与分子发生碰撞，生成新的自由基与新的分子的过程。当氯自由基和甲烷分子碰撞时，它能夺取甲烷分子中的一个氢原子，形成氯化氢和带单电子的甲基自由基。甲基自由基也非常活泼，碳原子外围有 7 个电子，也有夺取一个电子形成八隅体、形成新的共价键从而释放能量的倾向。当它和氯分子碰撞时，它能夺取一个氯原子形成一氯甲烷和一个新的氯自由基。

$$\left.\begin{aligned} Cl\cdot + CH_4 &\longrightarrow \cdot CH_3 + HCl \\ \cdot CH_3 + Cl_2 &\longrightarrow CH_3Cl + Cl\cdot \end{aligned}\right\} 重复进行$$

这个新产生的氯自由基可以再和甲烷碰撞，重复以上两步反应，这样反复进行反应就生成了大量的一氯甲烷。此过程称为链增长阶段。

在链增长阶段中，当一氯甲烷达到一定浓度时，氯自由基也可以和一氯甲烷作用，氯自由基可夺取一氯甲烷分子中的一个氢原子生成一分子氯化氢和氯甲基自由基（$\cdot CH_2Cl$），氯甲基自由基再和氯分子作用生成二氯甲烷和一个新的氯自由基。

$$\left.\begin{aligned} CH_3Cl + Cl\cdot &\longrightarrow \cdot CH_2Cl + HCl \\ \cdot CH_2Cl + Cl_2 &\longrightarrow CH_2Cl_2 + Cl\cdot \end{aligned}\right\} 重复进行$$

若氯气过量，这个反应可以继续下去，直至生成三氯甲烷和四氯化碳。

（3）链终止 是指自由基之间相互结合而消除自由基的过程。随着反应的进行，甲烷的量逐渐减少，氯自由基和甲烷的碰撞概率也随之减少，反应最后自由基之间的碰撞增多，自由基相互结合，整个反应就逐渐停止。

$$Cl\cdot + Cl\cdot \longrightarrow Cl_2$$
$$\cdot CH_3 + \cdot CH_3 \longrightarrow CH_3CH_3$$
$$Cl\cdot + \cdot CH_3 \longrightarrow CH_3Cl$$

由以上历程可以看出：只要反应开始时有少量的氯自由基产生，反应就能像锁链一样一环扣一环连续不断地进行下去，直至反应停止。所以，这种反应称为自由基链反应。

甲烷的氯代反应历程，也适用于甲烷的溴代和其他烷烃的卤代。

3. 其他烷烃的卤代反应

甲烷、乙烷分子中只有一种氢原子，发生卤素取代反应时不存在任何取向问题。而丙烷分子中存在伯、仲两种氢原子，氯代可以得到两种一氯代产物。

$$CH_3CH_2CH_3 + Cl_2 \xrightarrow{h\nu} \underset{44\%}{CH_3CH_2CH_2Cl} + \underset{56\%}{CH_3\underset{|}{\overset{}{C}}HCH_3}$$
$$\underset{}{\overset{}{Cl}}$$

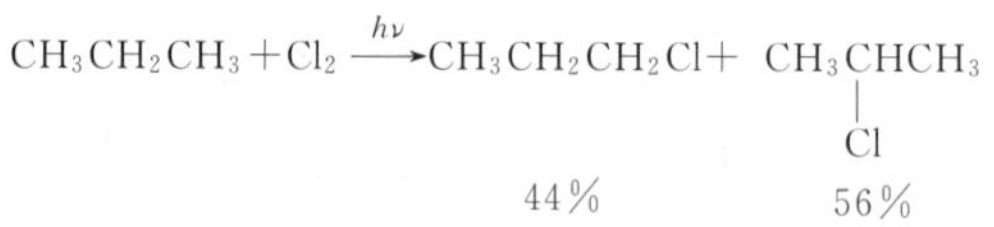

在丙烷分子中一共有 6 个 $1°H$，2 个 $2°H$，如果这两类氢原子被取代的概率相同，则 $1°H$ 和 $2°H$ 被取代的产物应为 $3:1$，但实验得到的两种一氯丙烷产物分别为 44％ 和 56％，这说明在丙烷分子中两类氢的反应活性是不相同的，$1°H$ 和 $2°H$ 的相对反应活性比大致为 $(44/6):(56/2)=1:3.8$。

同理，异丁烷分子中存在伯、叔两种氢原子，氯代亦可以得到两种一氯代产物。

$$\underset{CH_3\underset{|}{\overset{\displaystyle CH_3}{C}}HCH_3}{} + Cl_2 \xrightarrow{h\nu} \underset{64\%}{CH_3\underset{|}{\overset{\displaystyle CH_3}{C}}HCH_2Cl} + \underset{36\%}{CH_3\underset{|}{\overset{\displaystyle CH_3}{\underset{Cl}{C}}}CH_3}$$

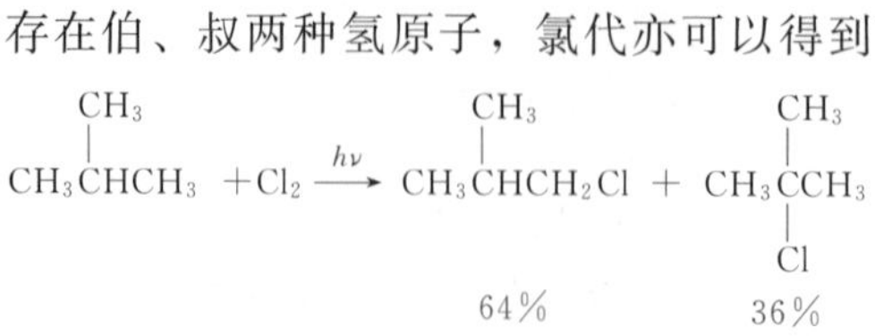

在异丁烷分子中一共有 9 个 $1°H$，1 个 $3°H$。如果这两类氢原子被取代的概率相同，则 $1°H$ 和 $3°H$ 被取代产物的比例应为 $9:1$，但实验得到的两种一氯代产物分别为 64% 和 36%，这说明在异丁烷分子中两类氢的反应活性也是不相同的，$1°H$ 和 $3°H$ 的相对反应活性比大致为 $(64/9):(36/1)=1:5.1$。

通过大量烷烃氯代反应的实验表明，烷烃分子中伯、仲、叔三种氢原子的相对反应活性比大致为 $1:3.8:5.1$，从而可以看出：三种氢原子的反应活性次序为：$3°H>2°H>1°H$。

同样，丙烷和异丁烷也能与溴发生类似的取代反应，生成相应的一溴代烷。

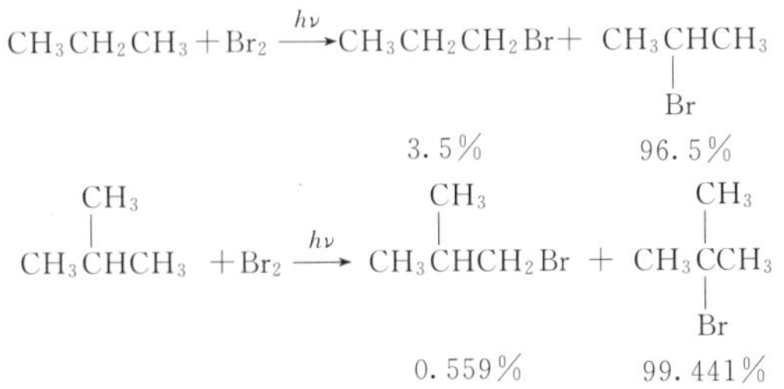

$$CH_3CH_2CH_3 + Br_2 \xrightarrow{h\nu} CH_3CH_2CH_2Br + CH_3\overset{|}{\underset{Br}{C}}HCH_3$$

$$\phantom{CH_3CH_2CH_3 + Br_2 \xrightarrow{h\nu} } 3.5\% \qquad 96.5\%$$

$$CH_3\overset{CH_3}{\underset{}{C}}HCH_3 + Br_2 \xrightarrow{h\nu} CH_3\overset{CH_3}{\underset{}{C}}HCH_2Br + CH_3\overset{CH_3}{\underset{Br}{C}}CH_3$$

$$ 0.559\% \qquad 99.441\%$$

根据几种氢被取代所生成的一溴代烷的比例，可以计算出溴代反应中，烷烃分子中伯、仲、叔三种氢原子的相对反应活性比大致为 $1:82:1600$，与氯代反应类似，三种氢原子的反应活性同样为：$3°H>2°H>1°H$。但是，溴代反应的选择性更高，因为溴代反应活性比氯代反应低。因此，溴代反应在有机合成中更具有应用价值。

4. 烷烃自由基的结构及稳定性

现代光谱法研究表明，烷基自由基具有平面结构，其中心碳原子为 sp^2 杂化，三个 sp^2 杂化轨道分别与氢原子或碳原子形成三个 C—H 或 C—C σ 键，键角为 $120°$，碳原子上未参与杂化的 p 轨道与三个 sp^2 杂化轨道的平面垂直，p 轨道中有一个单电子。甲基自由基和其他烷基自由基的结构如图 3-6 所示。

图 3-6　甲基自由基和其他烷基自由基的结构

自由基的稳定性与键的离解能和自由基的结构有关。共价键的离解能是指共价键发生均裂形成自由基所需要的能量。不同类型 C—H 键的离解能如下：

$$ \text{离解能}$$

$$CH_3\text{—}H \longrightarrow CH_3\cdot + H\cdot \qquad 435kJ/mol$$

$$CH_3CH_2CH_2\text{—}H \longrightarrow CH_3CH_2\overset{\cdot}{C}H_2 + H\cdot \qquad 410kJ/mol$$

$$(CH_3)_2CH\text{—}H \longrightarrow (CH_3)_2\overset{\cdot}{C}H + H\cdot \qquad 395kJ/mol$$

$$(CH_3)_3C\text{—}H \longrightarrow (CH_3)_3C\cdot + H\cdot \qquad 380kJ/mol$$

共价键的离解能越小，说明碳氢键越容易断裂，形成自由基所需要的能量越低，而自由基越容易形成，所含有的能量就越低，结构就越稳定。所以自由基的稳定性是 $3°R\cdot>2°R\cdot>1°R\cdot>\cdot CH_3$。

烷基自由基的稳定性与反应取向和反应活性直接相关，烷基自由基的稳定性次序和伯、仲、叔氢原子被夺取的难易程度（即活泼性：$3°H>2°H>1°H$）是一致的。

（二）氧化反应

在有机化学中，通常将在反应物分子中引入氧原子或脱去氢原子的反应称为氧化反应。烷烃在空气或氧气存在下点燃，可以燃烧生成二氧化碳和水，同时放出大量的热量。

$$CH_4 + 2O_2 \longrightarrow CO_2 + 2H_2O + 能量$$

烷烃的燃烧反应在自然界中被广泛应用，例如沼气、天然气的主要成分就是甲烷，它们通常都是作为燃料使用。反应的重要性不在于生成二氧化碳和水，而是反应中放出大量的热，可直接利用热能，而汽油等燃料油作为内燃机燃料的基本原理也是基于产生的热能使压力增加而转换成机械能。

第二节　环烷烃

脂环烃是指性质上与链烃相似，结构上具有环状骨架的一类碳氢化合物。脂环烃包含环烷烃、环烯烃、环炔烃等，单环环烷烃的通式为 C_nH_{2n}，与同碳数的烯烃互为同分异构体。脂环烃根据分子中碳环的数目可分为单环和多环脂环烃，根据多环脂环烃中环的连接方式，又有螺环烃和桥环烃。本节不讨论各种复杂的脂环烃，主要学习单环环烷烃。

一、环烷烃的命名

（一）单环环烷烃的命名

单环环烷烃的命名与烷烃相似，只需在相应的烷烃名称前冠以"环"字，根据成环碳原子数目称为环某烷。若环上带有简单取代基，一般以环为母体，取代基作为支链。例如：

环丙烷　　　　环己烷　　　　乙基环己烷　　　　丙基环戊烷

环上有多个取代基时，则需对环上碳原子进行编号，一般从小基团开始，并使其他取代基编号较小。例如：

1-甲基-2-异丙基环戊烷　　　　　　　　1,1-二甲基-4-乙基环己烷

若环上取代基比较复杂或链长环小时，可将环作取代基，而将碳链作母体进行命名。例如：

2,5-二甲基-3-环丙基己烷　　　　　　2-甲基-4-乙基-5-环戊基壬烷

（二）顺反异构体的命名

环烷烃由于环的存在，限制了 C—C σ 键的自由旋转，环上碳原子所连接的原子或基团在空间的排布被固定，当不同碳上的两个取代基在环的同侧时为顺式异构体（*cis*-isomer），在异侧时为反式异构体（*trans*-isomer）。例如：

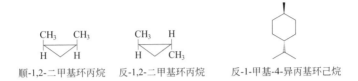

顺-1,2-二甲基环丙烷　　反-1,2-二甲基环丙烷　　反-1-甲基-4-异丙基环己烷

二、环烷烃的结构和稳定性

（一）环烷烃的燃烧热和环的稳定性

在标准状态下，一摩尔有机物完全燃烧所放出的热量称为燃烧热（单位为 kJ/mol）。燃烧热越大说明分子内能越高，分子越不稳定。但环烷烃的燃烧热随着碳原子的增加而逐渐升高，只比较分子的总燃烧热是没有意义的。如果能比较环中每个 CH_2 的平均燃烧热，就能解释环的稳定性了。表 3-1 中列出一些环烷烃的燃烧热。

表 3-1　环烷烃的燃烧热

名称	成环原子数	分子燃烧热/(kJ/mol)	每个 CH_2 的平均燃烧热/(kJ/mol)	与开链烷烃燃烧热的差/(kJ/mol)
环丙烷	3	2091.3	697.1	38.5
环丁烷	4	2744.1	686.0	27.4
环戊烷	5	3320.1	664.0	5.4
环己烷	6	3951.7	658.6	0
环庚烷	7	4636.7	662.4	3.8
环辛烷	8	5313.9	664.2	5.6
环壬烷	9	5981.0	664.6	6.0
环癸烷	10	6635.8	663.6	5.0
环十五烷	15	9884.7	659.0	0.4
开链烃			658.6	

从表 3-1 可以看出：从三元环到六元环，随着环的增大，每个 CH_2 的平均燃烧热值下降，环己烷与开链烃每个 CH_2 的平均燃烧热值最低。所以环烷烃的稳定性顺序为：六元环＞五元环＞四元环＞三元环，从七元环开始，每个 CH_2 的平均燃烧热值趋于恒定，稳定性也相似，是比较稳定的无张力环。这与脂环烃的化学性质是一致的。

（二）拜耳张力学说

1885 年德国化学家拜耳（Bayer）提出"张力学说"，他假设所有成环碳原子都在同一平面形成正多边形，并计算环烷烃中 C—C—C 键角与 sp^3 杂化轨道的正常键角 $109°28'$ 之间的偏离程度。如环丙烷偏转角度 ＝（$109°28' - 60°$）/2 ＝ $24°44'$，三元至六元环烷烃的 C—C—C 键角及每个 C—C 键的偏离程度如图 3-7 所示。

正常键角向内偏转的结果，使环烷烃分子产生了张力，即恢复正常键角的力，也称角张

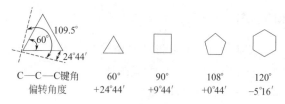

| C—C—C键角 | 60° | 90° | 108° | 120° |
| 偏转角度 | +24°44′ | +9°44′ | +0°44′ | −5°16′ |

图 3-7　环烷烃分子中键角的偏转角度

力（anglestrain）或称拜耳张力。环烷烃的键角偏差越大，角张力越大，稳定性越差，所以脂环烃的稳定性顺序为：五元环＞四元环＞三元环。按照拜耳"张力学说"，环己烷向外偏转了 5°16′，大于环戊烷的键角偏差，环己烷应不如环戊烷稳定，并且随着环的增大，角张力增大，六元环以上的环烷烃应越来越不稳定。但事实上环己烷比环戊烷还稳定，六元以上的环亦比较稳定。造成这种矛盾的原因是由于拜耳把组成环的碳原子视为在同一平面上的错误假设。事实上，只有三元环的碳原子是在同一平面上的。

（三）　现代结构理论的解释

现代结构理论认为：共价键的形成是成键原子轨道相互重叠的结果，重叠程度越大，形成的共价键就越稳定。环丙烷分子的三个碳原子处于同一平面（三点共平面），为正三角形构型，而两个碳原子的 sp^3 杂化轨道因键角限制，不可能沿键轴方向重叠，而是偏离一定角度在连线外侧重叠形成弯曲键，因其形状像香蕉，又称香蕉键，如图 3-8 所示。

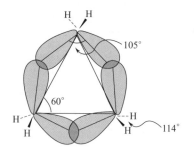

图 3-8　环丙烷原子轨道重叠图（香蕉键）

除环丙烷外，其他环烷烃均可通过环内碳碳单键的旋转，采取偏离平面的构象存在，形成非平面的空间结构，五元及其以上的环都较稳定，特别是环己烷可采取非平面的椅式构象和船式构象存在，成环碳原子保持了正常的键角 109°28′，成键碳原子沿键轴方向重叠，保证了原子轨道的最大重叠，形成了稳定的共价键，不存在张力，所以环己烷是非常稳定的无张力环。

三、　环烷烃的性质

（一）　物理性质

脂环烃难溶于水，比水轻。环烷烃的熔点、沸点和相对密度均比含相同碳原子数的链烃高，这是由于环烷烃单键旋转受到限制，分子具有对称性和刚性的缘故。环烷烃的物理性质递变规律与烷烃相似，即随着成环碳原子数的增加，熔点和沸点升高。常见环烷烃的物理性质见表 3-2。

表 3-2 环烷烃的物理性质

名称	分子式	熔点/℃	沸点/℃	相对密度 d_4^{20}（液态时）
环丙烷	C_3H_6	−127.6	−32.9	0.720（−79℃）
环丁烷	C_4H_8	−80.0	11.0	0.703（0℃）
环戊烷	C_5H_{10}	−94.0	49.5	0.745
环己烷	C_6H_{12}	6.5	80.8	0.779
环庚烷	C_7H_{14}	−12.0	117.0	0.810
环辛烷	C_8H_{16}	11.5	147.0	0.830

（二）化学性质

五元环和六元环环烷烃与烷烃的化学性质相似，易发生取代反应，三元环和四元环这样的小环稳定性差，容易开环，可发生与烯烃相似的加成反应而转变成链烃。在常温下，环烷烃对氧化剂稳定，不容易与高锰酸钾水溶液或臭氧反应，故可用高锰酸钾水溶液鉴别环烷烃与烯烃、炔烃。但在高温和催化剂的作用下，脂环烃也可被强氧化剂氧化。下面主要讨论环烷烃的加成和取代反应。

1. 加成反应

根据环的结构，三元环、四元环等小环由于环张力较大，通过开环发生加成反应，可解除环张力，所以小环容易发生加成，随着环的增大，环张力减小，开环变得困难。

（1）催化加氢 在一定温度及催化剂的作用下，环丙烷、环丁烷可加氢，发生开环反应得到开链烷烃。

$$\triangle \ + \ H_2 \xrightarrow[80℃]{Ni} CH_3CH_2CH_3$$

五元及其以上的环烷烃在上述条件下难以发生开环反应。

（2）加卤素 环丙烷及其衍生物在常温下易与卤素发生加成反应而开环，环丁烷则需在加热条件下才能开环。

$$\triangle \ + \ Br_2 \xrightarrow[室温]{CCl_4} \underset{\underset{Br}{|}}{C}H_2CH_2\underset{\underset{Br}{|}}{C}H_2$$

$$\square \ + \ Br_2 \xrightarrow{\triangle} \underset{\underset{Br}{|}}{C}H_2CH_2CH_2\underset{\underset{Br}{|}}{C}H_2$$

利用环丙烷在室温下与溴的四氯化碳溶液反应，使溴的红棕色褪色，常用于环丙烷与其他烷烃的鉴别。五元以上的环烷烃很难与卤素发生加成反应。

（3）加卤化氢 类似于加卤素，环丙烷、环丁烷及其衍生物也很容易与卤化氢发生加成反应。

$$\triangle \ + \ HBr \xrightarrow{室温} CH_3CH_2CH_2Br$$

取代环丙烷在常温下易与卤化氢发生加成反应而开环，开环发生在含氢最多和最少的两个碳原子之间。卤化氢中的氢原子与环丙烷中含氢较多的碳原子结合，卤原子与含氢较少的碳原子结合。

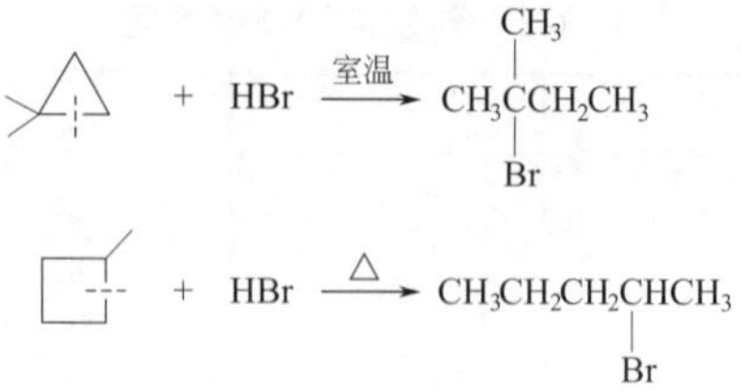

五元及其以上的环烷烃很难与卤化氢发生加成反应。

2. 取代反应

与烷烃类似，在光照或高温条件下，环烷烃能与卤素发生取代反应，反应也按照自由基链反应历程进行。

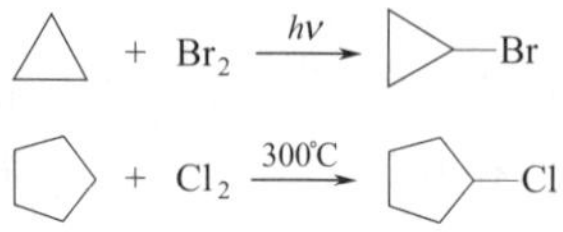

环己烷是环烷烃中最稳定的无张力环，之所以稳定，是由于环己烷环上碳原子不在同一平面，使其保持了碳碳键角为 $109°28'$，这种无角张力的环己烷的典型构象有椅式构象和船式构象，这是因其骨架形象而得名，如图 3-9 所示。

四、 环己烷的构象

（一） 环己烷的船式和椅式构象

环己烷是环烷烃中最稳定的无张力环，之所以稳定，是由于环己烷环上碳原子不在同一平面，使其保持了碳碳键角为 $109°28'$，这种无角张力的环己烷的典型构象有椅式构象和船式构象，这是因其骨架形象而得名，如图 3-9 所示。

椅式构象   船式构象

图 3-9 环己烷的椅式构象和船式构象碳架

环己烷的椅式构象不仅没有角张力，而且所有相邻碳原子上的氢原子都处于邻位交叉式，因而不存在重叠式所引起的扭转张力。此外，环上处于间位的两个碳上的同向平行氢原子间的距离最大，约为 230pm，与两个氢原子的范德华半径之和 240pm 相近，几乎不产生斥力，这些因素导致环己烷的椅式构象高度稳定。如图 3-10 所示。

环己烷的船式构象中 C2 和 C3、C5 和 C6 处于全重叠式，有较大的扭转张力。此外，船头上（C1 和 C4）两个氢原子相距较近（约 183pm），远小于两个氢原子的范德华半径之和（240pm），因而存在由于空间拥挤所引起的斥力，亦称跨环张力。这两种张力的存在使船式构象能量升高，所以环己烷的船式构象较不稳定。如图 3-10 所示。

因此，椅式构象是环己烷的优势构象，椅式构象比船式构象能量低 29.7kJ/mol，虽然椅式和船式可以相互转变而处于动态平衡，但在室温条件下 99.9% 的环己烷以椅式构象存在。

（二） 椅式构象中的直立键和平伏键

在环己烷的椅式构象中，C1、C3、C5 在同一环平面上，C2、C4、C6 在另一环平面上，

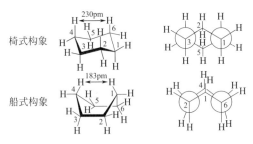

椅式构象

船式构象

图 3-10　环己烷的椅式构象和船式构象的透视式和纽曼投影式

这两个环平面相互平行，其间距约为 50pm，穿过环中心并垂直于环平面的轴称为对称轴。据此可将环己烷中 12 个 C—H 键分为两种类型：一类是垂直于环平面的 6 个 C—H 键，即与对称轴平行，称为直立键（竖键），也称 a 键（axial bonds），其中 3 个竖直向上，3 个竖直向下，交替排列。另一类是 6 个与竖直键（对称轴）呈 $109°28'$ 夹角的，称为平伏键（横键），也称 e 键（equatorial bonds），如图 3-11 所示。

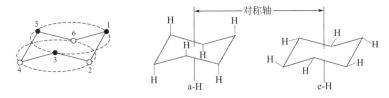

图 3-11　环己烷椅式构象的环平面、对称轴及直立键和平伏键

环己烷通过环内碳碳单键的旋转，可以从一种椅式构象转变成另一种椅式构象，称为转环作用。转环时大约需要克服 46kJ/mol 的能垒，室温下，分子热运动具有足够的动能克服此能垒，因此，转环作用极其迅速，最终可形成动态平衡体系。转环后，原来的 a 键变为 e 键，e 键变为 a 键，但键在环上的相对位置不变，即向上和向下的相对取向并不改变。如图 3-12 所示。

图 3-12　环己烷转环中的 a 键与 e 键相互转变

（三）取代环己烷的构象

1. 单取代环己烷的构象

单取代环己烷的取代基可以在 a 键，也可以在 e 键，这两种构象异构体可以通过转环作用互相转换，而达到平衡。一般情况下，e 键取代的构象能量较低，为优势构象。这是由于当取代基处在 a 键上时，与 C3、C5 上处于 a 键的氢原子相距较近，小于其范德华半径，存在着较大的空间排斥力（范德华张力），能量较高，不稳定；而当取代基处于 e 键上时，与所有 C 上的处于 a 键的氢原子相距较远，不存在空间张力，能量较低，较稳定。例如，在甲基环己烷构象中，甲基处于 a 键比处于 e 键的分子能量高 7.5kJ/mol。在常温下，两种取代互相转换达到动态平衡时，e 键取代占 95％，a 键取代约占 5％。如图 3-13 所示。

此外，通过纽曼投影式也可看出，e 键取代为最稳定的对位交叉式，a 键取代为次稳定

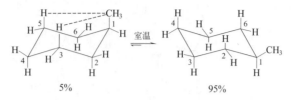

图 3-13　甲基环己烷 a 键取代与 e 键取代

的邻位交叉式。如图 3-14 所示。

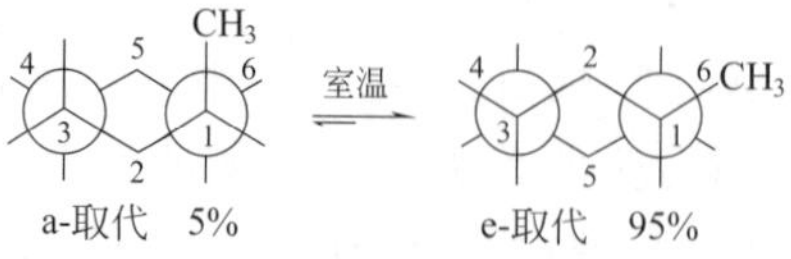

图 3-14　甲基环己烷 a 键取代与 e 键取代的纽曼投影式

2. 二取代环己烷的构象

二取代环己烷分子中有两个氢原子被取代，进行构象分析不仅要考虑取代基在 e 键或在 a 键，还要考虑顺反异构问题。如 1,2-二甲基环己烷有顺式和反式两种异构体，顺式的两种椅式构象均有一个甲基在 e 键，一个甲基在 a 键，它们能量相等，通过转环互变的平衡混合物中各占 50%。

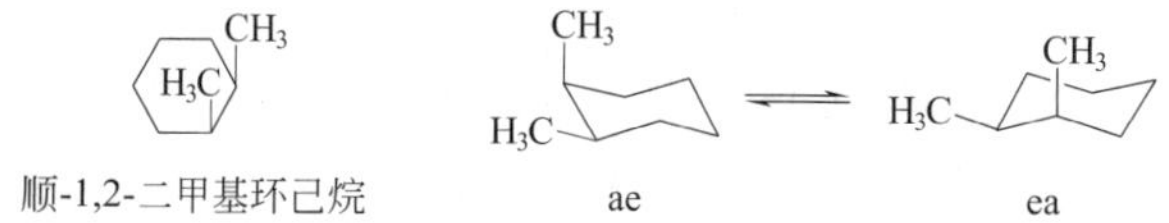

顺-1,2-二甲基环己烷　　　ae　　　ea

反式的两种椅式构象中，一种是两个甲基都在 e 键，另一种是两个甲基都在 a 键，能量不相等，ee 取代为优势构象，由于反式中有能量最低的 ee 构象，所以 1,2-二取代环己烷的反式构象异构体比顺式构象异构体稳定。

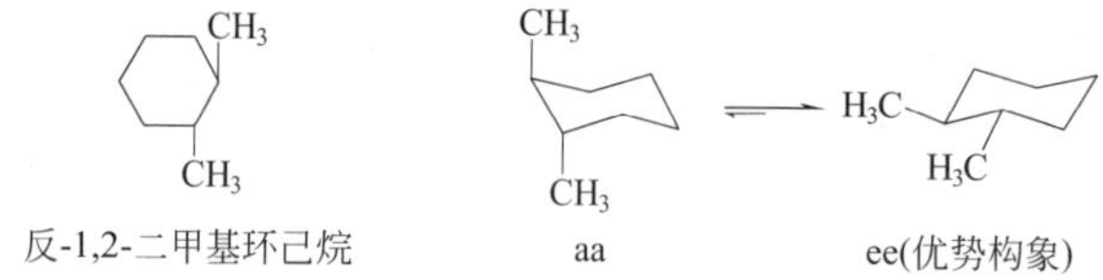

反-1,2-二甲基环己烷　　　aa　　　ee(优势构象)

在 1,4-二甲基环己烷中，情况与 1,2-二甲基环己烷类似，也是反式异构体中的 ee 取代为优势构象，反式异构体比顺式的稳定。

在 1,3-二取代环己烷中，顺式异构体有能量较低的 ee 构象，比反式异构体稳定。

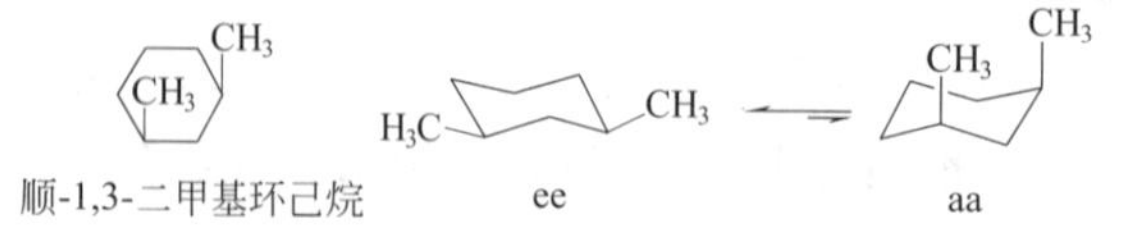

顺-1,3-二甲基环己烷　　　ee　　　aa

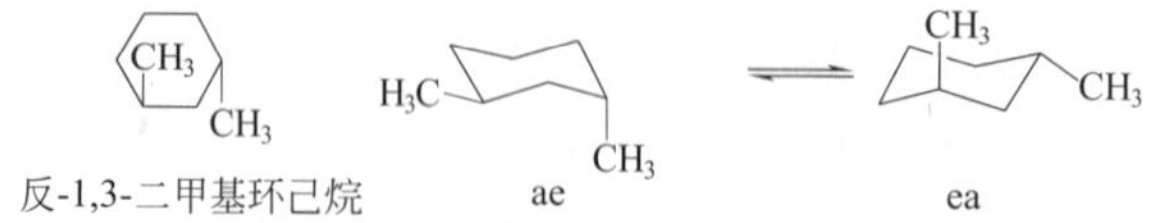

反-1,3-二甲基环己烷　　　ae　　　ea

若环上出现的两个烃基取代基不相同，在满足顺反异构的要求时，如不能使两个基团都位于 e 键，则以体积较大的基团处于 e 键的构象为优势构象，如顺-1-甲基-4-叔丁基环己烷

的优势构象就是叔丁基处于 e 键的构象。而反-1-甲基-4-叔丁基环己烷的优势构象仍然是 ee
取代为优势构象。

顺-1-甲基-4-叔丁基环己烷

优势构象

反-1-甲基-4-叔丁基环己烷

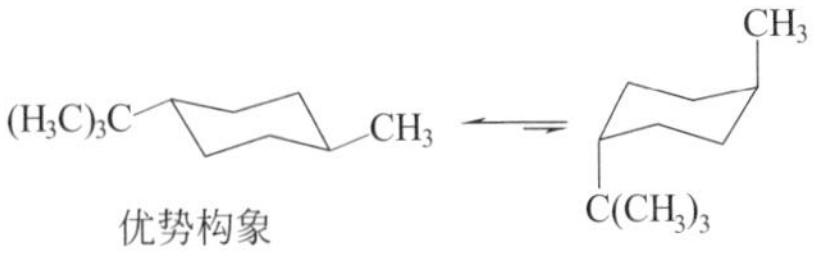

优势构象

3. 多取代环己烷的构象

当环己烷环上有多个取代基时，e 键上连接的取代基越多越稳定，为优势构象；当环上
有不同取代基时，体积大的基团在 e 键上的构象为优势构象。若有体积特大基团，如叔丁
基，几乎 100％处于 e 键，叔丁基亦被称为控制构象的基团。

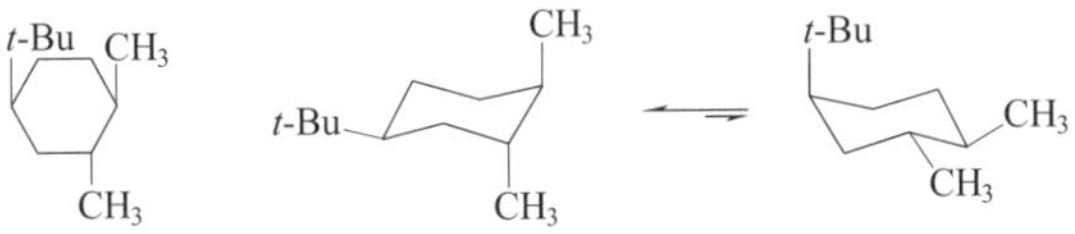

优势构象

对于取代环己烷的优势构象，一般可根据以下原则加以判断：椅式构象是最稳定的构
象；对于二取代或多取代环己烷，在满足构型的情况下，e 键取代多的为优势构象；对于不
同取代基，较大取代基处于 e 键的构象为优势构象。

================================== 本章小结 ==================================

烷烃是饱和烃的典型代表，具有 C_nH_{2n+2} 的分子通式。饱和碳原子均为 sp^3 杂化，原子
之间以 sp^3 杂化轨道形成 σ 键。烷烃分子中的碳原子可分为伯、仲、叔、季四种类型，相应
的氢原子有伯、仲、叔三种类型。

含 4 个碳以及以上的烷烃，由于连接顺序不同而产生构造异构体，异构体的数目随碳原
子的增加而迅速增加。此外，除甲烷外，其他烷烃分子由于 C—C σ 键绕轴自由旋转而产生
构象异构体。

烷烃的命名是有机化合物命名的基础，包含普通命名法和系统命名法，广泛应用的系统
命名法，通常需要选择主链、对主链碳原子进行编号、确定取代基的位置、数目、名称等
步骤。

烷烃的化学活性比较低，化学性质比较稳定，在光照或高温下可发生卤代反应，不同卤
素的相对反应活性顺序是：氟＞氯＞溴＞碘。三种氢原子的反应活性次序为：$3°H>2°H>$
$1°H$。卤代反应属于自由基链反应，烷基自由基具有平面结构，其中心碳原子为 sp^2 杂化，
烷基自由基的稳定性是 $3°R·>2°R·>1°R·>·CH_3$。

环烷烃是饱和的环状烃，单环环烷烃的分子通式为 C_nH_{2n}，命名与烷烃类似，只需在
相应的烷烃名称前冠以"环"字。环烷烃的稳定性顺序为：六元环＞五元环＞四元环＞三元

环，六元以上的环亦比较稳定。

环烷烃可发生与烷烃类似的卤素取代反应，环丙烷、环丁烷由于角张力较大，不稳定，表现出易与氢气、卤素、卤化氢等发生开环加成反应。五元及以上的环则较稳定，不易开环。

环己烷是环烷烃中最稳定的无张力环，其典型构象有椅式构象和船式构象，其中椅式构象为优势构象。对于取代环己烷在满足构型的情况下，e 键取代多的为优势构象，对于不同取代基，较大取代基处于 e 键的构象为优势构象。

习 题

3-1 单项选择题

(1) 下列化合物中，最不稳定的是（   ）。

A.   B.

C.   D.

(2) 下列游离基最稳定的是（   ）。

A. $\overset{.}{C}H_3$ B. $\overset{.}{C}H_2CH_3$ C. $(CH_3)_2\overset{.}{C}H$ D. $(CH_3)_3\overset{.}{C}$

(3) 异戊烷的一溴取代物最多可形成（   ）种构造异构体。

A. 2   B. 3   C. 4   D. 5

(4) 下列化合物中，最易发生催化加氢反应的是（   ）。

A. 环丙烷   B. 环丁烷   C. 环戊烷   D. 环己烷

(5) 在下列几种丁基中，（   ）被称为仲丁基。

A. $CH_3CH_2CH_2CH_2—$ B. $(CH_3)_2CHCH_2—$ C. $CH_3CH_2\underset{\underset{CH_3}{|}}{CH}—$ D. $(CH_3)_3C—$

(6) 分子式为 C_6H_{14} 的烷烃，构造异构体的数目为（   ）。

A. 2   B. 3   C. 4   D. 5

(7) 在异戊烷分子中含有（   ）个仲氢原子。

A. 1   B. 2   C. 4   D. 9

(8) 丁烷分子绕 C2—C3 键旋转所产生的四种典型构象异构体中，优势构象是（   ）。

A. 对位交叉式   B. 邻位交叉式   C. 部分重叠式   D. 全重叠式

(9) 环丙烷 C_3H_6 分子中的碳原子进行了（   ）杂化。

A. 不杂化   B. sp^3 C. sp^2 D. sp

3-2 用系统命名法命名下列化合物。

(1) $CH_3CH_2C(CH_2CH_3)_2CH_2CH_3$ (2)

(3) $CH_3\underset{\underset{CH_2CH_3}{|}}{CH}CH_2CH_2\overset{\overset{CH_3}{|}}{\underset{\underset{CH_3}{|}}{C}}CH CH_3$ (4)

(5)   (6)   (7)

3-3 写出下列化合物的结构式。

（1）异壬烷

（2）反-1-甲基-4-异丙基环己烷（优势构象）

（3）2,4,5-三甲基-3-异丙基辛烷

（4）新戊烷

3-4 完成下列化学反应。

（1）$CH_4 + Cl_2$（过量）$\xrightarrow{h\nu \text{ 或高温}}$

（2）△ 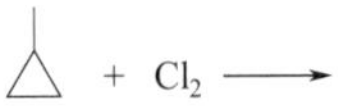 + Cl_2 ⟶

（3）⬠ + Br_2 $\xrightarrow{\text{光照}}$

（4）⬡ + Cl_2 $\xrightarrow{300℃}$

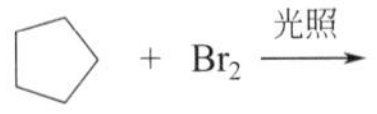

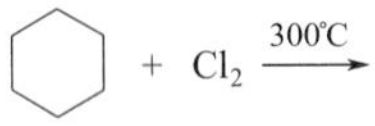

（5）▢ + HBr $\xrightarrow{\triangle}$

（6）△ + HBr $\xrightarrow{\text{室温}}$

3-5 不查表，试将下列烷烃按照沸点由高到低的顺序排列：

①3,3-二甲基戊烷；②正庚烷；③2-甲基庚烷；④2-甲基己烷；⑤正戊烷。

3-6 用化学方法鉴别下列化合物。

（1）丙烷与环丙烷

（2）环丙烷与环戊烷

3-7 请标出下列化合物分子中碳原子的类型。

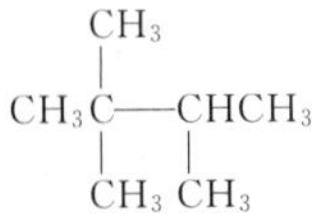

$$CH_3CH_2\underset{\underset{CH_3}{\overset{\overset{CH_3}{|}}{|}}}{C}-CHCH_3$$

3-8 写出符合下列条件、分子式为 C_6H_{14} 的烷烃的构造异构体。

（1）含有季碳原子

（2）不含仲碳原子

第四章

烯烃和炔烃

烯烃（alkene）和炔烃（alkyne）均属于不饱和烃（unsaturated hydrocarbon）。因其分子中含有不饱和键碳碳双键（C═C）和碳碳三键（C≡C），使烯烃和炔烃的化学性质比饱和烃的化学性质活泼，且这两类化合物在性质方面也有很多相似之处。不饱和键对烯烃和炔烃的化学性质起着决定性作用，因此，碳碳双键和碳碳三键分别看作是烯烃和炔烃的官能团。

本章将讨论烯烃和炔烃的结构特征、反应性能、亲电加成反应及其反应机制，电子效应对亲电加成反应的影响等。

第一节　烯烃

一、烯烃的结构

分子结构中含有碳碳双键（C═C）的碳氢化合物称为烯烃。含有一个碳碳双键的开链烯烃比同碳数的烷烃少两个氢原子，通式为 C_nH_{2n}。

碳碳双键就是烯烃的官能团，乙烯是最简单的烯烃，现以乙烯为例介绍烯烃的结构。近代物理学方法已证明乙烯分子是一个平面结构，如图 4-1 所示。分子中的碳原子和氢原子在同一个平面上，键角接近于 120°，碳碳双键的键长为 134pm，比碳碳单键的键长（154pm）短，碳氢键的键长为 110pm。

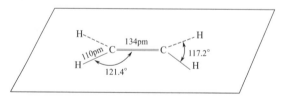

图 4-1　乙烯分子结构示意图

乙烯分子中两个碳原子均为 sp^2 杂化，两个碳原子各用一个 sp^2 杂化轨道相互重叠形成碳碳 σ 键，每个碳原子上另外两个 sp^2 杂化轨道分别与氢原子的 1s 轨道沿对称轴方向重叠

形成两个碳氢 σ 键，五个 σ 键共平面。每个 sp^2 杂化的碳原子上还各有一个未参与杂化的 p 轨道，这两个 p 轨道的对称轴都垂直于 σ 键所在的平面，彼此相互平行，可侧面（肩并肩）重叠形成 π 键。π 键垂直于 σ 键所在的平面，π 电子云对称分布在平面的上方和下方。因此，烯烃中的碳碳双键是由一个 σ 键和一个 π 键组成。乙烯分子的结构如图 4-2 所示。

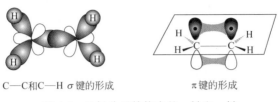

C—C和C—H σ 键的形成　　　　π 键的形成

图 4-2　乙烯分子结构中的 σ 键和 π 键

碳碳双键的平均键能是 610.28kJ/mol，小于单键键能（346.94kJ/mol）。由此推断，π 键的键能小于 σ 键的键能，比较容易断裂，是发生化学反应的主要部位。由于 π 键的形成，增加了两个碳原子之间的电子云密度，致使两个碳原子之间的距离拉得更近，即碳碳双键的键长（134pm）比碳碳单键的键长（154pm）短。碳碳双键不能像 σ 键那样沿键轴自由旋转，如果旋转势必破坏双键，因此，双键碳上连接的原子和基团具有固定的空间排列。

二、 烯烃的异构现象和命名

（一）烯烃的异构现象

由于烯烃分子中存在碳碳双键，因此它们的同分异构现象比烷烃的复杂，不仅存在碳链异构，还存在双键的位置异构（positional isomer），此外，烯烃还有顺反异构（*cis/trans-isomerism*）。

1. 烯烃的构造异构

烯烃与同碳原子数的烷烃相比，其构造异构体的数目更多。含五个碳原子的烷烃只有三种同分异构体，而含五个碳原子的烯烃则有以下五种同分异构体。

$$CH_3CH_2CH_2CH=CH_2 \qquad CH_3CH_2CH=CHCH_3$$
$$\text{I} \qquad\qquad\qquad \text{II}$$

$$\underset{\text{III}}{CH_3CHCH=CH_2} \qquad \underset{\text{IV}}{CH_3C=CHCH_3} \qquad \underset{\text{V}}{CH_3CH_2C=CH_2}$$
（各带 CH₃ 支链）

其中，Ⅰ 或 Ⅱ 与 Ⅲ、Ⅳ、Ⅴ 之间属于碳链异构。而 Ⅰ 与 Ⅱ 之间或 Ⅲ、Ⅳ、Ⅴ 之间虽碳骨架相同，但双键的位置不同，这种异构现象称为位置异构。

2. 烯烃的顺反异构

顺反异构属于立体异构中的构型异构。由于碳碳双键不能自由旋转，当双键碳原子上分别连接不同的原子或基团时，这些原子或基团在双键碳上有两种不同的空间排列方式，即有两种不同的构型。例如：2-丁烯就有下列两种异构体：

（顺式）　　　　（反式）

两个相同的原子或基团在双键键轴同侧的称为顺式异构体（*cis*-isomer），在双键键轴不同侧的称为反式异构体（*trans*-isomer）。这种异构现象叫作顺反异构。

产生顺反异构必须具备两个条件：①分子中存在着限制旋转的因素，如烯烃中的双键、某些脂环结构等。②每个双键碳原子上均连接着不同的原子或基团。下列结构的烯烃都具有顺反异构现象，例如：

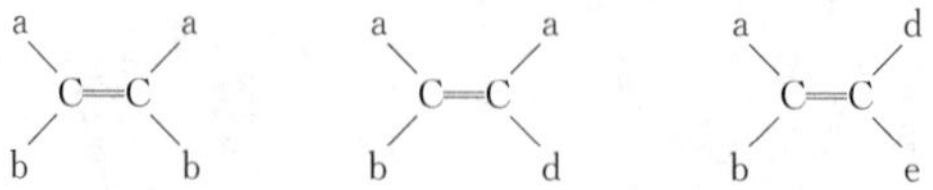

（二）烯烃的命名

1. 普通命名法

烯烃的命名类似于烷烃，简单烯烃常用普通命名法命名，可根据烯烃含有的碳原子数目，称为"某烯"，例如：

$$H_2C{=}CH_2 \qquad H_2C{=}CHCH_3 \qquad H_2C{=}CHCH_2CH_3 \qquad H_2C{\overset{\overset{\displaystyle CH_3}{|}}{=}}C{-}CH_3$$

乙烯 　　　　　丙烯 　　　　　正丁烯 　　　　　异丁烯

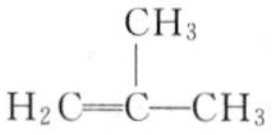

2. 系统命名法

结构较复杂的烯烃一般采用系统命名法，其命名原则为：

选择含双键在内的最长碳链为主链，根据主碳链中所含的碳原子数目命名为"某烯"，多于 10 个碳原子的烯烃用中文数字加"碳烯"命名。

从靠近双键的一端开始依次为主链碳原子编号，双键的位次以两个双键碳原子中编号较小的表示。若双键居于主碳链中央，编号时应使取代基的位次较低。

把双键的位次写在烯烃母体名称之前，用半字线"-"隔开，再将取代基的位次、数目及名称写在双键位次之前，并用半字线隔开。例如：

$$CH_3CH_2CH_2CH{=}CH_2 \qquad CH_3CH{=}CHCH_2CH_3 \qquad CH_3(CH_2)_{13}CH{=}CHCH_2CH_3$$

1-戊烯 　　　　　　　2-戊烯 　　　　　　　　3-十八碳烯

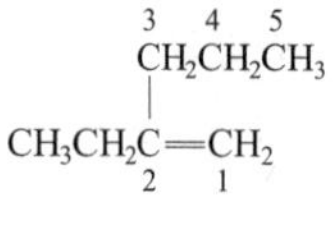

2-乙基-1-戊烯 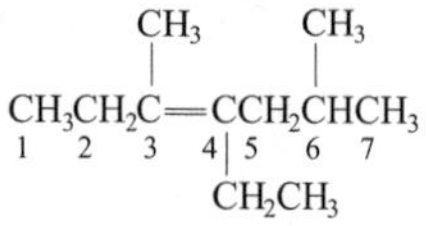 　　　　　　　　　3,6-二甲基-4-乙基-3-庚烯

烯烃分子中去掉一个氢原子的剩余基团，称为烯基。命名烯基时，编号从游离价所在的碳原子开始。例如：

$$CH_2{=}CH{-} \qquad \overset{3}{C}H_2{=}\overset{2}{C}H{-}\overset{1}{C}H_2{-} \qquad \overset{3}{C}H_3{-}\overset{2}{C}H{=}\overset{1}{C}H{-}$$

乙烯基 　　　　　　2-丙烯基(烯丙基) 　　　　　1-丙烯基(丙烯基)

3. 顺反异构体的命名

顺反异构命名包括顺/反构型标记法和 Z/E 构型标记法。

（1）顺/反构型标记法　在两个双键碳上至少连有一对相同的原子或基团时，如果两个相同的原子或基团在双键的同侧称为顺式（*cis*）；如果在双键的异侧称为反式（*trans*）。例如：

顺-2-丁烯（*cis*-2-丁烯）　　　反-2-丁烯（*trans*-2-丁烯）

（2）*Z/E* 构型标记法　　对于结构复杂的顺反异构体，即双键的两个碳原子上连接的四个原子或基团都不相同时，则无法简单地用顺/反构型标记法来命名。对于这类异构体，在系统命名法中采用 *Z/E* 标记法来表示其构型。*Z* 是德文 Zusammen 的字首，同侧之意；*E* 是德文 Entgegen 的字首，相反之意。为了确定 *Z/E* 构型，首先要按照"次序规则"分别确定每一个双键碳原子上所连接的两个原子或基团的优先次序，当两个优先的原子或基团位于双键的同侧时，称为 *Z* 构型；当两个优先的原子或基团位于双键的异侧时，称为 *E* 构型。假定下面结构式中：a＞b，d＞e，则：

Z 构型　　　　　　　　　*E* 构型

用 *Z/E* 构型标记法命名顺反异构体时，*Z*、*E* 写在小括号内，放在烯烃名称之前，并用半字线相连。例如：

(*E*)-3-甲基-4-异丙基-3-庚烯　　　　(*Z*)-2-氯-3-溴-2-戊烯

Z/E 构型标记法适用于所有顺反异构体，需要指出的是顺/反构型标记法和 *Z/E* 构型标记法是两种不同的命名方法，目前两种方法并用，但二者之间没有必然的对应关系。例如：

(*E*)-2-氯-2-丁烯(顺-2-氯-2-丁烯)　　　　(*Z*)-2-氯-2-丁烯(反-2-氯-2-丁烯)

有机化合物结构中双键的构型直接影响其理化性质及生理活性。具有降血脂作用的亚油酸和花生四烯酸分子中所有双键所连的基团都是顺式构型；人工合成的非甾体激素——己烯雌酚，其反式构型有很高的生理活性，而顺式异构体的活性很低。造成构型异构体性质差别的主要原因是双键碳上原子或基团的空间距离不同，使得它们之间的相互作用力不一样，在生物体内则造成药物与受体表面作用的强弱不同，其生理活性出现差别。大多数具有顺反异构体的药物，在生物体内的生理活性是有差异的，因此考虑化合物的分子构型对其生理活性影响的研究有至关重要的作用。

三、烯烃的物理性质

在室温下，含 2~4 个碳原子的烯烃是气体，5~18 个碳原子的烯烃是液体，高级（19 个碳原子以上）烯烃是固体。烯烃不溶于水，能溶于苯、乙醚、四氯化碳等非极性有机溶剂和浓硫酸。直链烯烃的沸点比支链烯烃异构体的高；由于顺式异构体极性较大，通常顺式异构体的沸点高于反式异构体，而反式异构体比顺式异构体有较高的对称性，其在晶格中排列更为紧密，所以反式异构体的熔点较高。常见烯烃的物理常数见表 4-1。

表 4-1　常见烯烃的物理常数

名称	结构式	熔点/℃	沸点/℃	密度/(g/cm³)
乙烯	$CH_2 = CH_2$	−169.2	−103.7	0.519
丙烯	$CH_2 = CHCH_3$	−185.3	−47.7	0.579
2-甲基丙烯	$CH_2 = C(CH_3)_2$	−140.4	−6.90	0.590
1-丁烯	$CH_2 = CHCH_2CH_3$	−183.4	−6.50	0.625
顺-2-丁烯	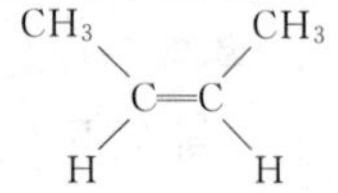 (结构式)	−138.9	3.50	0.621
反-2-丁烯	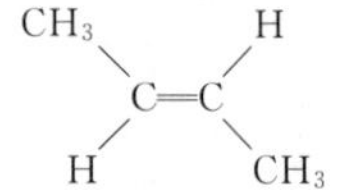 (结构式)	−105.6	0.88	0.604
1-戊烯	$CH_2 = CH(CH_2)_2CH_3$	−165.2	30.1	0.643
1-己烯	$CH_2 = CH(CH_2)_3CH_3$	−139.8	63.5	0.673
1-庚烯	$CH_2 = CH(CH_2)_4CH_3$	−119.0	93.6	0.697

四、烯烃的化学性质

碳碳双键是烯烃的官能团，烯烃所体现出的化学性质都与碳碳双键有关。在碳碳双键中，由于 π 键的键能较小，电子云受原子核的束缚力弱，流动性较大，容易受外电场的影响而发生极化，当受到反应试剂的进攻时，π 键断裂，从而发生化学反应。烯烃的化学反应有加成反应、氧化反应、聚合反应等。

（一）催化加氢

在催化剂（分散程度很高的 Ni、Pt、Pd、Rh 等金属细粉）的作用下，烯烃与氢加成生成相应的烷烃：

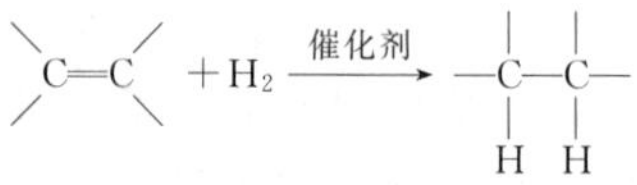

由于反应需要很高的活化能，在无催化剂的情况下烯烃与氢很难发生反应。烯烃催化加氢是顺式加成反应。首先烯烃和氢分子被吸附在催化剂表面，高分散度的金属细粉有很高的表面活性，能使吸附在金属表面的 H—H 发生均裂生成活泼的氢原子，同时烯烃的 π 键也被削弱，然后活泼的氢原子从双键的同一侧加到 π 键断裂的碳原子上得到烷烃，生成的烷烃即刻离开催化剂表面完成反应，得到顺式加成产物。

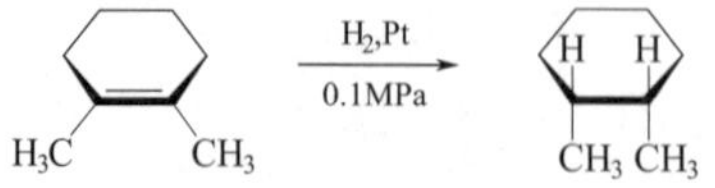

1,2-二甲基环己烯　　　　顺-1,2-二甲基环己烷

催化加氢反应是放热反应，1mol 不饱和烃（含一个双键）氢化时所放出的热量称为氢化热。氢化热越高，说明原来的不饱和烃的内能越高，稳定性越差。因此，可以根据氢化热

获得不饱和烃的相对稳定性信息。例如 1-丁烯、顺-2-丁烯和反-2-丁烯的氢化热分别为 127kJ/mol、120kJ/mol 和 116kJ/mol，所以三者中反-2-丁烯最稳定，而 1-丁烯最不稳定。双键碳原子上连有烷基多的烯烃是内能较低的、稳定的烯烃。

一般烯烃相对稳定性顺序如下：

$$R_2C = CR_2 > R_2C = CHR > R_2C = CH_2 \approx RCH = CHR > RCH = CH_2 > CH_2 = CH_2$$

烯烃的催化加氢在工业上和有机化合物的结构确证中有十分重要的用途。工业上利用催化加氢可将汽油中的烯烃转化成烷烃来提高汽油的质量，还可将植物油通过催化加氢得到性质稳定便于运输和贮存的固态脂肪。由于催化加氢反应是一个定量反应，根据反应中所消耗氢气的体积可推测化合物中所含的双键数目，为结构确证提供依据。

（二）亲电加成反应

通过化学键异裂产生的带正电荷的原子或基团进攻不饱和键而引起的加成反应称为亲电加成反应（electrophilic addition reaction）。反应中，不饱和键中的 π 键断裂，形成两个更强的 σ 键。烯烃能与卤素、卤化氢、水、硫酸等试剂发生亲电加成反应，生成相应的加成产物。

1. 与卤素加成

烯烃与卤素能够发生加成反应，其中，氟与烯烃的反应非常剧烈，常伴随其他副反应的发生，需在特殊的条件下来完成反应；而碘不活泼，很难与烯烃发生加成反应。烯烃与溴或氯的加成反应通常生成反式加成产物。例如，环己烯与溴发生加成反应，具有很强的立体选择性，只生成反-1,2-二溴环己烷。

环己烯　　　　　　　　反-1,2-二溴环己烷

常用氯或溴与烯烃反应来制备邻二卤代烷烃。例如：

$$CH_3CH = CH_2 + Br_2 \xrightarrow{CCl_4} CH_3CH\!-\!CH_2$$
$$\qquad\qquad\qquad\qquad \underset{Br}{|} \quad \underset{Br}{|}$$

将烯烃加入溴的四氯化碳溶液中，溴的红棕色很快褪去，生成无色的邻二溴代烷烃。反应的速度快，现象明显，是实验室鉴别烯烃最常用的方法。

烯烃与卤素加成不需光照或自由基引发剂，极性条件能使反应的速度加快。当反应介质中有 NaCl 存在时，反应产物中除了有二溴加成产物外，还有 Cl^- 参与反应的氯溴加成产物。由于氯化钠并不能与烯烃发生加成反应，说明两个溴原子不是同时加到双键碳原子上的，而是分步加上去的。

$$H_2C = CH_2 + Br_2 \xrightarrow{NaCl} BrCH_2CH_2Br + BrCH_2CH_2Cl$$

根据这些实验事实可以推测烯烃与卤素的加成反应是分两步进行的离子型反应。第一步是溴分子受 π 电子云的极化变成了偶极分子，溴分子中带部分正电荷的一端与带负电的 π 电子云作用生成溴鎓离子（cyclic bromoniumion）；第二步是溴负离子从溴鎓离子的背面进攻碳原子，得到反式的加成产物。

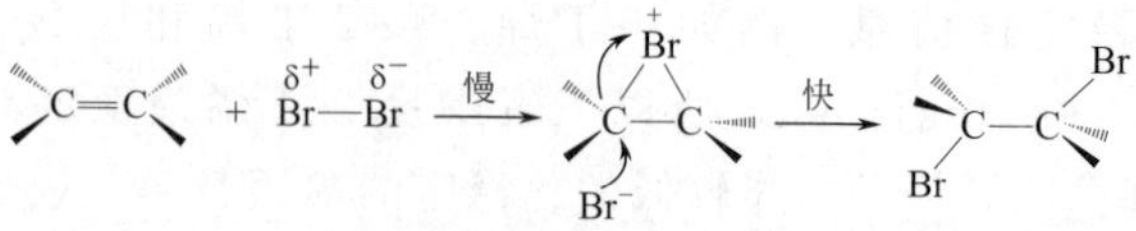

溴鎓离子(环状正离子)　反式加成产物

第一步反应涉及共价键的断裂，是决定反应速率的关键步骤。因反应是由溴分子异裂产生的溴正离子与π电子云作用引起，所以把这种加成反应称为亲电加成反应，其中溴正离子（缺电子试剂）称为亲电试剂（electrophile）。

溴鎓离子是溴原子的孤对电子所占轨道与正碳离子的空轨道侧面重叠形成的环状正离子，所带的正电荷主要集中在溴原子上，溴原子和两个碳原子外层都是八隅体构型，比缺电子的正碳离子稳定。由于氯原子的电负性比溴大，体积比溴小，形成氯鎓离子的倾向比溴小，所以氯与烯烃加成时，一般是先形成正碳离子中间体，然后卤负离子很快与正碳离子结合生成加成产物，这和烯烃与 HX 亲电加成的反应机制类似。

2. 与卤化氢加成

烯烃与卤化氢发生亲电加成反应生成卤代烷：

$$\mathrm{>C{=}C<} + HX \longrightarrow \mathrm{-\underset{H}{\underset{|}{C}}-\underset{X}{\underset{|}{C}}-}$$

$$CH_3-CH{=}CH-CH_3+HBr \longrightarrow CH_3-\underset{H}{\underset{|}{CH}}-\underset{Br}{\underset{|}{CH}}-CH_3$$

卤化氢与烯烃反应的活性顺序为：HI＞HBr＞HCl＞HF，HI 和 HBr 很容易与烯烃加成，HCl 与烯烃反应较慢，HF 一般不能直接与烯烃加成。为避免水参与加成反应，通常将干燥的卤化氢气体通入烯烃，有时也使用中等极性的无水溶剂。

不对称烯烃（两个双键碳上连有不同的基团）与卤化氢加成时，理论上可能生成两种加成产物Ⅰ和Ⅱ。

$$RCH{=}CH_2+HX \longrightarrow \underset{\text{Ⅰ}}{R\overset{X}{\overset{|}{C}}HCH_3} + \underset{\text{Ⅱ}}{RCH_2-CH_2X}$$

1870 年俄国化学家马尔科夫尼科夫（V. V. Markovnikov）根据大量的实验事实总结出一个经验规则：当不对称烯烃和卤化氢等极性试剂发生亲电加成反应时，极性试剂中的氢原子加在含氢较多的双键碳原子上，卤原子或其他原子及基团加在含氢较少的双键碳原子上，这一规则称为 Markovnikov 规则，简称“马氏规则”。产物Ⅰ是上述反应的主要产物，因此这个加成反应是区域选择性反应（regioselectivity reaction）。区域选择性是指当反应的取向有可能生成几种异构体时，主要生成其中某一种异构体的反应。

$$\underset{\text{丙烯}}{CH_3CH{=}CH_2}+HBr \longrightarrow \underset{\text{主要产物}}{CH_3\underset{Br}{\underset{|}{C}}HCH_3} + CH_3CH_2CH_2Br$$

$$\underset{\text{1-丁烯}}{CH_3CH_2CH{=}CH_2}+HBr \xrightarrow{CH_3COOH} \underset{\text{2-溴丁烷（80\%）}}{CH_3CH_2\underset{Br}{\underset{|}{C}}HCH_3} + \underset{\text{1-溴丁烷（20\%）}}{CH_3CH_2CH_2CH_2Br}$$

1-甲基环戊烯　　　　　1-甲基-1-Cl-环戊烷(100%)

烯烃与卤化氢的加成也是分两步进行的亲电加成反应，首先是卤化氢中的质子作为亲电试剂进攻碳碳双键的 π 电子，生成正碳离子中间体。然后卤负离子很快与正碳离子中间体结合形成加成产物。

正碳离子中间体

第一步反应的速度慢，是整个加成反应的控速步骤。

烯烃发生亲电加成的中间体是环状的锇离子还是正碳离子，取决于这两种中间体的相对稳定性。由于质子的半径较小，不易形成稳定的环状锇离子，因此，烯烃加卤化氢的中间体应是链状的正碳离子。

诱导效应是有机化学中电子效应的一种，用 I 表示。由于分子中成键原子或基团电负性不同，导致分子中电子云密度分布发生改变，并通过静电诱导沿分子链传递，这种通过静电诱导传递的电子效应称为诱导效应（inductive effect），诱导效应所引起的主要是极性变化，不会使成键电子对单独属于某一个原子核。

通常用"——→"表示 σ 电子云偏转方向，用"⌒"表示 π 电子云转移的方向。诱导效应的大小一般以 C—H 键作为比较标准。

吸电子诱导效应(−I)　　标准　　给电子诱导效应(+I)

若电负性 X＞H＞Y，当 H 被 X 取代后，则 C—X 键间的电子云偏向 X，与 H 相比 X 具有吸电性，称为吸电子基团，所引起的诱导效应称为吸电子诱导效应（−I 效应）；同理，Y 为给电子基团，由 Y 所引起的诱导效应称为给电子诱导效应（＋I 效应）。

有机化合物中一些常见原子或基团的电负性大小顺序如下：

$$—F＞—Cl＞—Br＞—OCH_3＞—NHCOCH_3＞—C_6H_5＞—CH \!=\! CH_2$$
$$＞—H＞—CH_3＞—C_2H_5＞—CH(CH_3)_2＞—C(CH_3)_3$$

诱导效应是永久存在的电子效应，这种效应沿着分子链由近及远传递下去并逐渐减弱，一般经过三个碳原子后，诱导效应的影响可以忽略不计。例如 1-氯丁烷的诱导效应：

$$\overset{\delta\delta\delta^+}{CH_3CH_2} \longrightarrow \overset{\delta\delta^+}{CH_2} \longrightarrow \overset{\delta^+}{CH_2} \longrightarrow \overset{\delta^-}{Cl}$$

因为氯原子的电负性大于碳，诱导效应的结果使得氯原子带有部分负电荷（δ^-），C1 上带有部分正电荷（δ^+），C2 上带有比 C1 更少一些的正电荷（$\delta\delta^+$），以此下去，C3 上带有的正电荷比 C2 更少（$\delta\delta\delta^+$），C4 上带有的正电荷可以忽略不计。

正碳离子是带有一个正电荷并含有六个电子的碳氢基团（如 CH_3^+）。它和自由基一样是化学反应过程中短暂存在的活泼中间体。根据带正电荷的碳原子所连烃基数目的不同，可分为甲基正碳离子、伯正碳离子（1°）、仲正碳离子（2°）和叔正碳离子（3°）。

$$
\begin{array}{cccc}
\underset{\overset{|}{H}}{\overset{H}{H-C+}} & \underset{\overset{|}{R^1}}{\overset{H}{H-C+}} & \underset{\overset{|}{R^1}}{\overset{H}{R^2-C+}} & \underset{\overset{|}{R^1}}{\overset{R^3}{R^2-C+}} \\
\text{甲基正碳离子} & \text{伯正碳离子（1°）} & \text{仲正碳离子（2°）} & \text{叔正碳离子（3°）}
\end{array}
$$

正碳离子中带正电荷的碳原子是 sp^2 杂化，三个 sp^2 杂化轨道分别与其他原子或基团的轨道形成三个 σ 键，且三个 σ 键共平面，键角为 120°，还有一个缺电子的空 p 轨道垂直于该平面。正碳离子的结构如图 4-3 所示。

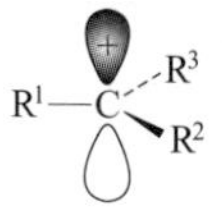

图 4-3　正碳离子的结构

正碳离子很不稳定，有获取电子形成稳定八隅体构型的趋势，因此当正碳离子中带正电荷的碳连接的给电子基团愈多，正碳离子的相对稳定性就愈大。对于烷基正碳离子来说，带正电荷的碳是 sp^2 杂化，其他的碳原子是 sp^3 杂化。由于 sp^2 杂化轨道中 s 轨道的成分较多，更靠近于碳原子核，对电子有较大的约束力，所以 sp^2 杂化轨道的电负性较 sp^3 杂化轨道大。因此，在烷基正碳离子中，烷基是给电子基团，能使正电荷分散从而增加正碳离子的稳定性。不同类型烷基正碳离子的相对稳定性次序为：

$$R_3\overset{+}{C}>R_2\overset{+}{C}H>R\overset{+}{C}H_2>\overset{+}{C}H_3$$

马氏规则能够准确地预测不对称烯烃和极性试剂发生亲电加成反应的产物，那么不对称烯烃和极性试剂加成时为什么会按照马氏规则进行加成？我们可以用正碳离子的相对稳定性和诱导效应来解释。

以丙烯和卤化氢的加成反应为例，反应可能沿两种途径得到加成产物（Ⅰ）和（Ⅱ）。

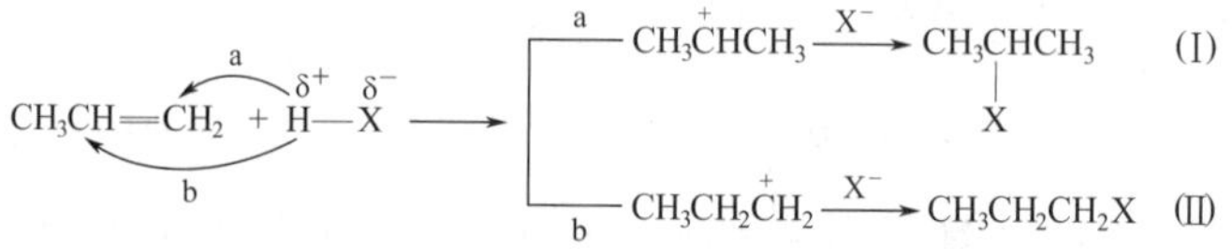

$$
CH_3CH{=\!=}CH_2 + \underset{\delta^+}{H}\text{—}\underset{\delta^-}{X}
\xrightarrow[b]{a}
\left\{
\begin{array}{l}
a\ \ CH_3\overset{+}{C}HCH_3 \xrightarrow{X^-} \underset{\overset{|}{X}}{CH_3CHCH_3} \quad (I) \\[2mm]
b\ \ CH_3CH_2\overset{+}{C}H_2 \xrightarrow{X^-} CH_3CH_2CH_2X \quad (II)
\end{array}
\right.
$$

若按途径 a 进行，所得中间体为仲正碳离子，若按途径 b 进行，所得中间体为伯正碳离子。由于仲正碳离子比伯正碳离子稳定，所以丙烯与 HX 反应的主要产物是（Ⅰ）。

也可以直接根据双键碳所连原子或基团的诱导效应来解释。丙烯分子中双键碳连有一个甲基，甲基的给电子诱导效应使碳碳双键的 π 电子云发生偏移，结果使含氢较多的双键碳原子带上部分负电荷，含氢较少的双键碳原子上带有部分正电荷。当丙烯与 HX 发生亲电加成反应时，HX 中带正电荷的 H^+ 首先进攻带部分负电荷的双键碳，形成正碳离子中间体，然后 X^- 再与带正电荷的碳结合得到加成产物。

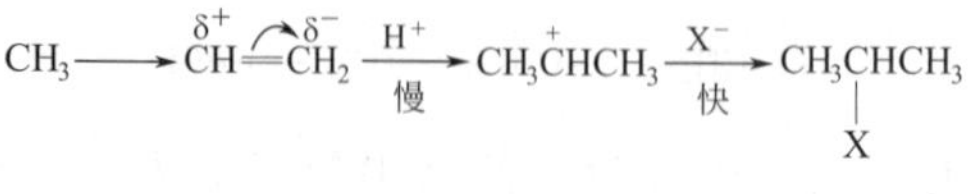

$$
CH_3\text{—}\underset{\delta^+}{\longrightarrow}\overset{\delta^-}{CH}{=\!=}CH_2
\xrightarrow[\text{慢}]{H^+} CH_3\overset{+}{C}HCH_3
\xrightarrow[\text{快}]{X^-} \underset{\overset{|}{X}}{CH_3CHCH_3}
$$

马氏规则的适用范围是双键碳上有给电子基团的烯烃，若双键碳上有吸电子基团（—CF_3、—CN、—COOH、—NO_2 等）时，虽然得到反马氏的加成产物，但仍符合电性规律，需要从原理上进行具体分析。例如：

$$CF_3 \xleftarrow{\delta-} \overset{\delta+}{CH} = CH_2 \xrightarrow{H^+} CF_3-CH_2-\overset{+}{CH_2} \xrightarrow{X^-} CF_3CH_2CH_2X$$

由于—CF_3 是强的吸电子基，生成正碳离子中间体只可能是伯正碳离子，再与卤负离子结合得到加成产物。

3. 与硫酸加成

烯烃在 0℃ 左右就能与硫酸发生加成反应，反应也是通过正碳离子机制进行的亲电加成，加成产物符合马氏规则。烯烃双键上连的烷基越多，加成反应越容易进行。

$$H_2C=CH_2 \xrightarrow{H_2SO_4(98\%)} \underset{\text{硫酸氢乙酯}}{CH_3CH_2OSO_2OH} \xrightarrow[\triangle]{H_2O} CH_3CH_2OH + H_2SO_4$$

$$(CH_3)_2C=CH_2 \xrightarrow{H_2SO_4(60\%)} \underset{\text{硫酸氢叔丁酯}}{(CH_3)_2\underset{|}{C}-CH_3} \xrightarrow[\triangle]{H_2O} (CH_3)_2\underset{|}{C}-CH_3 + H_2SO_4$$
$$\qquad\qquad\qquad\qquad\qquad OSO_2OH \qquad\qquad\qquad\qquad OH$$

加成产物硫酸氢酯与水加热可水解得到醇类化合物，这是工业上制备醇的方法之一，称为烯烃的间接水合法制醇。另外，硫酸氢酯能溶于硫酸，在实验室常利用此反应除去化合物中少量的烯烃杂质。

4. 与水加成

烯烃在酸（硫酸、磷酸等）催化下也可直接水合转变成醇。这种制醇的方法称为烯烃的直接水合法，工业上常用此法制备低分子量的醇。例如乙烯和水在磷酸催化下，在 300℃ 和 7MPa 压力下水合成乙醇。

$$H_2C=CH_2+H_2O \xrightarrow[300℃, 7MPa]{H_3PO_4} CH_3CH_2OH$$

$$H_2C=CH_2 \xrightarrow{H_3PO_4} \overset{+}{C}H_3CH_2 \xrightarrow{H_2O} CH_3CH_2\overset{+}{O}H_2 \xrightarrow{-H^+} CH_3CH_2OH$$

反应是酸催化生成正碳离子，然后水分子中具有孤对电子的氧进攻正碳离子生成锌盐，再失去质子生成醇。除乙烯外，其他烯烃的水合产物都是仲醇和叔醇。

（三）自由基加成反应

1. 过氧化物存在下加溴化氢

当有过氧化物 ROOR 存在时，不对称烯烃与 HBr 加成主要得到反马氏加成产物。例如：

$$CH_3CH=CH_2+HBr \xrightarrow{ROOR} CH_3CH_2CH_2Br$$

这是因为过氧化物很容易均裂产生自由基，烯烃受自由基的进攻而发生反应。这种由自由基引发的加成反应称为自由基加成反应（free radical addition），这种现象称为过氧化物效应（peroxide effect）。其反应机制为：

$$ROOR \longrightarrow 2RO\cdot$$

$$RO\cdot+HBr \longrightarrow ROH+Br\cdot$$

$$CH_3CH=CH_2+Br\cdot \longrightarrow CH_3\overset{\cdot}{C}HCH_2Br$$

$$CH_3\overset{\cdot}{C}HCH_2Br+HBr \longrightarrow CH_3CH_2CH_2Br+Br\cdot$$

因自由基的相对稳定性顺序是：

$$R^2-\overset{\underset{\displaystyle R^3}{|}}{\underset{}{C}}\cdot \;>\; R^1-\overset{\underset{\displaystyle H}{|}}{\underset{}{C}}\cdot \;>\; H-\overset{\underset{\displaystyle H}{|}}{\underset{}{C}}\cdot \;>\; H-\overset{\underset{\displaystyle H}{|}}{\underset{}{C}}\cdot$$

在链增长阶段，溴自由基进攻双键时，会优先生成仲碳自由基，仲碳自由基再与氢原子结合生成反马氏规则的加成产物 1-溴丙烷。

在卤化氢中，HF、HCl 和 HI 都没有过氧化物效应。这是因为 HF 和 HCl 的键能较大，难以形成自由基；虽 HI 的键能较弱，容易形成碘自由基，但碘自由基活性较低，很难与烯烃发生自由基加成反应。所以在卤化氢中只有 HBr 能发生自由基加成。

2. 烯烃的自由基聚合反应

在一定条件下，烯烃分子中的 π 键可以打开，双键所在的碳原子彼此以 σ 键结合生成长链的大分子。这种反应称为聚合反应（polymeric reaction），形成的大分子称为聚合物或高分子化合物，发生聚合反应的烯烃称为单体。聚合反应常常需在高温高压下进行。如：

$$n CH_2=CH \xrightarrow[O_2]{200℃,200MPa} \cancel{[}CH_2-CH_2\cancel{]}_n$$

$$\text{乙烯} \qquad\qquad \text{聚乙烯}$$

式中的 n 称为高分子化合物的聚合度。此反应也是一种自由基加成反应，自由基引发剂通常为过氧化物，反应也经链引发、链增长和链终止的过程。双键上有取代基的烯烃也可以在自由基引发剂的作用下聚合成相应的高分子化合物。如：

$$n F_2C=CF_2 \longrightarrow \cancel{[}F_2C-CF_2\cancel{]}_n$$

$$\text{四氟乙烯} \qquad \text{聚四氟乙烯(可用于人工食道)}$$

$$n ClHC=CH_2 \longrightarrow \cancel{[}\overset{\underset{\displaystyle }{\overset{Cl}{|}}}{CH}-CH_2\cancel{]}_n$$

$$\text{氯乙烯} \qquad \text{聚氯乙烯(用于塑料制品及人工关节)}$$

（四）氧化反应

有机化学中的氧化反应是指有机化合物分子加氧或去氢的反应。由于烯烃分子中存在双键，所以烯烃比烷烃容易被氧化。氧化剂的种类及反应条件对氧化反应的产物有直接影响。

1. 高锰酸钾氧化

烯烃用中性（碱性）高锰酸钾的稀冷溶液氧化，双键中的 π 键断裂生成邻二醇。

$$\overset{}{\underset{}{C}}=\overset{}{\underset{}{C} } + KMnO_4 \xrightarrow{H_2O} \underset{HO}{\overset{}{\underset{}{C}}}-\underset{OH}{\overset{}{\underset{}{C}}} + MnO_2\downarrow$$

高锰酸钾溶液的紫色褪去，并有褐色的 MnO_2 沉淀生成。此反应是鉴别烯烃的常用方法。

如用浓的高锰酸钾热溶液或酸性高锰酸钾溶液氧化烯烃，反应难以停留在生成邻二醇阶段，而是碳碳双键断裂，生成酮、羧酸、二氧化碳或它们的混合物。

$$RCH=CH_2+KMnO_4 \xrightarrow{H^+} RCOOH+CO_2+H_2O$$

$$\underset{R^2}{\overset{R^3}{\underset{}{}}}C=CHR^1 + KMnO_4 \xrightarrow{H^+} \underset{R^2}{\overset{R^3}{\underset{}{}}}C=O + R^1COOH$$

氧化产物取决于双键碳上氢（烯氢）被烷基取代的情况，$R_2C=$、$RHC=$ 和 $H_2C=$ 分别被氧化成酮、羧酸和二氧化碳。因此可根据氧化产物来推测烯烃的结构。

2. 臭氧化反应

烯烃和臭氧也能发生氧化反应，反应是将含少量臭氧的氧气通入液态烯烃或烯烃的非水溶液中，能定量快速地发生臭氧化反应（ozonization reaction）生成臭氧化物。臭氧化物极易爆炸，一般不把它分离出来，而是将其直接水解为醛、酮或二者的混合物以及过氧化氢。

$$R^3_{R^2}C{=}CHR^1 \xrightarrow{O_3} \quad \xrightarrow{H_2O} \quad R^3_{R^2}C{=}O + R^1CHO + H_2O_2$$

为了避免水解生成的醛被过氧化氢氧化成羧酸，臭氧化物通常在还原剂（锌粉加乙酸或氢气和铂等）的存在下还原分解。例如：

$$CH_3CH_2CH{=}CH_2 \xrightarrow[2)\ Zn/H_2O]{1)\ O_3} CH_3CH_2CHO + HCHO$$

产物的结构也是由烯烃的结构决定的，端基烯烃经臭氧化-还原水解的氧化产物之一是甲醛，另一产物是其他的醛或酮；对称烯烃只得到一种氧化产物；不对称烯烃（非端基烯烃）的氧化产物是不同的醛（酮）或醛和酮的混合物；环烯烃的氧化产物是二醛（酮）或酮基醛化合物。把氧化产物中碳氧双键的氧去掉，在双键处连接起来，便是原来烯烃的结构。因此可根据烯烃臭氧化-还原水解的产物来推测烯烃的结构。

3. 环氧化反应

烯烃与过氧酸作用可被氧化成环氧化合物，该反应称为环氧化反应。环氧化合物是化学性质很活泼的一类重要的有机化合物。

$$RCH{=}CH_2 + R{-}\underset{\underset{O}{\|}}{C}OOH \longrightarrow RCH{-}CH_2 + RCOOH$$

环氧化反应是立体专一性的顺式加成反应，生成的环氧化合物仍保留原来烯烃的构型。

五、 共轭烯烃

结构中含有两个或两个以上碳碳双键的不饱和烃称为多烯烃，其中含有两个碳碳双键的不饱和烃称为二烯烃（dienes）。多烯烃的性质与单烯烃的性质大致相同，但由于结构的差别多烯烃可能会体现出一些特殊的性质。

（一） 二烯烃的分类与命名

1. 二烯烃的分类

开链二烯烃的结构通式为 C_nH_{2n-2}，根据二烯烃中两个碳碳双键的相对位置，可以将其分为隔离二烯烃（isolated diene）、聚集二烯烃（cumulated diene）和共轭二烯烃（conjugated diene）。

隔离二烯烃，两个双键之间间隔两个或多个单键的二烯烃。例如：1,5-己二烯 $CH_2{=}CH{-}(CH_2)_2{-}CH{=}CH_2$。在隔离二烯烃中，两个碳碳双键距离较远，π 键之间的相互影响较小，因此，隔离二烯烃的性质基本上与单烯烃相同。

聚集二烯烃，两个双键共用一个碳原子，即双键聚集在一起的二烯烃，又称累积二烯烃，例如丙二烯 $CH_2\!=\!C\!=\!CH_2$。中间碳原子为 sp 杂化，两端碳原子为 sp^2 杂化，三个碳原子所形成的两个 π 键相互垂直。这类化合物稳定性较差，制备困难，自然界中存在得较少。

共轭二烯烃，两个双键之间间隔一个单键，即单、双键交替排列。例：1,3-丁二烯 $CH_2\!=\!CH\!-\!CH\!=\!CH_2$。共轭二烯烃除具有单烯烃的性质外，分子中的两个双键相互影响，还有一些特殊的性质。下面将以 1,3-丁二烯为例，讨论共轭二烯烃的结构特点和性质。

2. 二烯烃的命名

选择含有两个双键在内的最长碳链为主链，根据主链碳原子数目，称为"某二烯"。从距双键近的一端开始编号，将双键位次置于"某二烯"前面。

$$CH_3CH\!=\!C\!=\!CH_2 \qquad H_2C\!=\!CH\!-\!CH\!=\!CHCH_3 \qquad H_2C\!=\!CH\!-\!CH\!-\!CCH_3$$

1,2-丁二烯 　　　　　　　1,3-戊二烯 　　　　　　　2,3-二甲基-1,4-戊二烯

随着双键数目的增加，顺反异构体的数目也随之增加。命名时用 Z/E（或顺/反）标明每个双键的构型，例如 2,4-己二烯有三种顺反异构体：

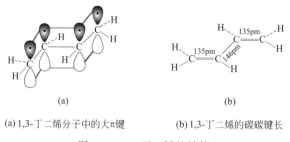

(2Z,4Z)-2,4-己二烯 　　　　(2E,4E)-2,4-己二烯 　　　　(2Z,4E)-2,4-己二烯
顺,顺-2,4-己二烯 　　　　　反,反-2,4-己二烯 　　　　　顺,反-2,4-己二烯

（二）共轭二烯烃的结构

最简单的共轭二烯烃是 1,3-丁二烯。在 1,3-丁二烯分子中，四个碳原子均是 sp^2 杂化，每个碳原子均用三个 sp^2 杂化轨道与相邻碳原子的 sp^2 杂化轨道及氢原子的 1s 轨道形成 C—C σ 键和 C—H σ 键，所有 σ 键和所有原子都在同一个平面上。每个碳原子还各有一个未参与杂化的 p 轨道，这四个 p 轨道均垂直于 σ 键所在的平面，彼此相互平行，"肩并肩"侧面重叠形成大 π 键。1,3-丁二烯的结构中的大 π 键如图 4-4（a）所示。

(a) 　　　　　　　　　　　　(b)

(a) 1,3-丁二烯分子中的大π键 　　　(b) 1,3-丁二烯的碳碳键长

图 4-4　1,3-丁二烯的结构

由图可知，1,3-丁二烯分子中的 C1 和 C2 及 C3 和 C4 的 p 轨道之间可以重叠形成 π 键，而 C2 和 C3 之间的 p 轨道也有一定程度的重叠，所以 C2 和 C3 之间并不是一个单纯的 σ 键，而是具有部分双键的性质。这样重叠的结果把两个孤立存在的 π 键连在一起，形成了一个大 π 键或共轭 π 键。分子中 π 电子的运动范围不再局限在某两个原子之间，而是发生了离域（delocation），在整个共轭大 π 键体系中运动。

（三）共轭体系和共轭效应

能够形成大 π 键或造成电子离域的体系称为共轭体系（conjugation system）。在共轭体系中，π 电子的离域使电子云密度分布发生变化，出现了键长平均化现象。如图 4-4（b）所示，1,3-丁二烯的碳碳双键的键长（135pm）比单烯烃的碳碳双键的键长（134pm）稍长，连接两个双键的碳碳单键的键长（146pm）明显小于烷烃碳碳单键的键长（154pm）。键长平均化是共轭体系的共性。另外，π 电子的离域使分子内能降低，体系的稳定性增加，所以，共轭体系比相应的非共轭体系稳定，且共轭体系越大，π 电子的运动范围越大，体系越稳定。

共轭体系有以下几种类型：

1. π-π 共轭

此类共轭体系的结构特征是单键、重键交替排列，是一种最常见的共轭体系，上述1,3-丁二烯就是典型例子。再如：

$$CH_2=CH-CH=CH-CH=CH_2$$
1,3,5-己三烯

$$H_2C=CH-CH=O$$
丙烯醛

苯

2. p-π 共轭

含 p 轨道的原子与含 π 键的原子直接相连，π 键与相邻原子 p 轨道之间的侧面重叠形成共轭。按照共轭体系中 π 电子的多少，p-π 共轭有以下三种类型：

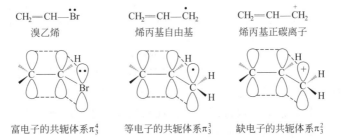

| 富电子的共轭体系 π_3^4 | 等电子的共轭体系 π_3^3 | 缺电子的共轭体系 π_3^2 |

3. 超共轭

超共轭是 C—H σ 键参与的共轭。由于氢原子体积很小，对 C—H σ 键的电子云屏蔽也很小。因此 C—H σ 键的电子犹如未共用电子对，虽 C—H σ 键与相邻的 π 键或 p 轨道并不平行，但仍可发生一定程度的侧面重叠，形成 σ-π 或 σ-p 超共轭。由于这种侧面重叠不如 π-π 和 p-π 共轭体系重叠程度大，所以将此类共轭称为超共轭。如丙烯和乙基正碳离子分别存在 σ-π 或 σ-p 超共轭。

丙烯 σ-π 超共轭　　　　　　乙基正碳离子 σ-p 超共轭

4. 共轭效应

在共轭体系中，由于相邻 p 轨道的相互重叠，产生电子离域，导致共轭体系中电子云密度分布趋于平均化，体系内能降低的电子效应称为共轭效应（conjugative effect）。组成共轭体系的不饱和键可以是双键，也可以是三键；组成该体系的原子也不是仅限于碳原子，还可以是氧、氮等其他原子；共轭体系因原子（基团）电负性的差别或在外电场的影响下，将发生正、负电荷交替传递的现象，并可沿共轭链一直传递下去，其强度不因共轭链的增长而减弱。根据共轭作用的结果，共轭效应可分为给电子共轭效应（＋C）和吸电子共轭效应（－C）。例如：

$$\overset{\delta+}{H_2C}=\overset{\delta-}{CH}—\overset{\delta+}{CH}=\overset{\delta-}{CH_2} \qquad \overset{\delta+}{H_2C}=\overset{\delta-}{CH}—\overset{\delta+}{CH}=\overset{\delta-}{O}$$

共轭效应是一类重要的电子效应，它和诱导效应在产生原因和作用方式上是不同的。诱导效应是建立在定域键基础上，所以是短程作用，出现单向极化。而共轭效应是建立在离域的基础上，所以是远程作用，出现交替极化现象，但只能存在于共轭体系中。一个分子可同时存在这两种电子效应，分子的极化由这两种电子效应的总和决定。

（四） 共轭二烯烃的主要反应

共轭二烯烃的性质与单烯烃的性质相似，可以发生加成反应、氧化反应等，但由于共轭双键的存在，又可以发生一些特殊的反应。

1. 1,2-加成和 1,4-加成

1,3-丁二烯发生亲电加成反应时，除了有一个双键参与反应的加成产物（1,2-加成）外，还有共轭双键共同参与反应的加成产物（1,4-加成）。例如：

$$H_2C=CH—CH=CH_2+HCl \longrightarrow \underset{\text{1,2-加成}}{H_3C—\underset{Cl}{\overset{|}{C}}H—CH=CH_2} + \underset{\text{1,4-加成}}{\underset{H}{\overset{|}{H_2C}}—CH=CH—\underset{Cl}{\overset{|}{C}}H}$$

$$H_2C=CH—CH=CH_2+Br_2 \longrightarrow \underset{\text{1,2-加成}}{\underset{Br\ Br}{H_2C—CH—CH=CH_2}} + \underset{\text{1,4-加成}}{\underset{Br}{\overset{|}{H_2C}}—CH=CH—\underset{Br}{\overset{|}{}}}$$

以上反应结果说明共轭二烯烃和亲电试剂加成时，有两种加成方式：一种是试剂的两部分分别加在一个双键的两个碳原子上，称为 1,2-加成；另一种是试剂的两部分分别加在共轭体系的两端碳原子上，原来的双键消失，而在 C2、C3 之间形成一个新的双键，这种加成方式称为 1,4-加成，通常又称为共轭加成。

该反应分两步进行。以 1,3-丁二烯与氯化氢的反应为例，首先是氯化氢异裂的 H^+ 进攻 1,3-丁二烯，当 H^+ 靠近共轭双键时，产生共轭效应，使整个共轭体系的单、双键出现交替极化现象。H^+ 优先与共轭体系末端带部分负电荷的碳原子结合生成较稳定的烯丙基型正碳离子中间体。

$$\overset{\delta+}{H_2C}=\overset{\delta-}{CH}—\overset{\delta+}{CH}=\overset{\delta-}{CH_2} + H^+ \longrightarrow H_2C=CH—\overset{+}{CH}—CH_3$$

烯丙基型正碳离子可用下列两个极限式或共振杂化体表示：

$$\left[H_2C=CH—\overset{+}{C}H—CH_3 \longleftrightarrow \overset{+}{C}H_2—CH=CH—CH_3 \right] \equiv \underset{4}{\overset{\delta+}{H_2C}}\cdots\underset{3}{CH}\cdots\underset{2}{\overset{\delta+}{C}H}—\underset{1}{CH_3}$$

由于烯丙基型正碳离子的两个极限式代表两个完全相同的结构，具有相同的能量，因此其共振杂化体是十分稳定的。第二步是氯离子快速与共振杂化体中带部分正电荷的碳原子结合得到加成产物。

$$\underset{4}{\overset{\delta+}{H_2C}}\cdots\underset{3}{CH}\cdots\underset{2}{\overset{\delta+}{C}H}—\underset{1}{CH_3} + Cl^- \longrightarrow \begin{cases} \overset{\text{1,2-加成}}{} H_2C=CH—\underset{Cl}{\overset{|}{C}}H—CH_3 \\[2em] \overset{\text{1,4-加成}}{} \underset{Cl}{\overset{|}{H_2C}}—CH=CH—CH_3 \end{cases}$$

如果 H⁺ 进攻的不是共轭碳链末端碳原子，则生成不稳定的伯正碳离子中间体，不利于加成反应的进行。在烯丙基型正碳离子中，正电荷所在的碳原子为 sp² 杂化，有一个空的 p 轨道，这个轨道与 π 键侧面重叠形成 3 个原子 2 个电子的缺电子大 π 键，即 π 键电子可以转移到空 p 轨道上去形成 p-π 共轭体系，因此，烯丙基型正碳离子中间体可以用前面两个共振式或共振杂化体表示。p-π 共轭使烯丙基型正碳离子更加稳定，有利于亲电加成反应的进行。

1,2-加成和 1,4-加成在反应中同时发生，两种产物的比例主要取决于共轭二烯烃的结构、试剂的性质、反应温度、产物的相对稳定性等因素。一般在较高的温度下以 1,4-加成产物为主，在较低的温度下以 1,2-加成产物为主。共轭加成是共轭烯烃的特征反应。

2. 双烯加成反应

共轭二烯烃的另一个特征反应是与含有碳碳双键或三键化合物进行 1,4-加成反应，生成六元环状化合物，称为双烯加成反应，又称狄尔斯（Diels）-阿德尔（Alder）反应（简称 D-A 反应）。如：

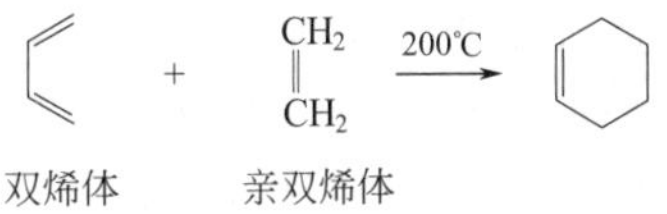

双烯体是以顺式构象进行反应的，反应条件为光照或加热。双烯体连有给电子基团，而亲双烯体的双键碳原子上连有吸电子基团时，反应易进行。

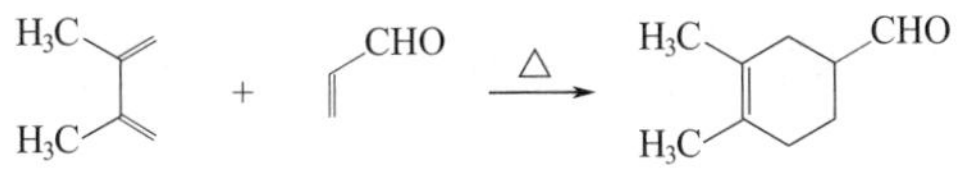

D-A 反应的产率高、应用范围广，是有机合成的重要方法之一，在理论上和生产上都占有重要的地位。

第二节　炔烃

结构中含有碳碳三键的不饱和烃称为炔烃，它比同碳数的烯烃还少两个氢原子，其通式为 C_nH_{2n-2}。

一、 炔烃的结构

乙炔是最简单的炔烃，分子式为 C_2H_2，结构式为 H—C≡C—H。X 射线衍射和光谱实验数据已经证明乙炔分子具有线性结构，键角为 180°。杂化轨道理论认为：乙炔分子中的两个碳原子采用 sp 杂化。在形成乙炔分子时，两个 sp 杂化的碳原子各以一个 sp 杂化轨道沿键轴方向相互重叠形成一个碳碳 σ 键，每个碳原子的另一个 sp 杂化轨道与两个氢原子的 1s 轨道形成两个碳氢 σ 键。每个 sp 杂化的碳原子上还剩余两个未杂化的 p 轨道，四个 p 轨道两两平行重叠，形成两个相互垂直的 π 键，所以碳碳三键由一个 σ 键和两个 π 键组成。两

个相互垂直的 π 键进一步相互作用，使 π 电子云呈圆柱状分布在碳碳 σ 键周围。乙炔的分子结构如图 4-5 所示。

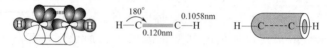

图 4-5　乙炔结构示意图

由于碳碳三键中两个 sp 杂化碳原子共用三对电子，核间的电荷密度较高，对两原子核有较大的吸引力，使成键两原子核更加靠近，因此，碳碳三键的键长为 120pm，比碳碳双键和碳碳单键短，三键碳与氢所形成的碳氢键的键长也短于烯烃和烷烃碳氢键的键长，为 106pm。碳碳三键的键能大于碳碳双键和碳碳单键的键能，为 836kJ/mol。

二、　炔烃的同分异构和命名

由于炔烃中的三键碳原子上只能连有一个原子或基团，为直线形结构，因此，炔烃没有顺反异构现象，三键碳原子上也不能形成支链。与同碳原子数的烯烃相比，炔烃的同分异构体的数目比相应的烯烃少。例如戊炔只有三种异构体。

$$CH_3CH_2CH_2C\equiv CH \qquad CH_3CH_2C\equiv CCH_3 \qquad \underset{\underset{CH_3}{|}}{CH_3CHC}\equiv CH$$

炔烃的系统命名法与烯烃相似，选择含碳碳三键在内的最长的碳链为主链，编号从离三键最近的一端开始。例如：

$$\underset{\underset{CH_3}{|}}{CH_3CHC}\equiv CCH_3 \qquad \underset{\underset{CH_2CH_3}{|}}{CH_3CHC}\equiv CCH_2CH_3$$

4-甲基-2-戊炔　　　　　　　5-甲基-3-庚炔

但当结构中既含有双键，又含有三键时，应选择含有双、三键在内的最长碳链作为主碳链，称为"某烯炔"。若双键和三键距离碳链末端的位置不同，则哪个靠末端近就从哪端开始编号，若双键和三键距离碳链末端的位置相同，则按先烯后炔的顺序编号。主碳链名称列出顺序为：双键位次—某烯—三键位次—炔。若含有侧链，将取代基位次、名称置于主碳链名称之前。例如：

$$\overset{5}{C}H_3-\overset{4}{C}\equiv\overset{3}{C}-\overset{2}{C}H=\overset{1}{C}H_2 \qquad \overset{5}{C}H_3\overset{4}{C}H=\overset{3}{C}H\overset{2}{C}\equiv\overset{1}{C}H \qquad \overset{1}{C}H_3\overset{2}{C}H=\overset{3}{C}H\overset{4}{C}H_2\underset{\underset{CH_3}{|}}{\overset{5}{C}H}\overset{6}{C}\equiv\overset{7}{C}\overset{8}{C}H_3$$

1-戊烯-3-炔　　　　　　　　3-戊烯-1-炔　　　　　　　5-甲基-2-辛烯-6-炔

三、　炔烃的物理性质

炔烃具有与烷烃和烯烃相似的物理性质，室温下低于 4 个碳原子的炔烃是气体，5～18 个碳原子的炔烃是液体。简单炔烃的熔点、沸点及密度比相同碳原子数的烷烃和烯烃高一些。炔烃的密度均小于 1g/cm³，难溶于水，能溶于烷烃、四氯化碳、苯、乙醚等非极性有机溶剂。一些炔烃的物理常数见表 4-2。

表 4-2　一些炔烃的物理常数

名称	结构式	熔点/℃	沸点/℃	密度/(g/cm³)
乙炔	HC≡CH	−81.8(−118.7kPa)	−83.4	0.6179
丙炔	CH≡CCH₃	−102.7	−23.2	0.6714
1-丁炔	HC≡CCH₂CH₃	−122.5	8.6	0.6682
2-丁炔	CH₃C≡CCH₃	−24.0	27.0	0.6937
1-戊炔	HC≡CCH₂CH₂CH₃	−98.0	39.7	0.6950
2-戊炔	CH₃C≡CCH₂CH₃	−101	55.5	0.7127
1-己炔	HC≡C(CH₂)₃CH₃	−124	71	0.7195
2-己炔	CH₃C≡CCH₂CH₂CH₃	−88	84	0.7305
3-己炔	CH₃CH₂C≡CCH₂CH₃	−105	82	0.7255

四、 炔烃的化学性质

炔烃的官能团碳碳三键具有很高的反应活性，许多能与烯烃发生反应的试剂也能与炔烃发生反应。但是，由于三键碳原子是 sp 杂化，使炔烃体现出一些独特的化学反应。

（一）酸性和金属炔化物的生成

轨道的杂化方式对碳原子的电负性有一定的影响，杂化轨道中 s 成分越多，使轨道中的电子更靠近碳原子核，即原子核对电子有较强的束缚力，那么该杂化碳原子的电负性就越大（$sp > sp^2 > sp^3$）。因此，sp 杂化碳与氢形成的碳氢键的极性要大于 sp^2 和 sp^3 杂化碳与氢形成的碳氢键，导致 C_{sp}—H 更易于异裂给出质子，因而端基炔烃的酸性比烯烃和烷烃强。炔烃能与强碱反应生成金属炔化物，而烯烃和烷烃却难以反应。例如：

$$RC≡CH \xrightarrow[\text{NH}_3（液）]{\text{NaNH}_2} RC≡CNa$$

炔化钠为弱酸强碱盐，与水很快发生水解反应生成相应的炔烃和氢氧化钠。炔化钠与卤代烃作用可制备更高级的炔烃。例如：

$$RC≡CNa + R^1Br \longrightarrow RC≡CR^1 + NaBr$$

端基炔烃的氢原子能被一些重金属离子取代，生成有特殊颜色且难溶于水的盐，此反应的速度快、现象明显，可用于端基炔烃的鉴别。例如将乙炔通入氯化亚铜或硝酸银的氨溶液中，则分别生成砖红色的乙炔亚铜和白色的乙炔银沉淀。

$$HC≡CH + 2[Cu(NH_3)_2]^+ \longrightarrow CuC≡CCu↓ + 2NH_4^+ + 2NH_3$$
$$\text{乙炔亚铜（砖红色）}$$
$$HC≡CH + 2[Ag(NH_3)_2]^+ \longrightarrow AgC≡CAg↓ + 2NH_4^+ + 2NH_3$$
$$\text{乙炔银（白色）}$$

重金属炔化物在溶液中比较稳定，干燥后受热、震动或撞击时会发生强烈的爆炸，因此，在实验结束后应立即用稀硝酸使其分解。

（二）催化加氢

在金属催化剂（Ni、Pt、Pd 等）的作用下，炔烃与氢发生加成反应生成烷烃。

$$RC≡CH \xrightarrow{\text{H}_2}{\text{Pt}} RHC≡CH_2 \xrightarrow{\text{H}_2}{\text{Pt}} RH_2C—CH_3$$

第二步加氢速度更快，一般金属催化剂难以使反应停留在第一步。若使用一些催化活性降低的特殊催化剂，如 Lindlar（林德拉）催化剂（将金属钯的细粉沉淀在碳酸钙上，再用乙酸铅溶液处理制成）可使反应停留在烯烃阶段。

$$R^1C \equiv CR^2 + H_2 \xrightarrow{\text{Lindlar Pd}} \underset{H}{\overset{R^1}{\underset{}{}}} C = C \underset{H}{\overset{R^2}{\underset{}{}}}$$

此反应具有高度的立体选择性，非端基炔烃生成顺式加成产物。在有机合成或合成有一定构型的生物活性物质方面有重要的用途。

（三）亲电加成反应

炔烃结构中存在不饱和的碳碳三键，也可以发生亲电加成反应。但由于三键碳原子对 π 电子云有较大的约束力，不容易给出电子与亲电试剂结合，因此，炔烃的亲电加成反应活性比烯烃要低。

1. 与卤素加成

炔烃与卤素（Br_2 或 Cl_2）加成首先生成邻二卤代烯，再进一步加成得四卤代烷。

$$H_3CC \equiv CH \xrightarrow{Br_2} H_3CC \underset{Br}{=} CH \underset{Br}{\overset{}{}} \xrightarrow{Br_2} CH_3CBr_2CHBr_2$$

炔烃与溴的加成产物也是无色化合物，其反应现象为溴的四氯化碳溶液褪色，因此，此反应也可用于炔烃的鉴别。氯与炔烃加成通常需要在三氯化铁或氯化亚锡的催化下进行。

$$HC \equiv CH \xrightarrow[FeCl_3]{Cl_2} HC \underset{Cl}{=} CH \underset{Cl}{\overset{}{}} \xrightarrow[FeCl_3]{Cl_2} Cl_2HC - CHCl_2$$

上述反应生成的邻二卤代烯分子中，两个双键碳原子上各连接一个吸电子的溴（氯）原子，使碳碳双键的亲电加成活性减小，所以通过控制卤素的加入量，反应可停留在第一步。当化合物中同时存在非共轭的碳碳三键和碳碳双键时，首先是碳碳双键与卤素发生反应。

$$H_2C = CH - CH_2 - C \equiv CH \xrightarrow{Br_2} H_2C \underset{Br}{\overset{}{}} CH - CH_2 - C \equiv CH \underset{Br}{\overset{}{}}$$

2. 与卤化氢加成

炔烃与卤化氢发生亲电加成反应的速率比烯烃慢，反应是分两步进行的，炔烃与等物质量的卤化氢加成先生成卤代烯烃，进一步加成生成二卤代烷烃。不对称炔烃与卤化氢的反应产物也符合马氏规则。例如：

$$CH_3 - C \equiv CH \xrightarrow{HBr} CH_3 - \underset{Br}{\overset{}{C}} = CH_2 \xrightarrow{HBr} CH_3 - \underset{Br}{\overset{Br}{\underset{}{C}}} - CH_3$$

卤代烯分子中双键碳原子上的溴原子降低了碳碳双键发生加成反应的活性，所以在适当的条件下，可使反应停留在第一步。这个反应也可用于制备卤代烯烃。

炔烃加溴化氢反应也存在过氧化物效应，反应机制也是自由基加，生成反马尔科夫尼科夫规则的产物。

3. 与水加成

炔烃在汞盐和稀硫酸的催化下先得到加成产物烯醇，然后异构化为更稳定的羰基化合物，此反应也称为炔烃的水合反应。

$$RC \equiv CH + H_2O \xrightarrow[H_2SO_4]{HgSO_4} \left[\underset{RC = CH_2}{\overset{OH}{\underset{}{}}} \right] \rightleftharpoons RC - CH_3 \overset{O}{\overset{\parallel}{}}$$

不对称炔烃加水产物符合马氏规则，乙炔加水的最终产物是乙醛，这是工业上制备乙醛的方法之一，其他炔烃的水合产物均为酮类化合物。

（四）氧化反应

炔烃经高锰酸钾等氧化剂氧化可使碳碳三键断裂，生成羧酸或二氧化碳。

$$RC\equiv CH \xrightarrow[\text{2) } H_3O^+]{\text{1) } KMnO_4,\ OH^-} RCOOH + CO_2$$

$$R^1C\equiv CR^2 \xrightarrow[\text{2) } H_3O^+]{\text{1) } KMnO_4,\ OH^-} R^1COOH + R^2COOH$$

炔烃经臭氧化水解后得到两分子的羧酸，这与烯烃的氧化产物有所不同。

$$RC\equiv CH \xrightarrow[\text{2) } H_2O]{\text{1) } O_3} RCOOH + HCOOH$$

根据高锰酸钾溶液颜色的变化可以鉴别炔烃，也可以根据氧化反应产物的种类和结构来推测原炔烃的结构。

> **阅读材料**
>
> ### 天然共轭烯烃和 β-胡萝卜素
>
> β-胡萝卜素最初是从胡萝卜中发现的，有 α、β、γ 三种胡萝卜素异构体，其中以 β-胡萝卜素的活性最高。β-胡萝卜素可被酶作用转变成为维生素 A，所以又称为维生素 A 源。因人体摄入过量的维生素 A 会造成中毒，所以只有当有需要时，人体才会将 β-胡萝卜素转换成维生素 A，这一特征使 β-胡萝卜素成为维生素 A 的一个安全来源。
>
>
> β-胡萝卜素
>
> 维生素 A 又叫视黄醇，是一个不饱和醇类化合物，侧链中的四个双键全部为 E-构型，其结构式如下：
>
>
> 维生素A　　　　　　　　　　　　　　视黄醛
>
> 维生素 A 是合成视紫质的原料，该物质是一种感光物质，存在于视网膜内，由视黄醛和视蛋白结合而成，而视黄醛由维生素 A 氧化而成。缺乏维生素 A 就不能合成足够的视紫质，将导致夜盲症。维生素 A 还有助于保护皮肤、鼻、咽喉、呼吸器官的内膜，消化系统及泌尿生殖道上皮组织的健康；维生素 A 与维生素 D 及钙等营养素共同维持骨骼、牙齿的生长发育等。维生素 A 在体内不易排泄，摄入过量容易导致积聚，引起维生素 A 中毒。人和高等动物体内不能自行合成维生素 A，必须从食物中摄取。绿叶类、黄色菜类、水果类食物及动物肝脏、蛋黄及奶制品中富含维生素 A。
>
> β-胡萝卜素广泛存在于植物的花、叶、果实及蛋黄、奶油中。在医药上的作用与维生素 A 相同，但使用时剂量要加倍。对于肝脏疾病患者，β-胡萝卜素转变成维生素 A 会有障碍，因此临床上直接给患者补充维生素 A。

本章小结

烯烃含有碳碳双键官能团，单烯烃通式为 C_nH_{2n}。烯烃的顺反异构体可用顺/反或 Z/E 标记其构型。烯烃的 π 键易断裂发生亲电加成反应、氧化反应等。烯烃经金属催化氢化得到顺式加成产物，并可根据氢化热数据推测烯烃的相对稳定性；烯烃与氯、卤化氢、H_2O、硫酸等发生加成反应是通过形成正碳离子进行的。烯烃与溴加成通过形成溴鎓离子的反应机制进行，并生成反式加成产物。不对称烯烃与不对称试剂加成时，遵守"马氏规则"。马氏规则可以从反应机制并结合正碳离子中间体稳定性上加以解释。反应速率亦取决于中间体正碳离子的稳定性，正碳离子的稳定性与电子效应（诱导效应、共轭效应等）密切相关。不对称烯烃与溴化氢加成时，如有过氧化物存在，则生成反"马氏规则"的产物（过氧化物效应）。HCl 和 HI 在同样条件下不存在过氧化物效应。

烯烃经稀、冷碱性高锰酸钾溶液氧化生成邻二醇，若用酸性高锰酸钾溶液氧化则生成羧酸、二氧化碳、酮或它们的混合物；烯烃经臭氧化-还原水解得到醛、酮或二者的混合物。根据氧化的产物可推测原烯烃的结构。利用烯烃能使溴的四氯化碳溶液和高锰酸钾溶液褪色鉴别烯烃。共轭二烯烃因结构中存在 π-π 共轭效应，体现出特殊化学性质：1,2-加成和 1,4-加成。

炔烃是结构中含有碳碳三键的不饱和烃。炔氢具有弱酸性，能被金属离子取代生成金属炔化物，并可用于鉴别端基炔烃；炔烃也能发生加成反应和氧化反应。炔烃经 Lindlar 催化剂催化加氢可使反应停留在烯烃阶段，使非端基炔烃生成顺式加成产物。炔烃经氧化反应生成羧酸、二氧化碳或二者的混合物。利用炔烃能使溴的四氯化碳溶液和高锰酸钾溶液褪色的反应来鉴别炔烃。

电子效应是分子中电子云分布对化合物性质的影响，分为诱导效应和共轭效应。诱导效应的特点是单向、近程。共轭效应存在于共轭体系中，共轭效应是远程的，并出现交替极化现象。共轭体系包括 π-π 共轭、p-π 共轭等。

习 题

4-1 单项选择题

(1) 下列各正碳离子中稳定性最强的是（　　　）。

A. $CH_3CH_2CH_2\overset{+}{C}H_2$

B. $CH_3\overset{+}{C}HCH=CH_2$

C. $(CH_3)_2\overset{+}{C}CH_3$

D. $CH_3CH_2\overset{+}{C}HCH_3$

(2) 下列结构中，碳原子均为 sp^2 杂化的是（　　　）。

A. $CH_3CH=CH_2$

B. $H_2C=C=CH_2$

C. $CH_2=CH-C\equiv CH$

D. $\overset{+}{C}H_2CH=CH_2$

(3) 根据次序规则，下列基团最优先的是（　　　）。

A. —COOH　　　　B. —CH$_2$OH　　　　C. —OH　　　　D. —CHO

(4) 炔烃与水发生加成反应的反应条件是（　　　）。

A. $HgSO_4$，H_2SO_4

B. H_2SO_4，170℃

C. 浓 H_2SO_4，140℃

D. 干燥 HCl，CH_3CH_2OH

(5) 分子结构中存在 π-π 共轭体系的是（　　　）。

A. 丙二烯　　　　　B. 1,3-丁二烯　　　　　C. 环戊烯　　　　D. 1,4-戊二烯

（6）烯烃的氢化反应是放热反应，氢化热的大小可以反映烯烃的稳定性。下列烯烃中氢化热最小的是（　　　）。

A. 2-甲基-2-丁烯　　　B. 2-甲基-1-丁烯　　　C. 反-2-丁烯　　　D. 顺-2-丁烯

（7）实验室中常用 Br_2 的 CCl_4 溶液鉴定烯键，其反应历程是（　　　）。

A. 自由基加成反应　　B. 亲电取代反应　　　C. 亲电加成反应　　D. 协同反应

（8）下列正碳离子的稳定性排列正确的是（　　　）。

a. $CH_3\overset{+}{C}HCH=CH_2$　　　　　　b. $CH_2=CHCH_2\overset{+}{C}H_2$

c. $CH_3-CH=CH-\overset{+}{C}H_2$　　　　d. $CH_3-\overset{+}{\underset{CH_3}{C}}-CH=CH_2$

A. a＞b＞c＞d　　　　B. d＞c＞b＞a　　　　C. d＞a＞c＞b　　　D. b＞a＞c＞d

4-2　比较下列各对烯烃加硫酸反应的活性大小。

（1）丙烯和 2-丁烯　　　　　　　　（2）1-戊烯和 2-甲基-1-丁烯

（3）2-丁烯和 2-甲基丙烯　　　　　（4）丙烯和 3,3,3-三氯丙烯

4-3　用系统命名法命名下列各化合物。

（1）$H_3CC≡CCH_2CH(CH_3)_2$　　　　　（2）$H_2C=CH-CH=C(CH_3)_2$

（3）$H_3CHC=\underset{\underset{CH_2CH_3}{|}}{C}HCHC≡CH$　　　　　（4）$CH_3CH_2\underset{\underset{CH=CH_2}{|}}{C}HCH_2CH_3$

（5）　　　　　　　（6）$H_3C\overset{H}{\underset{}{C}}=\overset{H}{\underset{}{C}}...$　　　　　（7）$H_3CH_2CH_2C\overset{H}{\underset{CH_3}{C}}=\overset{CH_2CH_3}{\underset{}{C}}$

4-4　写出下列化合物的结构式。

（1）3-甲基环戊烯　　　　　　　　（2）3,3-二甲基-1-己炔

（3）2,4-二甲基-1,3-庚二烯　　　　（4）3-乙基-1-戊烯-4-炔

（5）顺-4-甲基-2-戊烯　　　　　　（6）(E)-1-氯-1-溴-1-丁烯

4-5　将下列化合物中标有字母的碳碳键按键长由小到大排列其顺序。

（1）$CH_3-\overset{a}{C}\overset{d}{=}CH$　　　（2）$CH_3-\overset{b}{C}H\overset{e}{=}CH_2$　　　（3）$CH_3-\overset{c}{C}H_2-CH_3$

4-6　写出下列反应的主要产物。

(1) $CH_3CH_2CH=CH_2+HBr\xrightarrow{RCOOR}$

(2) $CH_3CH=CH_2\xrightarrow[H_2O]{H_2SO_4}$

(3) $CH_2=CH-CF_3\xrightarrow{HCl}$

(4) $H_3C-C≡C-CH_3\xrightarrow[\text{Lindlar Pd}]{H_2}(\quad)\xrightarrow[②\ Zn/H_2O]{①\ O_3}$

(5)　　＋HBr ⟶

(6) $HC≡CH+2NaNH_2\longrightarrow(\quad)\xrightarrow{2CH_3CH_2Br}$

(7) $CH_3CH_2CH_2C≡CH+KMnO_4\xrightarrow[△]{H^+}$

(8) $CH_3CH_2\underset{\underset{CH_3}{|}}{C}HC≡CH+H_2O\xrightarrow[稀\ H_2SO_4]{HgSO_4}$

(9)　　$\xrightarrow[②\ Zn/H_2O]{①\ O_3}$

4-7　用化学方法鉴别下列各组化合物。

（1）1-庚炔、3-庚炔、庚烷　　　　　　　（2）1-戊炔、2-戊炔、1-戊烯

4-8　写出 1mol 丙炔与下列试剂作用所得产物的结构式。

（1）2mol H_2，Ni　　　　　（2）2mol HBr　　　　　（3）$[Ag(NH_3)_2]NO_3$

（4）H_2/Lindlar 催化剂　　　（5）稀 H_2SO_4/$HgSO_4$　　　（6）1mol Br_2

4-9　写出下列化合物加 1mol 溴所得产物。

（1）$CH_3CH\!=\!CHCH_2CH\!=\!CHBr$

（2）$(CH_3)_2C\!=\!CHCH_2CH\!=\!CH_2$

（3）$CH_3CH\!=\!CHCH_2CH\!=\!CHCF_3$

4-10　经高锰酸钾氧化后得到下列产物，试写出原烯烃的结构式。

（1）只有 CH_3CH_2COOH　　　　　　　　（2）CO_2 和 HOOCCOOH

（3）$\overset{\overset{\displaystyle O}{\displaystyle \|}}{CH_3}CCH_2CH_3$ 和 CH_3CH_2COOH　　　　（4）丙酮和 CO_2

（5）只有 $HOOCCH_2CH_2CH_2CH_2COOH$

4-11　如何检验庚烷中有无烯烃杂质？如有，怎样除去？

4-12　分子式为 C_6H_{10} 的 A 及 B，均能使溴的四氯化碳溶液褪色，并且经催化氢化得到相同的产物正己烷。A 可与氯化亚铜的氨溶液作用生成红棕色的沉淀，而 B 不发生这种反应。B 经臭氧化后再还原水解得到 CH_3CHO 和 OHCCHO（乙二醛），写出 A 和 B 的结构式。

第五章

芳香烃

在有机化学发展的初期，从天然产物中得到一些具有一定芳香气味的化合物，它们的分子结构中都含有苯环，当时就把这类化合物叫作芳香族化合物（aromatic compounds）。后来发现，许多含有苯环的化合物不但没有香味，有些甚至具有令人不愉快的气味，所以"芳香"这个词早已失去了原来的含义，只是含苯环化合物的历史沿用。

芳香烃（aromatic hydrocarbons）是指含有苯（benzene）环结构以及不含苯环结构但其性质与苯环相似的碳氢化合物。芳香烃具有高度的不饱和性，且具有特殊的稳定性，成环原子间的键长也趋于平均化，性质上表现为易发生取代反应，不易发生加成反应，不易被氧化，这些特性统称为芳香性（aromaticity）。进一步的研究发现，具有芳香性的化合物在结构上都符合休克尔规则。所以近代有机化学把结构上符合休克尔规则，性质上具有芳香性的化合物称为芳香族化合物。

苯是最简单、最典型的芳香烃，根据芳香烃分子中是否含有苯环，可以把芳香烃分为苯系芳烃和非苯芳烃；苯系芳烃根据所含苯环的数目又可分为单环芳烃和多环芳烃。

单环芳烃：分子中只含有一个苯环，其中包括苯、苯的同系物和苯基取代的不饱和烃。如苯、甲苯、苯乙烯等。

多环芳烃：分子中含有两个或两个以上苯环，根据苯环的连接方式不同，多环芳烃又可以分为联苯类、多苯代脂肪烃和稠环芳烃。如联苯、三苯甲烷、萘、蒽、菲等。

非苯芳烃：不含苯环，但结构和性质与苯环相似，并具有芳香族化合物的共同性质，符合休克尔规则。如环丙烯正离子、环戊二烯负离子、䓬等。

环丙烯正离子 　　　环戊二烯负离子　　　　　䓬

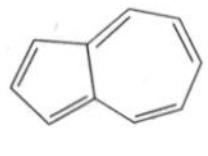

第一节　苯及其同系物

一、苯的结构

（一）苯的凯库勒（Kekule）结构式

苯是最常见、最典型的芳香烃，苯的分子式为 C_6H_6，从碳氢比例来看，具有高度不饱和性，但苯的化学性质与烯烃、炔烃却完全不同，它不易被高锰酸钾氧化，也不易发生加成反应，其典型的化学反应是取代。苯的一元取代只有一种产物，二元取代有三种产物，根据大量的实验事实和科学研究，1865 年德国化学家凯库勒（Kekule）提出苯的结构是一个对称的六元环，每个碳原子上都连有一个氢原子，碳的四个价键则用碳原子间的交替单双键来满足，这种结构式称为苯的凯库勒式。

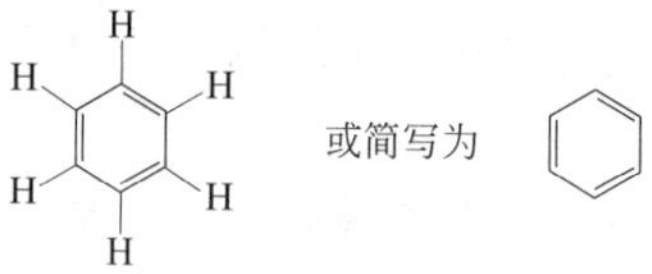

或简写为

苯的凯库勒式虽然成功地解释了苯分子的组成、高度不饱和的碳氢比、原子间的排列次序，并能解释苯一元取代只有一种产物的事实，但有两个问题不能解释：苯的凯库勒式含有三个双键，为什么不能发生类似烯烃的加成和氧化反应？根据苯的凯库勒式，苯的邻位二元取代物应该有两种：

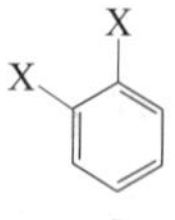

Ⅰ 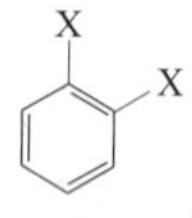　　　　　　　　Ⅱ

Ⅰ式和Ⅱ式之间的差别仅在于两个取代原子所连的两个碳原子之间是以单键还是双键相连，而实际上，苯的邻位二元取代物只有一种。这说明苯的凯库勒结构式无法解释苯的性质，但凯库勒关于苯分子的六元环状结构的提出是一个非常重要的贡献，至今我们仍然使用凯库勒的结构式来表示苯。

（二）苯分子结构的解释

1. 从氢化热看苯的稳定性

苯具有异常稳定的环状结构，通过氢化热数据的比较，可以得到较好的解释。环己烯的

氢化热为 119.3kJ/mol，1,3-环己二烯的氢化热为 232kJ/mol，1,3-环己二烯的氢化热不是环己烯的两倍，而是小于其两倍，这是由于共轭双键增加了其稳定性。而苯的氢化热为 208.5kJ/mol。1,3-环己二烯失去两个氢转化成苯时，不但不吸热，反而放出少量热量。这说明苯比想象中的环己三烯要稳定得多，从 1,3-环己二烯转化成苯时，分子结构已经发生了根本的变化，从而导致了一个异常稳定体系的形成。

$$\text{（环己二烯）} \longrightarrow \text{（苯）} + H_2 + 23.5\text{kJ/mol}$$

2. 杂化轨道的解释

通过现代物理方法（光谱法、电子衍射法、X 射线法等）测定了苯的分子结构，结果表明：苯分子是一个平面正六边形，6 个碳和 6 个氢处于同一平面上。6 个碳碳键长相等，均为 140pm，键长处于碳碳单键 154pm 和双键 134pm 之间；6 个碳氢键的键长均为 108pm，键角均为 120°，如图 5-1 所示。

图 5-1　苯分子中的键长与键角

杂化轨道理论认为：苯分子中的 6 个碳原子均为 sp^2 杂化，每个碳原子以一个 sp^2 杂化轨道与氢原子的 1s 轨道重叠形成 C—H σ 键；剩余两个 sp^2 杂化轨道分别与相邻的两个碳原子的 sp^2 杂化轨道形成 C—C σ 键，由于三个 sp^2 杂化轨道处在同一平面上，相互之间的夹角是 120°，所以，苯分子中所有的原子都在同一平面上，所有键角均为 120°。此外，每个碳原子上未参加杂化的 p 轨道都垂直于该平面，它们相互平行，彼此侧面重叠，形成了一个环状闭合的共轭体系，组成了一个 6 中心、6 电子的离域大 π 键，π 电子云高度离域，均匀地分布在环平面的上方和下方，形成环电子流，如图 5-2 所示。6 个碳原子的 p 轨道重叠程度完全相同，所以碳碳键长完全相等，键长发生了完全平均化，体系的内能降低，所以苯分子非常稳定。显然，苯分子不是凯库勒式所表示的那样单、双键交替排列的结构。

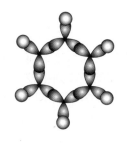
(a) 苯分子中 σ 键

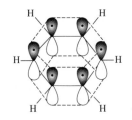
(b) p 轨道形成大 π 键

(c) 苯分子大 π 键电子云

图 5-2　苯分子中的 σ 键和大 π 键

为了表示苯分子中的离域大 π 键，有人提出用键线式或圆圈来表示苯的结构，在目前文献资料中，这两种表示方法都有。

苯的结构也可用两个 Kekule 结构式的共振式或共振杂化体表示：

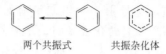

两个共振式　　　共振杂化体

二、 苯同系物的命名

苯的同系物是指苯环上的氢原子被烃基取代的产物，分一元取代苯、二元取代苯和多元取代苯。

1. 一元取代苯

苯的一元烃基取代物只有一种。对于简单的烃基取代物，命名时将苯作为母体，烃基作取代基，称为某基苯，基字通常可以省略。例如：

CH₃　　　CH₂CH₃　　　CH₂CH₂CH₃　　　CH(CH₃)₂

甲苯　　　　乙苯　　　　　丙苯　　　　　异丙苯

2. 多元取代苯

苯的二元取代物有三种异构体，命名时可用邻或 *o*-（ortho）、间或 *m*-（meta）、对或 *p*-（para）来表示取代基的不同位置，也可用阿拉伯数字表示。例如：

邻二甲苯　　　　　　　　间二甲苯　　　　　　　　对二甲苯

（1,2-二甲苯或 *o*-二甲苯）　（1,3-二甲苯或 *m*-二甲苯）　（1,4-二甲苯或 *p*-二甲苯）

苯的三元取代物有三种异构体，对于取代基相同的三元取代苯，命名时可用阿拉伯数字或"连、均、偏"表示取代基的不同位置。例如：

1,2,3-三甲苯（连三甲苯）　　1,3,5-三甲苯（均三甲苯）　　1,2,4-三甲苯（偏三甲苯）

当苯环上有两个或多个取代基时，苯环上的编号应符合最低系列原则，而当用最低系列原则无法确定哪一种优先时，与单环烷烃的情况一样，命名时按顺序规则中较小的基团位次尽可能小，并使所有烷基位次之和最小。除苯外，也可以将甲苯、邻二甲苯、异丙苯、苯乙烯等少数几个芳烃作为母体来命名其衍生物。例如：

CH₃　　　　　　　CH₃　　　　　　　CH₃　CH(CH₃)₂

CH₂CH₃　　　　　C(CH₃)₃　　　　CH₃CH₂CH₂CH₂

3-乙基甲苯　　　　　4-叔丁基甲苯　　　　5-丁基-2-异丙基甲苯

（或间乙基甲苯）　　（对叔丁基甲苯）

3. 苯环上有复杂取代基

当苯环上连接的烃基较长、较复杂；或有不饱和基团；或为多苯代芳烃时，命名以苯环为取代基。例如：

$$CH_3CH_2CHCHCH_3$$

3-甲基-2-苯基戊烷

$CH=CH_2$

苯乙烯

$CH_3C=CHCH_3$

2-苯基-2-丁烯

CH_2

二苯甲烷

C H

三苯甲烷

4. 芳基

芳烃芳环上去掉一个氢原子剩下的基团叫芳基，用 Ar—（aryl 的缩写）表示，苯分子中去掉一个氢原子剩余基团 C_6H_5—叫苯基，用 Ph—（phenyl 的缩写）表示，甲苯分子中甲基上去掉一个氢原子剩余基团 $C_6H_5CH_2$—叫苯甲基或苄基。

苯基

CH_2—

苯甲基（苄基）

三、 苯及其同系物的物理性质

苯及其同系物多为液体，不溶于水，易溶于汽油、乙醚、四氯化碳和石油醚等有机溶剂。单环芳烃的密度一般都小于 1，沸点随分子量的增加而升高。熔点除与分子量大小有关外，还与结构的对称性有关，通常对位异构体由于分子对称性高，晶格能较大，熔点较高。此外，液体芳烃也是一种良好的溶剂。苯蒸气有毒，长期吸入会损伤造血系统和神经系统，使用时需注意。表 5-1 列出了一些常见芳烃的物理常数。

表 5-1　常见芳烃的物理常数

化合物	熔点/℃	沸点/℃	相对密度	化合物	熔点/℃	沸点/℃	相对密度
苯	5.5	80.1	0.879	正丙苯	−99.6	159.3	0.862
甲苯	−95	110.6	0.867	异丙苯	−96	152.4	0.862
邻二甲苯	−25.2	144.4	0.880	连三甲苯	−25.5	176.1	0.894
间二甲苯	−47.9	139.1	0.864	偏三甲苯	−43.9	169.2	0.876
对二甲苯	13.2	138.4	0.861	均三甲苯	−44.7	164.6	0.865
乙苯	−95	136.2	0.867	苯乙烯	−33	145.8	0.906

四、 苯及其同系物的化学性质

苯环是一个平面结构，离域的 π 电子云分布在环平面的上方和下方，它像烯烃中的 π 电子一样，能够为亲电试剂提供电子，容易受到亲电试剂进攻，但是，苯环具有稳定的环状闭合共轭体系，难以被破坏，所以苯环很难进行亲电加成反应，而容易进行亲电取代反应。

（一） 亲电取代反应

亲电取代反应是苯环的典型反应，重要的亲电取代反应有卤代、硝化、磺化以及傅-克烷基化和傅-克酰基化反应等。这些反应都是由缺电子的试剂或带正电荷的基团首先进攻苯环上的 π 电子所引发的取代反应，故称亲电取代反应（electrophilic substitution）。

以苯环为代表的芳香烃亲电取代反应机理分两步进行：

第一步：亲电试剂 E^+ 进攻苯环，与离域的 π 电子作用形成 π-络合物，二者只是微弱的作用，并没有形成新的共价键，π-络合物仍然保持着苯环结构。然后亲电试剂从苯环 π 体系中获得两个电子（相当于打开一个 π 键），与苯环的一个碳原子形成 σ 键而生成 σ-络合物。

这时，这个形成 C—E σ 键的碳原子由 sp^2 杂化转变为 sp^3 杂化，不再有未杂化的 p 轨道，苯环上剩下四个 π 电子离域在五个碳原子上，形成 5 中心 4 电子的大 π 体系，仍是一个共轭体系，但原来苯环的闭合共轭体系被破坏了。该正碳离子可用以下三个共振式来表示：

第二步：σ-络合物的能量比苯高，因而不稳定，它迅速从 sp^3 杂化碳原子上失去一个质子转变为 sp^2 杂化碳原子，又恢复了稳定的苯环结构。上述反应进程中的能量变化如图 5-3 所示。

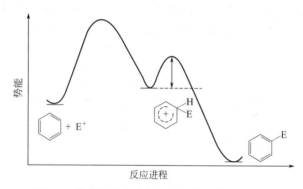

图 5-3 苯进行亲电取代反应的能量变化示意图

因此，苯进行亲电取代反应是分两步进行的，第一步形成中间体 σ-络合物是决定反应速率的一步，即决速步骤。

1. 卤代反应

苯与卤素在三卤化铁等催化剂作用下，苯环上的一个氢原子被卤素（X）取代，生成卤苯，这类反应称为卤代反应（halogenation reaction）。

FeBr$_3$ 的作用是催化溴（卤素）分子发生极化而异裂，产生的溴（卤素）正离子 Br$^+$ 作为亲电试剂进攻苯环，得到溴苯。

$$Br_2 + FeBr_3 \longrightarrow Br^+ + FeBr_4^-$$

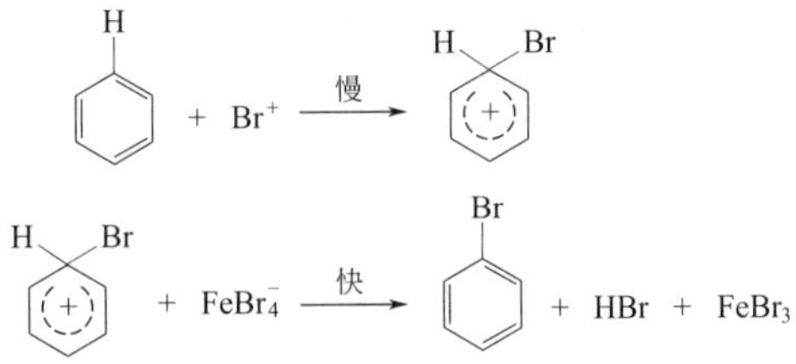

在实际操作中也可用铁粉作催化剂，因为铁和溴反应可以生成三溴化铁。

卤素与苯发生亲电取代反应的活性顺序是：氟＞氯＞溴＞碘，氟代反应太激烈，不易控制，碘代反应活性小，反应的速度慢，并且反应中生成的碘化氢是还原剂，可使反应逆转，因此卤代反应一般不用于氟代物和碘代物的制备。

2. 硝化反应

苯与浓硝酸和浓硫酸（也称混酸）共热，苯环上的一个氢原子可被硝基取代，生成硝基苯。这个反应称为硝化反应（nitration reaction）。

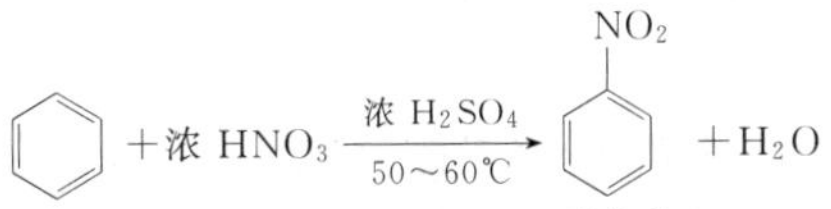

浓硝酸在浓硫酸的作用下首先产生硝酰正离子 NO_2^+。硝化反应中的亲电试剂就是硝酰正离子 NO_2^+，硝酰正离子是一种强的亲电试剂，会进攻苯环生成硝基苯。浓硫酸的作用是促进 NO_2^+ 的形成。

$$HNO_3 + 2H_2SO_4 \Longleftrightarrow NO_2^+ + H_3O^+ + 2HSO_4^-$$

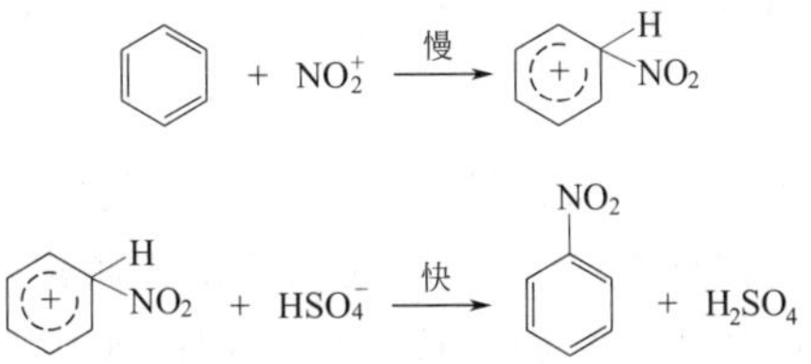

3. 磺化反应

苯与浓硫酸或发烟硫酸反应，苯环上的氢被磺酸基取代生成苯磺酸，这类反应称为磺化反应（sulfonation reaction）。苯与浓硫酸反应比较慢，通常需要加热，与发烟硫酸（三氧化硫的硫酸溶液）反应较快，在室温下即可进行。

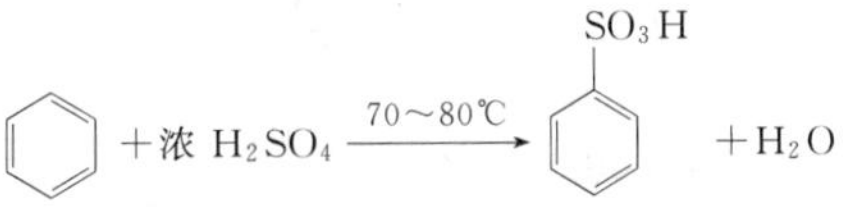

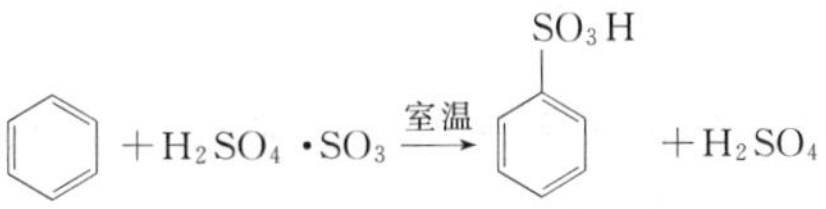

磺化反应中的亲电试剂为三氧化硫，在三氧化硫分子中，由于极化作用使硫原子上带部分正电荷，因而可以作为亲电试剂进攻苯环。

$$2H_2SO_4 \rightleftharpoons SO_3 + H_3O^+ + HSO_4^-$$

磺化反应是可逆的，如果在磺化所得混合物中通入过热水蒸气，可脱去磺酸基（—SO$_3$H）得到苯和稀硫酸，磺化的逆反应也叫水解反应。在有机合成上，可利用磺酸基暂时占据环上某个位置，使这个位置不被其他基团取代，待反应完毕后，再通过水解脱去—SO$_3$H，此性质已广泛应用于有机合成。

4. 傅-克反应

傅-克反应是傅瑞德尔（Friedel）-克拉夫兹（Crafts）反应的简称。在路易斯酸（如三氯化铝）存在的条件下，芳香环上的氢原子被烷基取代的反应称为烷基化反应（alkylation reaction），被酰基取代的反应称为酰基化反应（acylation reaction）。芳香环上的烷基化反应和酰基化反应统称为傅-克反应。

傅-克烷基化反应：在无水三氯化铝等催化作用下，苯与烷基化试剂作用，生成烷基苯。

常用的催化剂有无水三氯化铝、三氯化铁、氯化锌、三氟化硼等，其中以无水三氯化铝的活性最高。催化剂的作用是使卤代烷变成亲电试剂烷基正碳离子。傅-克烷基化常用的烷基化试剂除卤代烷外，还有烯烃和醇，它们在适当催化剂的作用下都能产生烷基正碳离子，进而发生亲电取代反应。

$$CH_3CH_2—Cl + AlCl_3 \rightleftharpoons CH_3\overset{+}{C}H_2 + AlCl_4^-$$

由于反应中的亲电试剂是烷基正碳离子，而正碳离子易发生重排，因此当卤代烷含有三个或三个以上碳原子时，烷基常常通过重排而发生异构化。例如苯与1-氯丙烷反应主要产物是异丙苯。

$$\text{C}_6\text{H}_6 + \text{CH}_3\text{CH}_2\text{CH}_2\text{Cl} \xrightarrow{\text{无水 AlCl}_3} \text{C}_6\text{H}_5\text{—CH(CH}_3)_2 + \text{C}_6\text{H}_5\text{—CH}_2\text{CH}_2\text{CH}_3$$
$$\qquad\qquad\qquad\qquad\qquad\qquad\qquad\quad \text{异丙苯} 70\% \qquad\qquad \text{正丙苯} 30\%$$

这是由于反应中生成的伯正碳离子很容易重排成较稳定的仲正碳离子。

$$\text{CH}_3\text{CH}_2\text{CH}_2\text{Cl} \xrightarrow{\text{无水 AlCl}_3} \overset{+}{\text{CH}_3\text{CH}_2\text{CH}_2} \xrightarrow{\text{重排}} \text{CH}_3\overset{+}{\text{CH}}\text{CH}_3$$

在烷基化反应中，当苯环上引入一个烷基后，由于烷基可使苯环电子云密度增加，生成的烷基苯比苯更容易进行亲电取代反应，所以烷基化反应容易生成多烷基取代苯。

傅-克酰基化反应：酰卤或酸酐在 Lewis 酸的催化下与苯反应，在苯环上引入酰基，生成酰基苯（即芳酮）。

$$\text{C}_6\text{H}_6 + \text{CH}_3\text{COCl} \xrightarrow{\text{无水 AlCl}_3} \text{C}_6\text{H}_5\text{—COCH}_3 + \text{HCl}$$

$$\text{C}_6\text{H}_6 + (\text{CH}_3\text{CO})_2\text{O} \xrightarrow{\text{无水 AlCl}_3} \text{C}_6\text{H}_5\text{—COCH}_3 + \text{CH}_3\text{COOH}$$

在上述反应中，催化剂无水三氯化铝的作用是使酰卤、酸酐生成进攻芳环的亲电试剂酰基正离子，进而发生亲电取代反应。

$$\text{RCOCl} + \text{AlCl}_3 \rightleftharpoons \text{RCO}^+ + \text{AlCl}_4^-$$

$$\overset{\text{O}\quad\quad\text{O}}{\text{RC—O—C—R}} + \text{AlCl}_3 \rightleftharpoons \text{RCO}^+ + \text{RCOO—AlCl}_3^-$$

酰基是一个吸电子基团，当一个酰基取代苯环的氢原子后，苯环上的电子云密度下降，亲电取代反应的活性也就随之降低了，酰基化反应不易生成多取代苯，因此芳烃的酰基化反应产率一般较好，工业生产及实验室常用来制备芳酮。

（二）烷基苯侧链的反应

1. 烷基苯侧链的氧化反应

苯环在一般条件下不被氧化，只有在特殊条件下，才能被氧化使苯环破裂。常用的氧化剂如酸性高锰酸钾、酸性重铬酸钾或稀硝酸都不能使苯环氧化。但苯环上的侧链则相对容易氧化，含 α-H 的烷基苯可被氧化剂氧化生成苯甲酸。例如：

$$\text{C}_6\text{H}_5\text{—CH}_3 \xrightarrow[\triangle]{\text{KMnO}_4/\text{H}^+} \text{C}_6\text{H}_5\text{—COOH}$$

无论侧链多长，只要与苯环相连的 α 碳原子上有氢原子（α-H），其氧化的最终结果都是苯甲酸。如果与苯环相连的碳原子上不含 α-H，如叔丁基，则烷基不能被氧化。

$$\text{C}_6\text{H}_5\text{—CH}_2\text{CH}_2\text{CH}_3 \xrightarrow[\triangle]{\text{KMnO}_4/\text{H}^+} \text{C}_6\text{H}_5\text{—COOH}$$

$$\underset{\text{C(CH}_3)_3}{\overset{\text{CH(CH}_3)_2}{\text{C}_6\text{H}_4}} \xrightarrow[\triangle]{\text{KMnO}_4/\text{H}^+} \underset{\text{C(CH}_3)_3}{\overset{\text{COOH}}{\text{C}_6\text{H}_4}}$$

2. 烷基苯侧链的卤代反应

烷基苯中烷基侧链上的 α-H 受到苯环的影响而被活化。烷基苯在光照、高温或过氧化物等自由基引发剂的作用下与卤素反应，发生自由基取代反应，与苯环直接相连的 α 碳原子上的氢被卤素取代。例如甲苯的三个 α 氢原子可以被逐个取代，反应机理与丙烯中的 α 氢卤代一样，是属于自由基型的取代反应。

当烷基苯侧链存在多种氢原子时，通常在与苯环相连的 α 碳原子上发生反应，因为卤代反应属于自由基反应，生成的苄型自由基比较稳定，因此主要生成 α 卤代产物。

五、 苯亲电取代反应的定位效应

苯环进行亲电取代反应时，只有一种一取代产物，因为苯环上的六个氢原子的化学环境是一样的。当苯环上已有一个取代基，再引入第二个取代基时可能进入它的邻位、间位、对位，出现三种异构体。如果仅从反应时原子之间的平均碰撞概率来看，它们进入邻位、间位和对位的概率分别为 40%、40%、20%。

对比以上苯、甲苯和硝基苯的硝化条件和产物可以看出：甲苯比苯容易硝化，硝基主要进入甲基的邻、对位；硝基苯比苯难硝化，第二个硝基主要进入间位。由此可见，第二个取代基进入苯环的位置受到苯环上原有基团的影响。此外，原有取代基还会影响到苯环亲电取代的反应活性，这种苯环上原有取代基对后引入取代基的制约作用称为定位效应，苯环上原有的取代基称为定位基。

（一）定位效应

大量的实验事实表明，某些定位基使第二个取代基主要进入其邻位和对位（邻位加对位的产量大于 60%），这类定位基称为邻、对位定位基；还有些定位基使第二个取代基主要进入其间位（间位的产量大于 40%），这类定位基称为间位定位基。

1. 邻、对位定位基

邻、对位定位基又称为第一类定位基（或 I 类定位基），这类定位基使第二个取代基主要进入它的邻位和对位，并使亲电取代反应活性增加（卤素除外）。

邻、对位定位基的结构特征是：定位基中与苯环直接相连的原子不含双键或三键，多数具有未共用电子对，常见的邻、对位定位基及其定位效应由强到弱的顺序如下：

$$—NH_2(—NHR,—NR_2),—OH,—OCH_3,—NHCOCH_3,—OCOCH_3,—Ph,—CH_3,—X$$

强致活　　　　　　　中等致活　　　　　　弱致活　　致钝

2. 间位定位基

间位定位基又称为第二类定位基（或 II 类定位基），这类定位基使第二个取代基主要进入它的间位，并使亲电取代反应活性降低。

间位定位基的结构特征是：定位基中与苯环直接相连的原子一般都含有双键或三键等不饱和键，或者带有正电荷。常见的间位定位基及其定位效应由强到弱的顺序如下：

$$—N^+(CH_3)_3,—NO_2,—CF_3,—CCl_3,—CN,—SO_3H,$$
$$—CHO(—COR),—COOH(—COOR),—CONH_2$$

排在越前面的定位基，定位效应越强（即致钝作用越强），再进行反应也越困难。

以上所说的致活与致钝，都是针对苯而言的，是以苯为标准进行比较的结果。

（二）定位效应的理论解释

在前面讨论的苯环亲电取代反应历程中，已知 σ-络合物（环状的正碳离子）是芳香烃亲电取代反应的中间体，该步反应的速度慢，是决定整个反应速率的步骤。当苯环上有取代基时，就必须研究该取代基在亲电取代反应中对中间体 σ-络合物的生成以及稳定性有何影响。如果能使 σ-络合物趋向稳定，那么 σ-络合物的生成就比较容易，反应所需要的活化能较小，反应的速度就比苯快，这种取代基的影响是使苯环活化，即致活基。反之，则使苯环钝化，即致钝基。下面以甲基、羟基、硝基和卤素为例，说明两类定位基对苯环的影响及其定位效应。

1. 甲基

当甲基与苯环相连时，可以通过给电子诱导效应（+I）和超共轭效应（+C）把电子云推向苯环，使整个苯环上的电子云密度增加。甲基的这种斥电子性，有利于中和 σ-络合物（环状的正碳离子）中间体的正电性，同时使自身也带有部分正电荷，这一电荷的分散作用使正碳离子稳定性增加。因此甲基可使苯环活化，所以甲苯比苯容易进行亲电取代反应。在共轭体系中电子的传递以极性交替的方式进行，邻位和对位上电子云密度的增加比间位多些。所以，亲电取代反应主要发生在甲基的邻位和对位上。

2. 羟基

当羟基与苯环相连时，羟基氧的电负性比碳原子大，羟基表现为吸电子诱导效应（—I），但羟基氧带有孤对电子的 p 轨道与苯环的 π 键之间存在 p-π 共轭效应，共轭效应的结果使氧上的电子云向苯环离域，使苯环的电子云密度升高，表现为给电子共轭效应（+C），苯酚分子在亲电取代反应中总的电子效应表现为给电子的共轭效应（+C）大于吸电子的诱导效应（—I），总的结果使苯环的电子云密度升高，苯环被活化，特别是羟基的邻位和对位上增加得较多。因此当苯酚进行亲电取代反应时，不仅比苯容易进行，表现为致活基，且取代反应主要发生在羟基的邻位和对位。

其他具有未共用电子对的基团（卤素除外）如—OR 和—NH_2（—NHR、—NR_2）等与羟基有类似的作用，总的结果也是表现出给电子作用，使苯环活化，且为邻、对位定位基。

3. 硝基

硝基是间位定位基的典型代表，这类取代基的特点是对苯环有吸电子效应，使苯环电子云密度下降，这样形成的正碳离子中间体能量比较高，稳定性低，不容易生成，因此使苯环钝化。另外这类取代基中的 π 键与苯环的 π 键可形成 π-π 共轭体系，共轭效应的结果也使苯环的电子云密度降低，即硝基对苯环具有吸电子诱导效应（—I）和吸电子共轭效应（—C），两者都使苯环上的电子云密度降低。下降最多的是硝基的邻位和对位。因此，硝基苯在进行亲电取代反应时，不仅比苯难进行，而且主要生成间位产物。

4. 卤素

卤素是强吸电子基，它能使苯环钝化，但却又是邻、对位定位基，卤原子的定位效应比较特殊。这和卤素的结构特点有关，卤素也同时表现出吸电子诱导效应（—I）和给电子共轭效应（+C）。而与羟基不同的是，卤素的强吸电子诱导效应起主导作用，卤素通过吸电子诱导效应（—I）可降低正碳离子的稳定性，使反应变慢，从而使苯环钝化，卤苯的亲电取代反应活性比苯低。但是另一方面，由于共轭效应的结果使苯环上卤原子的邻位和对位上的电子云密度下降得比间位少，所以卤原子是一个邻、对位定位基。

（三）　二取代苯的定位效应

虽然二取代苯的定位效应比较复杂，但在许多情况下，仍可作出明确的预测。根据定位基的性质，就可判断新引入取代基的位置。如果苯环上已有两个取代基时，第三个取代基进入苯环的位置由苯环上原有的两个定位基共同决定。通常有以下几种情况：

① 苯环上原有的两个取代基的定位效应一致时，则它们的作用可以相互加强，第三个基团进入它们共同确定的位置。例如：

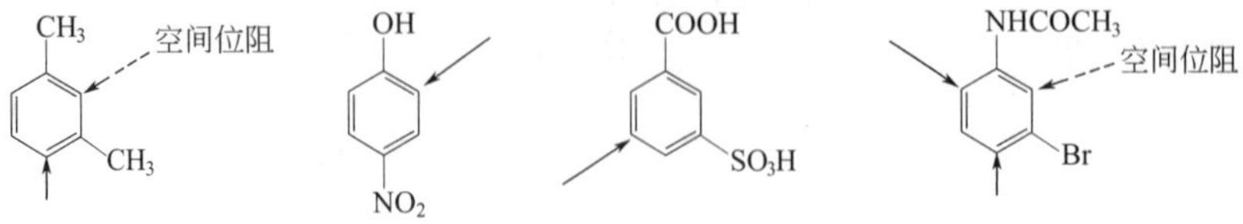

在上面例子中实线箭头所示的为第三个取代基进入的主要位置，在考虑定位基性质的同时，还要考虑空间位阻对取代基进入苯环的位置也有一定的影响。如上面例子中虚线箭头所示位置的空间位阻较大，不利于取代基的引入。

② 苯环上原有的两个取代基的定位效应不一致时，又分以下两种情况：

若原有的两个取代基不是同一类的，第三个取代基进入的位置主要受邻、对位定位基的支配。因为邻、对位基定位能力强于间位定位基。例如：

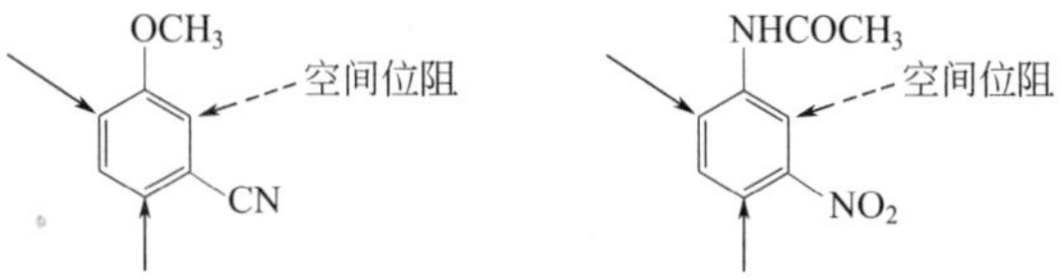

若原有的两个取代基是同一类，则第三个取代基进入的位置主要受强的定位基支配。例如：

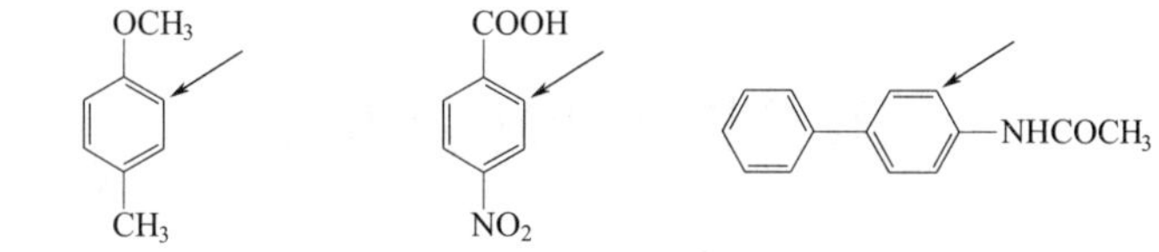

—OCH₃＞—CH₃　　—NO₂＞—COOH　　—NHCOCH₃＞—C₆H₅

总之，无论是一元取代苯还是二元取代苯，苯环上新引入基团进入的位置主要由原有定位基的性质决定，同时也受原有取代基空间效应的影响。此外，新引入基团的性质、大小，以及溶剂、反应温度、催化剂等条件，对产物的比例也会有一定的影响。

（四）定位效应在合成中的应用

苯环上亲电取代反应的定位效应不仅可以解释某些实验事实、预测反应的主要产物，而且可用于指导多取代苯的合成，选择正确的合成路线。如：以苯为原料合成1-硝基-3-氯苯，需在苯环上引入两个基团，即硝基和氯原子，应考虑先引入硝基还是先引入氯原子。如果先氯代后硝化，由于氯是邻、对位定位基，则硝化时主要得到1-硝基-2-氯苯和1-硝基-4-氯苯，而得不到所希望的1-硝基-3-氯苯。反之，如果先硝化后氯代，由于硝基是间位定位基，可得到间硝基氯苯，因此确定应先硝化，后氯代。合成路线为：

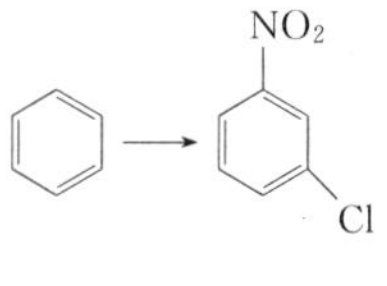

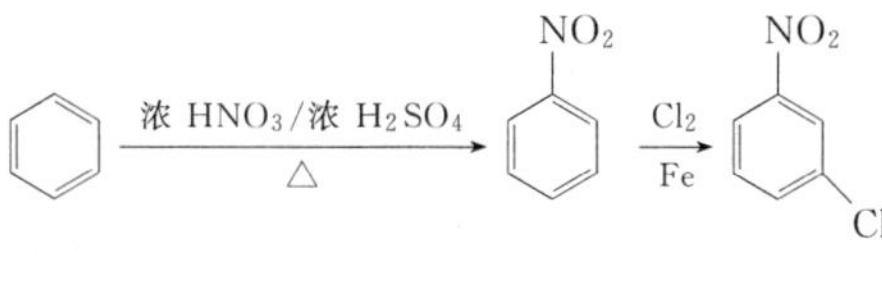

又如：以苯为原料合成3-硝基-4-氯苯磺酸，需在苯环上引入三个基团，反应至少要进行硝化、磺化和氯代三步。拟引入的三个基团中，氯为邻、对位定位基，硝基和磺酸基为间位定位基，从三个基团的相对位置来看，氯原子是在硝基的邻位和磺酸基的对位，显然反应

的第一步只能是氯代；磺酸基由于体积较大，磺化反应在较高温度下进行时产物以对位为主，如果先硝化，则将得到邻硝基氯苯和对硝基氯苯两种异构体，故选择先磺化后硝化。因此，合成路线如下：氯代→磺化→硝化。

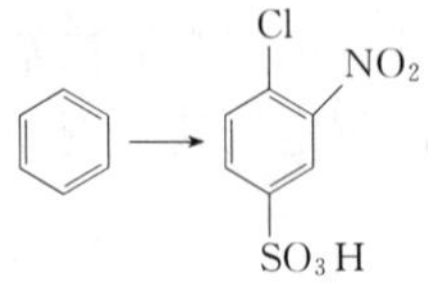

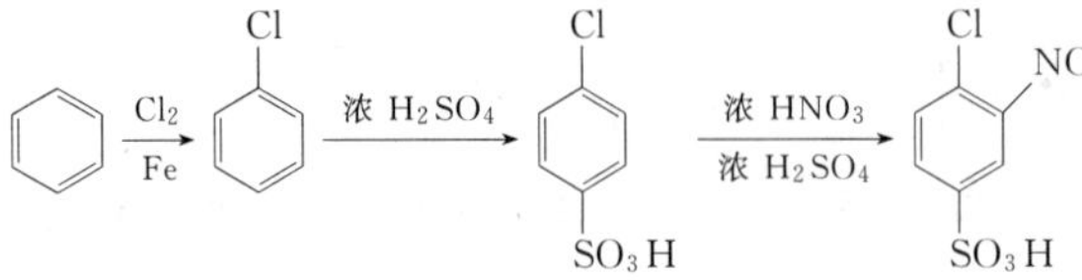

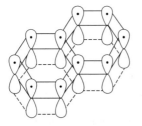

第二节　稠环芳香烃

稠环芳香烃是指两个或两个以上的苯环彼此共用两个邻位碳原子稠合而成的化合物。最典型的稠环芳香烃包括萘、蒽、菲。在芳香烃中，有一些致癌物也是稠环芳香烃。

一、萘

煤焦油中通常都含有各种稠环芳烃，而萘是煤焦油中含量最多的一种，含量为 5%～10%。

（一）萘的结构

萘（naphthalene）的分子式为 $C_{10}H_8$，萘的结构和苯类似，也是平面分子。萘分子中每个碳原子也是以 sp^2 杂化轨道与相邻的碳原子以及氢原子的 1s 轨道相互重叠而形成 σ 键。十个碳原子都处在同一平面内，连接成两个稠合的六元环，八个氢原子也在这个平面内。每个碳原子还都剩余一个垂直于这个平面的 p 轨道，这些相互平行的 p 轨道侧面相互重叠，形成一个闭合的离域大 π 键 π_{10}^{10}，如图 5-4 所示。

图 5-4　萘的 π 分子轨道示意图

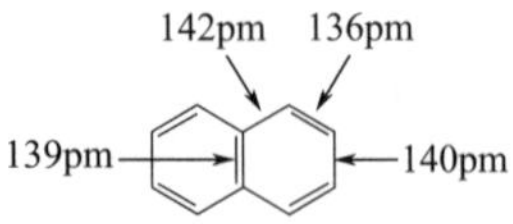

图 5-5　萘分子的键长

萘和苯的结构虽有相似之处，但并不是完全一样的，萘分子中的 π 电子云分布并不均匀，由于萘分子中的各碳原子周围的电子云分布不是等同的，因此键长也没有完全平均化，只是有平均化的趋势。经 X 衍射法测定萘分子各键的键长如图 5-5 所示。

萘的共振能约为 255kJ/mol，明显比两个单独苯环的共振能之和 300.1kJ/mol 低，这说明萘结构的稳定性比苯差，化学反应活性比苯高，所以萘比苯容易发生氧化和加成。

萘的结构式一般常用下式来表示：

或

萘分子中碳原子的位置可按上面次序编号。从电子云密度来看，其中 1、4、5、8 四个位置是等同的，称为 α 位（稠合原子旁边的碳原子），2、3、6、7 四个位置是等同的，称为 β 位。其中 α 碳原子上的电子云密度较高，β 碳原子次之，中间共用的两个碳原子（即稠合碳原子，亦称 γ 碳原子）则更低，即电子云密度 α＞β＞γ，所以萘的一元取代物有 α 和 β 两种异构体。

（二）萘衍生物的命名

1. 一取代萘

可以用阿拉伯数字编号或者用希腊字母表示取代基或官能团的位置。如：

1-溴萘(或α-溴萘)   2-萘甲酸(或β-萘甲酸)

2. 二取代或多取代萘

只能用阿拉伯数字编号，不能用希腊字母表示。如：

4-氯-1-萘磺酸   1,5-二甲基萘

（三）萘的物理性质

萘为白色晶体，熔点 80.5℃，沸点 218℃，有特殊气味，易升华，不溶于水，易溶于乙醇、乙醚、苯等有机溶剂，是重要的有机化工原料。过去曾用它做卫生球以防衣物被虫蛀，因毒性大，现已禁止使用。

（四）萘的化学性质

萘具有芳烃的一般特性，但萘环的芳香性特征没有苯环典型，电子云密度平均化程度不如苯，其稳定性不如苯，化学活性比苯高，表现在亲电取代反应、加成反应、氧化反应都比苯更容易进行。

1. 亲电取代反应

萘能发生硝化、卤代、磺化和傅-克反应等一系列常见的亲电取代反应。萘的结构虽然与苯相似，也是一个闭合的共轭体系。但在萘环上，π电子的离域并不像苯环那样完全平均化，而是电子云密度α位高于β位，因此亲电取代反应首先发生在α位，且由于活性比苯高，相对反应条件也比苯温和。

卤代反应：

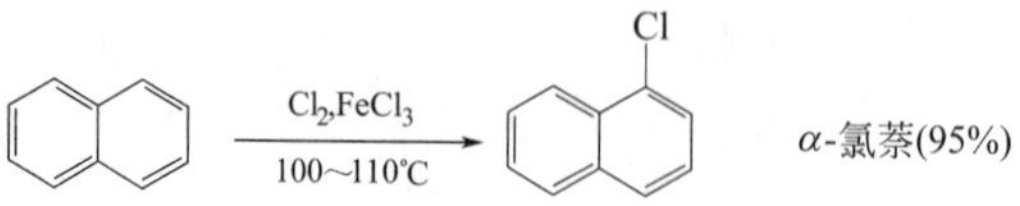

硝化反应：

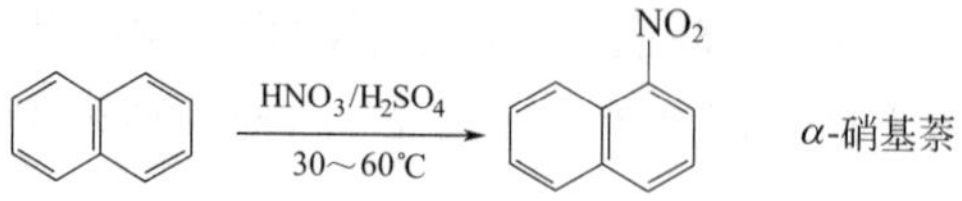

磺化反应：萘与浓硫酸反应时，温度不同，所得产物也不同。因为α位比β位活泼，所以当用浓 H_2SO_4 磺化时，在60℃以下生成α-萘磺酸，而在较高的温度（165℃）时则主要生成β-萘磺酸。若把α-萘磺酸与硫酸共热至165℃时，即转变为β-萘磺酸。萘的磺化反应是可逆的。

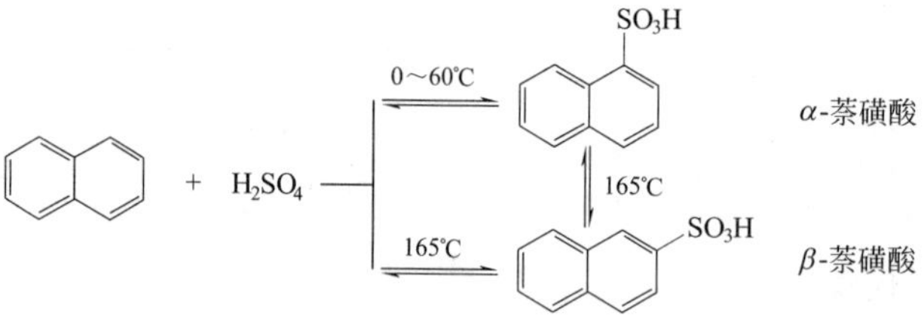

萘的磺化反应与萘的卤代、硝化反应类似，由于α位相对电子云密度较高，生成α-萘磺酸比生成β-萘磺酸活化能低，低温条件下提供能量较少，所以主要生成α-萘磺酸。但磺化反应是可逆的，由于α-萘磺酸中磺酸基与异环的α-H处于平行位置时，空间位阻较大，不稳定，随着反应温度升高，α-萘磺酸增多，脱磺酸基的逆向反应速率逐渐增加。在β-萘磺酸结构中，磺酸基与邻位氢原子之间的距离较远，空间位阻小，所以结构比较稳定。另外，温度升高有利于提供生成β-萘磺酸所需的活化能，使其反应速率增加。由于β-萘磺酸结构稳定，所以其脱磺酸基的逆反应的速度很慢，因此，在高温下α-萘磺酸逐渐转变成β-萘磺酸。

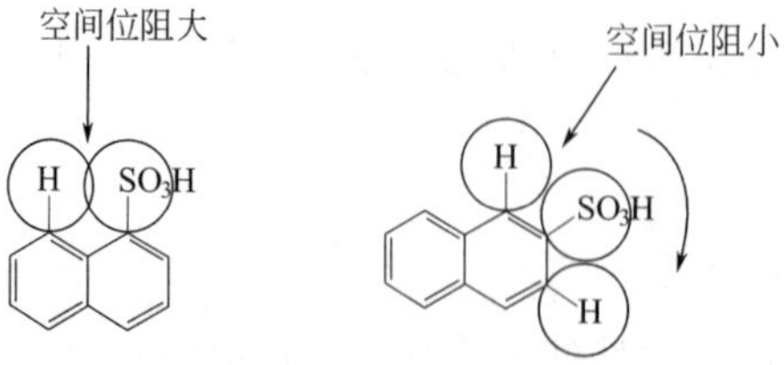

傅-克酰基化：萘的酰基化反应既可以在α位发生，也可以在β位发生，反应产物与温度和溶剂有关。

萘的傅-克酰基化反应常得混合物，一般以 AlCl₃ 为催化剂，在 CS₂ 溶剂中进行，主要得 α 酰化产物（非极性溶剂、低温）。若以硝基苯为溶剂，一般得 β 酰化产物（极性溶剂、高温）。

2. 氧化反应

萘比苯容易氧化，在不同的条件下氧化产物也不相同。在三氧化铬的乙酸溶液中，萘被氧化为 1，4-萘醌（α-萘醌）。若在五氧化二钒催化下，萘的蒸气可与空气中的氧气发生反应生成邻苯二甲酸酐。

邻苯二甲酸酐是一种重要的化工原料，它是许多合成树脂、增塑剂、染料等的原料。

取代的萘环被氧化时，哪个环更易被氧化，取决于环上取代基的性质。因为氧化是一个失电子的过程，而还原是一个得到电子的过程，因此电子云密度比较大的环容易被氧化开环，而还原则相反，是电子云密度比较小的环容易被还原。

氨基为斥电子基团，大大增加了苯环的电子云密度，使苯环活化；而硝基是吸电子基团，大大降低了苯环的电子云密度，使苯环钝化。

3. 加氢反应

萘的加成反应比苯容易发生，但比烯烃困难。萘在发生催化加氢反应时，使用不同的催化剂和不同的反应条件，可分别得到不同的加氢产物。

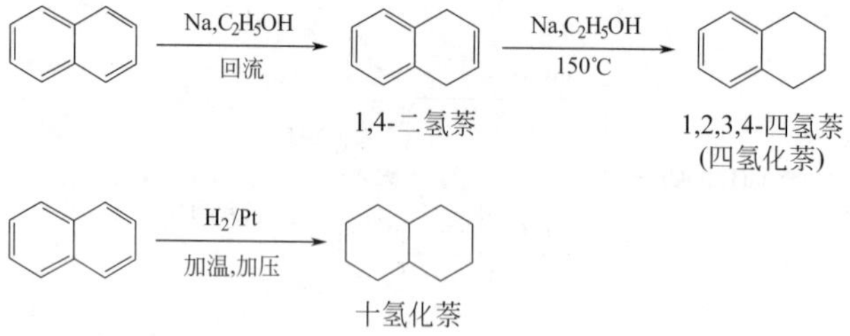

随着反应条件的加强，还原产物由二氢萘、四氢萘，直至十氢化萘。四氢化萘和十氢化萘都是高沸点液体，是良好的溶剂。

二、 蒽和菲

蒽（anthracene）和菲（phenanthrene）都存在于煤焦油中。蒽为白色片状结晶，熔点为216℃，沸点为342℃，不溶于水，难溶于乙醇和乙醚，但能溶于苯。菲为带光泽的白色结晶，熔点为100℃，沸点为340℃，不溶于水，易溶于乙醚和苯。

（一）蒽和菲的结构

蒽和菲的分子式都是 $C_{14}H_{10}$，互为同分异构体。蒽是三个苯环呈线形稠合，菲是三个苯环呈角形稠合。分子中每个碳原子都是 sp^2 杂化，所有的碳、氢原子都位于同一平面上，以 sp^2 杂化轨道与相邻的碳原子以及氢原子的 1s 轨道相互重叠而形成 σ 键。每个 sp^2 杂化的碳原子还有一个垂直于该平面的 p 轨道，相邻碳原子的 p 轨道侧面重叠，形成了包括十四个碳原子在内的 π 分子轨道。分子中的碳碳键长也不完全相等，其结构可表示如下：

蒽的结构：

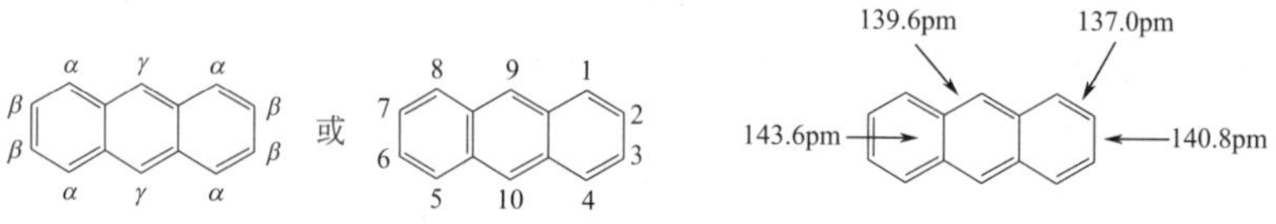

蒽分子中 1、4、5、8 位是等同的，称为 α 位；2、3、6、7 位是等同的，称为 β 位；9、10 位是等同的，称为 γ 位。因此，蒽的一元取代物有三种异构体。

菲的结构：

在菲分子中，1、8位；2、7位；3、6位；4、5位；9、10位分别等同，所以菲的一元取代物有五种异构体。

从结构上看，蒽和菲都具有芳香性，但是它们的芳香性不如苯和萘，不饱和性比萘更显著。蒽和菲的 9、10 位特别活泼，可发生氧化、还原、加成、取代等反应。

（二）蒽和菲的化学性质

蒽和菲的加成和氧化反应都比萘容易，反应发生在 9、10 位，所得加成和氧化产物均保持两个完整的苯环。亲电取代反应一般得混合物或多元取代物，故在有机合成上应用价值较小。

蒽和菲的加成反应：

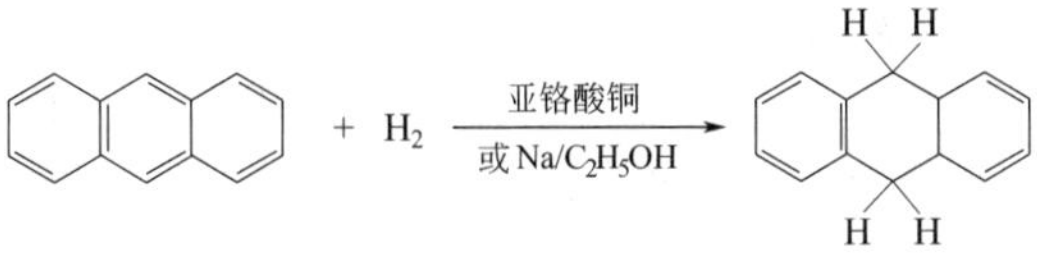

9,10-二氢蒽

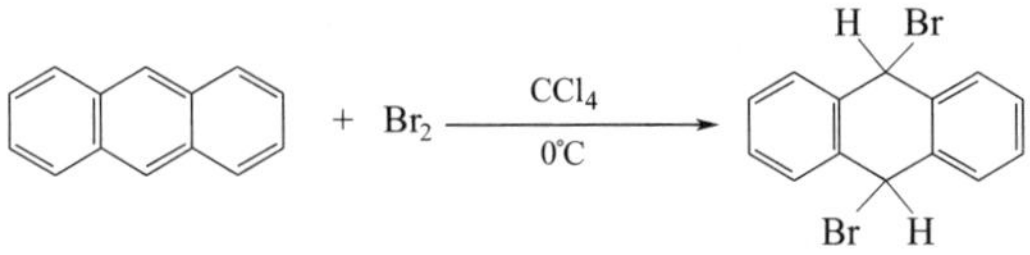

9,10-二溴-9,10-二氢化蒽

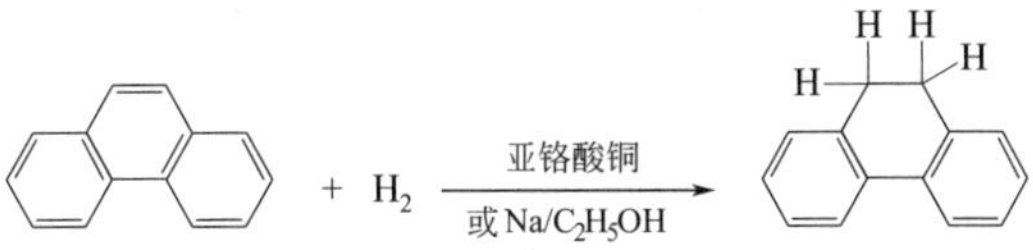

9,10-二氢菲

蒽和菲的氧化反应：

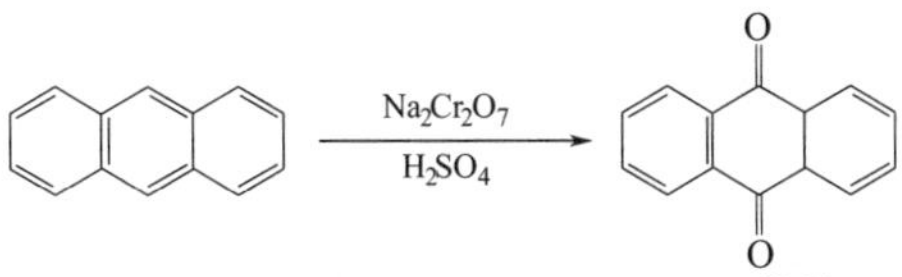

9,10-蒽醌

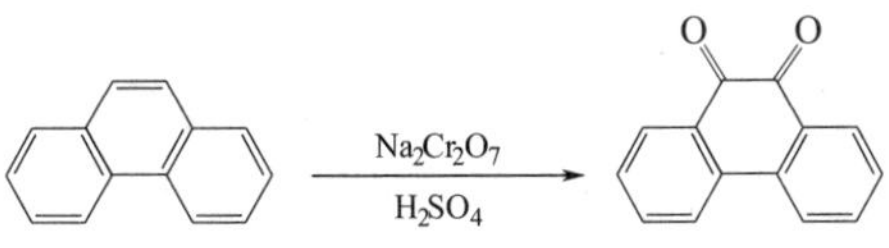

9,10-菲醌

蒽醌及其衍生物是一类重要的染料中间体，也是某些中药的活性成分，如大黄、番泻叶等的有效成分都属于蒽醌类衍生物。

菲醌是红色针状结晶，可作农药。作杀菌拌种剂可防治小麦莠病、红薯黑斑病等。菲的某些衍生物具有特殊的生理作用，例如甾醇、生物碱、维生素、性激素等分子中都含有环戊烷并多氢菲的结构。

三、致癌稠环芳烃

致癌稠环芳烃（carcinogenic aromatic hydrocarbon）是指能诱发恶性肿瘤的一类稠环芳烃，其中大多数是蒽和菲的衍生物。

蒽和菲本身都没有致癌性，但它们的很多衍生物有致癌性。例如 9,10-二甲基蒽，四环芳香烃中的 7,12-二甲基苯并［a］蒽是一种强致癌物，在动物药理实验中常用来诱发皮肤癌、乳腺癌等。五环芳香烃中的苯并［a］芘为特强致癌物。

7,12-二甲基苯并[a]蒽   芘   苯并[a]芘

　　总的来说，多环芳烃是数量最多的一类致癌物。在自然界中，它主要存在于煤、石油、焦油和沥青中，也可以由含碳氢元素的化合物不完全燃烧产生。汽车、飞机及各种机动车辆所排出的废气中和香烟的烟雾中均含有多种致癌性多环芳香烃。因此治理废气、保护环境、减少污染是保护我们身体健康的重要举措。露天焚烧（失火、烧秸秆）可以产生多种多环芳香烃致癌物。烟熏、烘烤及焙焦的食品均可直接受其污染或产生多环芳香烃，对人体产生极大危害。致癌芳烃是环境污染主要监测的项目之一，这方面的工作对于环境保护与癌症的治疗和预防都有很重要的意义。

第三节　Hückel 规则与非苯芳香烃

　　苯是典型的芳香烃，具有特殊的稳定性，不易发生加成和氧化，而易发生取代等"芳香性"的特征反应。后来发现许多环状共轭多烯烃的分子结构中，虽不含有苯环，但是却具有和苯环类似的芳香性，这类化合物称为非苯芳香烃（nonbenzenoid aromatic hydrocarbon）。非苯芳香烃包括一些环多烯和芳香离子。

一、 Hückel 规则

　　1931 年德国化学家休克尔（E. Hückel）用分子轨道法计算了单环多烯 π 电子的能级，提出判断分子具有芳香性的规则：一个具有同平面的环状闭合共轭体系的单环烯，只有当它的 π 电子数符合（$4n+2$）时，才具有芳香性。这个规则被称为休克尔（$4n+2$）规则。其中 n 为零或正整数，即为 0、1、2、3 等，也就是说对于芳香族化合物所具有的特殊的稳定性而言，只靠离域作用是不够的，还必须具有一定的 π 电子数如 2、6、10 等。

　　凡是符合休克尔规则的化合物就具有芳香性，称为芳香性化合物。

二、 非苯芳香烃

　　常见重要的非苯芳香化合物包括芳香离子化合物和一些环多烯烃化合物。

（一） 芳香离子化合物

1. 环丙烯正离子

　　环丙烯分子没有芳香性。如果环丙烯 sp³ 杂化的碳原子上失去一个氢原子和一个电子，则得到环丙烯正离子。这个三元环中，环丙烯正离子只有两个 π 电子，碳碳键长都是 140pm，这说明两个 π 电子完全离域在三个 sp² 杂化的碳原子上，形成三中心二电子的大 π 键。它是一个平面离域体系，其 π 电子数符合（$4n+2$）规则，因此具有芳香性。

未离域的环丙烯正离子　　　离域的环丙烯正离子　　　环丙烯正离子形成大π键的p轨道及电子

由于环丙烯正离子形成了环状共轭体系，该正离子中的正电荷就不局限在某一个碳原子上，而是离域分布于整个共轭体系，即三元环上的每个碳原子上，因此书写时常表示为离域的环丙烯正离子。从环丙烯正离子形成大π键的p轨道图可以看出：三个p轨道是形成三中心二电子的大π键，其中有一个空p轨道。

2. 环戊二烯负离子

环戊二烯没有芳香性，从环戊二烯 sp^3 杂化碳原子上失去一个 H^+，其p轨道上有一对电子，从而转变为有6个π电子的环戊二烯负离子，这6个π电子离域分布在五个 sp^2 杂化碳原子上，它是一个平面的离域体系，π电子数符合 $(4n+2)$（$n=1$）规则，所以它具有芳香性。

未离域的环戊二烯负离子　　　离域的环戊二烯负离子　　　环戊二烯负离子形成大π键的p轨道及电子

由于环戊二烯负离子形成了环状共轭体系，该负离子中的负电荷就不局限在某一个碳原子上，而是离域分布于整个共轭体系，即五元环上的每个碳原子上，因此书写时常表示为离域的环戊二烯负离子。从环戊二烯负离子形成大π键的p轨道图可以看出：五个p轨道是形成五中心六电子的大π键，其中有一个p轨道中有2个电子。

3. 环庚三烯正离子

环庚三烯没有芳香性，但转变为环庚三烯正离子后，6个π电子离域于7个 sp^2 杂化的碳原子上，形成七中心六电子的闭环大π键，其π电子数符合 $(4n+2)$（$n=1$）规则，故具有芳香性，该离子现在已经被制备出来。

环庚三烯　　　　　　　　　　　环庚三烯正离子

4. 环辛四烯二负离子

环辛四烯分子的π电子数为8，不符合休克尔规则，不具有芳香性。当在四氢呋喃溶液中加入金属钾后，环辛四烯变成二负离子，体系由原来的船形变为平面正八边形，形成八中心、十个电子的闭环大π键，其π电子数符合 $(4n+2)$（$n=2$）规则，从而具有了芳香性。

环辛四烯　　　　　　环辛四烯二负离子

（二）　轮烯

轮烯（annulene）又称单环共轭多烯，可用 C_nH_n 表示，通常将 $n \geqslant 10$ 的单环共轭多烯叫作轮烯。命名时将成环碳原子的数目写在方括号里面，称为某轮烯。如 [10] 轮烯、[14] 轮烯、[18] 轮烯等。

轮烯类化合物是否有芳香性，可以由下面几点判断：①单环多烯共平面或接近平面（平面扭转不大于 0.1nm）；②轮内氢原子无空间排斥作用或空间排斥作用很小；③π 电子数符合（4n＋2）规则。

从以上条件可知，π 电子数不满足（4n＋2）规则的大环多烯烃肯定没有芳香性，如 [16] 轮烯、[20] 轮烯等，它们和环辛四烯相似，π 电子数也是 4n 个，而且也是非平面分子，因而都是非芳香性化合物。

π 电子数符合（4n＋2）规则也不一定就具有芳香性，例如 [10] 轮烯中，由于环比较小，环内氢原子之间的距离较近，相互干扰作用大，使成环碳原子不能共平面，从而破坏了其共轭体系，所以尽管 [10] 轮烯的 π 电子数符合（4n＋2）规则，但没有芳香性。[14] 轮烯的环也比较小，由于环内的四个氢相互排斥，同样使得成环碳原子不能共平面而没有芳香性。[18] 轮烯的环比较大，环内氢原子之间排斥作用较小，整个分子处于同一平面上，同时其 π 电子数也符合（4n＋2）规则，所以 [18] 轮烯具有芳香性。

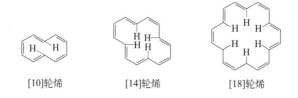

[10]轮烯　　　　　　[14]轮烯　　　　　　[18]轮烯

（三）　薁和草酚酮

1. 薁

薁（agulene）分子式为 $C_{10}H_8$，与萘互为同分异构体，由环戊二烯和环庚三烯稠合而成。薁有 10 个 π 电子，符合（4n＋2）（n＝2）规则，具有芳香性。薁为蓝色片状晶体，熔点 99℃。薁分子具有极性，偶极矩为 1.0D，其中七元环有把电子给予五元环的趋势，这样七元环上带一个正电荷，五元环上带一个负电荷，结果每一个环上都分别有六个 π 电子，各自也都符合（4n＋2）的 π 电子体系，与萘恰好具有相同的电子结构，是一个典型的非苯芳烃。薁的核磁共振数据表明，它具有五元芳环和七元芳环的特征，因此在基态时，薁可用下式表达其结构。

实验证明，薁确实可以发生芳香烃的某些典型亲电取代反应，如卤代、硝化、磺化、傅-克反应等，发生亲电取代反应时，亲电试剂主要进攻 1、3 位。

薁具有抗菌、消炎、镇痛等作用。

2. 草酚酮

草酚酮（tropolone）即环庚三烯酚酮，是一种无色针状结晶，易溶于水，具有芳香性，由于分子中羰基氧原子的诱导效应，碳氧键极化，使分子形成一个带部分正电荷的七元环，类似于环庚三烯正离子，形成一个七中心六电子的闭环大 π 键，其 π 电子数符合（4n＋2）（n＝1）规则，故具有芳香性。

该化合物在化学性能上，有许多跟苯酚相似的地方，它的羟基和酚羟基一样显酸性，并能与三氯化铁显深绿色。也可以发生多种亲电取代反应，如溴代、羟甲基化等，取代基主要进入 3、5、7 位。而其分子中的羰基却不能与亲核试剂发生加成反应，表现为难以加成、易发生亲电取代反应。

阅读材料

立体芳香分子——富勒烯

富勒烯（Fullerene）是单质碳被发现的第三种同素异形体。任何由碳一种元素组成，以球状、椭圆状或管状结构存在的物质，都可以被叫作富勒烯，富勒烯指的是一类物质。富勒烯与石墨结构类似，但石墨的结构中只有六元环，而富勒烯中可能存在五元环。1985 年 Robert Curl 等制备出了 C_{60}。1989 年，德国科学家 Huffman 和 Kraetschmer 的实验证实了 C_{60} 的笼型结构，从此物理学家所发现的富勒烯被科学界推向一个崭新的研究阶段。富勒烯的结构和建筑师 Fuller 的代表作相似，所以称为富勒烯，主要包括巴基球团簇、碳纳米管、巨碳管、纳米"洋葱"等。

C_{60} 及其衍生物也是被研究和应用最多的富勒烯。C_{60} 是由 60 个碳原子组成的对称性的足球状分子，分子直径为 0.71nm；是由 12 个正五边形和 20 个正六边形稠合构成的笼状 32 面体，五边形环为单键，两个六边形环的公共边则为双键，共有 30 个双键。

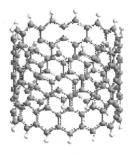

纳米管是中空富勒烯管。这些碳管通常只有几个纳米宽，但是它们的长度可以达到 1μm 甚至 1mm。碳纳米管通常是终端封闭的，也有终端开口的，还有一些是终端没有完全封口的。碳纳米管独特的分子结构导致它有奇特的宏观性质，如高抗拉强度、高导电性、高延展性、高导热性和化学惰性。

富勒烯及其衍生物在化学、生物学、医药学、材料学等领域的应用研究取得了可喜的成果。

本章小结

以苯为典型代表的芳香烃通常分为三大类：单环芳烃（苯及其同系物）、多环芳烃和非苯芳烃。多环芳烃又分为联苯类、多苯代脂肪烃和稠环芳烃。苯分子六个碳原子都是 sp^2 杂化，每个碳原子以一个 sp^2 杂化轨道与氢原子的 1s 轨道重叠形成 C—H σ 键；剩余两个 sp^2 杂化轨道分别与相邻的两个碳原子的 sp^2 杂化轨道形成 C—C σ 键，形成平面正六边形，此外，每个碳原子上未参加杂化的 p 轨道都垂直于该平面，它们相互平行，彼此侧面重叠，形成了一个环状闭合的共轭体系，组成了一个六中心六电子的离域大 π 键，π 电子云高度离域，苯分子非常稳定。

苯同系物的命名：对简单取代基，通常以苯为母体，标出相应位置上的取代基；若是复杂或不饱和取代基，则通常将苯作为取代基。二元取代苯常用邻、间、对表示。

苯在化学性质上表现是易取代、难加成、难氧化。苯及其同系物最重要的性质是亲电取代反应，最典型的亲电取代反应包括卤代、硝化、磺化、傅-克烷基化和傅-克酰基化反应，分别生成了卤苯、硝基苯、苯磺酸、烷基苯和酰基苯（即芳香酮）。苯环很稳定，除特殊条件下，一般不易被氧化，但苯环侧链上的烷基易被氧化，无论侧链长短，只要含有 α-H 的侧链均可被氧化为相应的苯甲酸。此外，侧链还易被卤代，尤其是 α-H，会被优先取代。

取代苯进行亲电取代反应时，要遵循定位规则。取代基分为邻、对位定位基和间位定位基，邻、对位定位基除了卤素是致钝基团外其余都是致活基团，间位定位基都是致钝基团，且活性有所不同。定位规则在有机合成上具有重要的应用价值。

稠环芳烃中最重要的代表物是萘、蒽、菲。它们在结构和性质上与苯环相似，也都具有芳香性，但是稳定性不如苯，在性质上表现出比苯环的活性高。

通过休克尔规则［也称（4n＋2）规则］判断芳香性，应用于环丙烯正离子、环戊二烯负离子、环庚三烯正离子、［18］轮烯、䓬、草酚酮等常见的非苯芳烃。

习　题

5-1　单项选择题

(1) 甲苯的一溴取代物最多可形成的构造异构体数目是（　　）。

A. 2　　　　　　B. 3　　　　　　C. 4　　　　　　D. 5

(2) 下列化合物进行亲电取代反应时，其反应速率的相对顺序为（　　）。

I NO_2　　II OCH_3　　III CH_3　　IV $COCH_3$

A. I＜II＜III＜IV　　　B. I＜IV＜III＜II
C. I＜III＜II＜IV　　　D. IV＜I＜II＜III

(3) 苄基又可称为（　　）。

A. 苯基　　B. 甲苯基　　C. 对甲苯基　　D. 苯甲基

(4) 卤素原子作为定位基的作用是（　　）。

A. 邻对位，致钝　B. 邻对位，致活　C. 间位，致钝　D. 间位，致活

(5) 下列化合物具有芳香性的是（　　）。

A.　　B.　　C.　　D.

（6）下列化合物能发生傅-克酰基化反应的是（　　　）。

A. 苯甲酸　　　　　B. 苯甲醛　　　　　C. 苯乙醚　　　　　D. 苯乙酮

（7）下列化合物在铁粉的催化下发生氯代反应活性最高的是（　　　）。

A. 甲苯　　　　　　B. 苯甲醛　　　　　C. 氯苯　　　　　　D. 苯酚

（8）下列化合物发生硝化反应活性最低的是（　　　）。

A. 甲苯　　　　　　B. 苯甲醛　　　　　C. 氯苯　　　　　　D. 苯酚

（9）乙苯分子中的 α-C 原子是采用的（　　　）杂化。

A. sp^2d　　　　　　B. sp　　　　　　　C. sp^2　　　　　　D. sp^3

（10）　　　　　　　在酸性高锰酸钾溶液中可得到（　　　）。

A.　　　　　　　B.　　　　　　　C.　　　　　　　D.

5-2　用系统命名法命名下列化合物。

（1）　　　（2）　　　（3）　　　（4）

（5）　　　（6）　　　（7）

（8）　　　（9）　　　（10）

5-3　完成下列反应方程式。

（1）　　　 $+ Br_2 \xrightarrow{FeBr_3}$　　　　（2）　　　 $+ CH_3CH_2COCl \xrightarrow{AlCl_3}$

（3）　　　 $+ Br_2 \begin{array}{c} \xrightarrow{hv} \\ \xrightarrow{Fe} \end{array}$　　　　（4）　　　 $+ KMnO_4 \xrightarrow[\triangle]{H^+}$

（5）2　　　 $+ CH_2Cl_2 \xrightarrow{AlCl_3}$　　　　（6）　　　 $\xrightarrow[165℃]{浓\ H_2SO_4}$

（7）　　　 $\xrightarrow{混酸}$　　　　（8）　　　 $\xrightarrow{SO_3/H_2SO_4}$

（9）　　　 $\xrightarrow{浓\ HNO_3}$　　　　（10）　　　 $+ (CH_3)_2CHCH_2Cl \xrightarrow{AlCl_3}$

5-4　将下列各组化合物按亲电取代反应活性由大到小的顺序排列。

（1）A. 苯　　　　　　B. 甲苯　　　　　C. 氯苯　　　　　D. 硝基苯

（2）A. 苯甲酸　　　　B. 对苯二甲酸　　C. 对二甲苯　　　D. 对甲苯甲酸

(3) A. 对硝基苯酚　　　B. 2,4-二硝基氯苯　　　C. 2,4-二硝基苯酚

(4) A.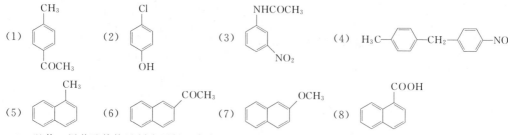

5-5　用简单化学方法鉴别下列化合物。

(1) 苯、甲苯、苯乙烯

(2)

5-6　用箭头表示下列化合物进行一硝化的主要产物。

(1)　(2)　(3)　(4)

(5)　(6)　(7)　(8)

5-7　以苯、甲苯及其他试剂为原料，合成下列化合物。

(1)　(2)

(3)

5-8　结构推导题

(1) 有 A、B 两种芳烃，分子式均为 C_8H_{10}，经酸性高锰酸钾氧化后，A 生成分子式为 $C_7H_6O_2$ 的一元酸 C，B 生成分子式为 $C_8H_6O_4$ 的二元酸 D。若将 D 进一步硝化，只得到一种一元硝化产物而无异构体。推导 A、B、C、D 的结构式并写出相关反应式。

(2) 有 A、B、C 三种芳烃，分子式同为 C_9H_{12}，经酸性高锰酸钾氧化后，A 生成一元酸，B 生成二元酸，C 生成三元酸。若将 A、B、C 进一步硝化，分别得到三种、两种和一种一元硝化产物。推导 A、B、C 的结构式并写出相关反应式。

第六章

卤 代 烃

一个或几个氢原子被卤素原子取代的烃称为卤代烃（halohydrocarbon），一般用 R—X 表示，卤原子（F、Cl、Br、I）是卤代烃的官能团。由于氟代烃的性质比较特殊，与其他各种卤代烃的差别较大，所以通常所说的卤代烃指氯代烃、溴代烃和碘代烃，而不包括氟代烃。天然卤代烃的种类不多，绝大多数卤代烃为合成产物。卤代烃因其性质特殊而应用广泛，有的性质稳定可用作溶剂，有些性质活泼可作为有机合成的原料或试剂，在实验室和工业上得到了广泛应用。

第一节 卤代烃的分类、结构和命名

一、卤代烃的分类

根据分子中所含卤原子种类的不同，卤代烃可以分为氟代烃、氯代烃、溴代烃和碘代烃；根据分子中烃基类型的不同，卤代烃又可分为卤代烷烃、卤代烯烃、卤代芳烃等；根据分子中所含卤原子数目的不同，可以把卤代烃分为一卤代烃、二卤代烃、多卤代烃等。

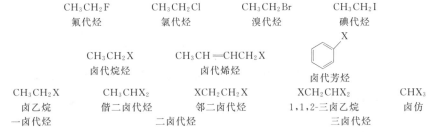

根据与卤原子直接相连的碳原子类型的不同，卤代烷烃可以分为伯卤代烃、仲卤代烃和叔卤代烃，也称为一级（1°）、二级（2°）、三级（3°）卤代烃。

对于卤代烯烃，卤原子与双键的位置关系对其性质影响极大，根据分子中卤原子与双键相对位置的不同，可分为丙烯型卤代烃（vinylic halide），卤原子直接与双键碳原子相连；烯丙型卤代烃（allylic halide），卤原子与双键的 α 碳原子相连；孤立型卤代烯烃，卤原子与双键相隔两个或两个以上的饱和碳原子。

$$R-CH=CH-X \qquad R-CH=CHCH_2-X \qquad CH_2=CH(CH_2)_nCH_2-X$$

丙烯型 　　　　　　　　烯丙型 　　　　　　　　孤立型（$n \geq 1$）

对于卤代芳烃，与卤代烯烃相似，卤原子与芳环的位置关系对其性质影响极大，根据分子中卤原子与芳环相对位置的不同，可以分为苯基型卤代烃（phenyl halide），卤原子直接与芳环相连；苄基型卤代烃（benzylic halide），卤原子与芳环侧链 α 碳原子相连；孤立型卤代烃，卤原子与芳环相隔两个或两个以上的饱和碳原子。

苯基型 　　　　　　　　苄基型 　　　　　　　　孤立型

二、 卤代烃的结构

在卤代烷分子中，卤原子与 sp³ 杂化的碳原子相连，卤原子的电负性大，而碳原子的电负性小，所以碳卤键（C—X）是极性共价键，共用电子对偏向卤原子一边，碳原子带部分正电荷，卤原子带部分负电荷：$^{\delta+}C-X^{\delta-}$。

在乙烯型卤代烃分子中，卤原子与 sp² 杂化的碳原子相连，卤原子上的孤对电子与 π 键之间形成 p-π 共轭体系，碳卤键增强，而碳卤键的极性减弱。

同样，在苯基型卤代烃分子中，卤原子与芳环上 sp² 杂化的碳原子相连，卤原子上的孤对电子与芳环的大 π 键之间形成 p-π 共轭体系，碳卤键增强，而碳卤键的极性减弱。

三、 卤代烃的命名

结构比较简单的卤代烃可以采用普通命名法或习惯命名法命名，根据烃基的名称命名为卤（代）某烃或某基卤。

$$CH_3CH_2Cl \qquad\qquad (CH_3)_3CBr$$

氯乙烷（乙基氯） 　　　　　溴代叔丁烷（叔丁基溴） 　　　　氯化苄（苄基氯）

结构比较复杂的卤代烃用系统命名法进行命名。命名时以烃作为母体，卤原子作为取代基。按照相应的烃的命名原则进行命名。

$$CH_3CH_2CHCHCH_3$$

3-甲基-2-氯戊烷

$$CH_3-CH_2-CH-CH_2-CH_3$$

3-氯-4-溴己烷

$$CH_3CH_2C-CHCH_2CH_3$$

3-甲基-4,4-二氯己烷

$$CH_3C=CHCH_2Br$$

2-甲基-4-溴-2-丁烯

（E）-3-氯-2-戊烯

1-甲基-3-溴环己烯

CH₃

1-甲基-3-氯苯（间氯甲苯）　　　　2-苯基-4-溴戊烷　　　　　　　　　1-苯基-4-氯-2-丁烯

（结构式区域）

CH_3 —（苯环，Cl取代）

$CH_3CHCH_2CHCH_3$（Br、苯基取代）

$CH_2CH=CHCH_2Cl$（苯基取代）

第二节　卤代烃的性质

一、 卤代烃的物理性质

室温下，卤代烃中，除 CH_3Cl、CH_3CH_2Cl、CH_3Br、$CH_2=CHCl$ 和 $CH_2=CHBr$ 是气体外，其余十五个碳以下的为液体，十五个碳以上的为固体。同烷烃相似，直链一卤代烃的沸点随碳原子数增加而升高。由于 C—X 键的极性使分子间作用力增大，卤代烃的沸点较相应的烃高。烃基相同的卤代烃，沸点随卤原子的原子序数增加而升高，顺序为：R—I＞R—Br＞R—Cl。对碳原子数相同的卤代烃的碳链异构体，支链越多，沸点越低。

一氯代烃的密度小于水的密度，溴代烃、碘代烃和多氯代烃的密度都大于水的密度。相同烃基的卤代烃，其密度顺序为：R—I＞R—Br＞R—Cl。

大多数卤代烃具有特殊气味，其蒸气有毒，使用时应注意必要的防护。卤代烃均难溶于水，而易溶于有机溶剂。某些卤代烃（如二氯甲烷、三氯甲烷、四氯化碳等）本身即是很好的有机溶剂。

卤代烃分子中卤原子数目增多，则化合物的可燃性降低。如氯甲烷可燃，二氯甲烷不可燃，四氯化碳可作为灭火剂。一些卤代烃的物理常数见表 6-1。

表 6-1　一些卤代烃的物理常数

化合物	分子量	沸点/℃	密度/(g/mL)	化合物	分子量	沸点/℃	密度/(g/mL)
CH_3Cl	50.5	−24	0.92	$CH_3CH_2CH_2Cl$	78.5	47	0.89
CH_3Br	95	4	1.68	$CH_3CH_2CH_2Br$	123	71	1.35
CH_3I	142	42	2.28	$CH_3CH_2CH_2I$	170	102	1.75
CH_2Cl_2	85	40	1.34	$CH_2=CHCl$	62.5	−14	0.91
$CHCl_3$	119	61	1.50	$CH_2=CHBr$	107	16	1.51
CCl_4	154	77	1.60	$CH_2=CHI$	154	56	2.04
CH_3CH_2Cl	64.5	12	0.90	C_6H_5Cl	112.5	132	1.11
CH_3CH_2Br	109	38	1.46	C_6H_5Br	157	155	1.50
CH_3CH_2I	156	72	1.94	C_6H_5I	204	189	1.82

二、 卤代烃的化学性质

卤代烃的化学性质与其结构密切相关。在卤代烃分子中，由于卤原子的电负性比碳原子的电负性大，所以 C—X 键是典型的极性共价键。共用电子对偏向卤原子一边，导致碳原子带部分正电荷，卤原子带部分负电荷。所以碳卤键容易发生异裂，进而引发一系列的反应，如亲核取代反应、消除反应以及和金属的反应。

（一）卤代烷的亲核取代反应

在卤代烷分子中，由于C—X键的极性，与卤原子相连的碳原子（即α-C）带部分正电荷，容易受到带负电荷（如OH^-、CN^-、RO^-等）或含有孤对电子的试剂（NH_3、H_2O等）的进攻，这些试剂具有向带正电荷的原子亲近的性质，因此称为亲核试剂（nucleophilic reagent），常用：Nu或Nu^-表示。由亲核试剂进攻而引起的取代反应称为亲核取代反应（nucleophilic substitution），用S_N表示。反应的结果是卤原子带电子对离开中心碳原子，而亲核试剂提供电子对与中心碳原子结合形成新的共价键。卤代烷分子中的卤原子被其他基团取代。参与反应的卤代烃称为反应底物（substrate），卤原子称为离去基团（leaving group）。

$$R—L+ \quad :Nu \longrightarrow R:Nu+ \quad :L$$
底物　　亲核试剂　　产物　　离去基团

在发生亲核取代反应时都发生了碳卤键的断裂，由于碳卤键的键能不同（C—I 218kJ/mol，C—Br 285kJ/mol，C—Cl 339kJ/mol，C—F 456kJ/mol），所以断裂难易程度不同，碳卤键断裂由易到难依次为C—I＞C—Br＞C—Cl＞C—F，因此，不同的卤代烷发生亲核取代反应的由易到难的次序为：R—I＞R—Br＞R—Cl＞R—F，氟代烷难发生取代反应。

1. 亲核取代反应

卤代烷能与许多试剂反应，卤原子被其他原子或基团取代，生成各种取代产物。

（1）水解（hydrolysis）　卤代烷与强碱（如氢氧化钠、氢氧化钾等）的水溶液共热，卤原子被羟基（—OH）取代生成醇，这称为卤代烷的水解反应。该反应可通过先引入卤原子再水解的方法在复杂分子中引入羟基形成醇。

（2）醇解（alcoholysis）　卤代烷与醇钠（钾）在相应的醇溶液中作用，卤原子被烷氧基（—OR）取代生成醚。这是制备醚（特别是混醚）的常用方法，称为Williamson合成法。使用该反应时应注意，醇钠为强碱，仲卤代烷、叔卤代烷在碱性条件下易发生消除反应生成烯烃，因此，一般以伯卤代烷为原料进行反应。如乙基叔丁基醚的制备是以叔丁醇钠和溴乙烷为原料，主要产物是醚。若以叔丁基溴和乙醇钠为原料得到的主要产物为烯烃而不是醚。

（3）与氰化钠反应　卤代烷与氰化钠或氰化钾在乙醇-水溶液中作用，卤原子被氰基（—CN）取代生成腈，而且—CN 可进一步转化为—COOH、—CONH$_2$、—CH$_2$NH$_2$ 等基团，因此该反应还可应用于其他化合物（如羧酸、酰胺、胺等）的合成。反应后分子中增加了一个碳原子，是有机合成中增长碳链的方法之一。如由甲苯制备 2-苯基乙酸。

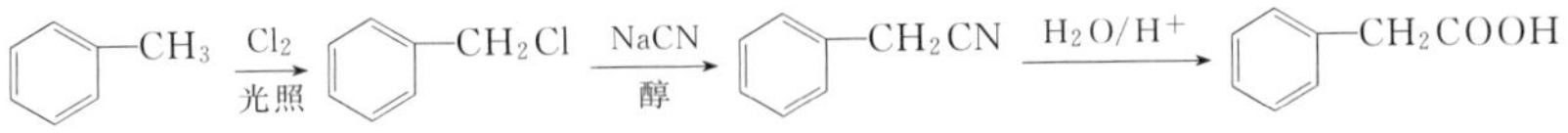

$$\text{C}_6\text{H}_5\text{—CH}_3 \xrightarrow[\text{光照}]{\text{Cl}_2} \text{C}_6\text{H}_5\text{—CH}_2\text{Cl} \xrightarrow[\text{醇}]{\text{NaCN}} \text{C}_6\text{H}_5\text{—CH}_2\text{CN} \xrightarrow{\text{H}_2\text{O/H}^+} \text{C}_6\text{H}_5\text{—CH}_2\text{COOH}$$

（4）与胺反应　卤代烷与氨或胺反应，卤原子被氨基（—NH$_2$）取代生成胺，可用于制备胺类化合物。

（5）与硝酸银反应　卤代烷与硝酸银的醇溶液反应生成硝酸酯和卤化银沉淀。根据生成的卤化银的颜色，可以判断分子中卤原子的类别；另外，卤代烷与硝酸银的醇溶液反应的活性顺序为：叔卤代烷＞仲卤代烷＞伯卤代烷＞卤代甲烷。叔卤代烷与硝酸银的醇溶液反应最快，会立刻产生沉淀；仲卤代烷反应较慢；而伯卤代烷通常要在加热条件下才能与硝酸银的醇溶液产生沉淀。因此，也可以根据产生沉淀的快慢和条件鉴别不同类型的卤代烷。

$$\text{R—X} + \text{AgNO}_3 \xrightarrow{\text{C}_2\text{H}_5\text{OH}} \text{R—ONO}_2 + \text{AgX} \downarrow$$

2. 亲核取代反应机理

卤代烷的亲核取代反应是非常重要的一类反应，可在分子中引入多种官能团，在有机合成上有着广泛的应用。对其反应机理的研究比较多，尤其是对其水解反应的研究更加充分。大量的研究表明：有些卤代烷的水解反应速率仅与卤代烷的浓度有关，而有些卤代烷的水解速率不仅与卤代烷的浓度有关，与碱的浓度也有关。这表明卤代烷的亲核取代反应是按照两种不同的反应机理进行反应的。

在反应的速控步中有两种分子参与的亲核取代反应称为双分子亲核取代反应（bimolecular nucleophilic substitution），用 S$_N$2 表示，S 代表取代，N 代表亲核，2 代表有两种分子参与了速控步的反应。反应速率与参与反应的两种反应物的浓度都有关系。例如，溴甲烷在碱性条件下的水解反应速率不仅与溴甲烷的浓度成正比，与碱的浓度也成正比。

$$\text{CH}_3\text{Br} + \text{OH}^- \longrightarrow \text{CH}_3\text{OH} + \text{Br}^- \qquad v = k[\text{CH}_3\text{Br}][\text{OH}^-]$$

这说明溴甲烷和碱都参与了速控步的反应。一般认为该反应机理为：

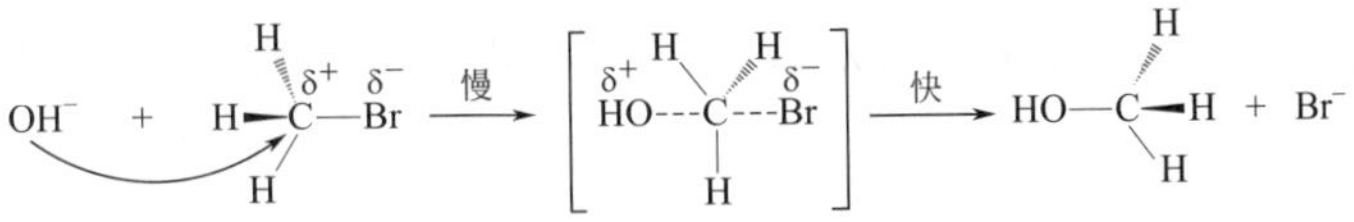

亲核试剂 OH$^-$ 从溴原子的反面沿 C—Br 键键轴的方向进攻碳原子，OH$^-$ 逐渐接近碳原子，C—O 键逐渐形成，溴原子逐渐远离碳原子，C—Br 键逐渐断开，亲核试剂、离去基团与碳原子位于一条直线上。同时，碳原子上另外三个键向溴原子一方偏转，由原来的伞形变成了平面形。在此过程中，体系的能量逐渐升高。当碳原子上的三个基团偏转到和碳原子处于同一平面上时，OH$^-$、中心碳原子以及溴原子处于垂直于这个平面的同一条直线上，OH$^-$ 和溴原子位于平面的两侧，此时，碳原子由原来的 sp^3 杂化转变成了 sp^2 杂化，体系

的能量达到最大值，形成了一个过渡态。随后，OH⁻继续接近碳原子，而溴继续远离碳原子，体系能量逐渐降低，最后，C—O键完全形成，C—Br键完全断开，溴带一对电子成为Br⁻离开碳原子，而碳原子上的三个基团也完全偏转到了原来溴原子所在的一边。碳原子又恢复sp³杂化状态。在产物中，羟基所连的位置是原来溴原子的对面。整个过程好像雨伞在大风中被吹得翻转过来一样，称为瓦尔登（Walden）反转或瓦尔登转化。溴甲烷水解反应过程能量变化如图6-1所示。

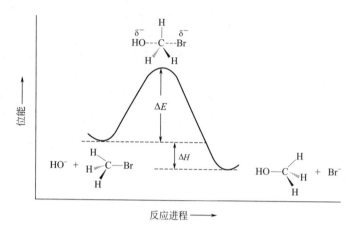

图6-1　溴甲烷水解反应过程的能量曲线

如果取代反应发生在手性碳原子上，则新的取代基进入的位置是离去基团的反面，发生了构型的翻转。如：

$$C_2H_5\!-\!\!\overset{\displaystyle H}{\underset{\displaystyle H_3C}{C}}\!\!-\!Br + NaOH \longrightarrow HO\!-\!\!\overset{\displaystyle C_2H_5}{\underset{\displaystyle CH_3}{C}}\!\!-\!H + NaBr$$

由此可见，双分子亲核取代反应为一步完成的反应，而在这步反应中有两种分子参与反应，即决定反应速率的一步有两种分子参与，因此称为双分子亲核取代反应。

综上所述，S_N2机理的特点可归纳为：①反应一步完成，无中间体生成；②反应的速控步有两种分子参与反应；③产物发生构型的翻转。

与S_N2反应不同，在反应的速控步中只有一种分子参与的亲核取代反应称为单分子亲核取代反应，用S_N1表示，S代表取代，N代表亲核，1代表只有一种分子参与了速控步的反应。反应速率只与参与速控步反应的这种物质的浓度有关。

例如，叔丁基溴在碱性条件下的水解速率仅与卤代烷的浓度成正比，而与亲核试剂OH⁻的浓度无关。

$$H_3C\!-\!\!\overset{\displaystyle CH_3}{\underset{\displaystyle CH_3}{C}}\!\!-\!Br + OH^- \longrightarrow H_3C\!-\!\!\overset{\displaystyle CH_3}{\underset{\displaystyle CH_3}{C}}\!\!-\!OH + Br^- \qquad v=k\big[(CH_3)_3CBr\big]$$

这说明该反应的速控步只有卤代烃参与了反应，而碱没有参与反应。一般认为反应分两步进行：第一步是叔丁基溴首先在溶剂中发生C—Br键的异裂生成正碳离子和溴负离子。第二步是OH⁻与正碳离子结合生成产物。

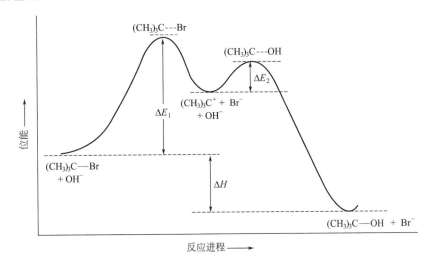

对于多步反应，反应的最终速率主要由速度最慢的一步控制。因此，速度最慢的一步反应称为多步反应的速控步。对叔丁基溴的水解反应，在第一步反应中，C—Br 键解离需要提供能量，能量达到最高点时，形成第一过渡态。

图 6-2 叔丁基溴水解反应的能量曲线

同样，在第二步反应中，C—O 键的形成也需要提供能量，能量达到最高点时形成第二过渡态。整个反应的能量变化如图 6-2 所示。由图 6-2 可知，第一步反应所需的活化能比第二步所需的活化能大很多，即第一步反应是慢反应，是整个反应的速控步。而在这一步反应中，只有卤代烷参与反应，碱没有参与，因此整个反应速率仅与卤代烷的浓度有关系，而与碱的浓度没有关系。在速控步中只有一种分子参与反应，因此，该反应机理称为单分子亲核取代反应。

在单分子亲核取代反应中，生成了活性中间体正碳离子，中心碳原子转变为 sp^2 杂化，具有三角形的平面结构，当亲核试剂与正碳离子反应时，从平面的前后方进攻的机会是相等的。因此，得到"构型保持"和"构型翻转"的两种产物的机会也是相等的。所以，如果反应的中心碳原子是手性碳原子，则生成的产物理论上应该是外消旋体。

由于 S_N1 反应有正碳离子中间体生成，越稳定的正碳离子越易生成。因此，在 S_N1 反应时，常发生正碳离子的重排反应（rearrangement），生成一个更加稳定的新的正碳离子。如：

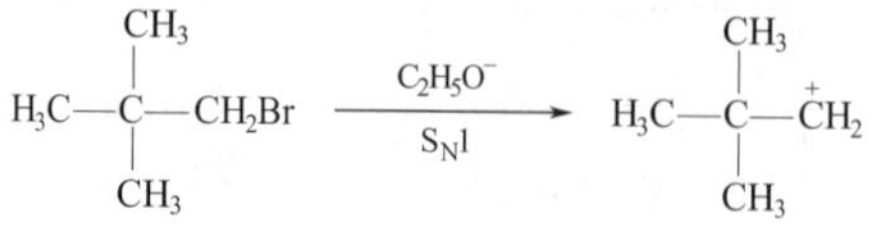

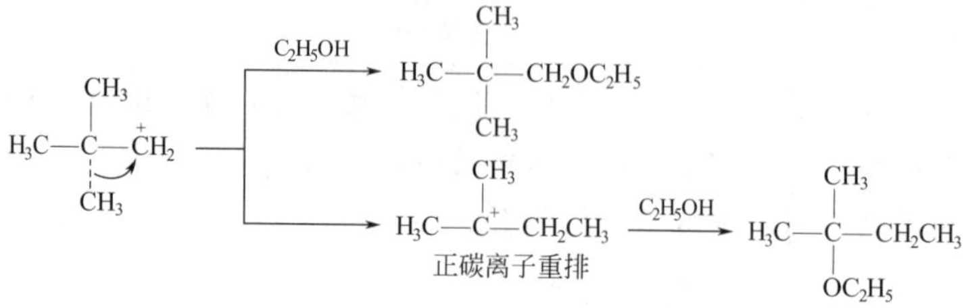

综上所述，S_N1 反应的特点可归纳为：①反应分两步完成，有活性中间体正碳离子生成；②反应的速控步只有一种分子参与反应；③产物为外消旋体；④常伴有重排反应发生。

3. 影响亲核取代反应机理的因素

卤代烷的亲核取代反应，既可能按 S_N1 机理进行也可能按 S_N2 机理进行。对某一个反应，究竟是按哪种机理进行反应，与烃基的结构、离去基团的性质、亲核试剂的亲核性能、溶剂的极性及温度等多种因素有关。

（1）烃基结构的影响 卤代烷的烃基结构对 S_N1 反应和 S_N2 反应都有影响，但影响不同。

在 S_N2 反应中，亲核试剂是从离去基团的背面进攻碳原子，如果中心碳原子上有体积较大的基团，对亲核试剂的进攻会产生阻碍作用，反应的速度就会减慢。另一方面，所形成的过渡态为平面结构，如果中心碳原子上连有体积较大的基团时，会使过渡态拥挤程度增大，反应活化能增加，反应速率降低。因此，对于 S_N2 反应，R—X 的反应活性次序为：卤代甲烷＞伯卤代烷＞仲卤代烷＞叔卤代烷。

如溴代烷在丙酮溶液中与碘化钾的反应为 S_N2 反应，其反应速率如下：

$$R—Br+KI \xrightarrow{\text{丙酮}} R—I+KBr$$

反应物	CH_3Br	CH_3CH_2Br	$(CH_3)_2CHBr$	$(CH_3)_3CBr$
相对速率	150	1	0.01	0.001

对于伯卤代烷，β-碳原子上连有侧链时，反应速率也会明显降低。

在 S_N1 反应中，决定反应速率的步骤是生成正碳离子的一步，因此，正碳离子中间体越稳定，生成时的活化能越低，反应的速度就越快。烷基正碳离子的稳定性顺序为：

$$R_3\overset{+}{C}＞R_2\overset{+}{C}H＞R\overset{+}{C}H_2＞\overset{+}{C}H_3$$

对于 S_N1 反应，R—X 的反应活性次序为：叔卤代烷＞仲卤代烷＞伯卤代烷＞卤代甲烷。

由上可见，烃基结构不同，对 S_N1 反应和 S_N2 反应的影响是不同的。

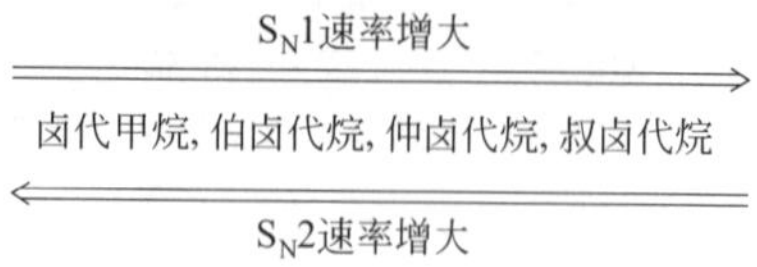

叔卤代烷主要按 S_N1 机理进行反应，卤代甲烷和伯卤代烷主要按 S_N2 机理进行反应，仲卤代烷既可能按 S_N1 机理进行反应，也可能按 S_N2 机理进行反应，或者同时按照 S_N1 和 S_N2 机理进行反应，由具体的反应条件而定。

（2）离去基团的影响　亲核取代反应无论按 S_N1 机理还是按 S_N2 机理进行反应，卤原子都要带一对电子离开中心碳原子。因此，卤原子越容易带电子对离开中心碳原子，反应活性越高。或者说碳卤键越容易发生异裂，亲核取代反应活性越高。而碳卤键是否容易发生异裂，取决于两个方面的影响。一方面是碳卤键键能的大小。碳卤键的键能顺序为：

$$C—Cl > C—Br > C—I$$

键能/(kJ/mol) 　　　　　　　　　　　339　　285　　218

另一方面是键的可极化度，共价键的可极化度随原子半径的增大而增大，所以，碳卤键的可极化度大小次序为：

$$C—I > C—Br > C—Cl$$

键的可极化度越大，在反应中越容易断裂。综上所述，卤代烷进行亲核取代反应时，不论是按 S_N1 还是按 S_N2 机理进行反应，其反应活性次序都是：$R—I > R—Br > R—Cl$。$R—I$ 亲核取代反应的速率最大。

（3）亲核试剂的影响　S_N1 反应的速控步只有卤代烷参与反应，亲核试剂没有参与，因此，亲核试剂的亲核性（nucleophilicity）对 S_N1 反应的影响不大。在 S_N2 反应中，速控步卤代烷和亲核试剂都参与了反应，亲核试剂提供一对电子和底物碳原子成键，因此，亲核试剂的亲核性越强，反应的速度越快。

（4）溶剂的影响　S_N1 反应的速控步是碳卤键发生异裂生成中间体正碳离子，由极性较小的底物变成了极性较大的过渡态，极性溶剂有利于卤代烷的解离，所以，溶剂的极性越大，越有利于 S_N1 反应的进行。

对于 S_N2 反应，增加溶剂的极性对反应通常会产生不利的影响。因为亲核试剂通常带负电荷，电荷比较集中，极性大，而形成的过渡态电荷比较分散，极性小，增加溶剂极性使极性大的亲核试剂溶剂化，降低其亲核能力，不利于 S_N2 反应的进行。

（二）消除反应

在卤代烷分子中，由于卤原子的电负性比较大，导致 α-碳原子带有部分正电荷，同时 β-碳原子也受到卤原子吸电子诱导效应的影响，而带有比 α-碳原子更少的正电荷，因此，β-C 上 H 的电子对偏向于碳原子一端，从而使 β-氢具有一定的酸性，容易被碱进攻发生消除反应。

1. 消除反应

卤代烷与强碱（如氢氧化钠、氢氧化钾等）的醇溶液共热，通常可以脱去一分子卤化氢而生成烯烃。

$$\underset{\underset{H}{|}\quad\underset{X}{|}}{R—CH—CH_2} + NaOH \xrightarrow{\text{醇}} R—CH=CH_2 + NaX + H_2O$$

有机分子中消去两个原子或基团的反应称为消除反应（elimination）。卤代烷发生消除反应时，除了脱去卤原子，还脱去了 β-碳原子上的氢原子，生成了烯烃，这类消除反应称为 1,2-消除，也称为 β-消除。

卤代烷消除卤化氢的难易程度与烃基结构有关。叔卤烷最容易发生消除，仲卤烷次之，伯卤烷最难消除。

仲卤代烷和叔卤代烷发生消除反应时，由于有多个 β-H 存在，所以消除产物也有多种。实验证明，卤代烷消除卤化氢时，氢原子主要从含氢较少的 β-碳原子上消除。或者说，卤代烷消除卤化氢时，主要产物是双键碳原子上连有最多烃基的烯烃。这条经验规律是俄国化学家札依采夫（Saytzeff rule）根据大量的实验事实总结出来的规则，称为札依采夫规则。如：

$$CH_3CH_2CH_2\underset{\underset{Br}{|}}{CH}CH_3 \xrightarrow{KOH/乙醇} \underset{69\%}{CH_3CH_2CH=CHCH_3} + \underset{31\%}{CH_3CH_2CH_2CH=CH_2}$$

$$CH_3CH_2-\underset{\underset{Br}{|}}{\overset{\overset{CH_3}{|}}{C}}-CH_3 \xrightarrow{KOH/乙醇} \underset{71\%}{CH_3CH=\overset{\overset{CH_3}{|}}{C}-CH_3} + \underset{29\%}{CH_3CH_2\overset{\overset{CH_3}{|}}{C}=CH_2}$$

2. 消除反应机理

与亲核取代反应相似，β-消除反应也有两种机理：双分子消除反应和单分子消除反应，分别用 E2 和 E1 表示。

（1）双分子消除（E2）反应机理　E2 反应和 S_N2 反应非常相似，反应都是一步完成，即新键的形成和旧键的断裂同时发生。不同的是，S_N2 反应中试剂进攻的是 α-碳原子，而在 E2 反应中，试剂进攻的是 β-氢原子。因此，S_N2 反应和 E2 反应是相互竞争的反应，经常同时发生。如：

$$\underset{\underset{H}{|}}{\overset{\beta\quad\alpha}{CH_3CHCH_2Cl}} \quad OH^- \quad \begin{array}{l} \xrightarrow[S_N2]{进攻\alpha\text{-}C} CH_3CH_2CH_2OH \\ \xrightarrow[E2]{进攻\beta\text{-}H} CH_3CH=CH_2 \end{array}$$

一般认为 E2 反应机理为：碱进攻 β 氢原子使这个氢原子成为质子而与试剂结合离去，与此同时，离去基团卤原子带一对电子离开中心碳原子，在 α 碳原子和 β 碳原子之间形成碳-碳双键。C—H、C—X 键逐渐减弱，碳由 sp^3 杂化逐渐转化为 sp^2 杂化，在每个碳上逐渐形成一个 p 轨道，形成能量较高的过渡态。反应速率与卤代烷的浓度和碱的浓度都成正比。

$$\underset{\underset{X}{|}}{\overset{OH^-}{\underset{}{CH_3CH}}-CH_2} \longrightarrow \left[\begin{array}{c} HO^{\delta-}\text{---}H \\ CH_3-\overset{}{C}\text{==}CH_2 \\ X^{\delta-} \end{array}\right] \longrightarrow CH_3CH=CH_2 + H_2O + X^-$$

过渡态

（2）单分子消除（E1）反应机理　同样，E1 反应和 S_N1 反应的机理也非常相似，反应分两步进行：首先，卤代烷分子在溶剂中发生 C—X 键的异裂形成正碳离子中间体，第二步反应，亲核试剂 OH^- 若进攻正碳离子的中心碳原子即为 S_N1 反应，生成取代产物；若进攻 β-H 即为 E1 反应，生成消除产物烯烃。

由于速控步是第一步反应，而在这步反应中只有卤代烷参与反应，碱没有参与，因此，反应速率仅与卤代烷的浓度成正比，而与碱的浓度没有关系，称为单分子消除反应。由此可见，E1 反应和 S_N1 反应也是相互竞争的反应，经常同时发生。如：

$$\underset{\underset{CH_3}{|}}{\overset{\overset{CH_3}{|}}{H_3C-C-Br}} \xrightarrow{\text{慢}} \underset{\underset{CH_3}{|}}{\overset{\overset{CH_3}{|}}{H_3C-C^+}} + Br^-$$

$$\underset{\underset{H_2C-H}{|}}{\overset{\overset{CH_3}{|}}{H_3C-C^+}} + OH^- \xrightarrow{\text{快}} \begin{array}{l} \overset{\text{进攻}\alpha\text{-C}}{\underset{S_N1}{\longrightarrow}} \underset{\underset{CH_3}{|}}{\overset{\overset{CH_3}{|}}{H_3C-C-OH}} \\[2em] \overset{\text{进攻}\beta\text{-H}}{\underset{E1}{\longrightarrow}} \underset{\underset{CH_3}{|}}{H_3C-C=CH_2} + H_2O \end{array}$$

与 S_N1 反应相似,按 E1 机理进行的消除反应由于形成了正碳离子中间体,因此也常发生正碳离子的重排反应。

$$\underset{\underset{CH_3}{|}}{\overset{\overset{CH_3}{|}}{H_3C-C-CH_2Br}} \xrightarrow{C_2H_5O^-} \underset{\underset{CH_3}{|}}{\overset{\overset{CH_3}{|}}{H_3C-C-CH_2^+}}$$

$$\underset{\underset{\underset{\text{伯正碳离子}}{CH_3}}{|}}{\overset{\overset{CH_3}{|}}{H_3C-C-CH_2^+}} \xrightarrow{\text{重排}} \underset{\text{叔正碳离子}}{\overset{\overset{CH_3}{|}}{H_3C-C^+-CH_2CH_3}} \xrightarrow{-H^+} \overset{\overset{CH_3}{|}}{H_3C-C=CHCH_3}$$

值得注意的是,对 E1 消除和 E2 消除,不同的卤代烃反应活性顺序是一致的:叔卤代烷>仲卤代烷>伯卤代烷。

(三) 取代反应和消除反应的竞争

从反应机理的讨论中可以看出,亲核取代反应和消除反应是相互竞争的反应,相伴发生。因此,产物中常同时存在亲核取代产物和消除产物,二者的生成比例受烃基结构、进攻试剂的性质、溶剂的性质及温度等多种因素的影响,通过选择合适的反应物和适当控制反应条件,可使某种产物成为主产物。

$$\underset{\underset{H}{|}}{\overset{\overset{|}{}}{-C-C-X}} \qquad \underset{\underset{H}{|}}{\overset{\overset{|}{}}{-C-C^+}}$$

$$\underset{E2}{\overset{S_N2}{}} \qquad \underset{Nu:}{} \qquad \underset{S_N1}{\overset{E1}{}}$$

强亲核试剂(如 X^-、OH^-、RO^- 等)与无支链的伯卤代烷作用,主要发生 S_N2 机制反应,而与仲卤代烷和 β-碳原子上有支链的伯卤代烷作用时,E2 机制反应略占优势。例如:

$$CH_3CH_2CH_2Br + C_2H_5O^- \xrightarrow[25℃]{C_2H_5OH} \begin{array}{l} \overset{S_N2}{\longrightarrow} CH_3CH_2CH_2OC_2H_5 \ (91\%) \\[0.5em] \overset{E2}{\longrightarrow} CH_3CH=CH_2 \ (9\%) \end{array}$$

$$\underset{\underset{CH_3}{|}}{\overset{\beta \quad \alpha}{CH_3CHCH_2Br}} + C_2H_5O^- \xrightarrow{C_2H_5OH} \begin{array}{l} \overset{E2}{\longrightarrow} \underset{\underset{CH_3}{|}}{CH_3-C=CH_2} \ (60\%) \\[1em] \overset{S_N2}{\longrightarrow} \underset{\underset{CH_3}{|}}{CH_3CHCH_2OCH_2CH_3} \ (40\%) \end{array}$$

叔卤代烷在无强碱存在时,主要发生 S_N1 机制反应。有强碱性试剂存在时,主要发生 E1 机制反应。例如:

$$(CH_3)_3CBr + C_2H_5OH \longrightarrow \underset{(81\%)}{(CH_3)_3COC_2H_5} + \underset{(19\%)}{(CH_3)_2C=CH_2}$$

$$(CH_3)_3CBr + C_2H_5OH \xrightarrow[25℃]{C_2H_5O^-} (CH_3)_3COC_2H_5 + (CH_3)_2C\!=\!CH_2$$
$$\qquad\qquad\qquad\qquad\qquad\qquad (3\%)\qquad\qquad (97\%)$$

在卤代烷结构相同的情况下，如果亲核试剂的亲核性越强，与 α 碳的结合能力越强，亲核取代反应活性越高；如果试剂的碱性越强，则与 β 碳原子上氢的结合能力越强，消除反应的活性越高。即试剂的亲核性越强，越有利于亲核取代反应的进行；而试剂的碱性越强，则越有利于消除反应的进行。

增大溶剂的极性有利于取代反应，而不利于消除反应。例如，伯卤代烷和仲卤代烷在 NaOH 的醇溶液中主要发生消除反应，生成烯烃；而在 NaOH 的水溶液中主要进行亲核取代反应，生成醇。由于醇的极性比水弱，因此，在弱极性的醇溶液中有利于消除反应进行，而在强极性的水溶液中有利于亲核取代反应进行。

由于消除反应比亲核取代反应的活化能高，因此，提高反应温度有助于消除反应的进行。

三、 不饱和卤代烃的取代反应

卤代烯烃和卤代芳烃中，卤原子与双键或苯环的相对位置不同，它们之间的相互影响也不同，主要表现在化学性质上，尤其是卤原子的活性差别很大。

（一） 乙烯型和苯基型卤代烃

乙烯型卤代烃和苯基型卤代烃的共同特点是：卤原子都与不饱和碳原子（sp² 杂化）相连，卤原子的未共用电子对所在的 p 轨道与碳碳双键或苯环的 π 轨道相互交盖，形成 p-π 共轭体系。卤原子上的电子云离域到碳碳双键或苯环上，使 C—X 键键长缩短，键的异裂解离能增加而不易断裂。

$$CH_3CH_2\!-\!Cl \qquad CH_2\!=\!CH\!-\!Cl \qquad \text{（苯基）}Cl$$

C—Cl键键长/nm　　　　0.178　　　　　　0.172　　　　　　　0.169

因此，乙烯型卤代烃和苯基型卤代烃中的卤原子与卤代烷分子中的卤原子相比，性质是不活泼的，不易发生亲核取代反应，如溴乙烯和溴苯与硝酸银的醇溶液即使加热也不产生沉淀。

（二） 烯丙型和苄基型卤代烃

烯丙型和苄基型卤代烃的卤原子很活泼，很容易发生亲核取代反应，其反应活泼性比叔卤代烷还大。例如，烯丙基氯和苄基氯室温下就可以和硝酸银的醇溶液很快产生沉淀。

这是因为，如果反应按 S$_N$1 机理进行，烯丙基卤代烃和苄基卤代烃的卤原子离去后，所生成的烯丙型和苄基型正碳离子的 p 轨道与相邻的 π 键形成 p-π 共轭，使正电荷分散，正碳离子趋向稳定，此效应有利于取代反应。

值得注意的是，某些烯丙型卤化物在按 S_N1 机理进行亲核取代反应时，由于所生成的正碳离子中间体是一个共轭体系，不仅可以得到正常的取代产物，也可以得到重排产物。这类重排反应称为烯丙基重排，是有机化学中比较常见的重排反应之一。如 1-氯-2-丁烯在碱性条件下的水解反应：

$$CH_3CH=CHCH_2Cl \longrightarrow CH_3CH=CHCH_2^+$$

$$CH_3CHCH=CH_2 \longleftarrow CH_3CH\overset{\delta^+}{\cdots}CH\overset{\delta^+}{\cdots}CH_2 \longrightarrow CH_3CH=CHCH_2OH$$
$$\underset{OH}{|} \qquad\qquad OH^-$$

（三） 孤立型卤代烃

孤立型卤代烃的卤原子与双键和芳环相距较远，相互影响很小，卤原子的活泼性与卤代烷中卤原子相似，当与硝酸银醇溶液反应时，通常需要在加热条件下才能生成卤化银沉淀。

四、 与金属的反应

卤代烷能与某些金属（Li、Na、K、Mg）发生反应，生成具有不同极性 C—M（M 表示金属原子）键的金属原子与碳原子直接相连的有机金属化合物（organometallic compound）。如：卤代烷与金属镁在无水醚中反应生成有机镁化合物，这种产物称为格利雅试剂（Grignard reagent），简称格氏试剂，用 RMgX 表示。格氏试剂不需分离即可用于有机合成反应。

$$R-X + Mg \xrightarrow{\text{无水乙醚}} RMgX（\text{Grignard 试剂}）$$

格氏试剂性质非常活泼，遇到含有活泼氢的化合物（如水、醇、酸，甚至末端炔烃）会立刻分解生成烃，因此，在制备和使用格氏试剂时，不仅要在干燥无水的条件下进行，还应避免混入其他含有活泼氢的化合物。

$$RMgX + \begin{cases} \xrightarrow{HOH} R-H + Mg(OH)X \\ \xrightarrow{R'-OH} R-H + Mg(OR')X \\ \xrightarrow{R'COOH} R-H + Mg(COOR')X \\ \xrightarrow{HX} R-H + MgX_2 \\ \xrightarrow{R'C\equiv CH} R-H + Mg(C\equiv CR')X \end{cases}$$

格氏试剂在空气中会被缓慢氧化生成烷氧基卤化镁，该产物遇水分解成醇。因此，保存格氏试剂时应尽量避免接触空气，通常是制得后立即使用。

$$RMgX + 1/2O_2 \longrightarrow ROMgX \xrightarrow{H_2O} ROH$$

格氏试剂的 C—Mg 键具有较强的极性，碳原子带有较多的电负性，因此，格氏试剂是有机合成中常用的一种强亲核试剂，能与二氧化碳、醛、酮及羧酸衍生物等发生亲核加成反应生成一系列化合物，因此，在有机合成上有很广泛的应用。

$$RMgX + CO_2 \xrightarrow{\text{低温}} RCOOMgX \xrightarrow{H^+,\ H_2O} RCOOH + Mg(OH)X$$

重要的含卤有机物

1. 甲状腺素

甲状腺素（thyroxin）为四碘甲状腺原氨酸。L型甲状腺素为白色结晶，DL型甲状腺素为针状结晶。甲状腺素可从动物甲状腺中提取，也可由 3,5-二碘-L-酪氨酸为原料制取。甲状腺素有促进细胞代谢、增加氧消耗、刺激组织生长、成熟和分化等功能。体内甲状腺过高或过低均可导致疾病。L-甲状腺素的生理活性是外消旋体的 2 倍，D-甲状腺素生理活性很低。

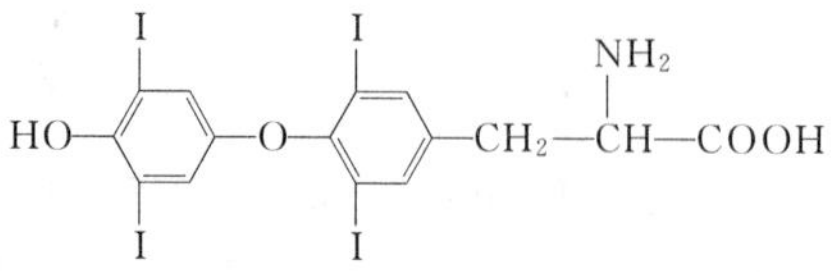

$$HO-\underset{I}{\overset{I}{\bigcirc}}-O-\underset{I}{\overset{I}{\bigcirc}}-CH_2-\underset{NH_2}{CH}-COOH$$

2. 含氟麻醉剂

Robbins 在 1946 年最早发现一些含氟化合物具有麻醉作用，在 1946～1959 年期间，多家公司对其发现的含氟麻醉剂进行了临床试验，如三氟氯溴乙烷（$CF_3CHClBr$）、三氟乙基乙烯醚（$CF_3CH_2OCH=CH_2$）、二氟二氯乙基甲醚（$CH_3OCF_2CHCl_2$），安氟醚（CHF_2OCF_2CHFCl）等。含氟麻醉剂大多为吸入式麻醉剂，个别可以用于静脉滴注麻醉剂 [如七氟醚（$CF_3CH_2OCHCF_3$）]。几种常用的含氟麻醉剂的性能和使用情况如下：

安氟醚（Enflurane）为无色挥发性液体，有果香，不燃不爆，性稳定，无需加入稳定剂。相对密度 1.52；沸点 57℃，为吸入麻醉药，对黏膜无刺激性。诱导比乙醚快，约 5～10min，无不快感。麻醉时无交感神经系统兴奋现象，使心率及血压稍有下降。对呼吸稍有抑制。吸入后易从肺呼出，麻醉复苏较快，肝毒性很小。本品一般应用于复合全身麻醉。

三氟氯溴乙烷（Methoxyflurane）为无色透明易流动挥发性液体，沸点 50.2℃，可与有机溶剂互溶，微溶于水。有不愉快的芳香气，味甜，有灼感。性质稳定，不燃烧爆炸。麻醉作用比乙醚强，对黏膜无刺激性，麻醉诱导时间短，不易引起分泌物过多、咳嗽、喉痉挛等。用于全身麻醉及麻醉诱导。

甲氧氟烷（Methoxyflurane）是无色易流动的透明液体，熔点 -35℃，沸点 105℃（13.3kPa），相对密度 1.426，有水果香味。呼吸道刺激作用较乙醚轻。其全麻效能最强，镇痛效果好，但麻醉诱导期及恢复期均较缓慢，常伴有兴奋期。可在静脉麻醉后或基础麻醉后，作全麻的维持。

━━━━ **本章小结** ━━━━

本章学习了卤代烃的分类、命名和结构特征；卤代烷的亲核取代反应，消除反应以及 S_N1、S_N2、E1、E2 四种反应机理；并讨论了影响亲核取代反应和消除反应的因素，以及亲核取代反应和消除反应的竞争；讨论了卤代烯烃和卤代芳烃中烯基和芳基与卤原子位置关系对卤原子活性的影响；学习了卤代烃与金属镁反应生成有机金属化合物——格氏试剂。

6-1 用系统命名法命名下列化合物。

（1） $CH_3CHCH_2CHCH_3$
 　　　$\underset{Br}{|}$ 　　$\underset{CH_3}{|}$

（2） 结构 $\underset{Cl}{|}$

（3） $H_3C-CH-CH_2-CHCH_3$
 　　　　　（苯基） 　　　$\underset{Br}{|}$

（4） $\underset{H}{\overset{H_3C}{>}}C=C\underset{Br}{\overset{C_3H_7}{<}}$

（5） $CH_3CHCH_2CHCHCH_3$
 　　　$\underset{Cl}{|}$ 　　$\underset{Br}{|}$ 上方 $\overset{CH_2CH_3}{|}$

（6） $\overset{H_3C}{\underset{}{}}\overset{CH_3}{}$ 环戊基 $\underset{Br}{}$

（7） $H-\overset{CH_2CH_3}{\underset{CH_3}{|}}Br$

（8） 环己烯 $\overset{Cl}{}$ $\underset{CH_3}{}$

6-2 完成下列反应式。

（1） $CH_3\overset{CH_3}{\underset{Cl}{|}}CHCHCH_2CH_3 \xrightarrow[\triangle]{KOH/C_2H_5OH}$ (　　)

（2） （苯环）$CH_2Cl + NaCN \xrightarrow{C_2H_5OH}$ (　　)

（3） 环戊烯$Cl \xrightarrow{AgNO_3/C_2H_5OH}$ (　　)

（4） $CH_3CH=CH_2 + HBr \xrightarrow{ROOR}$ (　　) $\xrightarrow{NaOH/H_2O}$ (　　)

（5） （苯环）$CH_2\overset{Cl}{\underset{CH_3}{|}}CHCHCH_3 \xrightarrow[\triangle]{NaOH/C_2H_5OH}$ (　　)

（6） $CH_3\overset{CH_3}{|}CHCH_2CH_2Cl + Mg \xrightarrow{无水乙醚}$ (　　)

6-3 指出下列特征哪些属于 S_N1 历程，哪些属于 S_N2 历程：

（1）产物的构型发生转变；　　　　　　（2）有重排物生成；

（3）伯卤代烷的速率大于仲卤代烷；　　（4）试剂亲核性越强，反应的速度就越快；

（5）有正碳离子中间体产生；　　　　　（6）反应一步完成。

6-4 将下列化合物按 S_N2 反应活性排序。

（1） $CH_3\overset{}{\underset{Cl}{|}}CHCH=CH_2$ 　　　$CH_2CH_2CH=CH_2$ 　　　$CH_3CH_2CH=CHCl$
 　　　　　　　　　　　　　　　　　 $\underset{Cl}{|}$

（2） $CH_3CH_2CH_2Br$ 　　　$CH_3\overset{Br}{\underset{}{|}}CHCH_3$ 　　　$CH_3\overset{Br}{\underset{CH_3}{|}}CCH_3$

6-5 将下列化合物按 E1 消除反应的活性排序。

（1） O_2N-（苯环）$-\overset{Br}{\underset{}{|}}CHCH_3$ 　　　H_3C-（苯环）$-\overset{Br}{\underset{}{|}}CHCH_3$ 　　　（苯环）$\overset{Br}{\underset{}{|}}CHCH_3$

（2） $CH_3CH_2\overset{\overset{\displaystyle Br}{|}}{C}HCH_3$ $CH_3CH_2CH_2CH_2Br$ $H_3C-\overset{\overset{\displaystyle CH_3}{|}}{\underset{\underset{\displaystyle Br}{|}}{C}}-CH_2CH_3$

6-6　分子式为 C_4H_9Br 的化合物 A，用 NaOH 醇溶液处理，得到两个分子式为 C_4H_8 的异构体 B 及 C，B 经酸性 $KMnO_4$ 氧化可得 CO_2 和丙酸，C 经臭氧化还原水解后只得乙醛一种产物，写出 A、B、C 的结构。

6-7　分子式为 $C_5H_{11}Br$ 的卤代烃 A，与氢氧化钠的乙醇溶液作用，生成分子式为 C_5H_{10} 的化合物 B。B 用高锰酸钾的酸性水溶液氧化可得到一个酮 C 和一个羧酸 D。而 B 与溴化氢作用得到的产物是 A 的异构体 E。试写出 A、B、C、D、E 的构造式及各步反应式。

6-8　某烃 A（C_5H_{10}），与溴水不发生反应，在紫外光照射下与溴作用只得到一种产物 B（C_5H_9Br）。将化合物 B 与氢氧化钾的醇溶液作用得到 C（C_5H_8），化合物 C 经臭氧化并在锌粉存在下水解得到戊二醛。写出化合物 A、B、C 的构造式及各步反应式。

第七章

醇、硫醇、酚和醚

醇（alcohol）、酚（phenol）、醚（ether）都是具有碳氧单键的烃的含氧衍生物，醇可以看作是脂肪烃分子中氢原子被羟基取代的衍生物，其通式为 ROH。酚可以看作是芳环上氢原子被羟基取代的衍生物，其通式为 ArOH。醇和酚的官能团都是羟基—OH（hydroxyl），醇和酚分子中羟基上的氢原子被烃基取代的衍生物就是醚。也可以看作是烃分子中的氢原子被烃氧基取代的衍生物，其通式为 R—O—R′。

醇、酚、醚也可看作水分子中氢原子被烃基取代的衍生物。若水分子中的一个氢原子被烃基取代，则称为醇或酚，酚是羟基与芳香环直接相连的一类化合物；若两个氢原子都被烃基取代，所得的衍生物就是醚（R—O—R′，Ar—O—Ar′，Ar—O—R）。

硫醇（mercaptan）是硫原子替代醇分子中羟基氧原子的一类化合物。

第一节　醇

一、醇的分类、命名和结构

（一）醇的分类

根据醇分子中烃基的结构不同，醇可分为饱和醇、不饱和醇、脂环醇和芳香醇。如：

CH_3CH_2OH	CH_2 ═$CHCH_2OH$	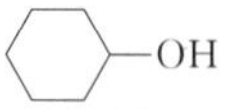	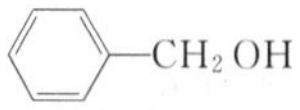
乙醇	烯丙醇	环己醇	苯甲醇
（饱和醇）	（不饱和醇）	（脂环醇）	（芳香醇）

根据醇分子中所含羟基的数目，醇又可分为一元醇、二元醇和三元醇等。含两个以上羟基的醇统称为多元醇。如：

CH_3OH	$CH_2(OH)$—$CH_2(OH)$	$CH_2(OH)$—$CH(OH)$—$CH_2(OH)$
甲醇	乙二醇	丙三醇
(一元醇)	(二元醇)	(三元醇)

一元醇分子中羟基与一级碳原子相连接的称为一级醇（伯醇）；与二级碳原子相连接的称二级醇（仲醇）；与三级碳原子相连接的称三级醇（叔醇）。如：

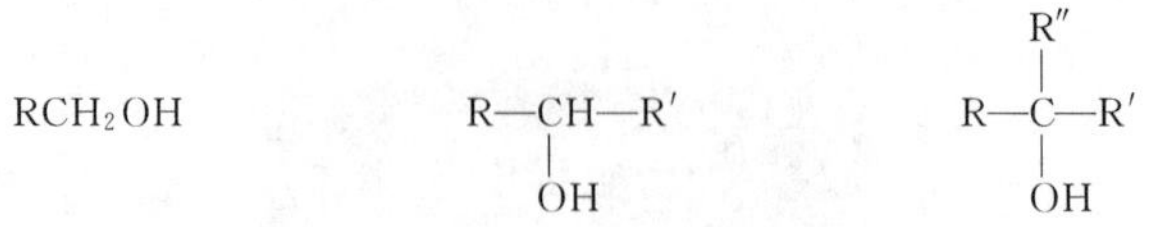

$$RCH_2OH \qquad\quad R-\underset{\underset{\displaystyle OH}{|}}{CH}-R' \qquad\quad R-\underset{\underset{\displaystyle OH}{|}}{\overset{\overset{\displaystyle R''}{|}}{C}}-R'$$

一级醇（伯醇）　　　　二级醇（仲醇）　　　　三级醇（叔醇）

（二）醇的命名

1. 普通命名法

结构简单的醇采用普通命名法，即在烃基后面加一"醇"字，"基"字可以省略。例如：

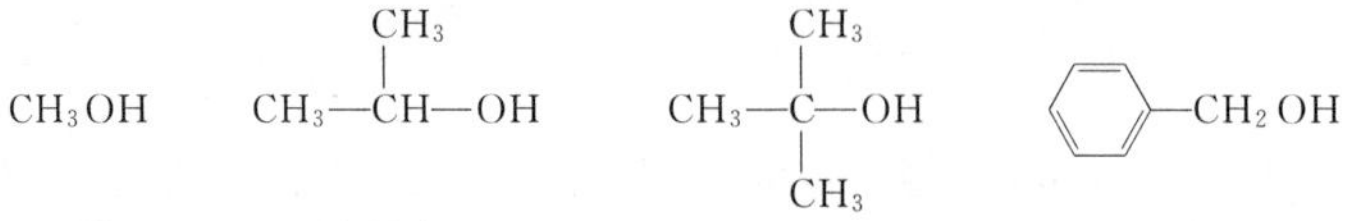

$$CH_3OH \qquad CH_3-CH-OH \qquad CH_3-\underset{\underset{\displaystyle CH_3}{|}}{\overset{\overset{\displaystyle CH_3}{|}}{C}}-OH \qquad \underset{}{\bigcirc}-CH_2OH$$

甲醇　　　　　异丙醇　　　　　　叔丁醇　　　　　苄醇（苯甲醇）

2. 系统命名法

结构复杂的醇则采用系统命名法，其命名原则为：选择含有羟基的最长的碳链为主链，支链为取代基；编号从靠近羟基的一端开始将主链的碳原子依次用阿拉伯数字编号，使羟基所连的碳原子位次最小；命名根据主链所含碳原子数称为"某醇"，将取代基的位次、名称及羟基位次写在"某醇"前；多元醇的命名应尽可能选择含多个羟基的最长碳链为主链，按羟基数分别称为某二醇、某三醇，并在醇名前标明羟基位置，如果羟基数和碳原子数相同则可不标羟基的位置。例如：

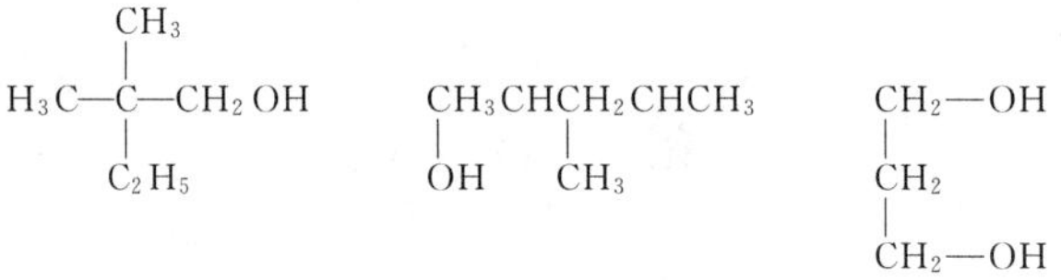

$$H_3C-\underset{\underset{\displaystyle C_2H_5}{|}}{\overset{\overset{\displaystyle CH_3}{|}}{C}}-CH_2OH \qquad CH_3\underset{\underset{\displaystyle OH}{|}}{CH}CH_2\underset{\underset{\displaystyle CH_3}{|}}{CH}CH_3 \qquad \underset{\underset{\displaystyle CH_2-OH}{|}}{\overset{\overset{\displaystyle CH_2-OH}{|}}{CH_2}}$$

2,2-二甲基-1-丁醇　　　　3-甲基-1-戊醇　　　　1,3-丙二醇

不饱和醇的命名应选择包括羟基和不饱和键在内的最长碳链为主链，从靠近羟基的一端编号命名。芳香醇命名时，可将芳基作为取代基。例如：

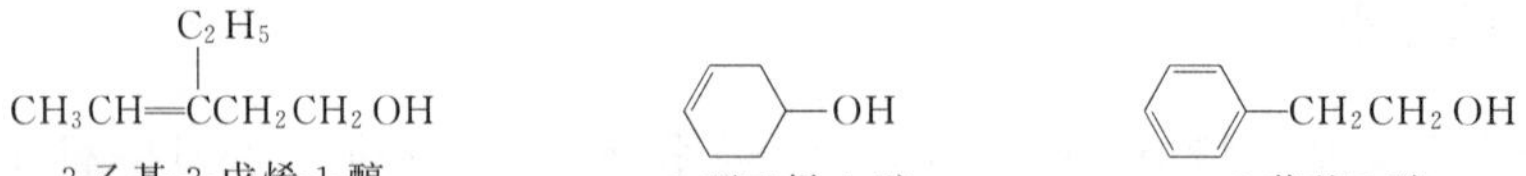

$$CH_3CH=\underset{\underset{\displaystyle ~}{\overset{\overset{\displaystyle C_2H_5}{|}}{C}}}CH_2CH_2OH \qquad \bigcirc-OH \qquad \bigcirc-CH_2CH_2OH$$

3-乙基-3-戊烯-1-醇　　　　3-环己烯-1-醇　　　　2-苯基乙醇

（三）醇的结构

在醇分子中，羟基的氧原子及与羟基相连的碳原子都是 sp^3 杂化。氧原子以一个 sp^3 杂化轨道与氢原子的 1s 轨道相互重叠而成 O—H σ 键，C—O 是碳原子的一个 sp^3 杂化轨道与氧原子的一个 sp^3 杂化轨道相互重叠而成的 σ 键。此外，氧原子还有两对未共用电子对分别占据其他两个杂化轨道。甲醇的结构如图 7-1 所示。

由于氧的电负性比碳和氢都大，使得碳氧键和氢氧键都具有较大的极性，醇为极性分子，这些极性键也是醇发生化学反应的主要部位。

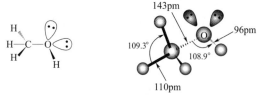

图 7-1 甲醇的结构

二、 醇的物理性质

低级的饱和一元醇中，四个碳以下的醇为无色液体。甲醇、乙醇和丙醇可与水以任意比例相溶；5～11 个碳原子的醇为具有不愉快气味的油状液体，仅部分溶于水；12 个碳以上的高级醇是无臭无味的蜡状固体，不溶于水。

醇的沸点随着分子量的增大而升高，在直链的同系列中，10 个碳以下的相邻醇之间的沸点差 18～20℃；多于 10 个碳的相邻醇之间沸点差变小。醇的沸点比分子量相近的烃类高得多。例如，甲醇（分子量 32）的沸点为 64.7℃，而乙烷（分子量 30）的沸点为 −88.5℃。这是由于醇羟基之间可通过氢键缔合的缘故：

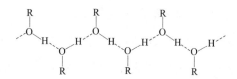

固态醇之间的氢键缔合比较牢固，液态醇之间的氢键处于不断的结合—断开—再结合的动态变化中。多元醇的沸点随羟基数目的增加而增加。例如，正丙醇的沸点为 97.2℃，而丙三醇的沸点高达 290℃。相同碳数直链醇的沸点比含支链的醇的沸点高。一些醇的物理性质如表 7-1 所示。

表 7-1 醇的物理性质

化合物	熔点/℃	沸点/℃	密度/(g/cm³)	溶解度/(g/100g 水)
甲醇	−97.8	64.7	0.792	∞
乙醇	−117.3	78.3	0.789	∞
正丙醇	−126	97.2	0.804	∞
异丙醇	−88	82.3	0.786	∞
正丁醇	−90	117.7	0.810	8.3
异丁醇	−108	108	0.802	10.0
仲丁醇	−114	99.5	0.808	26.0
叔丁醇	25	82.5	0.789	∞
正戊醇	−78.5	138	0.817	2.4
环己醇	24	161.5	0.962	3.6
烯丙醇	−129	97	0.855	∞
苯甲醇	−15	205	1.046	4
乙二醇	−12.6	197	1.113	∞
1,4-丁二醇	20.1	229.2	1.069	∞
丙三醇	18	290(分解)	1.261	∞

醇在水中溶解度的大小取决于亲水性羟基和疏水性烃基所占的比例大小。对于 3 个碳原子以下的低级醇或多元醇，因烃基所占比例较小，羟基与水分子之间可以形成很强的氢键。

醇与水之间的氢键结合力大于烃基与水之间的排斥力，醇可与水互溶。随着醇分子中烃基的增大，烃基与水之间的排斥力也逐渐加大，疏水的烃基与水之间的排斥力逐渐占主导作用，醇在水中的溶解度明显下降。

三、 醇的化学性质

醇的化学性质，主要由它所含的羟基官能团决定。醇分子中，氧原子的电负性较强，使与氧原子相连的键都有极性。这样 H—O 键和 C—O 键都容易断裂发生反应。

（一） 与活泼金属的反应

醇具有弱酸性，醇羟基中的氢原子可被钠、钾等活泼金属取代，生成氢气和醇的金属化合物。在无水条件下，用乙醇处理金属钠的反应为：

$$CH_3CH_2OH + Na \longrightarrow CH_3CH_2ONa + H_2 \uparrow$$

乙醇与金属钠的反应比水与金属钠的反应要缓和得多。这也表明醇有酸性，但其酸性比水弱。金属钠与甲醇的反应相当激烈，但随着醇中碳原子数的增加，反应激烈程度逐渐减弱。如金属钠与水的反应是爆炸性的，与乙醇的反应速率是可控的，而与正丁醇的反应则相当缓慢。醇钠遇水立即分解，生成原来的醇和氢氧化钠。

$$CH_3CH_2ONa + H_2O \longrightarrow CH_3CH_2OH + NaOH$$

这一反应中，较强的酸（H—OH）把较弱的酸（RO—H）从它的盐中置换出来。或者说较强的碱 RO^- 从 H_2O 中把质子夺了过去。RO^- 的碱性比 OH^- 要强得多。下面是一些分子、离子的酸碱性比较。

$$酸性：H_2O > ROH > R—C \equiv CH > NH_3 > RH$$

$$碱性：R^- > NH_2^- > R—C \equiv C^- > RO^- > OH^-$$

烷氧基阴离子（RO^-）的碱性很强，而它们的共轭酸的酸性很弱。叔丁醇是个很弱的酸，而叔丁基氧负离子则是很强的碱。不同烃基结构的醇钠的碱性强弱次序为：

$$叔醇钠 > 仲醇钠 > 伯醇钠 > 甲醇钠$$

（二） 与氢卤酸反应

醇与氢卤酸反应，羟基被卤素取代，生成卤代烃和水：

$$ROH + HX \longrightarrow RX + H_2O$$

这是实验室制备卤代烃的常用方法。

一元醇与氢卤酸的反应速率，与醇的类型有关。不同类型的醇的反应活性顺序为：

$$叔醇 > 仲醇 > 伯醇$$

用无水氯化锌和浓盐酸配制成的溶液称为卢卡斯（Lucas）试剂，常用于鉴别含 6 个碳以下的伯醇、仲醇和叔醇。6 个碳以下的醇均溶于卢卡斯试剂，而反应生成的卤代烃不溶于卢卡斯试剂，使溶液变浑浊。叔醇与卢卡斯试剂混合后，立即出现浑浊；仲醇一般需要 5~10min 出现浑浊；伯醇则需要加热后才能出现浑浊。

由于 6 个碳以上的一元醇不溶于卢卡斯试剂，因此无论是否发生反应都不会出现浑浊，故不能利用卢卡斯试剂进行鉴别。

（三）醇与无机含氧酸的酯化反应

醇与无机含氧酸如硝酸、硫酸、磷酸等作用，脱去水分子生成无机酸酯。例如：甘油与硝酸反应生成甘油三硝酸酯，临床上称为硝酸甘油。硝酸甘油具有扩张血管的功能，能缓解心绞痛发作，临床用于心绞痛的防治。

$$CH_2{-}CH{-}CH_2 \;(OH,\,OH,\,OH) \;+\; 3HONO_2 \xrightarrow{H_2SO_4} CH_2{-}CH{-}CH_2 \;(ONO_2,\,ONO_2,\,ONO_2) \;+\; 3H_2O$$

甘油三硝酸酯

硫酸是二元酸，可形成两种硫酸酯，即酸性酯和中性酯。低级醇的硫酸酯（如硫酸二甲酯）可作烷化剂，高级醇（$C_8 \sim C_{16}$）的硫酸酯钠盐用作合成洗涤剂。动物软骨中含有硫酸酯结构的硫酸软骨质。

$$CH_3{-}O{-}\overset{\overset{O}{\|}}{\underset{\underset{O}{\|}}{S}}{-}OH \qquad\qquad CH_3{-}O{-}\overset{\overset{O}{\|}}{\underset{\underset{O}{\|}}{S}}{-}O{-}CH_3$$

硫酸氢甲酯（酸性酯）　　　　硫酸二甲酯（中性酯）

磷酸是三元酸，磷酸酯广泛存在于生物体中，具有重要的生物功能，如细胞的重要成分DNA、RNA、磷脂及重要的供能物质三磷酸腺苷等都含有磷酸酯结构。

$$R{-}O{-}\overset{\overset{O}{\|}}{\underset{\underset{O}{\|}}{P}}{-}OH \qquad R{-}O{-}\overset{\overset{O}{\|}}{\underset{\underset{O}{\|}}{P}}{-}O{-}\overset{\overset{O}{\|}}{\underset{\underset{O}{\|}}{P}}{-}OH \qquad R{-}O{-}\overset{\overset{O}{\|}}{\underset{\underset{O}{\|}}{P}}{-}O{-}\overset{\overset{O}{\|}}{\underset{\underset{O}{\|}}{P}}{-}O{-}\overset{\overset{O}{\|}}{\underset{\underset{O}{\|}}{P}}{-}OH$$

烷基一磷酸酯　　　　　　烷基二磷酸酯　　　　　　　烷基三磷酸酯

（四）醇的脱水反应

醇在浓硫酸等脱水剂存在条件下加热，既可能发生分子内脱水生成烯烃，也可能发生分子间脱水生成醚。至于按哪种方式脱水，这跟醇的结构及反应温度有关。

1. 分子内脱水

醇在浓硫酸催化下，发生分子内脱水生成烯烃。例如：

$$H_2C{-}CH_2 \;(H,\,OH) \xrightarrow[170℃]{浓\,H_2SO_4} CH_2{=}CH_2 \;+\; H_2O$$

醇在酸催化下发生分子内脱水的反应机制一般遵循 E1 机制。

$$-\overset{H}{\underset{}{\underset{\beta}{C}}}{-}\overset{}{\underset{OH}{\underset{\alpha}{C}}}- \xrightarrow[快]{+H^+} -\overset{H}{\underset{}{\underset{\beta}{C}}}{-}\overset{}{\underset{\overset{+}{O}H_2}{\underset{\alpha}{C}}}-$$

$$\xrightarrow[H_2O]{慢} -\overset{H}{\underset{}{\underset{\beta}{C}}}{-}\overset{}{\underset{\oplus}{\underset{\alpha}{C}}}- \xrightarrow[快]{-H^+} {>}C{=}C{<}$$

正碳离子

醇发生分子内脱水反应时，醇的脱水活性次序是：叔醇＞仲醇＞伯醇。当分子中存在不止一个 β-H 时，脱水遵循扎依采夫规则，脱去含氢比较少的 β-H，主要生成双键碳原子上连有较多烃基的烯烃。例如：

$$CH_3CH-\underset{\underset{\boxed{H\quad OH}}{|}}{\overset{\overset{CH_3}{|}}{C}}-CH_3 \xrightarrow[85\sim90℃]{浓H_2SO_4} CH_3CH=\underset{\underset{CH_3}{|}}{C}-CH_3 + CH_3CH_2-\underset{\underset{CH_3}{|}}{C}=CH_2$$

（主要产物）

由于伯、仲和叔正碳离子的稳定性不同，在有机反应中常会发生稳定性小的正碳离子倾向于重排成更加稳定的正碳离子。例如：

$$H_3C-\underset{\underset{CH_3\quad H}{|\quad\,|}}{\overset{\overset{CH_3\quad OH}{|\quad\,\,|}}{C-C}}-CH_3 \xrightarrow[95℃]{H_2SO_4} \underset{H_3C}{\overset{H_3C}{>}}C=C\underset{CH_3}{\overset{CH_3}{<}}$$

反应机制为：

$$H_3C-\underset{\underset{CH_3}{|}}{\overset{\overset{CH_3\quad OH}{|\quad\,\,|}}{C-C}}-CH_3 \xrightarrow{H^+} H_3C-\underset{\underset{CH_3\quad H}{|\quad\,\,|}}{\overset{\overset{CH_3\quad \overset{+}{O}H_2}{|\quad\,\,\,\,|}}{C-C}}-CH_3 \xrightarrow{-HOH}$$

$$H_3C-\underset{\underset{CH_3}{|}}{\overset{\overset{CH_3}{|}}{C}}-\overset{+}{C}-CH_3 \xrightarrow[重排]{甲基1,2迁移} H_3C-\underset{\underset{CH_3\quad H}{|\quad\,\,|}}{\overset{+}{C}}-\overset{\overset{CH_3}{|}}{C}-CH_3 \xrightarrow{-H^+} \underset{H_3C}{\overset{H_3C}{>}}C=C\underset{CH_3}{\overset{CH_3}{<}}$$

仲正碳离子　　　　　　　　　叔正碳离子(更稳定)

2. 分子间脱水

在浓硫酸催化下，两分子醇可以发生分子间脱水生成醚。例如：

$$C_2H_5-\boxed{OH + H}-O-C_2H_5 \xrightarrow[140℃]{浓H_2SO_4} C_2H_5OC_2H_5 + H_2O$$

温度对醇的脱水方式影响较大，一般在较低温度时主要发生分子间脱水生成醚，而在较高温度下则主要发生分子内脱水生成烯烃。但叔醇只发生分子内脱水生成烯烃。

（五）氧化反应

醇类化合物的氧化，实质上是从分子中脱去两个氢原子，其中一个是羟基上的氢，另一个是与羟基相连碳原子上的氢（α-H）。氧化的产物取决于醇的类型和反应条件。

伯醇氧化生成醛，醛继续氧化生成羧酸。

$$CH_3CH_2OH \xrightarrow{[O]} CH_3CHO \xrightarrow{[O]} CH_3COOH$$

仲醇氧化生成酮，通常酮不会继续被氧化。

$$\underset{\underset{OH}{|}}{CH_3CHCH_3} \xrightarrow{[O]} \underset{\underset{O}{||}}{CH_3CCH_3}$$

叔醇没有 α-H，一般不能被氧化。

常用的氧化剂有 $K_2Cr_2O_7$ 的酸性水溶液、$KMnO_4$ 溶液等。

伯醇氧化的最终产物为羧酸，仲醇氧化的产物为酮，叔醇一般不能被氧化。反应物和产物都是无色的。若使用 $K_2Cr_2O_7$ 的酸性水溶液作为氧化剂，反应液由橙红色变成绿色；若

使用 $KMnO_4$ 溶液，反应液由紫色变成棕色沉淀。

酒中的乙醇与铬酸试剂反应，将会使原来橙色的试剂转变为绿色，这一性质是呼吸分析仪检查汽车驾驶员是否酒驾的依据。

$$CH_3CH_2OH + Cr_2O_7^{2-} \longrightarrow CH_3COOH + Cr^{3+}$$
$$\quad\quad\quad\quad\quad 橙色 \quad\quad\quad\quad\quad\quad\quad\quad\quad 绿色$$

如欲氧化伯醇制备醛，需避免产物醛被氧化，一般可采用蒸馏法将生成的醛蒸出以避免其与氧化剂反应，或用氧化性温和的三氧化铬及吡啶混合物作氧化剂。

$$CH_3CH_2CH_2OH \xrightarrow{K_2CrO_4\text{-}H_2SO_4/60℃} CH_3CH_2CHO$$
$$沸点\ 97℃ \quad\quad\quad\quad\quad\quad\quad\quad\quad\quad 沸点\ 49℃$$

$$CH_2{=}C(CH_2)_2CH{=}C(CH_2)_3CH_2OH \xrightarrow[C_5H_5N]{CrO_3} CH_2{=}C(CH_2)_2CH{=}C(CH_2)_3CHO$$

其中 CH_3 位于各取代位置。

（六）邻二醇的特殊化学性质

在多元醇分子中，如果相邻的两个碳原子上都连有羟基，称为邻二醇。邻二醇除具有醇的一般性质外，还表现出一些特殊的化学性质。

1. 与氢氧化铜反应

邻二醇由于两个—OH处于相邻碳原子上而使酸性有所增强。在碱性溶液中，邻二醇类化合物可与 Cu^{2+} 反应生成绛蓝色的铜盐，这也是鉴别邻二醇的一种方法。

$$\begin{array}{c} CH_2OH \\ | \\ CH_2OH \end{array} + Cu^{2+} \xrightarrow{OH^-} \begin{array}{c} CH_2O \\ | \\ CH_2O \end{array}\hspace{-4pt}Cu\ + 2H_2O$$

2. 与高碘酸反应

邻二醇用高碘酸等较温和的氧化剂氧化，可断裂两个羟基之间的碳-碳单键，生成两个羰基化合物。

$$\begin{array}{c} R^1 \\ | \\ R{-}C{-}CH{-}R^2 \\ | \quad | \\ OH\ OH \end{array} + HIO_4 \longrightarrow \begin{array}{c} O \\ \| \\ R{-}C{-}R^1 \end{array} + \begin{array}{c} O \\ \| \\ H{-}C{-}R^2 \end{array} + HIO_3 + H_2O$$

在反应混合体系中加入硝酸银，根据是否有碘酸银沉淀生成，来判断反应是否进行，此反应是定量进行的，每断裂1个邻二羟基间碳-碳单键，就消耗1分子 HIO_4，因而可用于邻二醇的定量测定。

第二节　硫醇

一、硫醇的结构、分类和命名

醇分子中羟基上的氧原子被硫原子取代所形成的化合物称为硫醇（mercaptan 或

thiols)，通式为 R—SH，—SH（巯基）为硫醇的官能团。

硫醇中，硫原子为不等性 sp^3 杂化，两个单电子占据的 sp^3 杂化轨道分别与烃基碳和氢形成 σ 键，还有两对孤对电子占据另外的两个 sp^3 杂化轨道。由于硫的 3s 和 3p 轨道形成的杂化轨道比氧的 2s 和 2p 轨道形成的杂化轨道大，故 C—S 和 S—H 键分别比 C—O 和 O—H 键长。如甲硫醇中 C—S 键和 S—H 键的键长分别为 0.182nm 和 0.134nm，都比甲醇中的 C—O 和 O—H 键长要长。硫的电负性比氧小，所以硫醇的偶极矩也比相应的醇小。

硫醇的分类方法类似于醇，根据巯基连接碳原子的类型分为伯硫醇、仲硫醇、叔硫醇；根据分子中巯基的个数分为一元硫醇和多元硫醇；根据所连接的烃基类型分为饱和硫醇、不饱和硫醇、芳香硫醇。例如：

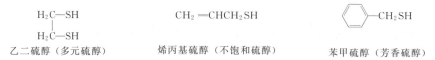

$$\begin{array}{c} H_2C—SH \\ | \\ H_2C—SH \end{array}$$
乙二硫醇（多元硫醇）　　　　$CH_2=CHCH_2SH$　　　　　　　　　　—CH_2SH
　　　　　　　　　　　　　烯丙基硫醇（不饱和硫醇）　　　苯甲硫醇（芳香硫醇）

硫醇的命名简单地类似于醇的命名，根据分子中的碳原子个数称"某硫醇"，并标明巯基的位次。例如：

$$CH_3CH_2CH_2SH \qquad \begin{array}{c} SH \\ | \\ CH_3CHCH_2CH_3 \end{array} \qquad HSCH_2CH_2SH$$
丙硫醇　　　　　　　　　　2-丁硫醇　　　　　　　　乙二硫醇

二、 硫醇的物理性质

除甲硫醇在室温下为气体外，其他硫醇均为液体或固体。硫醇分子间有偶极吸引力，但小于醇分子间的偶极吸引力，且硫醇分子间无明显的氢键作用，也无明显的缔合作用。因此，硫醇的沸点比分子量相近的烷烃高，比分子量相近的醇低，与分子量相近的硫醚相似。

硫醇与水间不能很好地形成氢键，所以硫醇在水中的溶解度比相应的醇小得多。常温下，乙硫醇在水中的溶解度仅为 1.5g/100mL。低级的硫醇有强烈且令人厌恶的气味，乙硫醇的臭味尤其明显，所以常用乙硫醇作为天然气中的警觉剂，用以警示天然气泄漏。不过随着分子量的增加，硫醇的臭味渐弱，九碳以上的硫醇则有令人愉快的气味。

三、 硫醇的化学性质

（一）酸性

硫醇比醇的酸性强，乙醇不能与 NaOH 反应，而乙硫醇却能与 NaOH 反应生成稳定的盐。这是因为硫原子半径比氧原子半径大，S—H 键比 O—H 键更容易断裂，给出质子而显酸性。硫醇的 pK_a 为 9～12，其酸性比水和醇都强。

$$RSH+HO^- \rightleftharpoons RS^- +H_2O$$

硫醇难溶于水，易溶于氢氧化钠溶液。这是由于硫醇的酸性较强，可与氢氧化钠发生中和反应，生成溶于水的盐（硫醇钠）。如：

$$CH_3CH_2SH+NaOH \longrightarrow CH_3CH_2SNa+H_2O$$

（二） 与重金属作用

与无机硫化物类似，硫醇可与汞、银、铅等重金属盐或氧化物作用生成难溶于水的盐。

$$2RSH + HgCl_2 \longrightarrow (RS)_2Hg\downarrow + 2HCl$$

体内许多酶（如乳酸脱氢酶）含的巯基与铅、汞等重金属离子能发生上述反应，使其变性而失去正常生理功能，导致重金属中毒。利用硫醇的这一性质，在临床上将某些含巯基的化合物作为重金属中毒的解毒剂。常见的重金属解毒剂有：

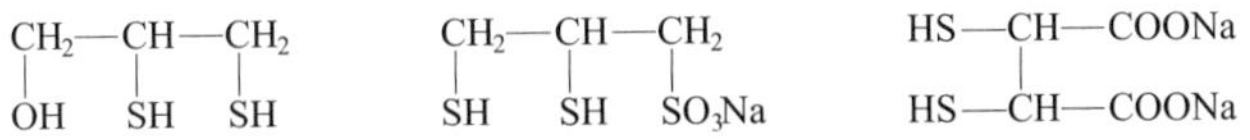

CH₂—CH—CH₂ CH₂—CH—CH₂ HS—CH—COONa
| | | | | | HS—CH—COONa
OH SH SH   SH SH SO₃Na

二巯基丙醇(BAL)   二巯基丙磺酸钠   二巯基丁二酸钠

这些解毒剂与重金属离子的亲和力较强，它们能与重金属离子结合成不易解离的水溶性强的无毒配合物，最后由尿排出体外。因此，它们不仅能与游离的重金属离子结合以保护酶系统，而且还能夺取已经与酶结合的重金属离子，使酶的活性恢复，从而达到解毒的目的。但若酶的巯基与重金属离子结合过久，酶失去的活性则难以恢复，故重金属中毒需尽早用药抢救。重金属中毒及解毒过程如下：

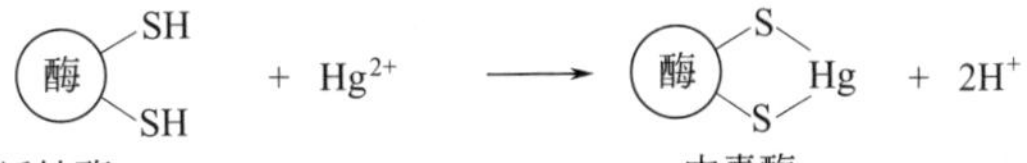

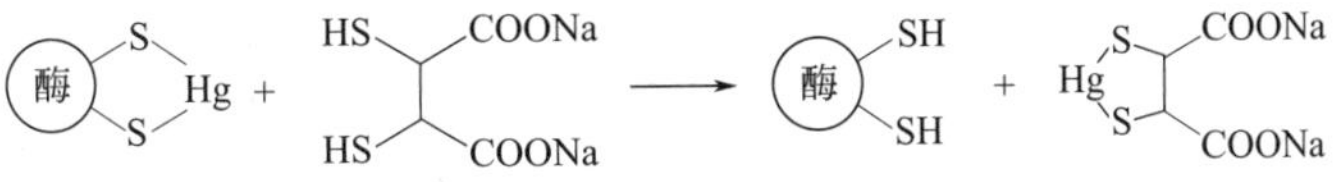

（三） 氧化反应

硫醇易被氧化，在稀过氧化氢或碘，甚至空气中氧的作用下，硫醇可被氧化成二硫化物。

$$2RSH \underset{[H]}{\overset{[O]}{\rightleftharpoons}} R-S-S-R$$

反应发生在两分子硫醇分子之间，两个巯基脱去氢原子，生成的二硫化物用还原剂还原又生成原来的硫醇，例如：

$$CH_3CH_2S-SCH_2CH_3 \xrightarrow[NH_3]{Li} \xrightarrow[H^+]{H_2O} 2CH_3CH_2SH$$

上述氧化还原反应是生物体内重要的反应之一，半胱氨酸与胱氨酸之间的相互转化就是一个实例。

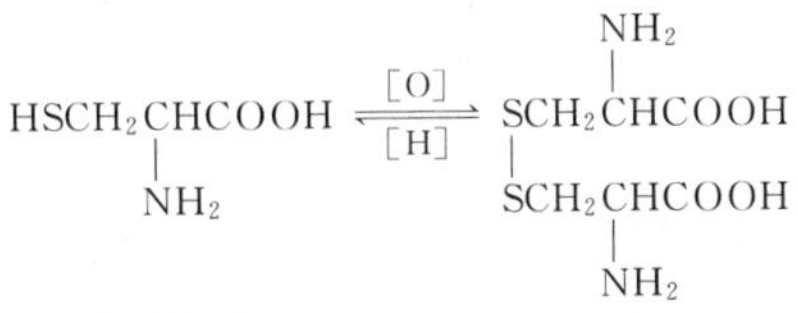

硫醇在高锰酸钾、硝酸等强氧化剂作用下，被氧化成磺酸。

$$CH_3CH_2SH \xrightarrow[\text{H}^+]{\text{KMnO}_4} CH_3CH_2SO_3H$$

第三节 酚

酚是羟基与芳环直接相连的一类化合物，可用通式 Ar—OH 表示。酚类中的羟基称为酚羟基。苯酚，俗称石炭酸，是结构最简单的酚。

一、 酚的分类和命名

根据分子中芳香环上所连接的羟基数目的不同，酚可分为一元酚、二元酚和三元酚等，含有两个及以上酚羟基的酚统称为多元酚。例如：

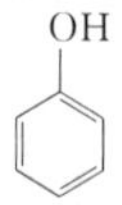

一元酚 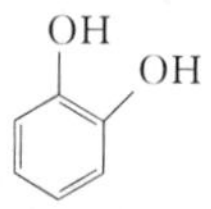   多元酚

一取代的酚，通常以苯酚为母体，用邻、间、对（o-、m-、p-）标明取代基的位置。如：

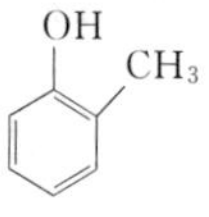

邻甲苯酚 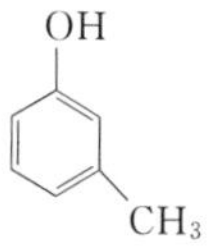   间甲苯酚 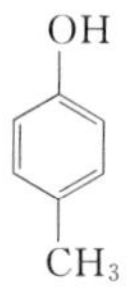   对甲苯酚

甲苯酚（三种甲苯酚异构体的混合物）的皂溶液俗称来苏儿，也称煤酚皂液。临床上用作消毒剂，2.5％的煤酚皂液，30min 可杀灭结核杆菌。

对结构复杂的酚，可用阿拉伯数字标明取代基的位置；也有的将酚羟基作为取代基命名；有些酚类化合物习惯用俗名（括号内的名称）。例如：

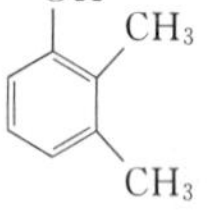

2,3-二甲基苯酚 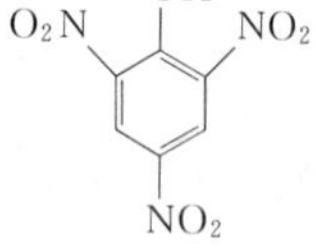 2,4,6-三硝基苯酚（苦味酸） 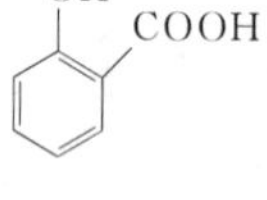 邻羟基苯甲酸（水杨酸）

二、 苯酚的结构

在苯酚分子中，酚羟基上的氧原子采用 sp^2 杂化，氧原子的两个未成对电子分别占据了两个 sp^2 杂化轨道，而氧原子的一对孤对电子占据了 1 个 sp^2 杂化轨道，另一对孤对电子占据了未参与杂化的 2p 轨道。氧原子的 1 个 sp^2 杂化轨道与苯环上碳原子的 1 个 sp^2 杂化轨

道重叠形成一个 C—O σ 键，氧原子另一个 sp^2 杂化轨道与氢原子的 1s 轨道重叠形成 1 个 O—H σ 键，氧原子未参与杂化的 2p 轨道与苯环上 6 个碳原子形成的 π 键产生了 p-π 共轭，如图 7-2 所示。因而氧原子的电子云向苯环发生了偏移，增大了苯环上的电子云密度，使 O—H 键的成键电子向氧原子偏移，导致 O—H 键的极性增大，使氢原子较易以离子形式离去。

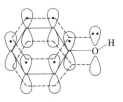

图 7-2 苯酚的结构

三、 酚的物理性质

酚类化合物室温下大多数为结晶型固体，少数烷基酚为高沸点的液体；酚分子中含有羟基，酚分子之间也能形成氢键，因此酚的沸点和熔点都高于分子量相近的烃。酚羟基能与水分子形成氢键，因此酚在水中有一定的溶解度，可溶于乙醇、乙醚、苯等有机溶剂。部分常见酚类化合物的物理常数，见表 7-2。

表 7-2 几种常见酚类化合物的物理性质

名称	熔点/℃	沸点/℃	溶解度/(g/100mL 水)	pK$_a$
苯酚	43	182	9.3	9.89
邻甲苯酚	30	191	2.5	10.20
间甲苯酚	11	201	2.6	10.01
对甲苯酚	35.5	201	2.6	10.17
邻氯苯酚	8	176	2.8	8.11
间氯苯酚	33	214	2.6	8.80
对氯苯酚	43	220	2.7	9.20
邻硝基苯酚	45	217	0.2	7.17
间硝基苯酚	96	—	1.4	8.28
对硝基苯酚	114	279	1.7	7.15
2,4-二硝基苯酚	133	分解	0.56	3.96

四、 酚的化学性质

由于酚类的羟基和芳环直接相连，也就是说酚羟基是与 sp^2 杂化的碳原子相连。因此酚类化合物有许多化学性质不同于醇。例如苯酚具有弱酸性，容易发生卤代、硝化和磺化等亲电取代反应；苯酚的 C—O 键不易断裂。

（一） 酚的酸性

酚类化合物一般显弱酸性。苯酚能与氢氧化钠反应生成易溶于水的苯酚钠。

OH + NaOH ⟶ ONa + H$_2$O

苯酚的酸性（pK$_a$＝9.89）比碳酸（pK$_a$＝6.35）弱，若向苯酚钠溶液中通入二氧化碳，可以析出苯酚。

ONa + CO$_2$ + H$_2$O ⟶ OH + NaHCO$_3$

利用酚的弱酸性和成盐的性质，可以将酚类与混杂的其他近中性有机物（如环己醇、硝基苯等）分开。

取代酚类化合物酸性的强弱与苯环上取代基的种类、数目等有关。以取代苯酚为例，当吸电子取代基（如—NO_2，—X 等）取代时，可以降低苯环的电子云密度，使酚的酸性加强；当斥电子取代基（如—CH_3，—C_2H_5 等）取代时，可增加苯环的电子云密度，使酚的酸性减弱。例如，硝基酚的酸性比苯酚强，甲基酚的酸性比苯酚弱。

pK_a	9.89	10.17	9.20	7.15

（二）亲电取代反应

在羟基的活化下，苯环容易发生亲电取代反应，主要生成邻位取代产物和对位取代产物。

1. 卤代反应

苯酚容易发生卤代反应，在室温下苯酚与溴水反应，立即生成 2,4,6-三溴苯酚白色沉淀。此反应可用于苯酚的定性分析和定量分析。

苯酚在非极性溶剂中，较低温度下与溴作用主要生成对溴苯酚。

2. 硝化反应

苯酚在室温下即可用稀硝酸硝化，生成邻硝基苯酚和对硝基苯酚。

邻硝基苯酚能形成分子内氢键，因此不能再与水分子形成氢键，而对硝基苯酚则能与水分子形成氢键。因此，邻硝基苯酚在水中的溶解度比对硝基苯酚小，而挥发性则较大。将两种硝基苯酚的混合物进行水蒸气蒸馏，即可把邻硝基苯酚分离出来。

3. 磺化反应

苯酚在室温下用浓硫酸反应生成邻和对羟基苯磺酸的混合物，在 100℃ 时，主要产物为对羟基苯磺酸。

（三） 酚与三氯化铁的显色反应

羟基与双键碳原子相连时就形成了烯醇，酚类化合物也可以看成具有烯醇式结构。

具有烯醇式结构的化合物大多能与三氯化铁水溶液发生显色反应。不同结构的酚与三氯化铁溶液反应生成不同颜色的化合物。例如，苯酚与三氯化铁溶液作用显紫色；甲苯酚显蓝色；间苯二酚显紫色。利用显色反应，可以用于酚类化合物的鉴别。

（四） 氧化反应

酚的氧化是一个很复杂的反应，可以用不同的氧化剂得到多种类型的氧化产物。空气中的氧气也能将苯酚氧化，这就是苯酚在空气中久置颜色逐渐加深的原因。苯酚用铬酸氧化，生成黄色的对苯醌。

多元酚比苯酚更易被氧化，弱氧化剂 Ag_2O 就能将其氧化成醌。

第四节　醚

一、 醚的分类、 结构和命名

醚是氧原子连接两个烃基的化合物，其化学性质比较稳定。醚在医药上用作消毒剂、灭菌剂、麻醉剂，一些醚还可用作有机溶剂。醚可以看作醇（酚）羟基上的氢原子被烃基取代的产物，其通式为 R—O—R（Ar），C—O—C 称为醚键，是醚的官能团。醚分子中两个烃基相同，称"单醚"；两个烃基不同，则称"混醚"。氧原子直接与一个或两个芳香烃基相连，为芳香醚；若氧与烃基两端相连形成环状，则称"环醚"。

在醚分子中，氧原子为 sp^3 杂化，氧原子用两个各有一个电子的 sp^3 杂化轨道分别与两个烃基中的碳原子的 1 个 sp^3 杂化轨道重叠，形成两个 C—O σ 键。由于两个烃基间的排斥作用较大，使两个 C—O 的键角大于 $109°28'$。实验测得甲醚分子中两个 C—O 键的键角约为 $112°$，其分子结构如图 7-3 所示。

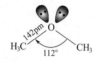

图 7-3　甲醚分子的结构

简单的醚常用普通命名法命名，即以与氧原子相连的烃基来命名，在烃基名称上加"醚"字。单醚在命名时，称"二某烃基醚"，通常"二"和"基"字也可以省略。如：

CH₃CH₂—O—CH₂CH₃
二乙基醚（乙醚）

二苯基醚（苯醚）

混醚在命名时，将较小的烃基放在前面；若烃基中有一个是芳香基时，一般将芳香基放在前面。如：

H₃C—O—CH₂CH₃
甲基乙基醚（甲乙醚）

—O—CH₂CH₃
苯基乙基醚（苯乙醚）

结构较复杂的醚常用系统命名法命名。醚的系统命名法以小基团烷氧基作为取代基，大基团烃基为母体来命名。例如：

CH₃CH₂CHCH₃
　　　|
　　OCH₂CH₃
2-乙氧基丁烷

H₃CO—⬡—CH₃
对甲氧基甲苯

二、醚的物理性质

常温下，甲醚和甲乙醚是气体，其他多数醚为无色液体，有特殊气味。低级醚很易挥发，所形成的蒸气易燃，使用时要特别注意安全。醚与醇不同，在分子中没有直接与氧原子相连的氢，故不会形成分子间氢键，沸点比同分子量的醇要低，而与相应的烷烃相近。一般高级醚难溶于水，低级醚在水中溶解度与分子量接近的醇相近，这是由于醚键中的氧原子能与水形成氢键的缘故。常见醚的物理性质见表 7-3。

表 7-3　几种简单醚的物理性质

名称	熔点/℃	沸点/℃	密度/（g/cm³）
甲醚	−140	−24	0.661
乙醚	−116	34.6	0.713
二苯醚	27	258	1.075
苯甲醚	−37	155	0.996
正丁醚	−97.9	141	0.769
四氢呋喃	−108	66	0.889

三、 醚的化学性质

醚较稳定，其稳定性仅次于烷烃。醚不能与强碱、稀酸、氧化剂、还原剂或活泼金属反应。醚分子中的氧原子上有两对孤对电子，具有一定的碱性，能与强酸发生化学反应。

（一）锌盐的形成

醚分子中的氧原子上有孤对电子，能接受质子，但接受质子的能力较弱，只有与浓强酸（如浓硫酸和浓盐酸）中的质子，才能形成一种不稳定的盐，称锌盐。由于锌盐不稳定，遇水又可分解为原来的醚，利用这一性质，可从烷烃、卤代烃中鉴别和分离醚。

$$C_2H_5 \overset{\cdot\cdot}{\underset{\cdot\cdot}{O}} C_2H_5 \ \underset{H_2O}{\overset{浓 H_2SO_4}{\rightleftharpoons}} \ C_2H_5 \overset{+}{\underset{\underset{H}{|}}{O}} C_2H_5 \ HSO_4^-$$

$$C_2H_5 \overset{\overset{+}{\cdot\cdot}}{\underset{\underset{H}{|}}{O}} C_2H_5 \ HSO_4^- \ + \ H_2O \ \longrightarrow \ C_2H_5 \overset{\cdot\cdot}{\underset{\cdot\cdot}{O}} C_2H_5 \ + \ H_3O^+ \ + \ HSO_4^-$$

（二）醚键的断裂

在较高温度下，浓氢碘酸或浓氢溴酸能使醚键断裂。烷基醚的醚键断裂后生成卤代烷和醇，而醇又可以与过量的氢碘酸反应生成卤代烷。

$$H_3C-O-CH_3 \ + \ HI \ \overset{\triangle}{\longrightarrow} \ CH_3I \ + \ CH_3OH$$
$$\downarrow HI$$
$$CH_3I \ + \ H_2O$$

氢卤酸的反应活性：HI＞HBr＞HCl。

醚键的断裂反应属于亲核取代反应。首先是醚与酸作用发生质子化，生成锌盐，然后亲核试剂（X$^-$）对锌盐亲核进攻，生成卤代烷和醇。烷基的结构决定了反应的机制，通常伯烷基醚易按 S_N2 机制进行，叔烷基醚则易按 S_N1 机制进行。如：

$$H_3C-O-CH_3 \ \overset{H^+}{\rightleftharpoons} \ H_3C \overset{+}{\underset{\underset{H}{|}}{O}} CH_3 \ \overset{I^-}{\underset{S_N2}{\longrightarrow}} \ CH_3I \ + \ CH_3OH$$

$$(CH_3)_3C-O-C(CH_3)_3 \ \overset{H^+}{\rightleftharpoons} \ (CH_3)_3C \overset{+}{\underset{\underset{H}{|}}{O}} C(CH_3)_3 \ \overset{慢}{\underset{S_N1}{\longrightarrow}} \ (CH_3)_3C^+ \ + \ (CH_3)_3COH$$
$$\qquad\qquad\qquad\qquad\qquad\qquad\qquad\qquad\qquad 快 \downarrow I^-$$
$$\qquad\qquad\qquad\qquad\qquad\qquad\qquad\qquad (CH_3)_3CI$$

含有两个不同烃基的混合醚与氢卤酸反应时，通常是较小的烃基生成卤代烃，较大的烃基生成醇；含有苯基的混合醚与氢卤酸反应时，总是生成酚和卤代烃，二苯基的混合醚则不被氢卤酸分解。

$$(CH_3)_2CH-O-CH_3 + HI \overset{\triangle}{\longrightarrow} (CH_3)_2CH-OH + CH_3I$$

$$\langle \underset{}{\bigcirc} \rangle \text{—O—CH}_3 \ + \text{HI} \xrightarrow{\triangle} \langle \underset{}{\bigcirc} \rangle \text{—OH} \ + \text{CH}_3\text{I}$$

（三）过氧化物的生成

醚对一般氧化剂是稳定的，但低级醚与空气长时间接触，会逐渐生成过氧化物。例如：

$$\text{C}_2\text{H}_5\text{—O—C}_2\text{H}_5 + \text{O}_2 \longrightarrow \text{C}_2\text{H}_5\text{—O—}\underset{\underset{\text{O—OH}}{|}}{\text{CHCH}_3}$$

醚的过氧化物不稳定，受热易分解爆炸。因此，醚类化合物应在深色玻璃瓶中存放，或加入抗氧化剂防止过氧化物的生成。久置的醚在蒸馏时，低沸点的醚被蒸出后，还有高沸点的过氧化物留在瓶中，继续加热会爆炸，因此在蒸馏前必须检验是否有过氧化物存在。检验的方法是用淀粉碘化钾试纸，若试纸变蓝，说明有过氧化物存在，应加入硫酸亚铁、亚硫酸钠等还原性物质处理后再用。

四、 环醚

两个烃基相互连接成环的醚称为环醚。常见的环醚有三元环的环氧化合物，五元和六元环的环醚，以及大环多醚（冠醚）。

五元和六元环醚一般作为杂环化合物的氢化物来命名。如：

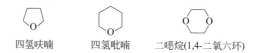

| 四氢呋喃 | 四氢吡喃 | 二噁烷(1,4-二氧六环) |

由于氧原子成环以后突出向外，四氢呋喃和1,4-二氧六环等环醚易与水形成氢键，因此它们能与水互溶。大多数情况下，环醚与链状醚有着类似的化学活性，都比较惰性，如四氢呋喃和1,4-二氧六环是有机合成反应中常用的溶剂。

（一）环氧化合物

1. 结构和命名

三元环醚通常称为环氧化合物，其结构特点是分子中存在张力较大的三元环。

环氧化合物的普通命名通常称为"环氧某烷"，或根据相应的烯烃称为"氧化某烯"。如：

氧化乙烯(环氧乙烷)　　　氧化丙烯　　　氧化异丁烯

环氧化合物的系统命名法通常以"环氧乙烷"为母体，三元环中氧原子编号为1。

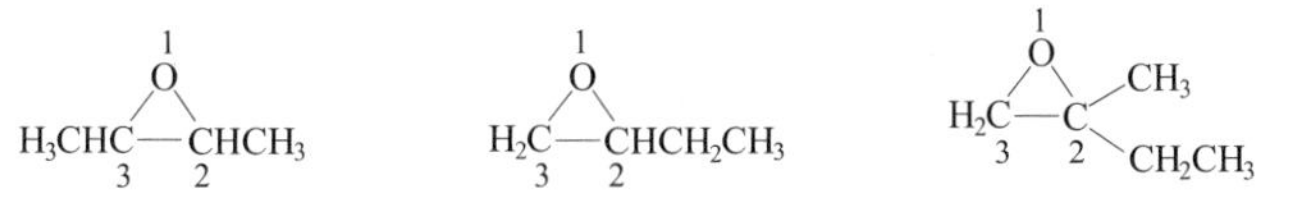

2,3-二甲基环氧乙烷　　2-乙基环氧乙烷　　2-甲基-2-乙基环氧乙烷

2. 开环反应

三元环结构具有较大的张力，因此环氧化合物能与多种试剂发生开环反应，开环反应既可在酸性条件下进行，也可在碱性条件下进行。

在酸性条件下，环氧乙烷与水、醇、氢卤酸发生以下反应：

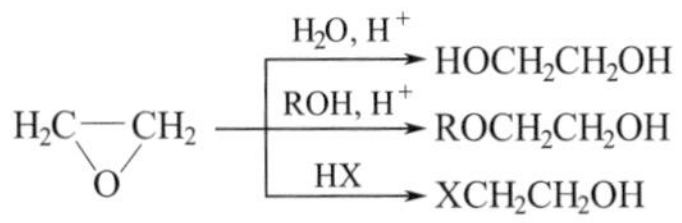

在碱性条件下，环氧乙烷与氢氧化钠、醇钠、氨发生以下反应：

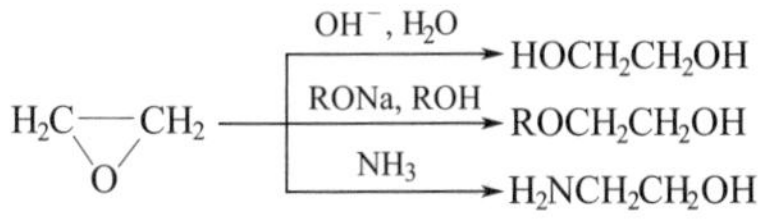

3. 开环反应机制

不论在酸性条件下，还是碱性条件下，环氧化合物的开环反应都可以通过 S_N1 或 S_N2 机制进行，亲核试剂都是从氧原子的背面进攻反应中心环碳原子，结果亲核试剂与新形成的 —OH 分别处于 C—C 键的两侧，生成反式产物，酸性条件下，环氧乙烷与水的反应机制为：

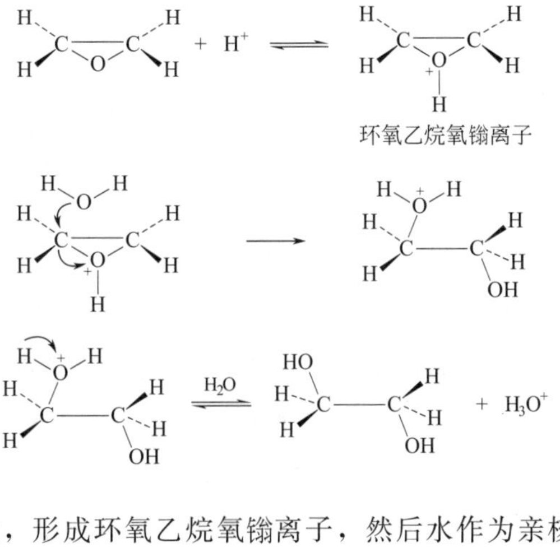

环氧乙烷氧鎓离子

环氧乙烷首先质子化，形成环氧乙烷氧鎓离子，然后水作为亲核试剂从背后进攻环氧乙烷氧鎓离子，C—O 键断裂开环，最后，质子转移到水分子上重新生成水合离子（催化剂）和最终产物乙二醇。

当碳原子上连接取代基时，在酸性和碱性条件下，亲核试剂进攻不同的碳原子，得到不同的开环产物。

在酸性条件下，亲核试剂主要进攻连烃基较多的碳原子，例如，2,2-二甲基环氧乙烷与甲醇在酸催化下反应生成 2-甲基-2-甲氧基丙醇。

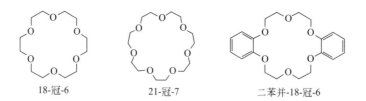

在碱性条件下，反应按 S_N2 机制进行，亲核试剂进攻含取代基较少的碳原子，受到的空间位阻较小，如果亲核试剂的亲核能力很强，反应会更加容易。

$$
H_2C\overset{\displaystyle H}{\underset{\displaystyle O}{C}}CH_3
\begin{cases}
\xrightarrow[CH_3CH_2OH]{CH_3CH_2ONa} CH_3CH_2OCH_2\overset{OH}{CHCH_3} \\[2ex]
\xrightarrow[\textcircled{2}\ H^+]{\textcircled{1}\ C_6H_5MgBr} C_6H_5\overset{OH}{CHCH_3}
\end{cases}
$$

（二）冠醚

冠醚（crown ether），是分子中含有多个氧原子的大环多醚，可表示为—$(OCH_2CH_2)_n$—，因其立体结构像王冠，故称冠醚。常见的冠醚有 15-冠-5、18-冠-6，冠醚的空穴结构对离子有选择作用，在有机反应中可作相转移催化剂。冠醚有一定的毒性，应避免吸入其蒸气或与皮肤接触。

冠醚有其独特的命名方式，命名时把环上所含原子的总数标注在"冠"字之前，把其中所含氧原子数标注在名称之后，如 18-冠-6、21-冠-7、二苯并-18-冠-6。

18-冠-6　　　　21-冠-7　　　　二苯并-18-冠-6

冠醚分子的氧原子可与水分子形成氢键，因此具有亲水性。而冠醚外部的—CH_2CH_2—又决定了它具有亲油性。冠醚最大的特点就是能与正离子，尤其是与碱金属离子络合，并且随环的大小不同而与不同的金属离子络合。例如，12-冠-4 与锂离子络合而不与钠、钾离子络合；18-冠-6 不仅与钾离子络合，还可与重氮盐络合，但不与锂或钠离子络合。冠醚的这种性质在合成上极为有用，使许多在传统条件下难以反应甚至不发生的反应能顺利进行。冠醚与试剂中正离子络合，使该正离子可溶在有机溶剂中，而与它相对应的负离子也随同进入有机溶剂内，冠醚不与负离子络合，使游离或裸露的负离子反应活性很高，能迅速反应。在此过程中，冠醚把试剂带入有机溶剂中，称为相转移剂或相转移催化剂，这样发生的反应称为相转移催化反应。这类反应的速度快、条件简单、操作方便、产率高。

茶叶与茶多酚

茶多酚是茶叶中特有的多酚类化合物，简称 TP（tea polyphenols）。茶多酚包括黄烷醇类、花色苷类、黄酮类、黄酮醇类和酚酸类等，其中以黄烷醇类物质（儿茶素）最为重要，约占多酚类总量的 60%～80%。茶多酚又称茶鞣或茶单宁，是形成茶叶色香味的主要成分之一，也是茶叶中有保健功能的主要成分之一，茶多酚在茶叶中的含量一般在 15%～20%。茶多酚是一种纯天然的抗氧化剂，具有优越的抗氧化能力，并具有抗癌、抗衰老、抗辐射、降血糖、降血压、降血脂及杀菌等药理功能。在油脂、食品、医药、化妆品及饮料等领域具有广泛的应用前景。

日本千叶大学山下泰德教授等科学家研究表明，茶多酚等活性物质具有解毒和抗辐射作用，能有效地阻止放射性物质侵入骨髓，并可使锶 90 和钴 60 迅速排出体外，被健康及医学界誉为"辐射克星"，茶多酚为人类的健康构筑起了一道抵抗辐射伤害的防线。茶多酚还能清除体内过剩的自由基、阻止脂质过氧化，提高机体免疫力，延缓衰老。

茶多酚的医学价值：

① 清除活性氧自由基，阻断脂质过氧化过程，提高人体内酶的活性，从而起到抗突变、抗癌症的功效。研究表明，每人每天摄入 160mg 茶多酚即对人体内亚硝化过程产生明显的抑制和阻断作用，摄入 480mg 的茶多酚抑制作用达到最高。

② 防治高脂血症引起的疾病：增强微血管强韧性、降血脂，预防肝脏及冠状动脉粥样硬化；茶多酚对血清胆固醇的效应主要表现为通过升高高密度脂蛋白胆固醇（HDL-C）的含量来清除动脉血管壁上胆固醇的蓄积，同时抑制细胞对低密度脂蛋白胆固醇（LDL-C）的摄取，从而实现降低血脂，预防和缓解动脉粥样硬化的目的。

降血压：人体肾脏的功能之一是分泌有使血压增高的"血管紧张素 II"和使血压降低的"舒缓激肽"，以保持血压平衡。当促进这两类物质转换的酶活性过强时，血管紧张素 II 增加，血压就上升。茶多酚具有较强的抑制转换酶活性的作用，因而可以起到降低或保持血压稳定的作用。

降血糖：糖尿病是由于胰岛素不足和血糖过多而引起的糖脂肪和蛋白质等的代谢紊乱。茶多酚对人体的糖代谢障碍具有调节作用，可降低血糖水平，从而有效地预防和治疗糖尿病。

防止脑中风：脑中风的原因之一是由于人体内生成过氧化脂质，从而使血管壁失去了弹性，茶多酚有遏制过氧化脂质产生的作用，可保持血管壁的弹性，使血管壁松弛，消除血管痉挛，增加血管的有效直径，通过血管舒张使血压下降，从而有效地防止脑中风。

抗血栓：血浆纤维蛋白原的增高可引起红细胞的聚集，血液黏稠度增高，从而导致血栓的形成。另外，细胞膜脂质中磷脂与胆固醇的增多会降低红细胞的变形能力，严重影响微循环的灌注，增加血液黏度，使毛细血管内血流淤滞，加剧红细胞聚集及血栓形成。茶多酚对红细胞变形能力具有保护和修复作用，且易与凝血酶形成复合物，阻止纤维蛋白原变成纤维蛋白。另外，茶多酚能有效地抑制血浆及肝脏中胆固醇含量的上升，促进脂类及胆汁酸排出体外，从而有效地防止血栓的形成。现有的降脂抗栓药物多有一定的毒副作用而不易长期服用。茶多酚是茶叶中具有降脂抗栓作用的天然成分，加上其自身所具有的抗氧化特性，使其成为一种新型的功能性保健品。

本章小结

醇是烃分子中饱和碳原子上的氢原子被羟基取代的化合物，羟基是醇的官能团。醇物理性质的特点是 6 个碳以下的醇易溶解于水，沸点也相对很高。醇发生的典型反应是亲核取代反应和消除反应。利用伯、仲、叔醇（烯丙型醇）与卢卡斯试剂反应出现浑浊的时间不同，可以鉴别不同类型醇。伯醇、仲醇很容易被氧化生成羰基化合物。醇发生 β 消除反应生成烯烃，当有不同的 β 氢原子时，主产物是遵从扎依采夫规则的产物。除了具有一元醇的反应外，多元醇还有特别反应，邻二醇可以与氢氧化铜生成深蓝色溶液，羟基连接在相邻碳原子的多元醇可以被高碘酸氧化，生成羰基化合物，根据反应生成的产物结构，可以推断多元醇的结构。醇的用途非常广泛，可以应用在化工、医药、商业等各个领域，给人类生活带来巨大的益处。

酚是羟基直接连在苯环上的芳香烃衍生物，羟基上的氧原子与苯环形成 p-π 共轭，所以酚的酸性比醇强。苯环上连有取代基时影响酚的酸性，连接吸电子基时，增加苯酚的酸性，连接给电子基时，降低苯酚的酸性。苯酚发生亲电取代反应很容易，室温条件苯酚的溴代反应可以生成三溴苯酚。苯酚的硝化反应、磺化反应也比苯的硝化、磺化容易。所有的酚和有烯醇结构的化合物都可以与三氯化铁发生显色反应。

醚可以看作醇（酚）羟基上的氢原子被烃基取代的化合物，也可以看作是由一个氧原子连接两个烃基形成的，醚与大多数酸碱等试剂不反应，但能与浓强酸反应。环氧乙烷是最简单的环氧化合物，可以与水、醇、酚、氢卤酸等多种试剂发生开环反应，工业上可用于制备乙二醇、聚乙二醇等多种试剂。

习　题

7-1　用系统命名法命名下列化合物。

(1) $CH_3CH_2CHCH_2OH$
　　　　　　　$|$
　　　　　　CH_3

(2) $CH_3CH_2CH=CHCH_2OH$

(3) 　　　CH_3
　$H_3C-\overset{|}{\underset{|}{C}}-CH_2OH$
　　　　CH_2CH_3

(4) $HO-\!\!\!\bigcirc\!\!\!-CH_2CH_3$

(5) $CH_3CH_2CH_2-O-CH_3$

(6) $H_3C-\!\!\!\bigcirc\!\!\!-OCH_3$

(7) $CH_2CH_2CH_2$
　　$|$　　　$|$
　　OH　　OH

(8) $H_3C-\overset{H}{\underset{}{C}}\overset{}{\underset{O}{\diagup\!\!\diagdown}}\overset{H}{\underset{}{C}}-CH_3$

7-2　写出下列化合物的结构式。

(1) 苄醇　　　　　　　(2) 3-乙基-1-己醇　　　　　(3) 1,4-己二醇

(4) 2-苯基-1-丙醇　　　(5) 苯乙醚　　　　　　　　(6) 间溴苯酚

7-3　试写出戊醇的构造异构体，并标出伯醇、仲醇和叔醇。

7-4　预测下列醇在酸存在下脱水反应后的主要产物。

(1) 3,3-二甲基-2-丁醇　　　(2) 2-甲基-3-戊醇

(3) 3-甲基-2-丁醇　　　　　(4) 2,3-二甲基-2-丁醇

7-5　写出下列化合物的主要反应产物。

(1) $CH_3CH_2CH_2OH + Na \longrightarrow$

(2) 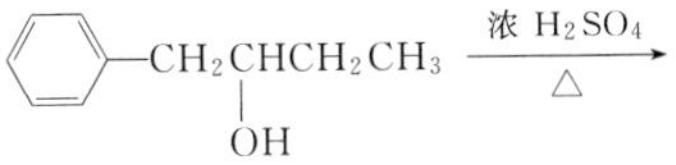 $\xrightarrow[\triangle]{\text{浓 } H_2SO_4}$

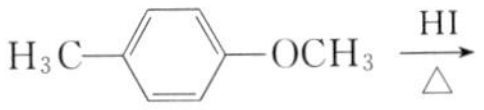

(3) $\xrightarrow[\triangle]{HI}$

(4) $+ NaOH \longrightarrow$

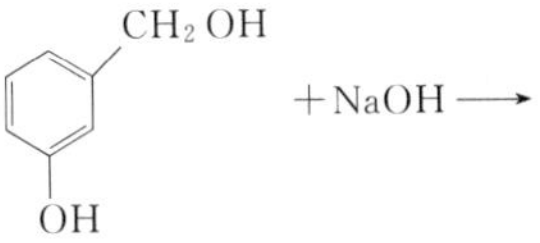

(5) 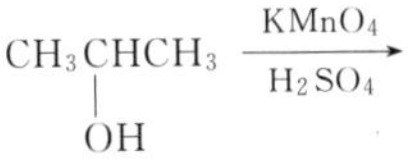 $CH_3\underset{\underset{OH}{|}}{C}HCH_3 \xrightarrow[H_2SO_4]{KMnO_4}$

(6) 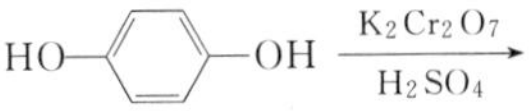 $HO-\!\!\!\bigcirc\!\!\!-OH \xrightarrow[H_2SO_4]{K_2Cr_2O_7}$

7-6　鉴别下列各组化合物。

(1) 1-丁醇和 2-戊烯-1-醇 　　　　(2) 邻甲苯酚和苯甲醇

(3) 1-丁醇、丁醚和苯酚 　　　　(4) 2-甲基-1-丙醇、2-丁醇和 2-甲基-2-丁醇

7-7　完成下列合成。

(1) 由丙烷合成异丙醇 　　　　(2) 由丙烷合成烯丙醇

7-8　回答下列问题。

(1) 比较环己醇与苯酚酸性强弱，解释其中的原因。

(2) 试说明 $H_2C\overset{O}{\overset{\diagup\diagdown}{}}C(CH_3)_2$ 与 CH_3OH 在酸性和碱性介质中反应生成两种不同异构体的原因。

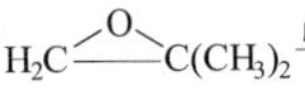

7-9　化合物 A 的分子式为 $C_6H_{14}O$，A 能与金属钠反应并放出氢气，A 被酸性高锰酸钾溶液氧化生成酮，A 与浓硫酸共热生成烯烃，生成的烯烃催化加氢得到 2,2-二甲基丁烷。试写出化合物 A 的结构和名称，并写出有关反应式。

7-10　化合物 A 的分子式为 $C_6H_{10}O$，与卢卡斯试剂混合后立即产生浑浊；A 能被高锰酸钾溶液氧化，能使 Br_2 的 CCl_4 溶液褪色。A 经催化加氢后得分子式为 $C_6H_{12}O$ 的 B，B 经氧化得 C，C 的分子式与 A 相同。B 与浓 H_2SO_4 共热得 D，D 催化加氢生成环己烷。试推断 A，B，C 和 D 的结构式。

第八章

醛 和 酮

醛（aldehyde）和酮（ketone）都是分子中含有羰基（carbonyl group）的有机化合物。因醛和酮的分子中都含有羰基，所以统称为羰基化合物。官能团羰基和两个烃基相连的化合物叫作酮，羰基至少和一个氢原子相连的化合物叫作醛，可用通式表示为：

$$\underset{\text{羰基}}{\overset{\displaystyle\overset{O}{\parallel}}{-C-}} \qquad \underset{\text{醛}}{\overset{\displaystyle\overset{O}{\parallel}}{(H)R-C-H}} \qquad \underset{\text{酮}}{\overset{\displaystyle\overset{O}{\parallel}}{R-C-R'}}$$

醛的通式为 RCHO，其中—CHO 为醛的官能团，称为醛基；酮的通式为 R—CO—R′，基团—CO—为酮的官能团，称为酮基。羰基很活泼，可以发生多种化学反应，醛、酮不仅是有机化学和有机合成中十分重要的物质，而且也是动植物代谢过程中重要的中间体。有些天然醛、酮是植物药的有效成分，有着显著的生理活性。

第一节　醛、酮的分类和命名

一、醛、酮的分类

根据羰基所连烃基的结构，可把醛、酮分为脂肪醛、脂肪酮、芳香醛和芳香酮。芳香醛和芳香酮的羰基碳直接连在芳香环上。例如：

$$\underset{\text{脂肪醛}}{CH_3CHO} \qquad \underset{\text{脂肪酮}}{CH_3\overset{\displaystyle\overset{O}{\parallel}}{C}CH_3} \qquad \underset{\text{芳香醛}}{\bigcirc\!\!-CHO} \qquad \underset{\text{芳香酮}}{\bigcirc\!\!-\overset{\displaystyle\overset{O}{\parallel}}{C}CH_3}$$

根据羰基所连烃基的饱和程度，可把醛、酮分为饱和与不饱和醛、酮。例如：

$$\underset{\text{饱和醛}}{CH_3CH_2CH_2CHO} \quad \underset{\text{不饱和醛}}{CH_3CH=CHCHO} \quad \underset{\text{饱和酮}}{CH_3CH_2\overset{\displaystyle\overset{O}{\parallel}}{C}CH_3} \quad \underset{\text{不饱和酮}}{CH_3CH=CHCH_2\overset{\displaystyle\overset{O}{\parallel}}{C}CH_3}$$

根据分子中羰基的数目，可把醛、酮分为一元、二元和多元醛、酮等。例如：

CH_3CHO $\overset{O}{\underset{\parallel}{CH_3CCH_3}}$ OHC—CHO $\overset{O\quad\ O}{\underset{\parallel\quad\ \parallel}{CH_3CCH_2CCH_3}}$

一元醛   一元酮   二元醛   二元酮

碳原子数相同的饱和一元醛、酮互为同分异构体，具有相同的通式：$C_nH_{2n}O$。

二、 醛、 酮的命名

少数结构简单的醛、酮，可以采用普通命名法命名，醛的普通命名法是根据烃基的名称命名，称为"某（基）醛"。酮的普通命名法是按与羰基相连的两个烃基的名称命名，称为"某（基）某（基）酮"。例如：

$\overset{CH_3}{\underset{\ \ |}{CH_3CHCHO}}$ $\overset{O}{\underset{\parallel}{CH_3CCH_3}}$ $\overset{O}{\underset{\parallel}{CH_3CCH_2CH_3}}$ 苯乙酮结构

异丁醛   二甲（基）酮   甲（基）乙（基）酮   苯乙酮

结构复杂的醛、酮通常采用系统命名法命名。选择含有羰基的最长碳链作为主链，从距羰基最近的一端开始编号，根据主链的碳原子数称为"某醛"或"某酮"。因为醛基处在分子的一端，命名醛时可不用标明醛基的位次，但酮基的位次必须标明，只有一种可能位置的酮基可不必注明位次，例如丙酮和丁酮。主链上有取代基时，将取代基的位次和名称放在母体名称之前。主链编号也可用希腊字母 α、β、γ……表示。命名不饱和醛、酮时，需标出不饱和键的位置。例如：

$\overset{CH_3}{\underset{\ \ |}{CH_3CHCHO}}$ $\overset{O\quad CH_3}{\underset{\parallel\quad\ \ |}{CH_3CCH_2CHCH_3}}$

2-甲基丙醛或 α-甲基丙醛   4-甲基-2-戊酮

$\overset{O}{\underset{\parallel}{CH_3CHCCHCH_3}}$ $\overset{O}{\underset{\parallel}{CH_3CH=CHCH}}$
$\ \ \ |\quad\quad\ |$
$\ \ Br\quad\ Br$

2，4-二溴-3-戊酮   2-丁烯醛

羰基在环内的脂环酮，按环上碳数称为"环某酮"，如羰基在环外，则将环作为取代基。例如：

3-甲基环己酮   4-甲基环己基甲醛   1,4-环己二酮

命名芳香醛、酮时，把芳香烃基作为取代基。例如：

苯乙酮   1-苯基-1-丙酮   1-苯基-2-丙酮

许多天然的醛、酮都有俗名。例如：从桂皮油中分离出的 3-苯基丙烯醛俗称肉桂醛，芳香油中常见的有茴香醛等，天然麝香的主要香气成分麝香酮为十五环酮，视黄醛是与视觉化学有关的重要物质等。

肉桂醛
(cinnamaldehyde)

茴香醛
(p-anisaldehyde)

麝香酮
(muscone)

视黄醛
(11-cis-retinal)

第二节　醛、酮的结构与性质

一、醛、酮的结构

醛和酮的羰基碳为 sp^2 杂化，碳原子的三个 sp^2 杂化轨道分别与氧原子和另外两个原子形成三个 σ 键，它们在同一平面上，键角接近 120°。羰基碳余下的 1 个未杂化的 p 轨道与氧原子的一个 2p 轨道彼此平行重叠形成 π 键。羰基的结构如图 8-1 所示。

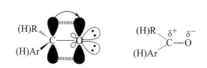

图 8-1　羰基电子云结构

由于羰基氧原子的电负性大于碳原子，因此双键电子云不是均匀地分布在碳和氧之间，而是偏向于氧原子，使氧原子带有部分负电荷，而碳原子带部分正电荷，形成一个极性双键，所以醛、酮是极性较强的分子，这一结构特征是醛、酮具有较高化学活性的主要原因。

二、醛、酮的物理性质

室温下，除甲醛是气体外，其他 12 个碳以下的脂肪醛、酮为液体，高级脂肪醛、酮和芳香酮多为固体。低级醛具有强烈的刺激性气味。中级醛具有果香味，所以含有 9～10 个碳原子的醛可用于配制香料。

醛、酮是极性化合物，但醛、酮分子间不能形成氢键，所以醛、酮的沸点较分子量相近的烷烃和醚高，但比分子量相近的醇低。例如正戊烷（$M=72$）、正丁醇（$M=74$）、丁醛（$M=72$）、丁酮（$M=72$）其沸点分别是 36.1℃、117.7℃、74.7℃、79.6℃。

醛、酮的羰基能与水分子形成氢键，所以四个碳原子以下的低级醛、酮易溶于水，其他醛、酮在水中的溶解度随分子量的增加而减小。高级醛、酮微溶或不溶于水，易溶于一般的有机溶剂。

常见醛、酮的物理性质见表 8-1。

表 8-1　常见醛、酮的物理性质

名称	熔点/℃	沸点/℃	密度/(g/mL)	溶解度/(g/100gH₂O)
甲醛	−92	−21	0.815	易溶
乙醛	−121	20.8	0.781	溶
丙醛	−81	48.8	0.807	20
丁醛	−99	74.7	0.817	4
乙二醛	15	50.4	1.14	溶
丙烯醛	−87.7	53	0.841	溶
苯甲醛	−26	179	1.046	0.33
丙酮	−94.7	56.05	0.792	溶
丁酮	−86	79.6	0.805	35.3
2-戊酮	−77.8	102.3	0.812	几乎不溶
3-戊酮	−42	101	0.814	4.7
环己酮	−45	155.6	0.942	微溶
丁二酮	−2.4	88	0.980	25
2,4-戊二酮	−23	138	0.792	溶
苯乙酮	21	202	1.026	微溶
二苯甲酮	49	306	1.098	不溶

三、 醛、 酮的化学性质

羰基的碳氧双键（C＝O）与烯烃的碳碳双键（C＝C）在结构上有相似之处，能发生一系列加成反应，但它们的化学性质差别较大。烯烃的 C＝C 双键无极性，由于碳原子的电负性较小，烯烃 π 电子流动性较大，易受带正电荷的亲电试剂进攻，所以，烯烃的加成为亲电加成；醛、酮羰基 C＝O 双键有较强的极性，由于氧的电负性大于碳，羰基碳原子上带部分正电荷，易受能提供电子的亲核试剂进攻，所以，羰基上的加成是由亲核试剂向电子云密度较低的羰基碳进攻而引起的亲核加成。羰基碳原子带部分正电荷，对邻近碳原子表现出吸电子诱导效应（−I），故与羰基相连的 α 碳上的 α-H 有一定的活性。一些涉及 α-H 的反应是醛、酮化学性质的主要部分。因此，醛、酮主要有两类性质：即羰基碳的亲核加成作用和羰基 α 氢的活泼性。

醛、酮的化学反应可归纳如下：

羰基的亲核加成反应机理如下：

（一） 羰基的亲核加成反应

亲核加成反应是羰基的特征反应，亲核加成反应的机理如下：

由于碳原子和氧原子电负性的差异，醛、酮羰基具有两个反应中心，即带部分正电荷的羰基碳和带部分负电荷的羰基氧。羰基加成反应是由亲核试剂：NuA 中的亲核部分 Nu⁻ 进攻活泼的羰基碳开始，在 π 键断裂及形成新 σ 键的同时，电子对转移到氧原子上，形成氧负离子中间体。反应的第二步是该氧负离子与试剂中带正电荷的 A⁺ 结合，生成加成产物。反应物中羰基碳原子是 sp² 杂化，产物中该碳原子转变为 sp³ 杂化。反应中第一步是决定整个反应速率的慢步骤，它由亲核试剂进攻带正电荷的羰基碳开始，生成产物为加成产物，所以该反应称为亲核加成。亲核试剂一般是带负电荷或有孤对电子的原子或基团。常见的亲核试剂有氢氰酸、醇、水及氨的衍生物。

对羰基的亲核加成反应来说，亲核试剂的亲核性越强，反应越易进行。若亲核试剂的亲核性一定，反应的难易程度直接取决于羰基化合物的结构，即取决于羰基碳上连的原子或基团的电子效应和空间效应。由于反应是亲核试剂进攻带部分正电荷的羰基碳原子，所以羰基碳原子上的正电性越强，反应越容易进行；由于烷基具有斥电子诱导效应，导致羰基碳正电性减少，同时烷基的空间位阻不利于亲核试剂的进攻，所以醛通常比酮活泼。

1. 与氢氰酸加成

氢氰酸与醛、脂肪族甲基酮、八个碳原子以下的环酮作用，生成相应的加成产物氰醇（cyanohydrin），也称 α-羟基腈。

$$\underset{R^2}{\overset{R^1}{>}}C{=}O + HCN \rightleftharpoons \underset{R^2}{\overset{R^1}{>}}\underset{CN}{\overset{OH}{C}} \xrightarrow{H_2O/H^+} \underset{R^2}{\overset{R^1}{>}}\underset{COOH}{\overset{OH}{C}}$$

HCN 与醛、酮的加成反应在有机合成中有重要地位，由于产物比反应物增加了一个碳原子，所以该反应是有机合成中增长碳链的方法。氰醇具有醇羟基和氰基两种官能团，是一种常用的有机合成中间体，α-羟基腈可进一步水解成 α-羟基酸、脱水制备不饱和腈、还原制备 β-羟基胺等化合物。

$$HC{\equiv}N + H_3C{-}\overset{O}{\overset{\|}{C}}{-}CH_3 \longrightarrow H_3C{-}\underset{OH}{\overset{CH_3}{C}}{-}C{\equiv}N \xrightarrow[\text{[H]}]{-H_2O} \begin{array}{l} H_2C{=}\overset{CH_3}{\overset{|}{C}}{-}C{\equiv}N \quad α,β\text{-不饱和腈} \\ H_3C{-}\underset{OH}{\overset{CH_3}{C}}{-}CH_2NH_2 \quad β\text{-羟基胺} \end{array}$$

丙酮与氢氰酸在碱催化下反应生成丙酮氰醇，丙酮氰醇在硫酸存在下与甲醇作用，经水解、酯化、脱水反应，可以制备有机玻璃的单体——甲基丙烯酸甲酯：

$$\underset{H_3C}{\overset{H_3C}{>}}C{=}O + HCN \rightleftharpoons \underset{H_3C}{\overset{H_3C}{>}}\underset{CN}{\overset{OH}{C}} \xrightarrow[\text{浓硫酸}]{CH_3OH} H_2C{=}\overset{CH_3}{\overset{|}{C}}{-}COOCH_3$$

HCN 的酸性很弱，不易解离生成 CN⁻，因此在酸性条件下，几乎不能发生加成反应；而向体系中加入少量碱，提高溶液的 pH 值，则可增加 CN⁻ 浓度，使反应速率大大增加。由于 HCN 挥发性强，有剧毒，使用不方便，实验室中常将醛、酮与氰化钠或氰化钾溶液混合，然后加入无机酸来得到 HCN，该反应操作应在通风柜中进行。

2. 与醇及水加成

在干燥氯化氢的催化下，醛与醇发生加成反应，生成半缩醛。一般半缩醛不稳定，在氯化氢催化下，还可以再与另一分子的醇反应，脱水生成缩醛。半缩醛中与醚键连在同一个碳原子上的羟基称为半缩醛羟基。

酮一般不和一元醇加成，但在无水酸催化下，酮能与乙二醇等二元醇反应生成环状缩酮。

缩醛和缩酮性质相似，对碱、氧化剂稳定，但在酸性溶液中易水解为原来的醛（或酮）和醇。在有机合成中，常利用生成缩醛的方法来保护醛基，使活泼的醛基在反应中不被破坏，一旦反应完成后，再用酸水解释放出原来的醛基。通常用乙二醇保护分子中的醛基。

尽管多数半缩醛易释放出醇转变为羰基化合物，但是 γ- 或 δ-羟基醛（酮）易发生分子内的亲核加成，且主要以稳定的环状半缩醛（酮）的形式存在。多数单糖分子（见第十三章糖类）都含有这种环状半缩醛（酮）的结构。

水与羰基加成形成醛、酮的水合物（偕二醇）。由于水是弱亲核试剂，生成的偕二醇不稳定，容易失水，水的加成反应平衡主要偏向反应物一方。

当羰基与强吸电基团连接时，由于羰基碳的正电性增强，可以生成较稳定的水合物，一些羰基化合物的水合物有重要的用途。如，三氯乙醛的水合物为水合氯醛，临床上曾用作镇静催眠药。甲醛的水溶液几乎全部为水合物，但在分离过程中易失水，所以无法分离出水合甲醛。作为 α-氨基酸和蛋白质显色剂的水合茚三酮也是羰基的水合物。

水合氯醛   水合茚三酮

3. 与格氏试剂（Grignard reagent） 加成

Grignard 试剂 $R^- —Mg^+ X$ 易与羰基化合物发生亲核加成反应。格氏试剂中与 Mg 相连的碳带部分负电荷，具有很强的亲核性，非常容易与醛、酮进行加成反应，加成的产物不必分离便可直接水解生成相应的醇，是制备醇的最重要的方法之一。

$$\overset{R—MgX}{\underset{}{\,}}\,\,C=O \longrightarrow \underset{}{\overset{R}{\underset{}{C}}}—OMgX \xrightarrow{H_2O} \underset{}{\overset{R}{\underset{}{C}}}—OH$$

格氏试剂与甲醛作用，可得到比格氏试剂多一个碳原子的伯醇；与其他醛作用，可得到仲醇；与酮作用，可得到叔醇。

$$RMgX + HCHO \xrightarrow{乙醚} RCH_2OMgX \xrightarrow{H_2O} RCH_2OH \qquad 伯醇$$

$$RMgX + R^1CHO \xrightarrow{乙醚} \underset{R^1}{RCHOMgX} \xrightarrow{H_2O} \underset{R^1}{RCHOH} \qquad 仲醇$$

$$RMgX + \underset{R^1}{\overset{R^2}{C}}=O \xrightarrow{乙醚} R—\underset{R^1}{\overset{R^2}{C}}OMgX \xrightarrow{H_2O} R—\underset{R^1}{\overset{R^2}{C}}—OH \qquad 叔醇$$

4. 与氨的衍生物的加成

醛、酮可与氨的衍生物（如伯胺、羟胺、肼、苯肼、2,4-二硝基苯肼以及氨基脲等） 加成，加成产物容易脱水，最终生成含 $\diagdown C=N—$ 碳氮双键结构的 N-取代亚胺。若用 $H_2N—Y$ 代表不同的氨的衍生物，则该反应通式可表示如下：

$$\underset{\delta^+\ \ \delta^-}{\diagdown C=O} + H_2\ddot{N}—Y \longrightarrow —\overset{|}{\underset{|}{C}}—\underset{\boxed{OH\ H}}{N}—Y \xrightarrow{-H_2O} \diagdown C=N—Y$$

羰基化合物与羟胺、苯肼、2,4-二硝基苯肼及氨基脲的加成-消除产物大多是黄色晶体，有固定的熔点，收率高，易于提纯，在稀酸的作用下又能水解为原来的醛、酮。上述试剂也被称为羰基试剂，其中 2,4-二硝基苯肼与醛、酮反应所得到的黄色晶体具有不同的熔点，常把它作为鉴定醛、酮的灵敏试剂。氨的衍生物与羰基化合物进行加成-消除反应的产物如下：

由于上述 N-取代亚胺类化合物容易结晶析出，并且又可经酸水解得到原来的醛或酮，所以这些羰基试剂也用于醛、酮的分离和精制。

羰基化合物与伯胺加成，产生希夫碱（Schiff's base）的反应是可逆的。体内许多生化过程与希夫碱的形成和分解有关。例如，在与视觉有关的生化过程中，视觉感光细胞中存在感光色素视紫红素（rhodopsin），其化学结构为由 11-顺视黄醛和视蛋白的侧链氨基缩合生成的希夫碱。视紫红素吸收光子后将立即引起视黄醛 C11 位置双键构型的转化，C11-顺式转化为 C11-反式构型，从而导致视蛋白分子构象发生变化，再经一系列复杂的信息传递到达大脑而形成视觉。

（二） α-碳及 α-氢的反应

醛、酮分子中，与羰基直接相连的碳原子称 α-碳，α-碳上的氢原子称为 α-氢（α-H）。受羰基的影响 α-H 比较活泼，这是因为：首先，羰基的吸电子作用使 Cα—H 键的极性增大，导致 α-H 较容易形成质子离去；其次，α-H 解离后，醛、酮的羰基可将负离子的负电荷离域化，使其趋于稳定。

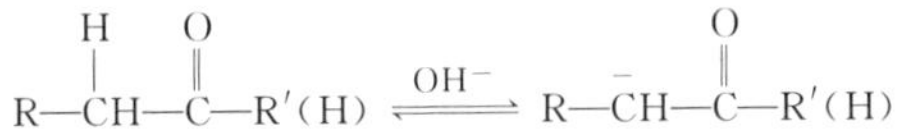

1. 羟醛（醇醛）缩合反应

在稀碱催化下，含 α-H 的醛发生分子间的加成反应，生成 β-羟基醛，这类反应称为羟醛缩合（aldol condensation）反应。β-羟基醛在加热下很容易脱水生成 α，β-不饱和醛。例如：

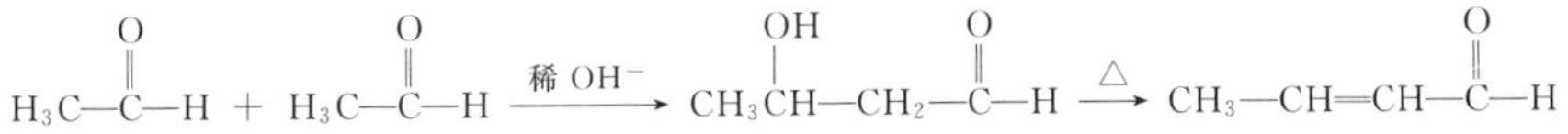

羟醛缩合反应机制如下：

首先稀碱从一分子醛的 α-碳上夺取一个质子，使 α-碳成为负碳离子。此负碳离子是一强亲核试剂，可进攻另一分子醛的羰基碳，生成一个氧负离子。然后氧负离子从水分子中夺取一个质子，生成产物 β-羟基醛，也称醇醛。

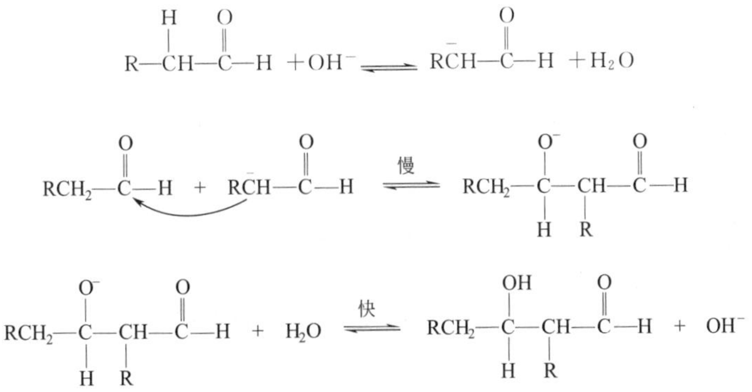

酮也能发生类似的羟醛缩合，只是反应没有醛容易。

由两种不同的含有 α-氢的醛酮进行羟醛缩合反应，一般可以得到四种缩合产物的混合物。由于分离困难，实用意义不大。但是，如果某一种醛酮不具有 α-氢，则可得到高收率的单一缩合产物，在合成上有重要价值。例如：在稀碱存在下将乙醛慢慢加入过量的苯甲醛中，可得到收率很高的肉桂醛。这是因为苯甲醛无 α-氢，不能产生负碳离子，而且又是过量的，这样可以抑制乙醛自身的缩合，一旦乙醛与碱作用形成负碳离子，很快就与苯甲醛的羰基加成。

$$C_6H_5CHO + CH_3CHO \xrightarrow{\text{稀碱}} C_6H_5-\underset{\underset{OH}{|}}{C}HCH_2CHO \xrightarrow{-H_2O} C_6H_5CH=CHCHO$$

肉桂醛

2. 酮式和烯醇式互变异构

$$R-\overset{O}{\underset{}{C}}-\overset{H}{\underset{}{C}}HR' \rightleftharpoons \left[R-\overset{O^{\ominus}}{\underset{}{C}}=CHR' + H^+ \right] \rightleftharpoons R-\overset{OH}{\underset{}{C}}=CHR'$$

酮式　　　　　　烯醇负离子　　　　　　烯醇式

醛、酮在溶液中总是通过烯醇负离子而以酮式和烯醇式平衡共存，并互相转化。同分异构体之间以一定比例平衡共存并相互转化的现象称为互变异构。酮式和烯醇式互为互变异构体。理论上，具有以下结构的化合物都可能存在酮式和烯醇式两种互变异构体，但比例各有差异。

$$-\overset{H}{\underset{}{C}}-\overset{O}{\underset{}{C}}- \rightleftharpoons -\overset{OH}{\underset{}{C}}=C-$$

酮式　　　　　烯醇式

各种化合物酮式和烯醇式存在的比例大小主要取决于分子结构，烯醇式异构体的稳定性取决于羰基和烯键之间的 π-π 共轭效应和六元螯环的形成等因素。例如：

$$H_3C-\overset{O}{\underset{}{C}}-CH_3 \rightleftharpoons H_2C=\overset{OH}{\underset{}{C}}-CH_3$$
(99.99975%) 　　　　(0.00025%)

$$CH_3\overset{O}{\underset{}{C}}-CH_2-\overset{O}{\underset{}{C}}CH_3 \rightleftharpoons$$
(20.0%) 　　　　(80.0%)

$$\rightleftharpoons$$
(10.0%) 　　　　(90.0%)

3. 卤代反应

在强碱作用下，卤素与含有 α-H 的醛或酮迅速发生卤代反应，生成 α-H 完全卤代的卤代物。乙醛或甲基酮（CH_3CO-）与 X_2-NaOH 溶液反应，则三个 α-氢原子都可被卤原子取代生成三卤代物。三卤代物在碱溶液中不稳定，碳碳键会发生断裂，生成三卤甲烷（俗称卤仿）和羧酸盐。该反应又称为卤仿反应（haloform reaction）。

$$H_3C-\overset{O}{\underset{}{C}}-R(H) \xrightarrow{X_2,\ OH^-} X_3C-\overset{O}{\underset{}{C}}-R(H) \xrightarrow{OH^-} CHX_3\downarrow + (H)R-COO^-$$

当卤素是碘时，称为碘仿反应。碘仿（CHI$_3$）是淡黄色沉淀，利用碘仿反应可鉴别出乙醛和甲基酮。含有 CH$_3$CH(OH)—R(H) 结构的醇可被次碘酸钠（NaIO）氧化成相应的甲基酮或乙醛，所以也能发生碘仿反应。因此利用碘仿反应，可鉴别的结构有两类：

$$\underset{H_3C}{\overset{\overset{\displaystyle O}{\|}}{}}C\!-\!R(H) \qquad\qquad CH_3\!-\!\overset{\overset{\displaystyle OH}{|}}{C}H\!-\!R(H)$$

（三）氧化反应、还原反应与歧化反应

1. 氧化反应

醛基碳上连有氢原子，所以醛很容易被氧化为相应的羧酸，甚至空气中的氧都可将醛氧化。酮一般不被氧化，在强氧化剂作用下，则碳碳键断裂生成小分子的羧酸，无制备意义。只有环酮的氧化常用来制备二元羧酸。

实验室中，可利用弱氧化剂（如硝酸银的氨溶液即托伦试剂 Tollens reagent）能氧化醛而不氧化酮的特性，鉴别醛、酮。托伦试剂与醛共热，Ag(NH$_3$)$_2^+$ 被还原为金属银附着在试管壁上形成明亮的银镜，故称银镜反应。

$$RCHO + 2Ag(NH_3)_2^+ + 2OH^- \xrightarrow{\triangle} RCOONH_4 + 2Ag\downarrow + H_2O + 3NH_3$$

斐林（Fehling）试剂由硫酸铜、氢氧化钠和酒石酸钾钠混合而成，脂肪醛与斐林试剂反应，生成氧化亚铜砖红色沉淀。芳香醛不与 Fehling 试剂反应，故可用它来鉴别脂肪醛和芳香醛。

$$RCHO + Cu^{2+} \xrightarrow[\triangle]{OH^-} RCOO^- + Cu_2O\downarrow$$

2. 还原反应

醛、酮都可以被还原，用不同的还原剂，可以把羰基分别还原成醇羟基或亚甲基。

羰基还原为羟基用催化氢化的方法，醛、酮可分别被还原为伯醇或仲醇，常用的催化剂是镍、钯、铂。

$$RCHO + H_2 \xrightarrow{Ni} RCH_2OH$$

$$\underset{R}{\overset{\overset{\displaystyle O}{\|}}{}}C\!-\!R' + H_2 \xrightarrow{Ni} R\!-\!\overset{\overset{\displaystyle R'}{|}}{C}H\!-\!OH$$

催化氢化的选择性不强，分子中同时存在的不饱和键也同时会被还原。例如：

$$CH_3CH\!=\!CHCHO + H_2 \xrightarrow{Ni} CH_3CH_2CH_2CH_2OH$$

某些金属氢化物如氢化铝锂（LiAlH$_4$）、硼氢化钠（NaBH$_4$）及异丙醇铝〔Al〔OCH(CH$_3$)$_2$〕$_3$〕有较高的选择性，它们只还原羰基，不还原分子中的碳碳双键和碳碳三键。例如：

$$CH_3CH\!=\!CHCHO \xrightarrow{LiAlH_4 \text{ 或 } NaBH_4} CH_3CH\!=\!CHCH_2OH$$

羰基与锌汞齐和浓盐酸回流，可将羰基直接还原为亚甲基，这个方法称为克莱门森（Clemmenson）还原法。

$$\overset{\overset{\displaystyle O}{\|}}{-C}-\xrightarrow[\text{浓 HCl}]{Zn\text{-}Hg} -CH_2-$$

醛或酮在高沸点溶剂（如缩二乙二醇）中与肼和氢氧化钾一起加热反应，羰基还原为亚甲基，此反应称为 Wolff-Kishner-Huang 还原法。

$$R-\underset{\substack{\|\\O}}{C}-R' \xrightarrow[\text{KOH}]{\text{H}_2\text{N-NH}_2} \left[\begin{array}{c} \text{NH}_2 \\ \| \\ N \\ \| \\ R-C-R' \end{array}\right] \longrightarrow R-CH_2-R'$$

3. 歧化反应

无 α-H 的醛在浓碱作用下可在两分子间发生反应，一分子醛被还原成醇，另一分子醛被氧化成酸。这类反应称为歧化反应，也称为康尼扎罗（Cannizzaro）反应。例如：

$$2HCHO \xrightarrow{\text{浓 NaOH}} CH_3OH + HCOONa$$

$$2 \bigcirc\!\!-CHO \xrightarrow{\text{浓 NaOH}} \bigcirc\!\!-CH_2OH + \bigcirc\!\!-COONa$$

阅读材料

重要的醛、酮和醌类化合物

甲醛 甲醛为无色气体，有刺激性气味，对人的眼睛、鼻子等有刺激作用。液体在较冷时久贮易混浊，在低温时则形成三聚甲醛沉淀。蒸发时有一部分甲醛逸出，但多数变成三聚甲醛。本品为强还原剂，在微量碱性时还原性更强。在空气中能缓慢氧化成甲酸。易溶于水和乙醇。质量分数为 40% 的甲醛水溶液称为福尔马林，它是一种有效的消毒剂和防腐剂，可用于外科器械、手套、污染物等的消毒，也用作保存解剖标本的防腐剂。甲醛的毒性较强，急性中毒时主要表现为咽喉烧灼痛、呼吸困难、肺水肿、肝氨基转移酶升高等，慢性中毒对呼吸系统、神经系统和肝有严重的危害。另外甲醛在 2006 年被国际癌症研究机构确定为 1 类致癌物。

乙醛 乙醛为无色易流动液体，有刺激性气味。熔点－121℃，沸点 20.8℃，相对密度小于 1。可溶于水和乙醇等一些有机溶剂。易燃易挥发，蒸气与空气能形成爆炸性混合物，爆炸极限 4.0%～57.0%（体积分数）。主要用于制造乙酸、乙酸酐、合成树脂、橡胶、塑料、香料，也用于制革、制药、造纸、医药、防腐剂、防毒剂、显像剂、溶剂、还原剂等。对人体的健康危害为低浓度引起眼、鼻及上呼吸道刺激症状及支气管炎。高浓度吸入尚有麻醉作用。表现有头痛、嗜睡、神志不清及支气管炎、肺水肿、腹泻、蛋白尿和心肌脂肪性变。可致死，误服出现胃肠道刺激症状、麻醉作用及心、肝、肾损害。对皮肤有致敏性，反复接触蒸气会引起皮炎、结膜炎。其慢性中毒症状类似酒精中毒，表现有体重减轻、贫血、视听幻觉、智力丧失和精神障碍。

丙酮 丙酮为无色液体，具有令人愉快的气味（辛辣甜味），易挥发，易燃，能与水、乙醇、N,N-二甲基甲酰胺、氯仿、乙醚及大多数油类混溶，熔点－94.7℃，沸点 56.05℃。丙酮是基本的有机原料和低沸点溶剂。丙酮对人体没有特殊的毒性，但是吸入后可引起头痛、支气管炎等症状。如果大量吸入，还可能失去意识。日常生活中主要用于脱脂、脱水、固定等。在血液和尿液中为重要检测对象。有些癌症患者尿样中丙酮水平会异常升高。采用低碳水化合物食物疗法减肥的人血液、尿液中的丙酮浓度也异常高。丙酮以游离状态存在于自然界中，在植物中主要存在于精油中，如茶油、松脂精油、柑橘精油等；人尿和血液及动物尿、海洋动物的组织和体液中都含有少量的丙酮。糖尿病患者的尿中丙酮的含量异常增多。检查尿中丙酮可用：①亚硝酰铁氰化钠 $[Na_2Fe(CN)_5NO]$ ＋氨水（阳性呈鲜红色）；②碘仿反应（I_2＋ NaOH）。

樟脑 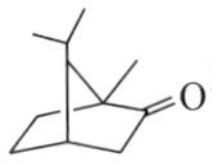 樟脑（camphor）化学名为 1,7,7-三甲基二环 [2,2,1] 庚烷-2-酮，也称 2-莰酮。分子式为 $C_{10}H_{16}O$，分子结构为立体结构，是一种环己烷单萜衍生物。用樟树的树皮与木质蒸馏可制得，也可由松节油合成。樟脑为白色的结晶性粉末或为无色透明的硬块，粗制品则略带黄色，有光亮，在常温中易挥发，火试能发生有烟的红色火焰而燃烧。若加少量乙醇、乙醚或氯仿则易研成白粉。具穿透性的特异芳香，味初辛辣而后清凉。可用于许多商品的制备，临床上可作为局部抗炎和止痒涂剂，也可用于制无烟火药，并用作防蛀剂、防腐剂等。

醌类化合物 醌是一类脂环化合物不饱和环二酮，苯醌是具有共轭体系的环己二烯二酮类化合物，有对位和邻位两种构型。具有醌型结构的化合物一般都有颜色，常见的有苯醌、萘醌、蒽醌及其衍生物。醌类通常是以相应的芳烃衍生物来命名，苯醌、萘醌、蒽醌等，两个羰基的位置可用阿拉伯数字注明，或用对、邻及 α、β 等标明。例如：

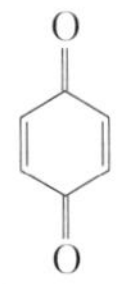

1,4-苯醌（对苯醌） 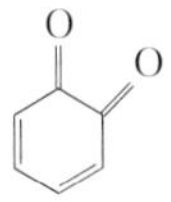　　1,2-苯醌（邻苯醌） 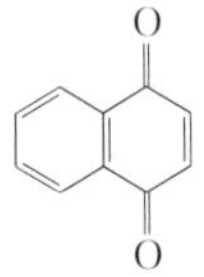　　1,4-萘醌（α-萘醌）

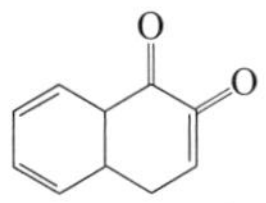

1,2-萘醌(β-萘醌) 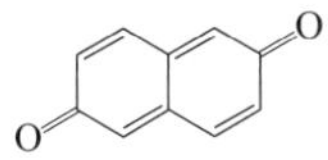　　　2,6-萘醌 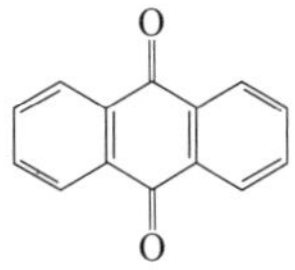　　　　　9,10-蒽醌

醌类广泛分布在自然界中，有些是药物和染料的中间体。具有凝血作用的维生素 K 类化合物属于萘醌类化合物，其中维生素 K_1 存在于多种绿叶蔬菜中，有促进凝血酶原生成的作用，可用于治疗凝血能力降低的疾病，维生素 K_2 为细菌代谢产物，存在于血液中。具有抗菌作用的大黄素是中药大黄的有效成分，属于蒽醌类化合物，辅酶 Q_{10} 则属于苯醌类化合物。它们都是具有重要生理作用的醌类化合物。

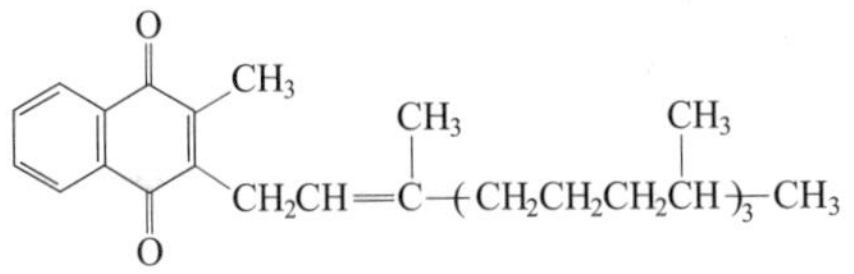

维生素K₁　　　　　　　　　　　　　　大黄素

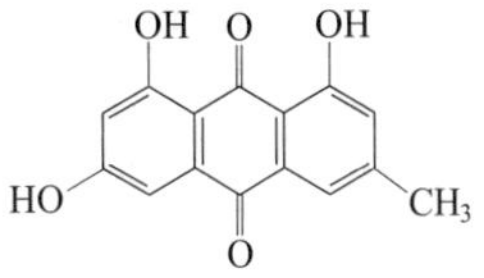

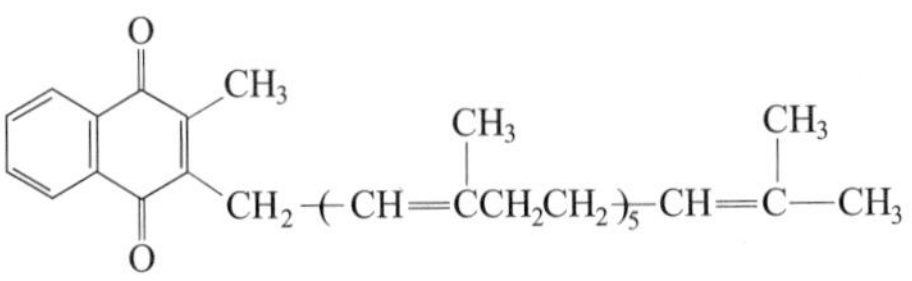

维生素K₂　　　　　　　　　　　　　　辅酶Q

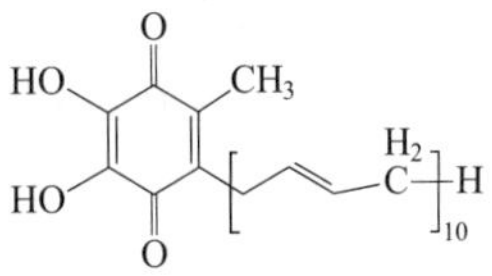

　　醛、酮是分子中含有羰基的化合物，羰基是醛、酮的官能团。醛、酮的系统命名需要选择含有羰基碳的最长碳链作为主链，并使羰基碳的编号尽可能小。醛、酮发生的反应主要可以分为以下几类：第一，醛、酮可以和氢氰酸、醇、水、格氏试剂以及氨的衍生物等亲核试剂发生亲核加成反应。在此类反应中，试剂中带负电荷的部分加到羰基碳原子上，带正电荷的部分加到氧原子上，羰基的 π 键断裂，生成加成产物。第二，醛、酮羰基邻位碳（α 位）上的氢具有较高的反应活性，可以发生 α-活泼氢的反应，主要包括羟醛缩合反应和卤代反应。其中羟醛缩合反应是两分子含有 α-氢原子的醛在稀碱的催化下发生缩合生成 β-羟基醛的反应。而卤代反应是指卤素将醛、酮的 α-氢原子取代生成 α-卤代产物的反应。当 α-碳原子上连有 3 个氢原子时，反应生成的 α-三卤代物会分解成三卤甲烷（卤仿）和羧酸盐，此时称为卤仿反应。第三，醛比较容易被氧化，可以和托伦试剂、斐林试剂等弱氧化剂反应，而酮很难被氧化，不能与上述试剂反应。第四，醛、酮分子中的羰基可以发生还原反应。使用不同的还原条件可以将羰基还原成羟基或亚甲基。

习　题

8-1　命名下列化合物。

(1) 苯基-COCH$_3$

(2) 邻-CHO-OH

(3) O$_2$N-苯基(Cl)-CHO

(4) (CH$_3$)$_2$CHCHO

(5) H$_3$C-苯基-CH$_2$CHO

(6) CH$_3$COCH(CH$_3$)$_2$

(7) CH$_3$COCH$_2$CH$_2$OH

(8) CH$_3$CH$_2$COCOCH$_2$CH$_3$

8-2　写出下列醛酮的结构式。

(1) 1-苯基-2-丙酮

(2) 戊二醛

(3) 2-苯基丙醛

(4) 2,4-戊二酮

(5) 4-甲基环己酮

(6) 4-戊烯-2-酮

8-3　完成反应。

(1) CH$_3$CH=CHCHO $\xrightarrow[\text{H}_2\text{O}]{\text{NaBH}_4}$

(2) 苯基-COCH$_2$CH$_3$ $\xrightarrow[\text{加热}]{\text{Zn-Hg/浓 HCl}}$

(3) 环己酮=O + O$_2$N-苯基(NO$_2$)-NHNH$_2$ $\longrightarrow$

(4) CH$_3$CH$_2$CHO + CH$_3$CH$_2$CHO $\xrightarrow{\text{稀 OH}^-}$

(5) 环己酮=O + H$_3$C-C(CH$_3$)(CH$_2$OH)-CH$_2$OH $\xrightarrow{\text{无水 HCl}}$

(6) CH$_3$COCH$_2$CH$_3$ $\xrightarrow{\text{I}_2 + \text{NaOH}}$

8-4　用简单化学方法鉴别下列各组化合物。

（1）丙醛、丙酮和异丙醇　　　　　（2）戊醛、2-戊酮和环戊酮

8-5　推测结构。

（1）分子式为 $C_5H_{12}O$ 的 A，氧化后得 B（$C_5H_{10}O$），B 能与 2,4-二硝基苯肼反应，并在与碘的碱溶液共热时生成淡黄色沉淀。A 与浓硫酸共热得 C（C_5H_{10}），C 经高锰酸钾氧化得丙酮及乙酸。推断 A 的结构，并写出推断过程的反应式。

（2）分子式为 $C_6H_{12}O$ 的 A，能与苯肼作用但不发生银镜反应。A 经催化氢化得分子式为 $C_6H_{14}O$ 的 B，B 与浓硫酸共热得 C（C_6H_{12}）。C 经臭氧氧化并水解得 D 和 E。D 能发生银镜反应，但不发生碘仿反应，而 E 可发生碘仿反应而无银镜反应。写出 A～E 的结构式及各步反应式。

（3）如需用格氏试剂加成法合成 2-丁醇，试写出相应的羰基化合物及格氏试剂。

8-6　完成下列转化。

（1）$CH_3CH_2OH \longrightarrow CH_3\underset{\underset{OH}{|}}{C}HCOOH$

（2）$CH\equiv CH \longrightarrow CH_3CH_2CH_2CH_2OH$

（3）$CH_3CH_2CH_2OH \longrightarrow CH_3CH_2CH_2CH_2OH$

8-7　写出下列各试剂与丙酮反应的产物及产物的类别。

（1）氢化硼钠（甲醇）　　　（2）A. 溴化甲基镁，B. 稀盐酸　　　（3）对-硝基苯肼

（4）氰化钠，硫酸　　　（5）过量无水甲醇（酸催化）　　　（6）氧化银，氨水

8-8　写出酮 $C_5H_{10}O$ 的所有异构体以及每个异构体用氢化铝锂还原所得产物的结构，并指出哪些有手性。

第九章
羧酸和取代羧酸

分子中含有羧基（—COOH）的有机化合物称为羧酸（carboxylic acid），其通式为RCOOH（甲酸 R＝H）。羧基（carboxyl group）是羧酸的官能团，其中的碳原子具有较高的氧化形式，因此羧酸对一般氧化剂是稳定的。羧酸分子中烃基（—R）上的氢被其他原子或基团取代的有机化合物称为取代羧酸。

自然界中，羧酸和取代羧酸通常以游离态、盐或酯的形式存在于动植物中。日常生活中，洗涤用的肥皂是高级脂肪酸的钠盐；一般食用醋中含有 3％～5％ 的乙酸。在生物体内，某些羧酸是动植物代谢的重要物质，它们参与了动植物的生命过程，具有重要的生理活性。羧酸和取代羧酸既是有机合成的重要原料，又是与医药关系十分密切的重要有机物，临床上的许多药物是羧酸和取代羧酸。

第一节　羧酸

羧酸的官能团是羧基。除甲酸外，其他羧酸都可以看作氢原子被羧基取代的烃的衍生物，其结构式如下：

$$
\underset{\text{脂肪酸}}{R-\overset{\overset{\displaystyle O}{\|}}{C}-OH} \qquad \underset{\text{芳香酸}}{Ar-\overset{\overset{\displaystyle O}{\|}}{C}-OH}
$$

一、 羧酸的结构、 分类和命名

（一）羧酸的结构

羧基中的碳原子与醛、酮中的羰基一样，也是 sp^2 杂化，它的三个 sp^2 杂化轨道分别与两个氧原子和另一个碳原子或氢原子形成三个 σ 键，这三个 σ 键在同一平面上，键角约120°。羧基碳原子未参与杂化的 p 轨道与一个氧原子的 p 轨道形成一个 π 键，同时羟基氧原

子上的孤对电子与 π 键形成 p-π 共轭体系。其结构可表示如下：

(a)　　　　　　　　(b)

由于 p-π 共轭的影响，使羧基中的键长部分平均化。例如，X 光衍射和电子衍射证明，在甲酸分子中 C=O 键长为 123pm，较醛、酮羰基键长 120pm 略有增长，C—O 单键键长为 136pm，较醇中 C—O 的键长 143pm 短些。

当羧基离解成为负离子后，带负电荷的氧更容易提供电子，从而增强了 p-π 共轭作用，使负电荷完全均等地分布在两个氧上，两个 C—O 键的键长完全相等，均为 127pm，没有双键与单键的差别。

（二）分类和命名

羧酸根据羧基所连接的烃基不同，分为脂肪酸、脂环酸和芳香酸；根据分子中所含羧基的数目，可分为一元羧酸、二元羧酸和多元羧酸；依据烃基饱和与否，可分为饱和羧酸和不饱和羧酸；不饱和羧酸又可分为烯酸和炔酸。

1. 俗名

许多羧酸存在于天然物质中，一些俗名常根据其来源而得，如甲酸又称蚁酸（formic acid），最初由蒸馏蚂蚁得到；乙酸称为醋酸（acetic acid），它最初从酿制的食用醋中得到；丁酸俗称酪酸（butyric acid），奶酪的特殊气味就有丁酸味。柠檬酸（citric acid）、苹果酸（malic acid）和酒石酸（tartaric acid）各来自柠檬、苹果和酿制的葡萄酒中。乙二酸又称为草酸，因为在大部分植物中都含有草酸盐。油脂水解所得到的软脂酸（palmic acid）、硬脂酸（stearic acid）和油酸（oleic acid）等则是根据它们的物态而命名的。

2. 系统命名

羧酸的系统命名与醛相同，选择含有羧基的最长碳链作为主链，从羧基碳原子开始用阿拉伯数字编号。简单的羧酸，习惯上从羧基相邻的碳原子开始，以 α、β、γ、δ 等希腊字母标示位次，ω 则常用于表示碳链末端的位置。

脂肪族二元羧酸的命名，选分子中含有两个羧基的最长碳链作为主链，称为某二酸。

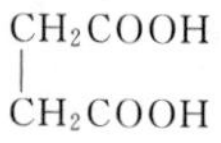

CH₂COOH / CH₂COOH 丁二酸（琥珀酸）

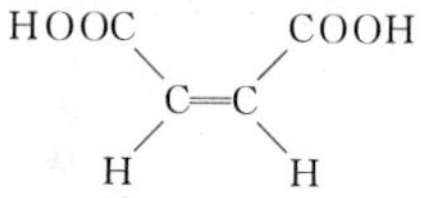

顺-丁烯二酸（马来酸）

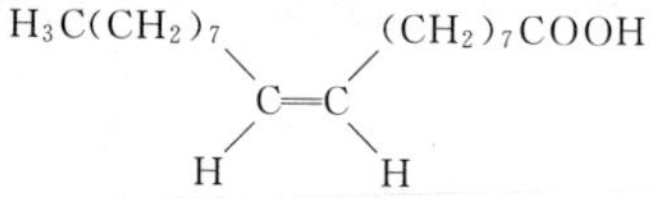

顺-十八碳-9-烯酸（油酸）

脂环族和芳香族羧酸，以脂肪酸为母体，把脂环和芳环作为取代基来命名。例如：

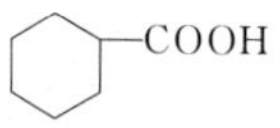

环己基甲酸

3-环戊基丙酸

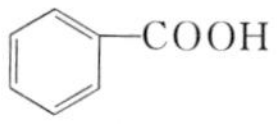

苯甲酸

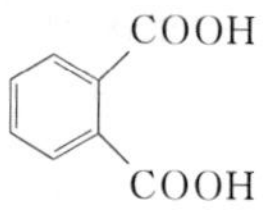

邻苯二甲酸

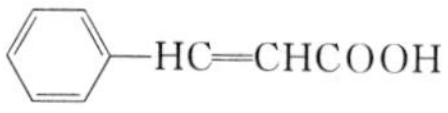

3-苯基丙烯酸（肉桂酸）
β-苯基丙烯酸

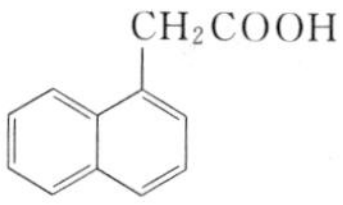

1-萘乙酸
α-萘乙酸

脂类中的脂肪酸在系统命名时，与一元羧酸的系统命名法基本相同，不同之处是主链的编号有三种编码体系，并且系统名称可用简写符号表示。

二、 羧酸的物理性质

在直链饱和一元羧酸中，含有 1～3 个碳原子的羧酸为具有刺激性气味的液体，含有 4～9 个碳原子的羧酸为具有腐败气味的油状液体，高级脂肪酸为无味蜡状固体。脂肪族二元羧酸和芳香族羧酸都是结晶固体。

含有 1～4 个碳原子的一元脂肪羧酸在室温下与水互溶，这是由于羧基可与水形成氢键的原因，但随着羧酸碳链的增长，水溶性很快减小。高级脂肪酸不溶于水，但一元脂肪酸都可溶于乙醇、乙醚等有机溶剂。低级的二元脂肪酸可溶于水而不溶于乙醚，水溶性也随碳链的增长而降低。

直链饱和一元脂肪酸的熔点随碳链的增长呈锯齿形上升，即含偶数碳原子羧酸的熔点比前后相邻奇数碳原子羧酸的熔点要高一点，原因是在晶体中羧酸分子的碳链呈锯齿状排列，只有含偶数碳原子的链端甲基和羧基分处于链的两侧时，才具有较高的对称性，分子在晶格中排列较紧密，分子间的吸引力较大，因而具有较高熔点。

羧酸的沸点比分子量相近的醇、醛、酮要高。例如：甲酸分子量为 46，沸点 100.5℃，而分子量为 46 的乙醇沸点为 78℃，分子量为 44 的乙醛沸点仅为 21℃。羧酸沸点较高的原因在于一元羧酸分子间能通过两个氢键互相结合，形成缔合的二聚体分子。一些常见羧酸的物理性质见表 9-1。

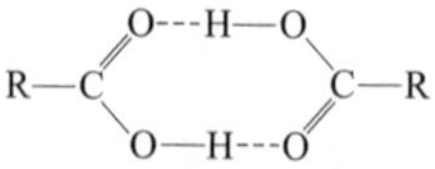

羧酸二聚体

表 9-1 一些常见羧酸的物理性质

化合物名称		熔点/℃	沸点/℃	溶解度/(g/100g)H₂O	pK_a
甲酸（蚁酸）	formic acid	8.4	100.5	∞	3.77
乙酸（醋酸）	acetic acid	7.0	118	∞	4.74

化合物名称		熔点/℃	沸点/℃	溶解度/(g/100g)H₂O	pK_a
丙酸(初油酸)	propionic acid	−22	141	∞	4.88
丁酸(酪酸)	butyric acid	−5	162.5	∞	4.82
戊酸(缬草酸)	valeric acid	−34.5	187	3.7	4.85
己酸(羊油酸)	caproic acid	−1.5	205	0.4	4.85
3-苯丙烯酸(肉桂酸)	cinnamic acid	133	300	0.1	4.33
苯甲酸(安息香酸)	benzoic acid	122	249	0.34	4.19
乙二酸(草酸)	oxalic acid	189	100	8.6	1.23[①]
丙二酸(缩苹果酸)	malonic acid	135	140	73.5	2.85[①]
丁二酸(琥珀酸)	succinic acid	185	235	5.8	4.16[①]

① pK_{a1} 值。

三、 羧酸的化学性质

羧酸的化学性质由羧基官能团所引起。从结构式的形式上看，羧基是由羰基与羟基组成，但实际上羟基氧原子的孤对电子与羰基形成了 p-π 共轭体系，所以羧基的化学性质就不是羰基和羟基化学性质的简单加和，而是显示其本身特性。比如羰基不易与亲核试剂发生加成反应；羟基氢易离解呈酸性；烃基受羧基的影响，使得 α-氢易发生取代反应。根据羧酸分子结构中键断裂的方式不同，羧酸可发生不同的化学反应：

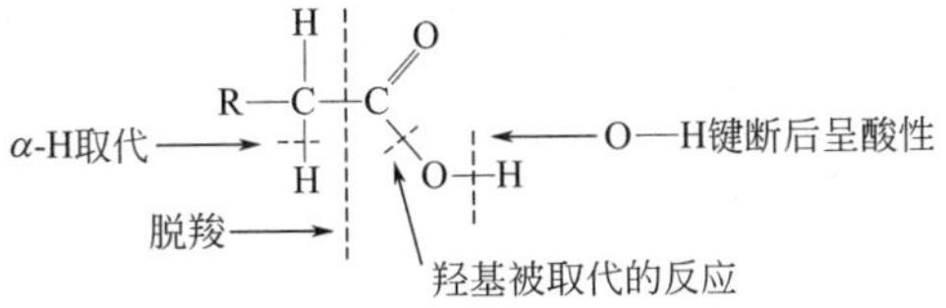

(一) 酸性与成盐反应

羧基中 p-π 共轭的作用，降低了羟基氧原子上的电子云密度，引起了 O—H 键的极性增大，从而有利于羟基质子的离解；羧酸在水溶液中离解出质子而呈酸性。

$$RCOOH \rightleftharpoons RCOO^- + H^+$$

羧酸离解形成羧酸根负离子后，通过 p-π 共轭体系分散负电荷，而使负离子得以稳定，因此羧酸就较易离解出质子而显酸性。

常见饱和一元羧酸的酸性比无机强酸的酸性弱，但比碳酸和苯酚的酸性强。

	无机强酸	一元羧酸	碳酸	苯酚
pK_a	1～3	3.5～5	6.38	10

羧酸的酸性强弱与电子效应、立体效应和溶剂化效应相关。

1. 脂肪酸

就电子效应来讲，对于含卤素、硝基、烯基和炔基等吸电子基团的取代羧酸而言，这些取代基的吸电子诱导效应（−I 效应），既使羧基电子云密度降低，羧基的质子易于离解，又使羧酸根负离子更稳定，因此吸电子诱导效应有利于羧酸电离平衡向右进行，使酸性增强；反之，羧酸分子中连接给电子基后，由于给电子基的给电子诱导效应（＋I 效应），羧酸根负离子的负电荷增加，负离子稳定性降低，电离平衡向左进行，酸性减弱。取代基对酸性强弱的影响与取代基的性质、数目以及取代基与羧基的相对位置有关。例如：

	HCOOH	CH_3COOH	CH_3CH_2COOH	$(CH_3)_2CHCOOH$	$(CH_3)_3CCOOH$
pK_a	3.77	4.74	4.88	4.85	5.02

	CH_3COOH	$ClCH_2COOH$	$Cl_2CHCOOH$	Cl_3CCOOH
pK_a	4.76	2.87	1.36	0.63

$$CH_3CH_2\underset{\underset{Cl}{|}}{C}HCOOH > CH_3\underset{\underset{Cl}{|}}{C}HCH_2COOH > \underset{\underset{Cl}{|}}{C}H_2CH_2CH_2COOH$$

pK_a	2.86	4.06	4.52

羧酸的酸性强弱与羧基相连基团的性质有关，能使羧基电子云密度下降的基团将增加其酸性；使羧基电子云密度上升的基团将减弱其酸性。含卤原子数目不同的卤代乙酸的酸性随卤原子数目的增加而增强；含相同卤原子和碳链的卤代酸随卤原子与羧基之间的距离加长，卤原子的诱导效应迅速减弱，卤代酸的酸性递减。

2. 芳香酸

苯甲酸可看作甲酸的苯基衍生物。由于苯环大 π 键与羧基共轭，其电子云向羧基偏移，不利于羧基解离 H^+。因此苯甲酸的酸性比甲酸弱，但其酸性比其他一元脂肪羧酸酸性强。取代苯甲酸中取代基对其酸性强弱的影响与脂肪羧酸相似。例如，对硝基苯甲酸中的硝基作为吸电子基，对苯环具有吸电子诱导效应和吸电子共轭效应，所以对硝基苯甲酸的酸性大于苯甲酸；对甲基苯甲酸的甲基是供电子基，具有给电子诱导效应，故对甲基苯甲酸的酸性小于苯甲酸。

pK_a	3.4	4.2	4.4

取代苯甲酸的酸性除与电子效应有关外，也与立体效应相关。通常邻取代苯甲酸的酸性强于苯甲酸及其相应的间、对位取代物。这是由于邻位基团的存在，使羧基与苯环的共平面性相对于间位和对位取代产物弱，从而使苯环的供电子共轭效应减弱，因此邻取代苯甲酸的酸性较强。这种邻位基团对活性中心的影响称为邻位效应（ortho-effect）。

3. 二元酸

二元羧酸的两个羧基在溶液中是分步解离的。

$$HOOC(CH_2)_nCOOH \xrightleftharpoons{K_{a_1}} HOOC(CH_2)_nCOO^- + H^+$$

$$HOOC(CH_2)_nCOO^- \xrightleftharpoons{K_{a_2}} {}^-OOC(CH_2)_nCOO^- + H^+$$

脂肪族二元羧酸的酸性与两个羧基的相对距离有关。二元羧酸第一步解离的羧基受到另一个羧基吸电子诱导效应的影响，其酸性强于含相同碳原子的一元羧酸，一般二元羧酸的 pK_{a_1} 较小（表9-1）。二元羧酸分子中两个羧基相距越近，酸性增强程度越大。当二元羧酸的一个羧基解离，成为羧酸根负离子后，它所带的负电荷对另一个羧基产生了供电子诱导效应，使第二个羧基的氢原子不易解离，所以一些低级二元酸总是 $pK_{a_2} > pK_{a_1}$。例如，草酸的 $pK_{a_1}=1.23$，$pK_{a_2}=4.19$。

4. 成盐反应

羧酸具有酸性，能与碱（NaOH、$NaHCO_3$ 和 Na_2CO_3 等）中和生成盐和水。羧酸可使碳酸氢钠分解放出 CO_2，而酚不与碳酸氢钠作用，在实验室中常利用这个性质来鉴别羧酸和酚。

$$RCOOH + NaOH \longrightarrow RCOONa + H_2O$$

$$RCOOH + NaHCO_3 \longrightarrow RCOONa + H_2O + CO_2\uparrow$$

羧酸的钾盐或钠盐易溶于水，医药上常将水溶性差的含羧基药物制成可溶性羧酸盐，以便制成水剂使用。如含有羧基的青霉素 G 就是制成钠盐或钾盐供临床使用的抗生素。羧酸盐遇强酸则游离出羧酸，利用此性质可分离、精制羧酸。

$$RCOONa + HCl \longrightarrow RCOOH + NaCl$$

（二）羧酸衍生物的生成

羧基上的羟基被其他原子或基团取代后生成的化合物称为羧酸衍生物，羧基中的羟基可被卤素、酰氧基、烷氧基或氨基取代，分别生成酰卤、酸酐、酯或酰胺等羧酸衍生物。

1. 酰卤的生成

酰氯是最常用的酰卤，可由羧酸与五氯化磷、三氯化磷或氯化亚砜等卤化剂作用制得。

$$R{-}\overset{\overset{\displaystyle O}{\|}}{C}{-}OH + PCl_5 \longrightarrow R{-}\overset{\overset{\displaystyle O}{\|}}{C}{-}Cl + \underset{\text{三氯氧磷}}{POCl_3} + HCl\uparrow$$

$$R{-}\overset{\overset{\displaystyle O}{\|}}{C}{-}OH + PCl_3 \longrightarrow R{-}\overset{\overset{\displaystyle O}{\|}}{C}{-}Cl + \underset{\text{亚磷酸}}{H_3PO_3} + HCl\uparrow$$

$$R{-}\overset{\overset{\displaystyle O}{\|}}{C}{-}OH + SOCl_2 \longrightarrow R{-}\overset{\overset{\displaystyle O}{\|}}{C}{-}Cl + SO_2\uparrow + HCl\uparrow$$

用氯化亚砜卤代剂制取酰氯较易提纯处理，因副产物 SO_2 和 HCl 是气体，易于挥发，而过量的低沸点 $SOCl_2$ 可通过蒸馏除去，所得的酰卤较纯，所以此法应用较广。

由于酰卤很活泼，容易水解，所以分离精制酰卤产品宜采用蒸馏的方法。选用哪种含磷卤代剂，这取决于所生成的酰卤与含磷副产物之间的沸点差异。通常用分子量小的羧酸来制备酰卤时，用三卤化磷作卤代剂，反应中生成的酰卤沸点低可随时蒸出；分子量大的酰卤沸点高，制备时可用五卤化磷作卤代剂，反应后容易把三卤氧磷蒸馏出来。

2. 酸酐的生成

饱和一元羧酸在脱水剂存在下加热，分子间脱去一分子水而生成酸酐。常用脱水剂为五氧化二磷、乙酰氯、乙酸酐。例如：

$$H_3C{-}\overset{\overset{\displaystyle O}{\|}}{C}{-}OH + HO{-}\overset{\overset{\displaystyle O}{\|}}{C}{-}CH_3 \xrightarrow[\triangle]{P_2O_5} H_3C{-}\overset{\overset{\displaystyle O}{\|}}{C}{-}O{-}\overset{\overset{\displaystyle O}{\|}}{C}{-}CH_3 + H_2O$$

混合酸酐可用酰卤和无水羧酸盐共热的方法制备。用此法既可以制备混酐，也可以制取单酐。例如：

$$CH_3\overset{\overset{\displaystyle O}{\|}}{C}ONa + CH_3CH_2\overset{\overset{\displaystyle O}{\|}}{C}Cl \xrightarrow{\triangle} CH_3\overset{\overset{\displaystyle O}{\|}}{C}{-}O{-}\overset{\overset{\displaystyle O}{\|}}{C}{-}CH_2CH_3 + NaCl$$

丁二酸、戊二酸、邻苯二甲酸等二元羧酸，只需要加热，不需要脱水剂便可以分子内脱水生成五元环或六元环的环状酸酐。

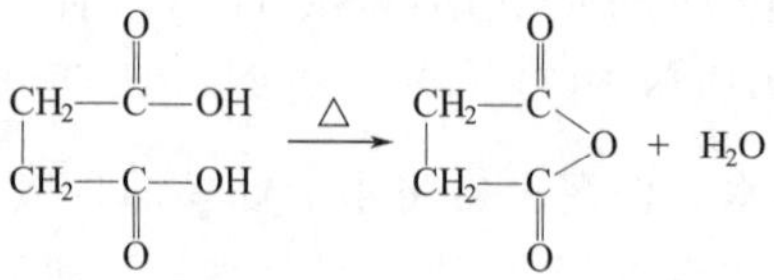

丁二酸   丁二酸酐

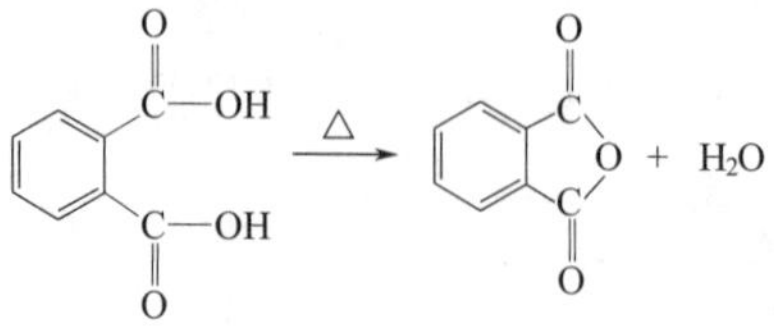

邻苯二甲酸   邻苯二甲酸酐

3. 酯的生成

羧酸与醇在酸催化下生成酯的反应称为酯化反应（esterification）。常用的酸催化剂是硫酸、磷酸和苯磺酸。例如：

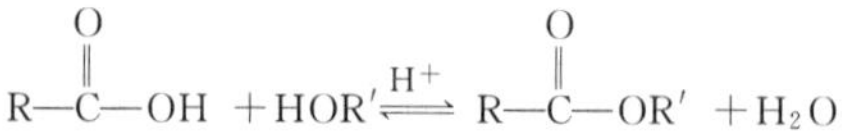

酯化反应是可逆反应。等摩尔的乙酸和乙醇的酯化反应达到平衡时生成的酯只有预计产物物质的量的 2/3，为了提高酯的产率，可增加某种反应物的浓度，或从反应体系中蒸出低沸点的酯或水，使平衡向生成酯的方向移动。

羧酸与醇酯化时，羧基是提供羟基还是提供氢，这取决于反应条件和醇的类型。实验证明，通常伯醇或仲醇与羧酸进行酯化时，羧基提供羟基，醇提供氢：

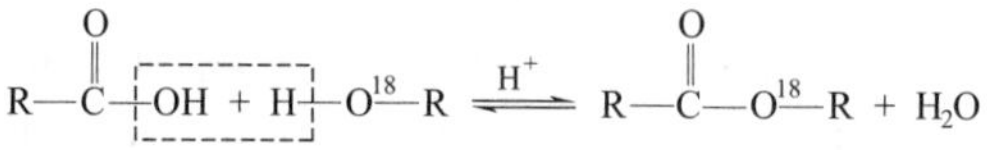

酸催化的酯化反应机制如下：

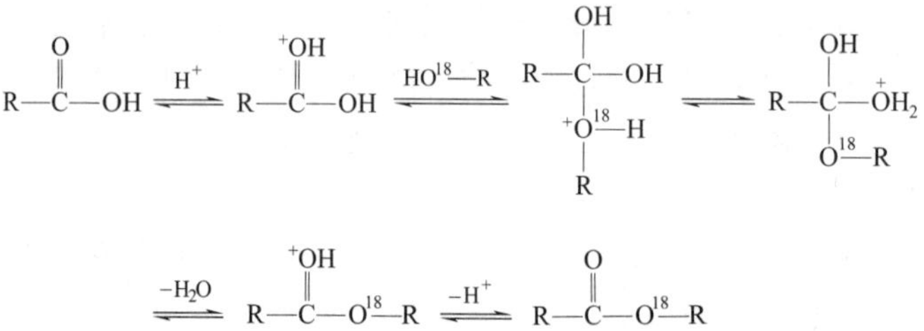

叔醇与羧酸酯化时，则羧基提供氢，醇提供羟基：

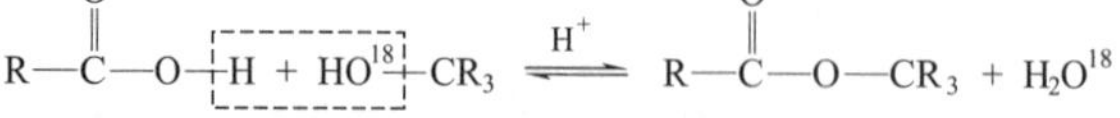

酸催化反应的反应机制如下：

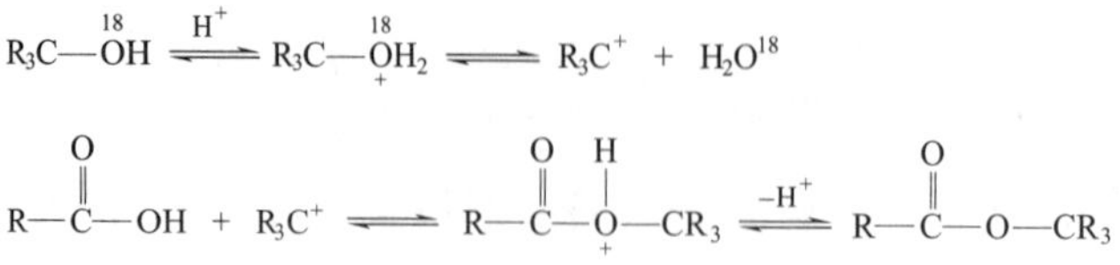

在反应中，酸催化下叔醇容易形成正碳离子，然后与羧基中的羟基氧结合，最后脱去质子而生成酯。

酯化的速度与羧酸及醇的结构有关。一般来讲，羧酸和醇的 α-碳原子上侧链越多，基团越大，酯化反应也越难进行。羧酸与醇反应的活性次序如下

醇：甲醇＞伯醇＞仲醇＞叔醇

酸：$HCOOH > CH_3COOH > RCH_2COOH > R_2CHCOOH > R_3CCOOH$

4. 酰胺的生成

羧酸与氨或胺反应生成的铵盐，加热失水后形成酰胺。最终结果是羧基中的羟基被氨基取代。

（三）脱羧反应

羧酸分子脱去羧基放出二氧化碳的反应称为脱羧反应（decarboxylation）。例如，低级一元脂肪羧酸的钠盐及芳香酸的钠盐与碱石灰（NaOH＋CaO）共热，可失去二氧化碳发生脱羧，反应生成烷烃。

$$CH_3COONa + NaOH(CaO) \xrightarrow{\triangle} CH_4 \uparrow + Na_2CO_3$$

一般情况下，饱和一元羧酸对热稳定，不易发生脱羧，但 α-碳上有吸电子取代基（如硝基、卤素、氰基、羰基和羧基等）的羧酸易脱羧。芳香羧酸较脂肪羧酸容易脱羧。

$$CCl_3COOH \xrightarrow{\triangle} CHCl_3 + CO_2 \uparrow$$

（四）羧酸的还原反应

羧基中的羰基由于受羟基的影响，碳氧双键不易被催化氢化，也不被一般的化学还原剂还原。但强的还原剂氢化铝锂（$LiAlH_4$）却能顺利地使羧酸还原成伯醇。例如：

氢化铝锂是一种选择性还原剂，对不饱和羧酸分子中的双键、三键不发生反应。例如：

（五） 脂肪酸 α-H 的卤代反应

羧基与醛、酮中的羰基一样，能使 α-H 活化，但是由于羧基存在着 p-π 共轭体系，羧基碳上的正电性较醛、酮羰基碳上的低，羧基对 α-H 的致活作用小，所以羧酸的 α-H 卤代反应需要加入少量红磷（P）作催化剂才能顺利进行，并且 α-H 的卤代可分步取代。

$$RCH_2-\overset{O}{\overset{\|}{C}}-OH +Cl_2 \xrightarrow{\text{红磷}} R\underset{Cl}{\overset{}{C}}H-\overset{O}{\overset{\|}{C}}-OH +HCl \xrightarrow{\text{红磷}} R\underset{Cl}{\overset{Cl}{C}}-\overset{O}{\overset{\|}{C}}-OH +HCl$$

控制反应条件和卤素用量，可以得到产率较高的一卤代酸产物。α-卤代酸是药物合成的重要中间产物，通过它可合成 α-羟基酸、α-氨基酸、丙烯酸等多种 α-取代酸。

（六） 二元羧酸的热分解反应

二元羧酸除具有一元羧酸的化学通性外，还可发生受热分解的特殊反应。不同的二元羧酸受热可发生脱水或脱羧反应，得到不同的产物。

乙二酸和丙二酸受热时，脱羧生成少一个碳的羧酸。

$$\underset{COOH}{\overset{COOH}{|}} \xrightarrow{\triangle} HCOOH+CO_2\uparrow$$

$$H_2C\underset{COOH}{\overset{COOH}{<}} \xrightarrow{\triangle} CH_3COOH+CO_2\uparrow$$

丁二酸和戊二酸受热时，分子内脱水生成稳定的五元环或六元环的环酐。

己二酸和庚二酸受热时，分子内脱羧又脱水，生成少一个碳的环酮。

更长碳链的直链二元羧酸，受热发生分子间脱水反应，生成链状高分子聚酸酐，一般不形成大于六元环的酮。

（七） 重要的羧酸

1. 甲酸

甲酸（也称蚁酸）存在于蜂、蚁及毛虫的分泌物中，是有刺激性气味的无色液体，沸点100.5℃，能与水、乙醇和乙醚混溶，具有腐蚀性。甲酸是羧酸中最简单的羧酸，分子结构特殊，其羧基直接和氢原子相连，因此，既具有羧基的结构，又具有醛基的结构，有羧酸的一般性质，也有醛的性质。甲酸的酸性（pK_a=3.76）比其他的同系物强，具有还原性，能与托伦试剂发生反应，生成银镜；能使高锰酸钾溶液褪色，该性质可用于甲酸的定性鉴定。甲酸可制备染料，用于酸性还原剂和橡胶的凝聚剂。在医药上甲酸可用作消毒剂和防腐剂。

2. 乙二酸

乙二酸（也称草酸）常以钾盐或钙盐的形式存在于植物中，为无色晶体，常见的草酸晶体带两分子结晶水，熔点101.5℃。乙二酸的酸性比甲酸及其他二元羧酸的酸性都强，这是由于分子中2个羧基直接相连，一个羧基对另一个羧基有吸电子诱导效应。乙二酸具有还原性，在定量分析中常用来标定高锰酸钾的浓度。

$$5(COOH)_2 + 2KMnO_4 + 3H_2SO_4 \longrightarrow K_2SO_4 + 2MnSO_4 + 10CO_2\uparrow + 8H_2O$$

3. 苯甲酸

苯甲酸（又称安息香酸）是最简单的芳香酸，为白色有光泽的鳞片状或针状结晶，熔点121.7℃，微溶于水，能升华，也能随水蒸气蒸发。由于苯环的影响，苯甲酸的酸性比一般的脂肪酸的酸性强。苯甲酸具有抑菌防腐能力，其钠盐可用作防腐剂。苯甲酸还是有机合成的原料，可用于制造染料、香料和药物等。

第二节　取代羧酸

羧酸分子中烃基上的氢原子被其他原子或原子团取代所形成的化合物称为取代羧酸（substituted carboxylic acid）。根据取代基的种类不同，取代羧酸可分为卤代羧酸（halogeno acid）、羟基酸（hydroxy acid）、羰基酸（carbonyl acid）以及氨基酸（amino acid）等几类；羟基酸又可分为醇酸（alcoholic acid）和酚酸（phenolic acid），羰基酸又可分为醛酸（aldehyde acid）和酮酸（keto acid）。

取代羧酸分子中除含羧基外，还含其他官能团，因此它是一类具有复合官能团的化合物。各官能团除具有其特有的典型性质外，由于不同官能团之间的相互影响，还具有某些特殊反应和生物活性。

一、羟基酸

（一） 羟基酸的结构和命名

羟基酸是分子中既含有羟基又含羧基两种官能团的化合物。羟基连接在脂肪烃基上的羟基酸称为醇酸（alcoholic acid），连接在芳环上的羟基酸称为酚酸（phenolic acid）。

醇酸的系统命名：以羧酸为母体，羟基为取代基，并用阿拉伯数字或希腊字母 α、β、γ

等标明羟基的位置。一些来自自然界的羟基酸多采用俗名。例如：

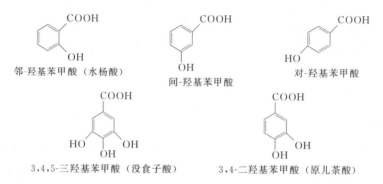

酚酸的命名：以芳香酸为母体，标明羟基在芳环上的位置。例如：

（二）羟基酸的物理性质

醇酸在常温下多为晶体或黏稠的液体，熔点比相同碳原子数的羧酸高。由于分子中羟基和羧基都易溶于水，因此醇酸在水中的溶解度较相应碳原子数的醇和羧酸大，多数醇酸具有旋光性。酚酸都是晶体，有的微溶于水，有的易溶于水，多以盐、酯或糖苷的形式存在于植物中。重要羟基酸的物理性质见表 9-2。

表 9-2　重要羟基酸的物理性质

名称	熔点/℃	溶解度/(g/100mL H_2O)	pK_a
乳酸	26	∞	3.76
（±）-乳酸	18	∞	3.76
苹果酸	100	∞	3.40[①]（25℃）
（±）-苹果酸	128.5	144	3.40[①]（25℃）
酒石酸	170	133	3.04[①]（25℃）
（±）-酒石酸	206	20.6	
meso-酒石酸	140	125	
柠檬酸	153	133	3.15[①]（25℃）
水杨酸	159	微溶于冷水，易溶于热水	2.98

① pK_{a_1} 值。

（三）羟基酸的化学性质

羟基酸因分子中含有羧基而具有羧酸的典型反应，如酸性，可与碱成盐、与醇成酯反应等；分子中含有羟基而具有醇、酚的典型反应，如醇羟基可以被氧化、酯化和酰化等；酚羟基有弱酸性，能与 $FeCl_3$ 发生颜色反应。此外，由于羟基和羧基共存于同一分子中，二者相互影响而使羟基酸具有特殊性质，而且这些特殊性质因两官能团的相对位置不同又表现出明显的差异。

1. 羟基酸的酸性

由于羟基的吸电子效应，使醇酸的酸性强于相应的羧酸。因为诱导效应随碳链增长而迅速减弱，故醇酸的酸性随羟基与羧基的距离增大而减弱。例如：

$$HOCH_2COOH > CH_3CH(OH)COOH > HOCH_2CH_2COOH > CH_3COOH$$

pK_a　　　　 3.83　　　　　　 3.87　　　　　　　 4.51　　　　　　　 4.76

酚酸与相应母体芳香酸比较，其酸性随羟基与羧基的相对位置不同而表现出明显的差异。酚酸的酸性受诱导效应、共轭效应和邻位效应等因素的影响。例如：

pK_a　　　 3.00　　　　　　 4.12　　　　　　 4.17　　　　　　 4.54

在上述各化合物中，邻-羟基苯甲酸的酸性最强。这是因为羟基处于羧基邻位，由于空间拥挤，使羧基不能与苯环共平面，削弱了羧基与苯环之间的 p-π 共轭效应，减小了苯环上 π 电子云向羧基的偏移，使羧基氢原子较易离解，形成稳定的羧酸根负离子，这种现象称为邻位效应。此外，羟基与羧基能形成分子内氢键，增加了羧基中氧氢键的极性，利于氢离解，离解后的羧酸根负离子与酚羟基也能形成氢键，使这个负离子更加稳定，不易再与离解出的 H+ 结合，因此其酸性比苯甲酸强。

水杨酸　　　　　　水杨酸负离子

间-羟基苯甲酸不能形成分子内氢键，羟基在间位主要以吸电子诱导效应为主，由于羟基与羧基之间间隔了三个碳原子，作用较小，其酸性较苯甲酸略微增强。

在对-羟基苯甲酸分子中，由于羟基氧原子与苯环的 p-π 共轭效应大于其吸电子诱导效应，使羧酸根负离子稳定性降低，因此其酸性比苯甲酸弱。

2. 醇酸的氧化反应

α-醇酸分子中的羟基因受羧基吸电子效应的影响，比醇分子中的羟基易被氧化。如稀硝酸一般不能氧化醇，但却能氧化醇酸生成醛酸、酮酸或二元酸。Tollens 试剂不与醇反应，却能将 α-羟基酸氧化成 α-酮酸。例如：

醇酸在体内的氧化通常是在酶催化下进行的。

$$R{-}CH{-}COOH \underset{+2H}{\overset{-2H}{\rightleftharpoons}} R{-}C{-}COOH$$
$$\qquad | \qquad\qquad\qquad\qquad\; \|$$
$$\qquad OH \qquad\qquad\qquad\quad O$$

3. α-醇酸的分解反应

α-醇酸与稀硫酸共热时，由于羟基和羧基都有－I效应，使羧基和羟基之间的电子云密度降低，有利于键的断裂，生成一分子醛或酮和一分子甲酸。例如：

$$RCHCOOH \xrightarrow[\triangle]{稀硫酸} RCHO + HCOOH$$
$$\quad |$$
$$\quad OH$$

$$\quad\; R$$
$$\quad\; |$$
$$RCCOOH \xrightarrow[\triangle]{稀硫酸} RCOR + HCOOH$$
$$\quad |$$
$$\quad OH$$

4. 醇酸的脱水反应

醇酸分子中，由于羧基和羟基之间的相互影响，使其对热较敏感，加热时很容易脱水。脱水的方式因羟基与羧基位置的不同而不同，生成不同的产物。

（1）α-醇酸加热时分子间脱水生成交酯　α-醇酸加热时，两分子相互酯化，发生分子间的交叉脱水反应，生成六元环的交酯（lactide）。

2-羟基丙酸　　　　　　　　　丙交酯

交酯多为结晶物质，与其他酯类一样，与酸或碱的水溶液共热时，易水解成原来的醇酸。

（2）β-醇酸加热时分子内脱水生成α,β-不饱和羧酸　由于羧基和羟基的影响，β-醇酸分子中的α-H比较活泼，受热时与β-羟基脱水生成α,β-不饱和羧酸。

$$CH_3CH{-}CHCOOH \xrightarrow{\triangle} CH_3CH{=}CHCOOH + H_2O$$
$$\qquad\;\; |\quad\;\; |$$
$$\qquad\; OH\quad H$$

β-羟基丁酸　　　　　　　　　2-丁烯酸

（3）γ-醇酸加热时分子内脱水形成内酯　γ-醇酸易发生分子内脱水，室温下失水形成稳定的五元环内酯（lactone）。例如：

γ-羟基丁酸　　　　　　　γ-丁内酯

因此游离的γ-醇酸很难存在，通常以盐的形式保存γ-醇酸。例如：

+ NaOH $\longrightarrow$ HOCH$_2$CH$_2$CH$_2$COONa

γ-羟基丁酸钠

γ-羟基丁酸钠有麻醉作用，用于手术中，有术后苏醒快的优点。

（4）δ-醇酸加热时分子内脱水形成六元环内酯 δ-醇酸分子内脱水反应较 γ-醇酸难，形成的 δ-戊内酯在室温下即可水解开环。

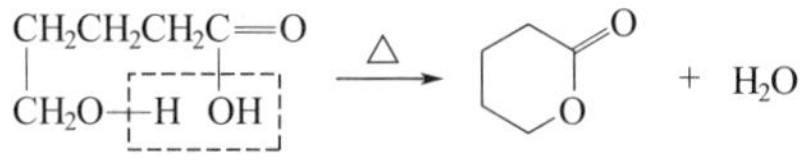

某些中草药的有效成分中常含有内酯的结构。如抗菌消炎药穿心莲的主要化学成分穿心莲内酯就含有 γ-内酯的结构。

羟基与羧基相隔 5 个及以上碳原子的醇酸加热时，分子间脱水生成链状的聚酯。

5. 酚酸的脱羧反应

羟基在羧基邻、对位的酚酸加热至熔点以上时，易脱羧分解成相应的酚，例如：

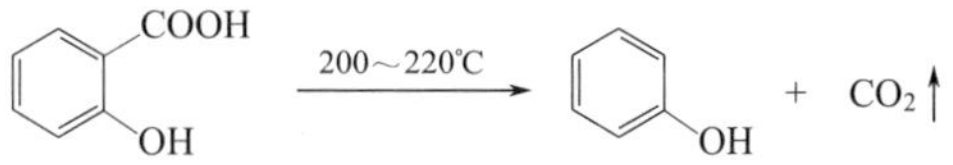

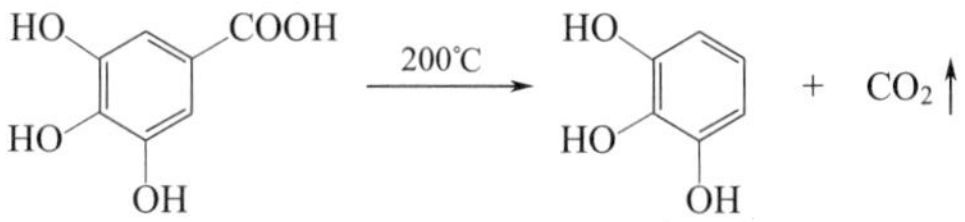

二、 酮酸

（一）结构和命名

羰基酸是分子中既含有羰基又含羧基两种官能团的化合物。分子中含有醛基的称为醛酸，含有酮基的称为酮酸。由于醛酸实际应用较少，所以重点讨论酮酸。

根据酮基和羧基的相对位置不同，酮酸可分为 α、β、γ……酮酸。其中 α 和 β 酮酸是糖、油脂和蛋白质代谢过程中的产物，因此它们尤为重要。

酮酸的命名是以羧酸为母体，酮基作取代基，并用阿拉伯数字或希腊字母标明酮基的位置；也可以羧酸为母体，用"氧代"表示羰基。例如：

（二）化学性质

酮酸分子中含有酮基和羧基，因此具有酮和羧酸的性质。如酮基可以被还原成羟基，可与羰基试剂反应生成相应的产物；羧基可与碱成盐，与醇成酯等。此外，由于酮基和羧基之间的相互影响，使酮酸具有一些特殊性质。

1. 酸性

由于羰基氧吸电子能力强于羟基，因此酮酸的酸性强于相应的醇酸。例如：

2. 酮酸的分解反应

α-酮酸的分解反应　α-酮酸分子中的羰基与羧基直接相连，它们之间相互产生影响，使 α-碳原子和羧基碳原子之间的电子云密度降低，键的强度减弱，容易发生断裂，与稀硫酸或浓硫酸共热时可发生分解反应。例如：

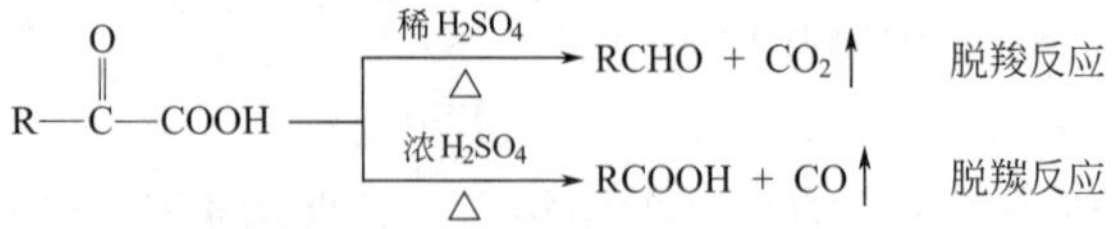

$$R-\overset{\overset{O}{\|}}{C}-COOH \begin{cases} \xrightarrow[\triangle]{稀\ H_2SO_4} RCHO + CO_2\uparrow \quad 脱羧反应 \\ \xrightarrow[\triangle]{浓\ H_2SO_4} RCOOH + CO\uparrow \quad 脱羰反应 \end{cases}$$

β-酮酸的分解反应　由于受羰基和羧基−I 效应的影响，β-酮酸分子羰基与羧基之间的亚甲基碳上电子云密度较低，因此与相邻两个碳原子之间的键都易断裂，在不同的反应条件下可发生酮式分解和酸式分解。

β-酮酸微热即发生脱羧反应，生成酮，并放出 CO_2。这一反应称为 β-酮酸的酮式分解（ketonic cleavage）。

$$CH_3COCH_2COOH \xrightarrow{微热} CH_3COCH_3 + CO_2\uparrow$$

β-酮酸比 α-酮酸更易发生脱羧反应，这是由于除了上述羰基的诱导效应外，酮基还能与羧基氢形成分子内氢键：

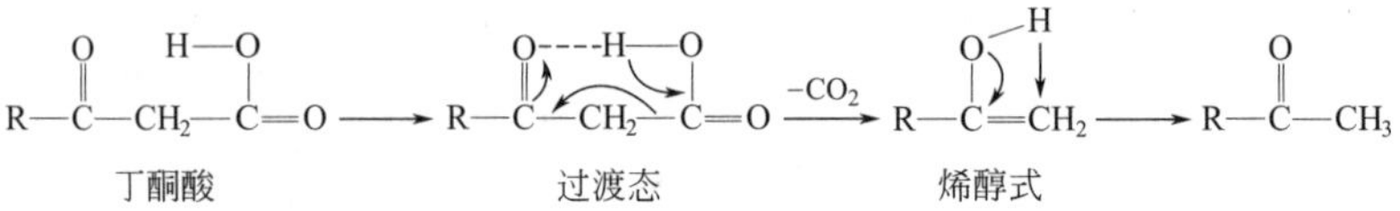

β-酮酸与浓氢氧化钠溶液共热时，α-碳原子和 β-碳原子之间发生键的断裂，生成两分子羧酸盐，这一反应称为 β-酮酸的酸式分解反应（acid cleavage）。

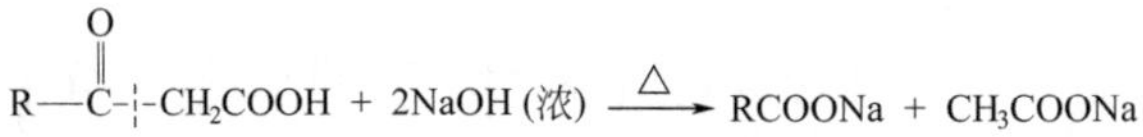

$$R-\overset{\overset{O}{\|}}{C}\!-\!\!:\!\!CH_2COOH + 2NaOH\,(浓) \xrightarrow{\triangle} RCOONa + CH_3COONa$$

β-羟基丁酸、β-丁酮酸和丙酮三者在医学上称为酮体。正常人的血液中酮体的含量低于 10mg/L，而糖尿病人因糖代谢不正常，靠消耗脂肪供给能量，其血液中酮体的含量在 3～4g/L 以上。酮体存在于糖尿病患者的小便和血液中，并能引起患者昏迷和死亡。所以临床上对于进入昏迷状态的糖尿病患者，除检查小便中含有的葡萄糖外，还需要检查是否有酮体的存在。

三、 重要的取代羧酸

1. 乳酸

乳酸因从变酸的牛奶中发现而得名，为无色黏稠液体，溶于水、乙醇和乙醚，但不溶于三氯甲烷和油脂，吸湿性强。由酸牛奶得到的乳酸是外消旋体，由糖发酵制得的乳酸是左旋的，而肌肉中的乳酸是右旋的。乳酸也存在于动物的肌肉中，特别是肌肉经过剧烈运动后乳酸更多，因此肌肉感觉酸胀，由肌肉中得到的乳酸称为肌乳酸。乳酸有消毒防腐作用。乳酸的钙盐 $(CH_3CHOHCOO)_2Ca \cdot H_2O$，在临床上一般用于治疗佝偻病等一般缺钙症。

2. 酒石酸

酒石酸是在制造葡萄酒的发酵过程中，溶液中的乙醇浓度增高时，存在于葡萄中的酸式酒石酸钾盐因难溶于水和乙醇而形成酒石结晶而得名。酒石与无机酸作用形成酒石酸。酒石酸也广泛分布于植物中，自然界中的酒石酸是右旋体，为透明晶体，不含结晶水，熔点170℃，极易溶于水，不溶于有机溶剂。

3. 水杨酸

水杨酸（又称柳酸）因柳树或杨树皮都含有它而得名。水杨酸为白色晶体，熔点159℃，微溶于水，能溶于乙醇和乙醚，加热可升华，并能同水蒸气一同蒸发，但加热超过熔点时，会失去羧基变成苯酚。

水杨酸分子中含有羟基和羧基，因此具有酚和羧酸的一般性质，如容易氧化，遇三氯化铁溶液产生紫色，酚羟基可成盐、酰化，羧基可形成各种羧酸衍生物。

乙酰水杨酸俗名阿司匹林（aspirin），由水杨酸与乙酸酐在浓硫酸中加热到80℃左右进行酰化而制得。

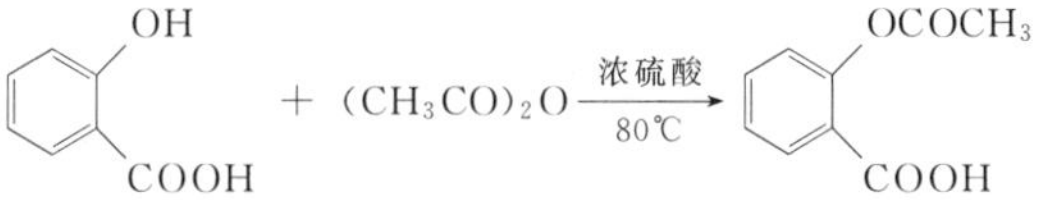

乙酰水杨酸为白色晶体，熔点135℃，微酸味，无臭，难溶于水，溶于乙醇、乙醚和三氯甲烷。在干燥空气中稳定，但在潮湿空气中易水解为水杨酸和乙酸。阿司匹林具有解热、镇痛和抗风湿痛的作用，常用于治疗发热、头痛、关节痛和活动性风湿病等。它与非那西丁、咖啡因等合用称为复方阿司匹林（简称 APC）。

阅读材料

前列腺素

1982 年诺贝尔生理学或医学奖授予在前列腺素（prostaglandins, PG）及有关生物活性物质的研究方面有卓越贡献的三位科学家，他们是瑞典的生物化学家 Sune Bergstrom 和 Bengt Samuelsson，英国的药理学家 John Vane。前列腺素的研究已经有五十年的历史了。三十年代中期，瑞典的 Von Euler 首先发现在人的精液中和一些动物的副性器官中，存在一种能降血压和致痉挛的物质。当时他认为，这个物质是由前列腺释放的，称之为前列腺素，后来的实验证明，精液中的前列腺素主要来自精囊。

研究证明 PG 遍及人体各个器官，含量极微，生物活性强。它对生殖、心血管、呼吸、消化、神经、免疫诸系统和水的吸收、电解质平衡、皮肤及炎症都有显著的生物活性。

目前已分离出 20 多种结构和性能各异的 PG，它们的分子结构中都以前列腺烷酸为基本骨架，含有一个五元环和两条支链的二十碳不饱和脂肪酸。各种性能不同的 PG 是由于其分子结构中所含的羧基、羟基、双键等基团数目和位置不同所引起的。例如：

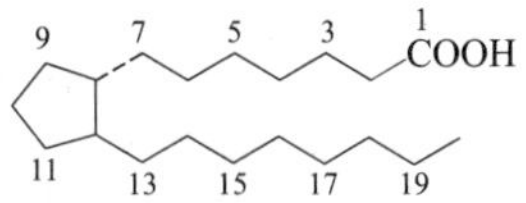

前列腺烷酸

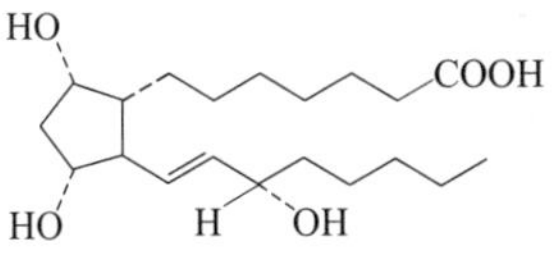

PGF$_{1\alpha}$ 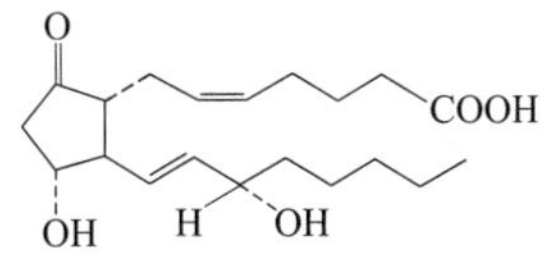   PGE$_2$

本章小结

　　羧酸是有机酸，除甲酸属中强酸外，其余饱和一元羧酸都是弱酸，但比碳酸的酸性强，羧酸盐遇无机强酸能使原来的羧酸析出，因此可用此法分离、提纯羧酸。

　　羧酸能发生羟基的取代、α-H 的取代、羧基的还原等反应。

　　醇酸具有醇和羧酸的典型反应性能，同时羧基与羟基的相互影响使醇酸表现出某些特性，如受热分解、α-羟基较醇羟基易氧化、脱水等。

　　羰基酸分子中含有羰基和羧基，因此具有醛酮和羧酸的性质，由于羰基和羧基之间的相互影响，使羰基酸具有某些特性，如脱羧、氧化等。

习 题

9-1 命名下列化合物。

(1) 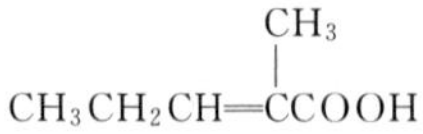 $CH_3CH_2CH=\overset{\underset{\textstyle CH_3}{|}}{C}COOH$

(2) $CH_3CH_2\overset{\underset{\textstyle OH}{|}}{C}HCH_2COOH$

(3) $HO-\overset{\underset{\textstyle O}{||}}{C}-\overset{\underset{\textstyle O}{||}}{C}-CH_2CH_2CH_2COOH$

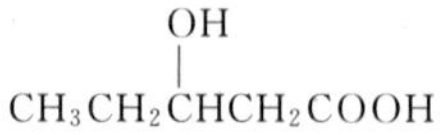

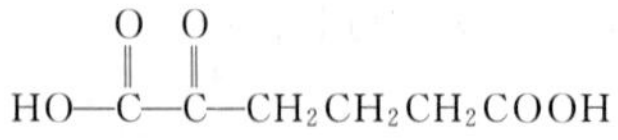

(4)

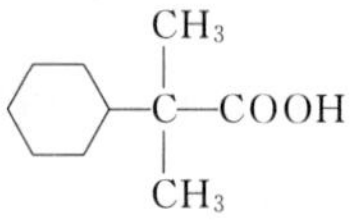

(5)

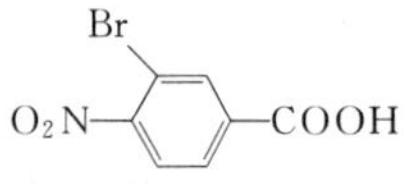

(6)

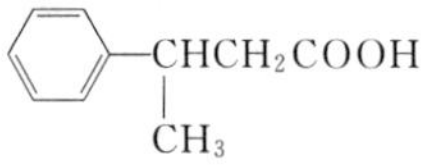

9-2 写出下列化合物的结构式。

(1) 3-苯基-2-羟基丁酸　(2) 对氨基水杨酸　(3) 反-4-羟基环己基甲酸（构象式）

(4) 酒石酸　(5) 柠檬酸　(6) 草酸

9-3 写出下列各反应的主要产物。

(1) $CH_3CH_2CH_2COOH+SOCl_2\xrightarrow{\triangle}$

(2) $C_2H_5COOH+CH_3OH\xrightarrow[\triangle]{硫酸}$

(3)

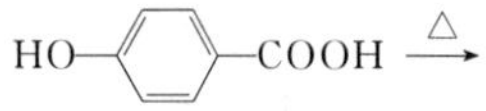

(4)

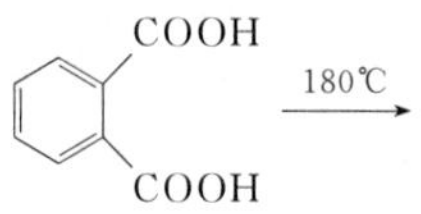

(5) 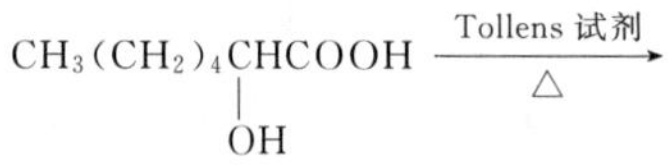 $CH_3(CH_2)_4\overset{\underset{\textstyle OH}{|}}{C}HCOOH\xrightarrow[\triangle]{Tollens\ 试剂}$

(6)

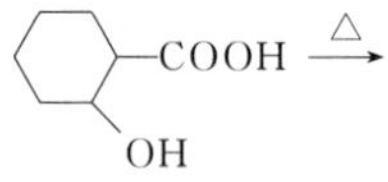

(7)

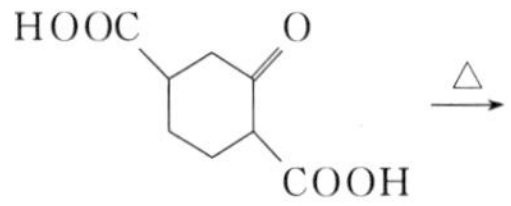

(8)

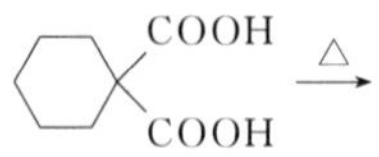

(9) 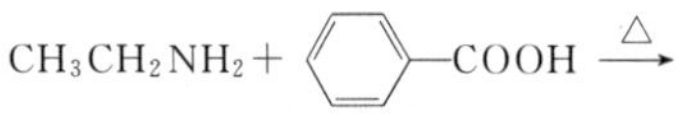 $CH_3CH_2NH_2+$

9-4 用化学方法鉴别下列各组化合物。

(1) 甲酸、草酸、乙酸　(2) 苄醇、水杨酸、苯甲酸

9-5 按酯化反应由难到易的顺序排列下列化合物。

(1) $HCOOH$

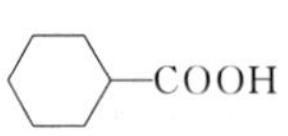

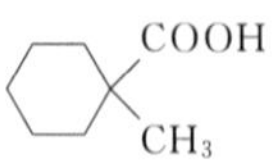

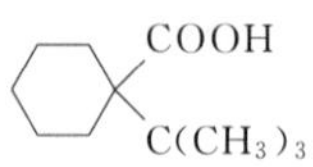

（2）$(CH_3)_3COH$　　　　CH_3OH　　　　　$(CH_3)_2CHOH$　　　　CH_3CH_2OH

9-6　按酸性由强到弱的顺序排列下列化合物。

（1）甲酸、乙酸、丙酸、苯甲酸、丙二酸

（2）苯甲酸、*p*-甲基苯甲酸、*p*-溴苯甲酸

9-7　旋光性化合物 A（$C_5H_{10}O_3$）能溶于 $NaHCO_3$ 溶液，A 加热发生脱水反应生成化合物 B（$C_5H_8O_2$），B 存在两种构型，均无旋光性。化合物 B 用高锰酸钾溶液处理，得到 C（$C_2H_4O_2$）和 D（$C_3H_4O_3$）。C 和 D 均能与 $NaHCO_3$ 溶液作用放出 CO_2，且 D 还能发生碘仿反应。试写出 A、B、C 和 D 的结构式。

9-8　化合物 A 和 B 的分子式为 $C_4H_6O_4$，都能溶于 NaOH 溶液，与 Na_2CO_3 溶液作用都放出 CO_2。A 加热失水生成酸酐 C（$C_4H_4O_3$），B 受热放出 CO_2 生成一元酸 D（$C_3H_6O_2$）。试推测 A、B、C、D 的结构式。

第十章 羧酸衍生物

羧酸 RCOOH 的化学性质很活泼，它能与卤素、羧酸、醇、胺等反应生成羧酸衍生物（derivatives of carboxylic acid）——酰卤、酸酐、酯、酰胺。羧基—COOH 可看作是一种双官能团功能基，在发生上述反应时羰基保持不变，而羟基被—X、—OCOR、—OR、—NH$_2$（—NHR、—NR$_2$）取代，反应后将 RCO—看作一个整体称为酰基。结构通式如下所示：

$$\underset{\text{酰卤}}{R-\overset{\overset{\displaystyle O}{\|}}{C}-X} \qquad \underset{\text{酸酐}}{R-\overset{\overset{\displaystyle O}{\|}}{C}-O-\overset{\overset{\displaystyle O}{\|}}{C}-R'} \qquad \underset{\text{酯}}{R-\overset{\overset{\displaystyle O}{\|}}{C}-OR'} \qquad \underset{\text{酰胺}}{R-\overset{\overset{\displaystyle O}{\|}}{C}-NH_2(R')} \qquad \underset{\text{酰基}}{R-\overset{\overset{\displaystyle O}{\|}}{C}-}$$

酰卤和酸酐性质活泼，自然界中几乎不存在，可经由它们引入卤素原子和羧基，是重要的有机合成反应物。酯和酰胺普遍存在于动植物中，许多药物都属于这两类物质，如普鲁卡因、尼泊金、对乙酰氨基酚（扑热息痛）、青霉素、头孢菌素、巴比妥类等，这些化合物在医药卫生事业中起着举足轻重的作用。

第一节 羧酸衍生物的结构和命名

一、 羧酸衍生物的结构

羧酸衍生物结构上的共同点是分子中都含有酰基，又称为酰基衍生物。可用通式表示为：

$$R-\overset{\overset{\displaystyle O}{\|}}{C}-L \quad L=-X,\ RO-,\ R-\overset{\overset{\displaystyle O}{\|}}{C}-O-\ ,\ -NH_2(-NHR,\ -NR_2)$$

酰基中的羰基可与其相连的卤素、氧或氮原子上的未共用 p 电子对形成 p-π 共轭体系。在酰氯分子中，由于氯的电负性较强，吸电子的诱导效应大于供电子的共轭效应，因此酰卤中的 C—Cl 键易断裂，化学性质活泼。在酰胺中，供电子的共轭效应大于吸电子的诱导效应，所以 C—N 键具有部分双键的性质，化学性质较稳定。酸酐和酯的化学活泼性介于酰氯和酰胺之间，但酸酐的活性比酯要强些。

二、 羧酸衍生物的命名

羧酸分子中去掉羧基中的羟基后剩余的部分称为酰基（acyl group）。酰基的命名可将相应羧酸的"酸"字改为"酰基"即可。例如：

$$
\underset{\text{乙酸}}{CH_3-\overset{O}{\overset{\|}{C}}-OH} \qquad \underset{\text{乙酰基}}{CH_3-\overset{O}{\overset{\|}{C}}-} \qquad \underset{\text{丙烯酸}}{CH_2=CH-\overset{O}{\overset{\|}{C}}-OH} \qquad \underset{\text{丙烯酰基}}{CH_2=CH-\overset{O}{\overset{\|}{C}}-}
$$

苯甲酸　　　苯甲酰基　　　苯磺酸　　　苯磺酰基

（一） 酰卤（acyl halides） 的命名

$$
R-\overset{O}{\overset{\|}{C}}-X
$$

酰卤在命名时用酰基名＋卤素名，称为"某酰卤"。例如：

$$
\underset{\text{乙酰氯}}{CH_3\overset{O}{\overset{\|}{C}}Cl} \qquad \underset{\text{丁酰溴}}{CH_3CH_2CH_2\overset{O}{\overset{\|}{C}}Br} \qquad \underset{\text{苯甲酰溴}}{\overset{O}{\overset{\|}{C}}-Br} \qquad \underset{\text{甲酰氯}}{H-\overset{O}{\overset{\|}{C}}-Cl}
$$

$$
\underset{\beta\text{-溴丁酰溴}}{CH_3\overset{Br}{\overset{|}{C}}HCH_2\overset{O}{\overset{\|}{C}}Br} \qquad \underset{\text{丙烯酰氯}}{CH_2=CH-\overset{O}{\overset{\|}{C}}-Cl} \qquad \underset{\text{水杨酰氯}}{\overset{\overset{O}{\overset{\|}{C}}-Cl}{OH}}
$$

（二） 酸酐（anhydrides） 的命名

$$
R-\overset{O}{\overset{\|}{C}}-O-\overset{O}{\overset{\|}{C}}-R'
$$

由两分子相同的一元羧酸脱水所生成的酸酐称为单酐，单酐的命名是在相应羧酸的名称之后加"酐"字，酸字可以省略。若形成酸酐的两分子羧酸是不相同的，得到的酸酐为混酐，命名时把简单的酸的名称放在前面、复杂的放在后面，再加"酐"字。二元酸分子内失水形成的环状酸酐，命名时在二元酸的名称后加"酐"字即可。例如：

乙（酸）酐　　　乙丙酐　　丁二酸酐（琥珀酸酐）　邻苯二甲酸酐

（三） 酯（esters） 的命名

$$
R-\overset{O}{\overset{\|}{C}}-OR'
$$

一元醇和酸生成的酯称为"某酸某醇酯"，其中醇字可省略。多元醇的酯称为"某醇某酸酯"。二元羧酸与一元醇可形成酸性酯和中性酯，称为"某二酸某酯"。例如：

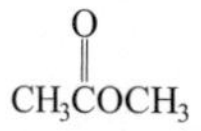

乙酸甲酯 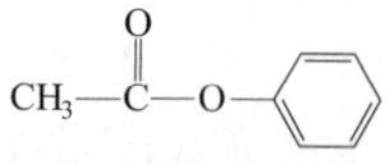　　　　　乙酸苯酯 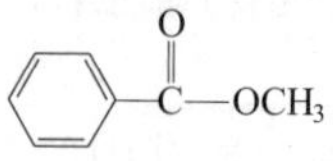　　　　　苯甲酸甲酯

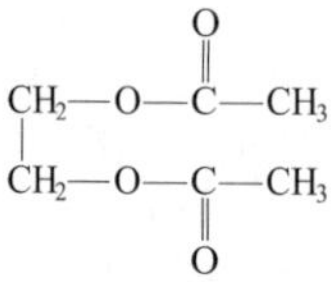

乙二醇二乙酸酯 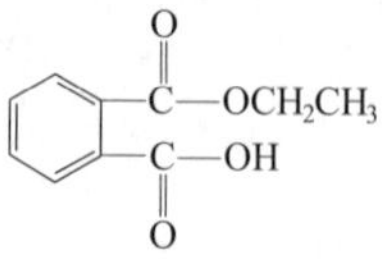　　邻苯二甲酸单乙酯 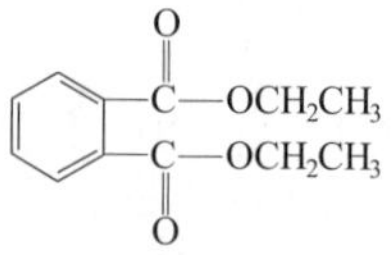　　邻苯二甲酸二乙酯

当化合物分子内既有羟基又有羧基且位置合适，可分子内脱水生成内酯。内酯（lactone）的命名是将其相应的"酸"字变为内酯，用数字或希腊字母（γ 或 δ）标明原羟基的位置，且省略"羟基"二字。例如：

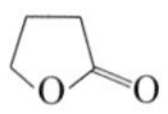

γ-丁内酯　　　　　δ-戊内酯　　　　　γ-戊内酯

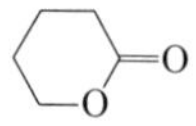

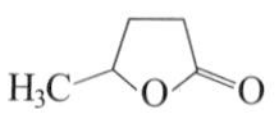

（四） 酰胺（amide）的命名

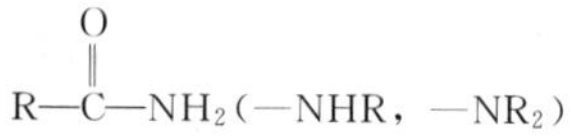

$$R-\overset{\displaystyle O}{\overset{\|}{C}}-NH_2(-NHR，-NR_2)$$

简单的酰胺命名时是将相应的羧酸的"酸"字改为"酰胺"即可，称为"某酰胺"。环状的酰胺称为内酰胺（lactam），内酰胺命名与内酯类似，用希腊字母标明原氨基的位置，在酰字前加"内"字。若酰胺氮原子上连有取代基，在取代基名称前加字母"N"，表示取代基连在氮原子上。例如：

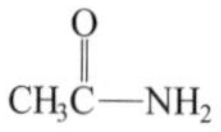

乙酰胺 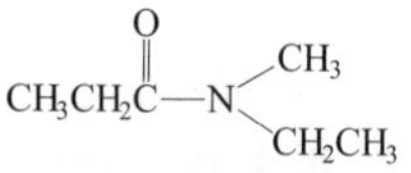　　　　　N-甲基-N-乙基丙酰胺 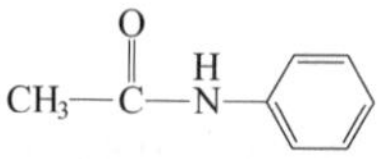　　　　N-苯基乙酰胺 (乙酰苯胺)

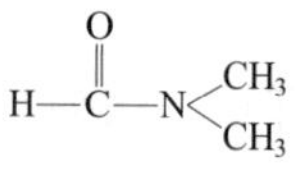

N,N-二甲基甲酰胺 (DMF) 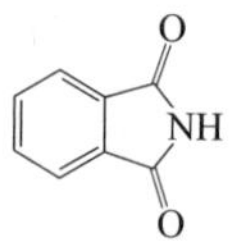　　　邻苯二甲酰亚胺　　　　δ-己内酰胺

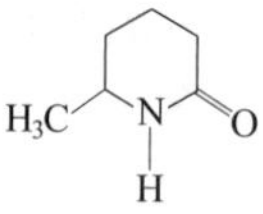

第二节　羧酸衍生物的性质

一、 羧酸衍生物的物理性质

低级酰卤和酸酐有刺激性气味，高级的为固体；挥发性的酯具有果香类令人愉快的气

味，可用于制造香料，十四碳酸以下的甲、乙酯均为液体；酰胺除甲酰胺外均是固体，这是因为酰卤、酸酐和酯类化合物的分子间不能形成氢键，而酰胺分子间以氢键缔合。因此酰卤和酯的沸点低于相应的羧酸，酸酐的沸点较分子量相近的羧酸低，酰胺的熔沸点均高于相应的羧酸，几种常见羧酸衍生物的物理常数见表 10-1。

酰卤和酸酐不溶于水，低级的遇水分解。酯在水中的溶解度也很小，低级的酰胺可溶于水。N,N-二甲基甲酰胺（DMF）是很好的非质子性溶剂，能与水以任意比例互溶。这些羧酸衍生物均可溶于有机溶剂。

表 10-1　几种常见羧酸衍生物的物理常数

名称	结构式	沸点/℃	熔点/℃
乙酰氯	CH_3COCl	51	−112
乙酰溴	CH_3COBr	76.7	−96
丙酰氯	CH_3CH_2COCl	80	−94
正丁酰氯	$CH_3CH_2CH_2COCl$	102	−89
苯甲酰氯		197	−1
乙酸酐	$(CH_3CO)_2O$	140	−73
丙酸酐	$(CH_3CH_2CO)_2O$	169	−45
丁二酸酐		261	119.6
苯甲酸酐		360	42
甲酸甲酯	$HCOOCH_3$	32	−100
甲酸乙酯	$HCOOCH_2CH_3$	54	−80
乙酸乙酯	$CH_3COOCH_2CH_3$	77	−83
苯甲酸乙酯		213	−34
甲酰胺	$HCONH_2$	200（分解）	2.5
乙酰胺	CH_3CONH_2	222	81
丙酰胺	$CH_3CH_2CONH_2$	213	79
N,N-二甲基甲酰胺	$HCON(CH_3)_2$		153
苯甲酰胺		290	130

二、 羧酸衍生物的化学性质

羧酸衍生物的反应活性主要体现在以下几个方面：①RCOL 中羰基碳带部分正电荷，易受到亲核试剂的进攻，发生亲核取代反应；②$RCH_2—COL$ 中 α-H 受羰基诱导效应的影响,使 C—H 键极化程度增加,易断裂,发生 α-H 的取代反应,体现 α-H 的酸性;③酰基中存在的碳氧双键,在一定条件下可被还原。

(一) 亲核取代反应

羧酸衍生物可以在酸性或碱性条件下与许多亲核试剂发生亲核取代反应,反应分以下两步进行:

反应的第一步首先由亲核试剂进攻羰基,发生亲核加成反应,形成四面体结构的中间体;第二步发生消除反应,羰基上原先连接的基团 L 离开,中间体恢复成羰基的取代物。反应的全过程可描述为亲核取代反应——先加成,后消除。

亲核取代反应的活性大小取决于上述四面体结构的稳定性和离去基团的碱性。中间体越稳定、离去基团的碱性越弱,反应活性就越高,反应的速度也越快。

羧酸衍生物的反应活性顺序如下所示:

$$
\underset{R-\overset{\displaystyle O}{\overset{\|}{C}}-X}{} > \underset{R-\overset{\displaystyle O}{\overset{\|}{C}}-O-\overset{\displaystyle O}{\overset{\|}{C}}-R'}{} > \underset{R-\overset{\displaystyle O}{\overset{\|}{C}}-OR'}{} > \underset{R-\overset{\displaystyle O}{\overset{\|}{C}}-NH_2(-NHR,-NR_2)}{}
$$

一般来说,较活泼的羧酸衍生物能直接转化为较不活泼的羧酸衍生物,酰卤很容易转化为酸酐、酯和酰胺;酸酐很容易转化为酯和酰胺;酯能转化为酰胺;而酰胺仅能被水解成羧酸,反之则不行。

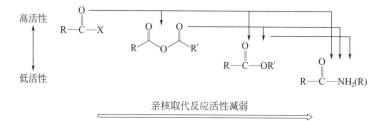

1. 水解反应

所有的羧酸衍生物都能发生水解(hydrolysis)生成相应的羧酸。反应的难易程度与羧酸衍生物的活性成正比。酰卤最容易发生水解反应,尤其是低级酰卤,遇到空气中的水即可水解。酸酐的反应较酰卤难些,在热水中水解较快;酯比较稳定,酯的水解需在酸或碱的加热催化下才能完成。酰胺最稳定,水解所需条件也最强烈,需在高浓度的强碱溶液中长时间加热才能完成反应。水解反应的活性次序是:酰卤>酸酐>酯>酰胺。

$$
\underset{\text{乙酰卤}}{CH_3\overset{\displaystyle O}{\overset{\|}{C}}-X} + H_2O \longrightarrow \quad \underset{\text{乙酸}}{CH_3COOH} + HX
$$

乙酸苯甲酸酐 + H₂O ⟶ 乙酸 CH₃COOH + 苯甲酸 ⬡—COOH

$$
\underset{\text{乙酸丙酯}}{CH_3\overset{\displaystyle O}{\overset{\|}{C}}-O-CH_2CH_2CH_3} + H_2O \xrightarrow[H^+]{\triangle} \underset{\text{乙酸}}{CH_3COOH} + \underset{\text{丙醇}}{CH_3CH_2CH_2OH}
$$

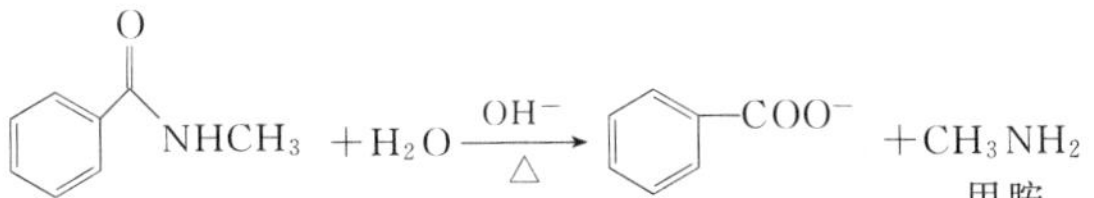

N-甲基苯甲酰胺　　苯甲酸根　　甲胺

2. 醇解反应

羧酸衍生物可以与醇反应生成酯，称为羧酸衍生物的醇解（alcoholysis）。酰卤可以与醇很快反应生成酯，利用这个反应来制备某些不易直接与羧酸反应生成的酯。酸酐可以与绝大多数的醇或酚反应，生成酯和羧酸。酯在酸存在下发生醇解反应，生成新的醇和酯，所以酯的醇解又叫酯交换反应。其反应如下：

$$CH_3\overset{O}{\overset{\|}{C}}—Br + CH_3CH_2OH \longrightarrow CH_3COOCH_2CH_3 + HBr$$

乙酰溴　　乙醇　　乙酸乙酯

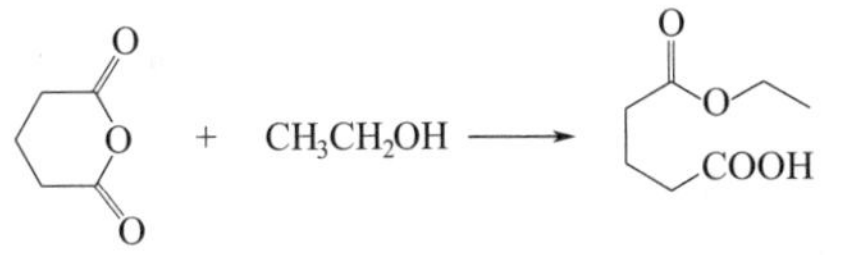

戊二酸酐　　乙醇　　戊二酸氢乙醇酯

$$CH_3\overset{O}{\overset{\|}{C}}—OCH(CH_3)_2 + CH_3CH_2OH \xrightarrow{\triangle} CH_3COOCH_2CH_3 + (CH_3)_2CHOH$$

乙酸异丙醇酯　　乙醇　　乙酸乙酯　　异丙醇

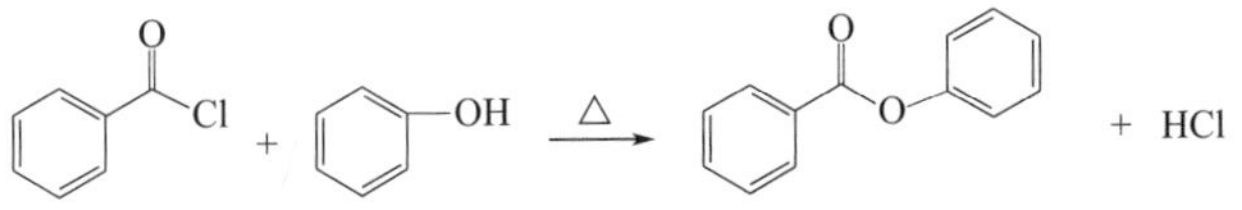

苯甲酰氯　　苯酚　　苯甲酰苯酚酯

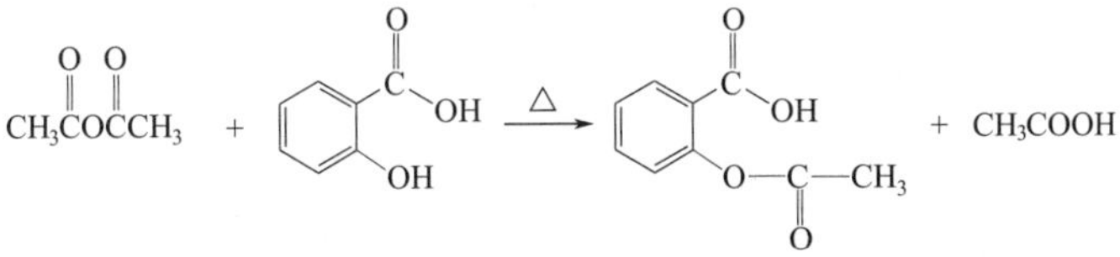

乙酸酐　　水杨酸　　乙酰水杨酸

酰卤和酸酐的醇解是在醇（或酚）分子的羟基上引入酰基，故称酰化反应，提供酰基的化合物称为酰化剂。酰卤和酸酐是最常用的酰化剂。

在医药上利用酰化反应可降低某些醇类或酚类药物的毒性，同时提高这些药物的脂溶性，改善人体对这些药物的吸收、分布，达到提高疗效的目的。

3. 氨解反应

酰卤、酸酐、酯和酰胺与氨或胺作用生成酰胺的反应叫作氨解（ammonolysis）反应。由于氨或胺的亲核性比水强，因此氨解较水解更易进行。酰卤或酸酐在较低温度下缓慢反应，可氨解成酰胺；酯的氨解只需加热而不用酸或碱催化就能生成酰胺；酰胺的氨解是个可逆反应，为使反应完成，必须使用过量且亲核性更强的胺。

$$\underset{\text{乙酰溴}}{CH_3\overset{\displaystyle O}{\overset{\|}{C}}-Br} + NH_3 \longrightarrow \underset{\text{乙酰胺}}{CH_3\overset{\displaystyle O}{\overset{\|}{C}}-NH_2} + HBr$$

$$\underset{\text{乙酸酐}}{\begin{array}{c}O\\\|\end{array}} + \underset{\text{乙胺}}{CH_3CH_2NH_2} \longrightarrow \underset{\text{N-乙基乙酰胺}}{CH_3CONHCH_2CH_3} + \underset{\text{乙酸}}{CH_3COOH}$$

$$\underset{\text{乙酸乙酯}}{CH_3COOCH_2CH_3} + \underset{\text{二甲胺}}{NH(CH_3)_2} \overset{\triangle}{\longrightarrow} \underset{\text{N,N-二甲基乙酰胺}}{CH_3\overset{\displaystyle O}{\overset{\|}{C}}-N\overset{\displaystyle CH_3}{\underset{\displaystyle CH_3}{}}} + \underset{\text{乙醇}}{CH_3CH_2OH}$$

$$\underset{\text{苯甲酰胺}}{\overset{\displaystyle O}{\overset{\|}{C}}-NH_2} + \underset{\text{乙胺}}{CH_3CH_2NH_2} \overset{\triangle}{\longrightarrow} \underset{\text{N-乙基苯甲酰胺}}{\overset{\displaystyle O}{\overset{\|}{C}}-\underset{H}{N}-CH_2CH_3} + NH_3$$

（二）羧酸衍生物亲核取代反应机制

羧酸衍生物的水解、醇解和氨解反应都属于亲核取代反应，反应的机制是通过加成-消除机制完成取代反应的。反应分两步进行：第一步，亲核试剂进攻羰基碳原子，碳氧双键发生亲核加成，形成带负电荷的四面体结构的中间体，羰基碳原子由 sp^2 变成 sp^3 杂化；第二步，中间体发生消除反应，即所形成的四面体中间体不稳定，离去基团离去，形成恢复碳氧双键的取代产物。通式为：

$$\underset{\text{羧酸衍生物 \quad 亲核试剂}}{R-\overset{\displaystyle O}{\overset{\|}{C}}-L + :Nu^-} \underset{}{\overset{\text{加成}}{\rightleftharpoons}} \underset{\text{中间体}}{\left[R-\overset{\displaystyle O^-}{\underset{\displaystyle Nu}{\overset{\displaystyle |}{\underset{|}{C}}}}-L\right]} \longrightarrow \underset{\text{产物 \quad 离去基团}}{R-\overset{\displaystyle O}{\overset{\|}{C}}-Nu + L^-}$$

由于羧酸衍生物的亲核取代反应是经历加成-消除的反应历程，所以加成和消除这两步都会对反应速率产生影响：对于加成而言，羰基正电性较强，且形成的四面体中间体的空间位阻小，从而有利于亲核加成反应这步进行；对消除而言，离去基团的碱性越小，基团越易离去，越有利于消除的进行。羧酸衍生物中离去基团的碱性由强至弱的次序是：—NH₂＞—OR＞—OOCR＞—X，它们的离去顺序是—X＞—OOCR＞—OR＞—NH₂。所以羧酸衍生物发生亲核取代反应（水解、醇解和氨解等）的活性次序是：酰卤＞酸酐＞酯＞酰胺。

（三）酯缩合反应

具有 α-H 的酯在醇钠的作用下能发生类似羟醛缩合的反应，即一分子酯的 α-H 被另一分子酯的酰基取代生成酮酸酯，称作酯缩合反应或克莱森缩合反应（Claisen condensation）。

$$\underset{\text{乙酸乙酯}}{CH_3\overset{\displaystyle O}{\overset{\|}{C}}OCH_2CH_3} + \underset{\text{乙酸乙酯}}{CH_3\overset{\displaystyle O}{\overset{\|}{C}}OCH_2CH_3} \overset{CH_3CH_2ONa}{\longrightarrow} \underset{\text{乙酰乙酸乙酯}}{CH_3\overset{\displaystyle O}{\overset{\|}{C}}CH_2\overset{\displaystyle O}{\overset{\|}{C}}OCH_2CH_3} + CH_3CH_2OH$$

反应历程如下所示：

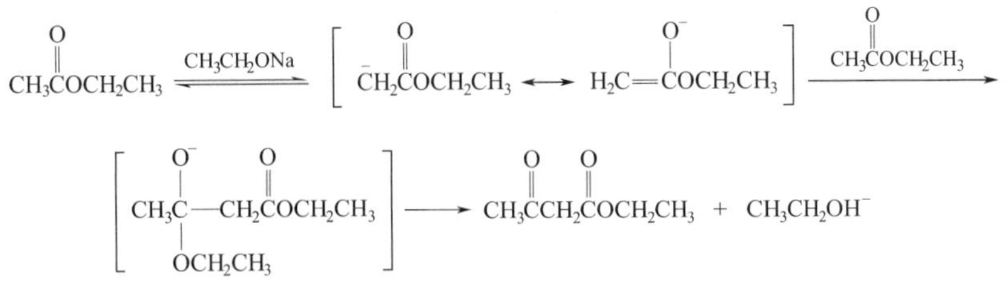

$$CH_3COCH_2CH_3 \underset{\longleftarrow}{\overset{CH_3CH_2ONa}{\longrightarrow}} \left[\bar{C}H_2COCH_2CH_3 \longleftrightarrow H_2C = \overset{O^-}{C}OCH_2CH_3 \right] \overset{CH_3COCH_2CH_3}{\longrightarrow}$$

$$\left[\underset{OCH_2CH_3}{\overset{O^-}{CH_3\overset{|}{C}}} - CH_2COCH_2CH_3 \right] \longrightarrow CH_3CCH_2COCH_2CH_3 + CH_3CH_2OH^-$$

反应的第一步是含有 α-H 的酯首先在醇钠的作用下失去 α-H，得到负碳离子中间体；负碳离子中间体作为亲核试剂进攻羰基碳，进行亲核加成反应，得到四面体中间体；然后原先酯基上的烷氧基离开，中间体重新恢复碳氧双键，得到最终产物。

上述酯缩合反应的产物 β-酮酸酯二羰基间亚甲基上的 α-H 受两个羰基的影响，酸性大大增加，其酸性增强的原因还由于负电荷可以分散到两个羰基上，形成更稳定的烯醇负离子。

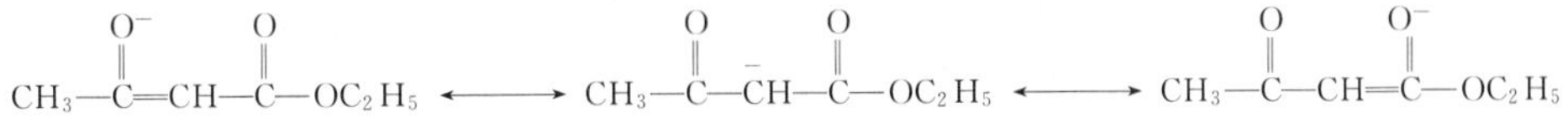

$$CH_3-C=CH-C-OC_2H_5 \longleftrightarrow CH_3-C-CH-C-OC_2H_5 \longleftrightarrow CH_3-C-CH=C-OC_2H_5$$

不具有 α-H 的酯可以提供羰基，和另一分子有 α-H 的酯起缩合反应，称作交叉酯缩合反应。例如：

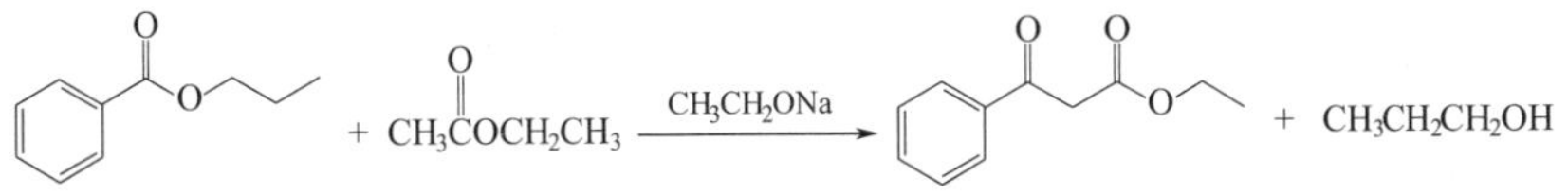

苯甲酰丙酯 + 乙酸乙酯 $CH_3COCH_2CH_3$ $\xrightarrow{CH_3CH_2ONa}$ 苯甲酰乙酸乙酯 + 丙醇 $CH_3CH_2CH_2OH$

甲酰苯甲酯 + 丙酸乙酯 $CH_3CH_2COCH_2CH_3$ $\xrightarrow{CH_3CH_2ONa}$ 甲酰丙酸乙酯 + 苯甲醇

（四）羧酸衍生物的还原反应

羧酸衍生物比羧酸容易被还原。酰卤、酸酐和酯被还原成伯醇，酰胺还原为胺。若用氢化铝锂作还原剂，碳碳双键可不受影响。

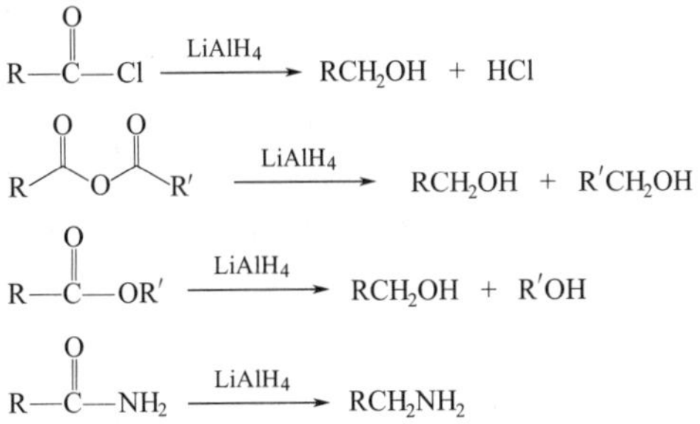

$$R-\overset{O}{\overset{\|}{C}}-Cl \xrightarrow{LiAlH_4} RCH_2OH + HCl$$

$$R-\overset{O}{\overset{\|}{C}}-O-\overset{O}{\overset{\|}{C}}-R' \xrightarrow{LiAlH_4} RCH_2OH + R'CH_2OH$$

$$R-\overset{O}{\overset{\|}{C}}-OR' \xrightarrow{LiAlH_4} RCH_2OH + R'OH$$

$$R-\overset{O}{\overset{\|}{C}}-NH_2 \xrightarrow{LiAlH_4} RCH_2NH_2$$

β-内酰胺类抗生素

1928 年夏天，英国细菌学家 Alexander Fleming（A·弗莱明）外出度假时，未将接种有金黄色葡萄球菌的培养皿放入孵箱中，等他度假回来，发现培养皿里长出从外界飘入的特异绿色霉菌，而金黄色葡萄球菌消失了，他推测是绿色霉菌产生了能杀死葡萄球菌的化学物质。此后弗莱明等分离出了该物质，命名为青霉素。青霉素于 1943 年开始在军队中应用，1944 年起用于民众，由此他获得了 1945 年诺贝尔医学奖。

β-内酰胺类抗生素是指化学结构中具有 β-内酰胺环的一大类抗生素，包括青霉素类、头孢菌素类等。此类抗生素适应证广、抗菌活性强、毒性低，且品种较多，是临床上最常用的抗生素之一。分子中均含一个四元环的 β-内酰胺。β-内酰胺与一个含硫的五元杂环稠合为青霉素，将侧链上的 R 进行结构修饰，即可得半合成青霉素；β-内酰胺与一个含硫的不饱和六元杂环稠合为头孢菌素。这两大系列抗生素由于结构上的差异，导致其生物活性和使用范围不同。

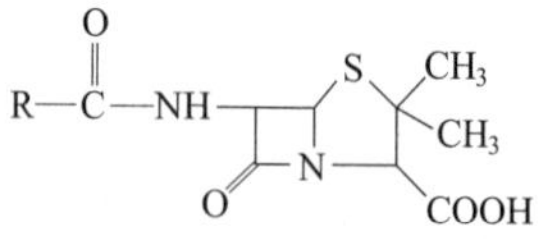

青霉素类 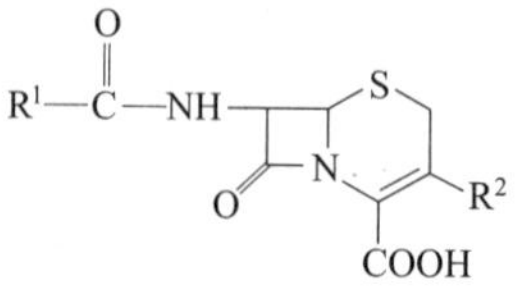   头孢菌素类

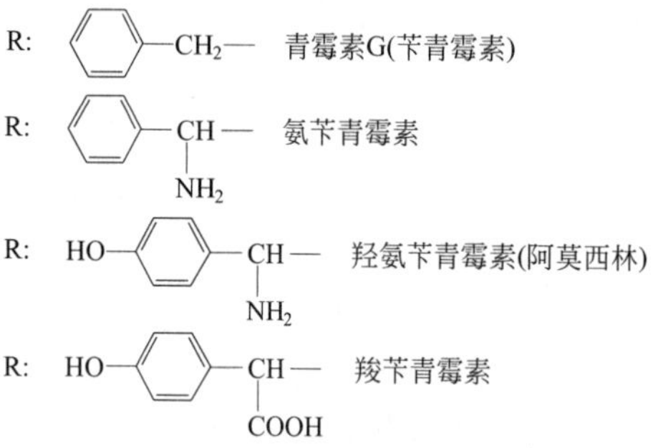

R: 青霉素G(苄青霉素)

R: 氨苄青霉素

R: 羟氨苄青霉素(阿莫西林)

R: 羧苄青霉素

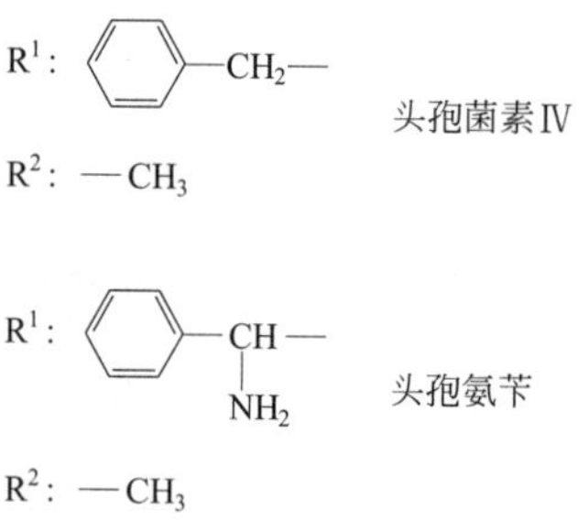

R¹: 头孢菌素Ⅳ   R²: —CH₃

R¹: 头孢氨苄   R²: —CH₃

第三节 碳酸衍生物

碳酸是两个羟基共用一个羰基的二元酸。很多重要的化合物都是碳酸的衍生物（derivatives of carbonic acid）。在这些衍生物中若只有一个羟基被取代，往往得到的都是不稳定的化合物。如氨基甲酸和氯甲酸等。但氨基甲酸盐或其酯，以及碳酸双衍生物就都很稳定，是合成药物的原料。例如：

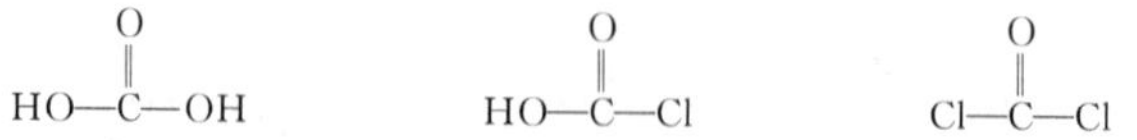

碳酸   氯甲酸（不稳定）   光气（稳定）

氨基甲酸（不稳定）   尿素（稳定）

一、 氨基甲酸酯

许多氨基甲酸酯具有生物活性高、毒性小、产生抗药性慢的特点，在医药卫生和植物保护领域得到了广泛应用。如可用作杀虫剂、杀菌剂和除草剂。

克百威 (杀虫剂)　　　　苯菌灵 (杀菌剂)　　　　燕麦灵 (除草剂)

上述化合物具有酰胺和酯的结构，因此也具有它们的通性，如在碱溶液中可水解成氨（胺）、醇和二氧化碳（以碳酸盐的形式存在）。

二、 尿素

尿素（urea）又称脲，是碳酸的二元酰胺，是哺乳动物体内蛋白质代谢的最终产物，成人每天经尿排泄约 30g 脲。脲易溶于水和乙醇，难溶于乙醚。

脲具有弱碱性，但其水溶液不能使石蕊试纸变色，只能与强酸作用生成盐。如脲的水溶液中加入浓硝酸，可析出硝酸脲白色沉淀。

$$H_2N-\overset{O}{\underset{}{C}}-NH_2 + HNO_3 \longrightarrow H_2N-\overset{O}{\underset{}{C}}-NH_2 \cdot HNO_3 \downarrow$$

脲具有一般酰胺的性质，在脲酶、酸或碱催化下脲都能发生水解反应。

$$H_2N-\overset{O}{\underset{}{C}}-NH_2 + H_2O \longrightarrow
\begin{cases}
\xrightarrow{HCl} CO_2\uparrow + NH_4Cl \\
\xrightarrow{NaOH} Na_2CO_3 + NH_3\uparrow \\
\xrightarrow{脲酶} NH_3\uparrow + CO_2\uparrow + H_2O
\end{cases}$$

与亚硝酸反应：

$$H_2N-\overset{O}{\underset{}{C}}-NH_2 + HNO_2 \xrightarrow{\triangle} N_2\uparrow + CO_2\uparrow + H_2O$$

缩二脲的生成和缩二脲反应：将尿素缓慢加热至 150～160℃，两分子脲脱去一分子氨，缩合成缩二脲。在缩二脲的碱性溶液中加入少量的 $CuSO_4$ 溶液，溶液将呈现紫色或紫红色，这个反应叫缩二脲反应（biuret reaction）。凡分子中含有 2 个或以上 $\left[\begin{smallmatrix}O & H \\ \| & | \\ C-N \end{smallmatrix}\right]$ 结构的化合物（如草二酰胺、多肽和蛋白质）都能发生缩二脲反应。

$$H_2N-\overset{O}{\underset{}{C}}-NH_2 + H_2N-\overset{O}{\underset{}{C}}-NH_2 \xrightarrow{\triangle} H_2N-\overset{O}{\underset{}{C}}-NH-\overset{O}{\underset{}{C}}-NH_2 + NH_3\uparrow$$

三、 胍

胍分子中的氧原子被亚氨基（＝NH）取代后的化合物称为胍（quanidine），又叫亚氨基脲。胍为无色晶体，熔点 50℃，吸湿性极强，易溶于水。胍是一种很强的有机碱（pK_a＝

13.8)，与氢氧化钾相当。胍分子中去掉一个氨基氢原子后称为胍基，去掉一个氨基后称为脒基。

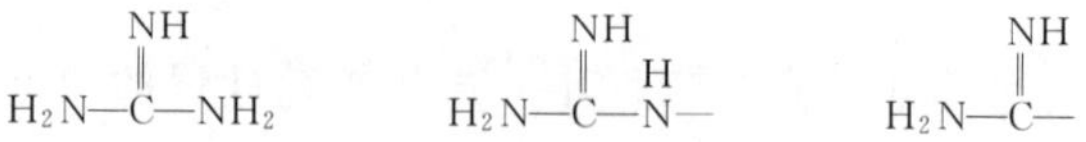

$$\underset{\text{胍}}{H_2N-\overset{\overset{\displaystyle NH}{\|}}{C}-NH_2} \qquad \underset{\text{胍基}}{H_2N-\overset{\overset{\displaystyle NH}{\|}}{C}-\overset{\displaystyle H}{N}-} \qquad \underset{\text{脒基}}{H_2N-\overset{\overset{\displaystyle NH}{\|}}{C}-}$$

某些含有胍基结构的化合物具有生理活性，如精氨酸、胍乙啶等，还有一些胍的衍生物是常用药物，如二甲双胍、吗啉胍（病毒灵）等。

二甲双胍　　　　　　　　　　　　吗啉胍 (病毒灵)

游离胍在氢氧化钡水溶液中加热，极易水解生成脲和氨。

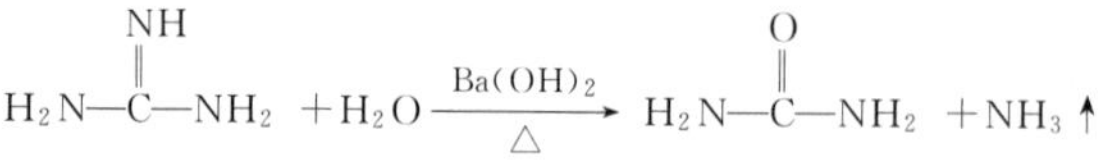

$$H_2N-\overset{\overset{\displaystyle NH}{\|}}{C}-NH_2 + H_2O \xrightarrow[\triangle]{Ba(OH)_2} H_2N-\overset{\overset{\displaystyle O}{\|}}{C}-NH_2 + NH_3\uparrow$$

四、 丙二酰脲

丙二酰脲（malnoyl urea）为无色晶体，微溶于水，可由脲和丙二酰氯在 NaOH 作用下制得。

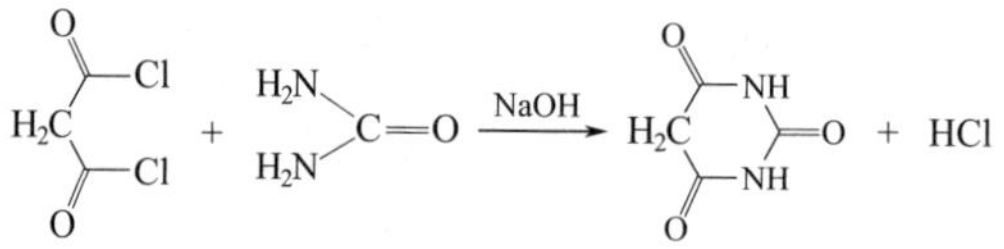

丙二酰脲从结构上看存在酮式和烯醇式的互变异构，如下图所示。

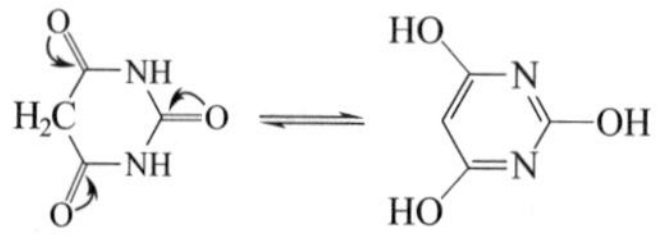

烯醇式表现出较强的酸性（$pK_a = 3.85$），强于乙酸，常称为巴比妥酸（barbituric acid）。巴比妥酸本身无生物活性，其分子中亚甲基上的两个氢原子被一些烃基取代后具有镇静、催眠、麻醉的作用，下图所示的是两种常见巴比妥（barbital）类药物。上面是苯巴比妥，下面是异戊巴比妥。

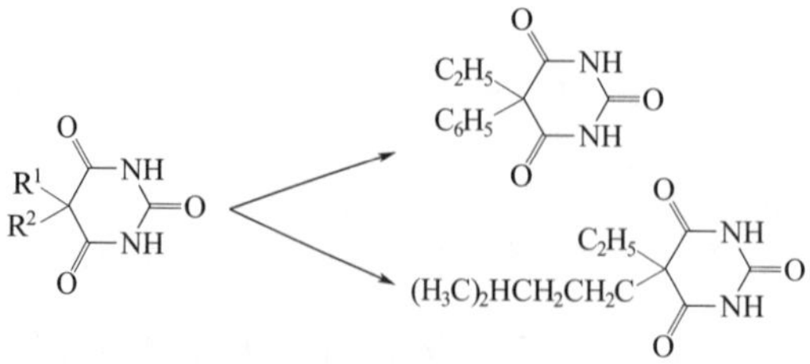

本章小结

羧酸衍生物的命名是酰卤和酰胺分别为"某酰卤"和"某酰胺",当酰胺氮上有取代基时,用"N"表示取代基连在氮原子上;酸酐由相应羧酸的名称加上"酐"字,"酸"字可省略;酯命名为"某酸某酯",多元醇的命名为"某醇某酸酯"。

羧酸衍生物的化学性质是亲核取代反应(包括水解、醇解和氨解反应)和克莱森(Claisen)酯缩合反应。亲核取代反应机制分亲核加成反应和消除反应两步进行;反应总的结果是亲核试剂取代了离去基团。羧酸衍生物亲核取代反应活性顺序为:酰卤＞酸酐＞酯＞酰胺。

尿素具有弱碱性,可水解,可生成缩二脲;胍具有强碱性;丙二酰脲在水溶液中能发生酮式-烯醇式互变异构现象。烯醇式有酸性,常称为巴比妥酸。

习 题

10-1 命名下列化合物。

(1) 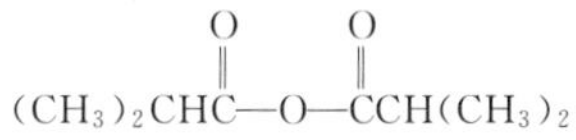 (CH₃)₂CHC—O—CCH(CH₃)₂

(2)

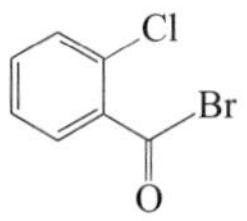

(3)

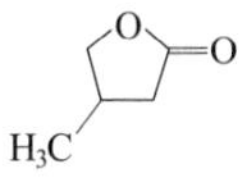

(4) 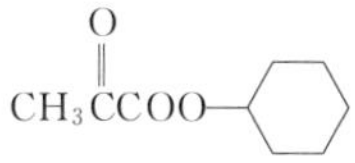 CH₃CCOO—

(5)

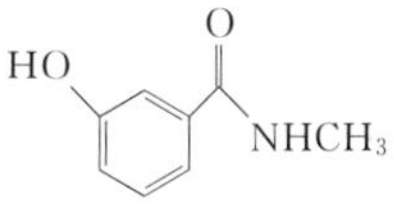

(6)

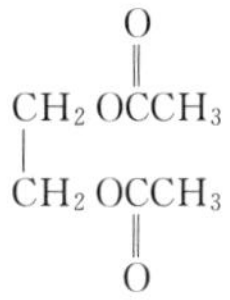

(7)

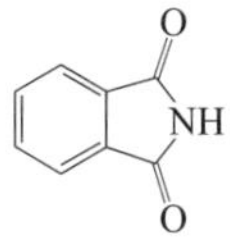

(8)

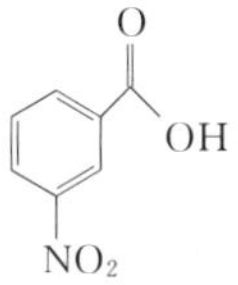

(9) 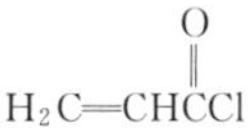 H₂C=CHCHCl

(10)

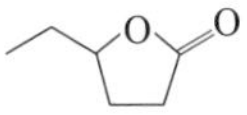

10-2 写出下列化合物的结构式。

(1) DMF (2) 水杨酸乙酯 (3) 乙酰水杨酸 (4) 溴乙酰溴

(5) γ-丁内酯 (6) 丙烯酸甲酯 (7) N-甲基-N-异丙基苯甲酰胺 (8) 甲酰苄胺

10-3 完成下列反应式,写出主要产物。

(1)

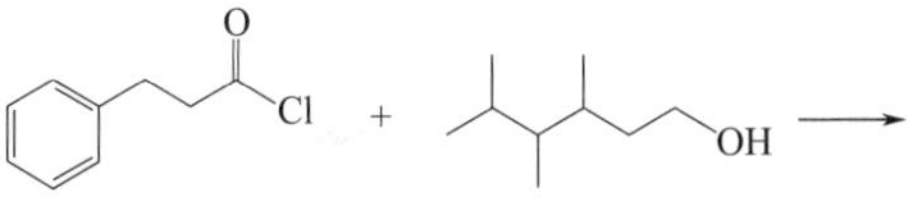

(2)

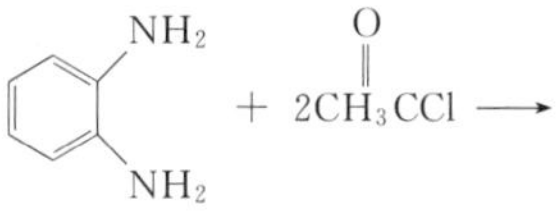

(3)

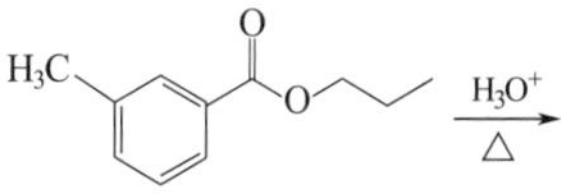

(4)

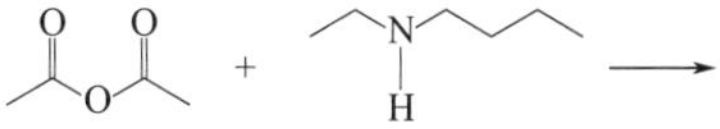

10-4 按要求排序。

(1) 按反应活性由高到低的顺序排出下列羧酸衍生物的水解活性：

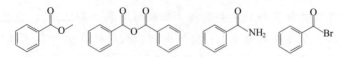

(2) 按反应活性由高到低的顺序排出下列羧酸衍生物的醇解活性：

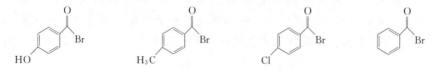

(3) 按反应活性由高到低的顺序排出下列羧酸衍生物的氨解活性：

10-5 用化学方法鉴别乙酸乙酯、丁酰胺、β-丁酮酸。

第十一章

有机含氮化合物

氨分子中的氢原子部分或全部被烃基取代后的化合物，统称为胺（amine）。胺是一类最重要的含氮有机化合物，广泛存在于生物界。腐败肉类的臭气味是蛋白质由于细菌的作用释放出胺的缘故，但是橄榄油的特殊香味也归功于胺。胺的许多衍生物具有多种生理活性，胺类与染料的关系十分密切，它是制备染料的重要原料之一。

第一节　胺

一、　胺的分类和命名

胺可看作是氨的烃基衍生物。胺分子中的氮原子上连有 1 个、2 个和 3 个烃基的胺分别称为伯胺（1°胺）、仲胺（2°胺）和叔胺（3°胺）。

$$NH_3 \qquad RNH_2 \qquad R_2NH \qquad R_3N$$

氨　　　　伯胺　　　　仲胺　　　　叔胺

其中，—NH_2 叫作氨基，—NH— 叫作亚氨基，$-\overset{|}{N}-$ 叫作次氨基，它们分别是伯胺、仲胺和叔胺的官能团。

应该注意的是胺的分类与卤代烃和醇不同，后两者均以官能团（卤素和羟基）所连接的碳分为伯、仲、叔卤代烃或醇，而胺则是以氮上所连接的烃基个数为分类标准，如异丙醇为仲醇、异丙基溴为仲卤代烃，而异丙胺却为伯胺。

$$\underset{\text{仲醇}}{H_3C-\overset{\displaystyle H}{\underset{\displaystyle OH}{C}}-CH_3} \qquad \underset{\text{仲卤代烃}}{H_3C-\overset{\displaystyle H}{\underset{\displaystyle Br}{C}}-CH_3} \qquad \underset{\text{伯胺}}{H_3C-\overset{\displaystyle H}{\underset{\displaystyle NH_2}{C}}-CH_3}$$

胺根据分子中氮原子直接相连的烃基的种类不同又可分为脂肪胺和芳香胺。胺分子中氮原子与芳环直接相连的为芳香胺，否则为脂肪胺。

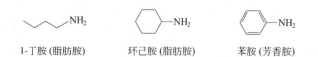

1-丁胺 (脂肪胺)　　环己胺 (脂肪胺)　　苯胺 (芳香胺)

胺根据分子中所含氨基的数目，还可分为一元胺、二元胺、多元胺。

$$CH_3NH_2 \qquad NH_2CH_2CH_2NH_2$$

甲胺（一元胺）　　　乙二胺（二元胺）

1,2,3-苯三胺（多元胺）

相应于氢氧化铵和铵盐的四烃基取代物，分别称为季铵碱和季铵盐。

$$R_4N^+OH^- \qquad R_4N^+Cl^-$$

季铵碱　　　　　季铵盐

简单胺的命名是把"胺"作为母体，在"胺"字前面加上烃基的名称和数目。如：

$$CH_3NH_2 \qquad CH_3CH_2NH_2$$

甲胺　　　　乙胺　　　　环己胺　　　　苯胺

氮原子上连有两个或三个相同的烃基时，应用汉字"二"或"三"标明烃基的数目。如：

$$CH_3CH_2NHCH_2CH_3$$

二乙胺　　　　　　三乙胺　　　　　　二苯胺

当胺中氮原子所连的烃基不相同时，应按"优先基团后列出"原则排列烃基，例如：

甲乙胺　　　　　　　甲乙丙胺

若芳香胺的氮原子上连有脂肪烃基，命名时则以芳香胺作为母体，在脂肪烃基前加上字母"*N*"，表示该脂肪烃基是直接连在氮原子上的（也可按类似方法命名脂肪仲、叔胺）。如：

N-甲基苯胺　　　*N,N*-二甲基苯胺　　　*N*-甲基-*N*-乙基苯胺

复杂胺以烃作为母体，把氨基作为取代基来命名。如：

2-甲基-4-氨基己烷　　　　3-二乙氨基-戊烷

季铵盐、季铵碱的命名类似无机铵类化合物。例如：

$$(CH_3CH_2)_4N^+I^- \qquad (CH_3CH_2)_3N^+\,OH^-$$

碘化四乙铵　　　　氢氧化甲基三乙基铵

命名时要注意"氨""胺"和"铵"字的用法。表示基团时用"氨"，如氨基、亚氨基等；表示氨的烃基衍生物时用"胺"，如甲胺、乙胺等；表示季铵类化合物或氨的盐、胺的盐则用"铵"，如氢氧化四甲铵、碘化四乙铵、氯化铵、氯化甲铵等。

二、 胺的结构

胺与氨的结构相似，分子具有三棱锥形的结构，其中氮的键角接近饱和碳的键角。氮原

子的电子排布式是 $1s^2 2s^2 2p^3$，最外层有三个未成对电子，占据着 3 个 2p 轨道，氨和胺分子中的氮原子为不等性的 sp^3 杂化，其中三个具有单电子的 sp^3 杂化轨道分别与氢原子和碳原子形成了三个 σ 键，剩余的一个 sp^3 杂化轨道被一对孤对电子所占据。见图 11-1。

图 11-1　氨、甲胺和三甲胺的结构

苯胺中的氮原子仍为不等性的 sp^3 杂化，但孤对电子所占据的轨道含有更多 p 轨道的成分。以氮原子为中心的四面体比脂肪胺中更偏平一些，H—N—H 所处平面与苯环平面存在一个 39.4° 的夹角，并非处于一个平面。苯胺分子中 H—N—H 键角 113.9°，较氨中 H—N—H 键角（107.3°）大。虽然苯胺分子中氮原子上的孤对电子所占据的 sp^3 杂化轨道与苯环上的 p 轨道不平行，但仍可与苯环的大 π 键形成一定的共轭（见图 11-2）。正是这种共轭体系的形成使芳香胺与脂肪胺在性质上出现较大的差异。

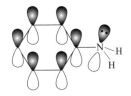

图 11-2　苯胺的结构

当氮原子上连接有三个不同的原子或基团时，该氮原子成为手性氮原子，胺分子即为手性分子。如甲乙胺为手性分子，应存在一对对映体。然而，简单的手性胺的这一对对映体，可通过一个平面过渡态相互转变，如图 11-3 所示。这种转变所需的能量较低，约为 25kJ/mol，在室温下就可以很快地转化，目前还不能把它们分离。

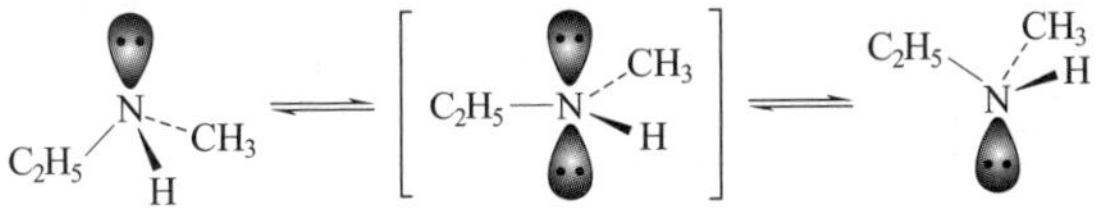

图 11-3　甲乙胺对映体的转化

对于氮上连有四个不同基团的季铵盐或季铵碱，由于氮上的四个 sp^3 杂化轨道全部都用于成键，这种四面体结构中氮的转化不易发生，可以分离得到比较稳定的对映异构体。例如下列化合物就可以进行拆分：

图 11-4　季铵盐正离子的对映异构体

三、　胺的物理性质

低级和中级脂肪胺在常温下为无色气体或液体，高级胺为固体。低级脂肪胺有难闻的气味。例如二甲胺和三甲胺有鱼腥味，肉和尸体腐烂后产生的 1,4-丁二胺（腐胺）和 1,5-戊二胺（尸胺）有恶臭。

许多胺有一定的生理作用。气态胺对中枢神经系统有轻微抑制作用，芳香胺多为高沸点的油状液体或低熔点的固体，具有特殊气味，并有较大的毒性，例如，食入 0.25mL 苯胺就可能引起严重中毒。许多芳香胺，如 β-萘胺和联苯胺等都具有致癌作用。

由于胺是极性分子，且伯、仲胺分子间可以通过氢键发生缔合，而叔胺的氮原子上不连氢原子，分子间不能形成氢键，故伯胺和仲胺的沸点要比碳原子数目相同的叔胺高。同样的道理，伯胺和仲胺的沸点较分子量相近的烷烃高。但是，由于氮的电负性不如氧的强，胺分子间的氢键比醇分子间的氢键弱，所以胺的沸点低于分子量相近的醇的沸点。

伯、仲、叔胺都能与水形成氢键，所以低级的脂肪胺可溶于水，随着烃基在分子中的比例增大，形成氢键的能力减弱，因此中级、高级胺及芳香胺微溶或难溶于水。胺大都能溶于有机溶剂。常见的胺的物理常数见表 11-1。

表 11-1　胺的物理常数

名称	结构简式	熔点/℃	沸点/℃	水溶性(25℃)/(g/100mL)
甲胺	CH_3NH_2	−93.5	−6.3	∞
二甲胺	$(CH_2)_2NH$	−93	7.4	易溶
三甲胺	$(CH_3)_3N$	−117	3.0	易溶
乙胺	$C_2H_5NH_2$	−81	16.6	易溶
二乙胺	$(C_2H_5)_2NH$	−48	56.3	易溶
三乙胺	$(C_2H_5)_3N$	−115	89	14
苯胺	$C_6H_5NH_2$	−6.3	184	3.7
N-甲基苯胺	$C_6H_5NHCH_3$	−57	196	微溶
N,N-二甲基苯胺	$C_6H_5N(CH_3)_2$	−3	194	微溶
邻甲苯胺	$o\text{-}CH_3C_6H_4NH_2$	−28	200	1.7
间甲苯胺	$m\text{-}CH_3C_6H_4NH_2$	−30	203	微溶
对甲苯胺	$p\text{-}CH_3C_6H_4NH_2$	44	200	0.7
邻硝基苯胺	$o\text{-}NO_2C_6H_4NH_2$	71	284	0.1
间硝基苯胺	$m\text{-}NO_2C_6H_4NH_2$	114	307	0.1
对硝基苯胺	$p\text{-}NO_2C_6H_4NH_2$	148	332	0.05

四、胺的化学性质

胺中的氮原子是不等性 sp^3 杂化，其中的一个 sp^3 杂化轨道具有一对孤对电子，在一定条件下给出电子，使胺中的氮原子成为碱性中心和亲核中心，胺的主要化学性质体现在这两个方面。

（一）碱性

胺与氨相似，由于氮原子上有孤对电子，容易接受质子形成铵离子，因而呈碱性。

$$RNH_2+H_2O \Longleftrightarrow RNH_3^+ +OH^-$$

胺的碱性强弱常用 K_b 或其负对数 pK_b 表示。K_b 愈大或 pK_b 愈小，则碱性愈强。

胺在水溶液中的碱性是由烃基的电子效应、水的溶剂化效应以及烃基的空间效应共同决定的。常见的几种胺的碱性见表 11-2。

表 11-2　胺的碱性

胺	$pK_b(25℃)$	胺	$pK_b(25℃)$
NH_3	4.76	$CH_3CH_2CH_2NH_2$	3.39
CH_3NH_2	3.35	$(CH_3CH_2CH_2)_2NH$	3.09
$(CH_3)_2NH$	3.27	$(CH_3CH_2CH_2)_3N$	3.35
$(CH_3)_3N$	4.21	$C_6H_5NH_2$	9.12
$CH_3CH_2NH_2$	3.36	$C_6H_5NHCH_3$	9.20
$(CH_3CH_2)_2NH$	3.06	$C_6H_5N(CH_3)_2$	9.42
$(CH_3CH_2)_3N$	3.25	$(C_6H_5)_2NH$	13.2

1. 电子效应的影响

脂肪胺中由于烃基的斥电子诱导效应，使氮原子上的电子云密度增高，结合质子的能力增强，碱性增强。氮原子上连接的烃基越多，碱性越强。故脂肪胺的碱性比氨强。芳香胺中由于氮原子上的孤对电子与苯环 π 键共轭，使氮原子上的电子云密度降低，结合质子的能力降低，其碱性比氨弱。

芳香胺氮原子上所连的苯环越多，共轭程度越大，碱性也就越弱。因此，其碱性大小为：苯胺＞二苯胺＞三苯胺。取代芳香胺的碱性，取决于取代基性质和相对位置，其中邻、对位影响较大。如取代基是斥电子基，则使芳香胺碱性增强，为吸电子基则碱性减弱。所以，若只考虑电子效应影响，碱性大小为：脂肪叔胺＞脂肪仲胺＞脂肪伯胺＞NH_3＞芳香胺。

2. 水的溶剂化效应

胺的水溶液中的碱性还取决于铵正离子的稳定性大小。

在铵正离子中，氮连的氢原子越多，与水形成氢键的数目越多，溶剂化程度愈大，从而铵正离子就愈稳定，胺的碱性也就愈强。伯胺氮上的氢最多，其铵正离子最稳定，其次为仲胺、叔胺。单一的水的溶剂化作用使脂肪胺的碱性强弱顺序为：伯胺＞仲胺＞叔胺。

3. 空间效应的影响

胺的碱性还受到烃基的空间效应的影响，氮原子上连接的基团越多越大，则使质子越不易与氮原子接近，碱性就越弱，因而叔胺的碱性降低。

对于脂肪胺，仲胺的碱性最强，而伯胺和叔胺次之。至于伯胺和叔胺孰强孰弱，主要取决于上述三种效应综合作用的共同影响，例如三甲胺的碱性比甲胺弱，而三乙胺的碱性比乙胺强。所以水溶液中各类胺的碱性强弱是多种因素共同影响的结果。各类胺碱性强弱大致表现如下顺序：

脂肪仲胺＞脂肪（伯、叔）胺＞氨＞芳香伯胺＞芳香仲胺＞芳香叔胺。

与胺类不同的是，季铵化合物分子中的氮原子已连有四个烃基并带正电荷，不能再接受质子，这类化合物的碱性由与季铵正离子结合的负离子来决定。对于季铵碱，R_4N^+ 与 OH^- 之间是典型的离子键，在水中完全电离出氢氧根负离子，是强碱，其碱性与氢氧化钠相当，其性质也与氢氧化钠相似，例如，有强的吸湿性；能吸收空气中的二氧化碳；其浓溶液对玻璃有腐蚀作用等。季铵碱与酸中和后生成季铵盐：

$$R_4N^+OH^- + HX \longrightarrow R_4N^+X^- + H_2O$$

季铵盐是强酸强碱盐，所以它不能与强碱作用生成相应的季铵碱，而是建立如下平衡：

$$R_4N^+X^- + NaOH \Longrightarrow R_4N^+OH^- + NaX$$

由于胺的碱性，胺能与大多数酸作用生成铵盐，例如：

$$CH_3CH_2CH_2NH_2 + CH_3COOH \longrightarrow CH_3CH_2CH_2NH_2 \cdot CH_3COOH$$

铵盐一般都是离子化合物，易溶于水和乙醇，难溶于非极性溶剂。由于胺是弱碱，所以铵盐遇强碱又释放出原来的胺。

$$RNH_2 \xrightarrow{HCl} [RNH_3]^+Cl^- \xrightarrow{NaOH} RNH_2 + NaCl + H_2O$$

利用以上性质可以将胺从其有机物中分离出来。不溶于水的胺可以溶于稀酸形成盐，经分离后，再用强碱将胺由铵盐中置换出来。

胺（特别是芳香胺）易被氧化，而胺的盐则比较稳定，所以医药上常将难溶于水的胺类药物制成盐，从而增加其水溶性和稳定性。例如将普鲁卡因（局部麻醉剂）制成盐酸普鲁卡因（普鲁卡因盐酸盐）。胺具有碱性，易与核酸及蛋白质的酸性基团发生作用。在生理条件下，胺易形成铵离子，其中氮原子又能参与氢键的形成，因此易与多种受体结合而显示出多种生理活性。

（二）烷基化反应

胺作为亲核试剂，可以与卤代烷烃发生反应，结果氮上的氢被烷基所取代，这个反应叫胺的烷基化反应：

$$RNH_2 + R'X \longrightarrow RNHR' + HX$$

生成的仲胺可继续与卤代烃反应，生成叔胺，叔胺再与卤代烷烃反应，则生成季铵盐：

胺与卤代芳烃在一般条件下不发生反应。

（三）酰化和磺酰化反应

伯胺和仲胺可以与酰氯、酸酐等酰化剂反应生成酰胺，这种反应称为胺的酰化反应。

叔胺氮原子上没有氢原子，所以不能发生酰化反应。

除甲酰胺外，其他酰胺在常温下大都是具有一定熔点的固体，它们在强酸或强碱的水溶液中加热很容易水解生成原来的胺，所以，利用酰化反应不但可以分离提纯各种胺的混合物，还可以通过测定酰胺的熔点，鉴定未知的胺。

由于酰胺水解能生成原来的胺，所以酰化反应在有机合成中常用于氨基的保护。例如，苯胺硝化时，为了防止硝酸将苯胺氧化，故先将苯胺乙酰化，然后硝化，在苯环上引入硝基后，再水解除去乙酰基，则得到对硝基苯胺。

$$\text{⟨⟩—NH}_2 \xrightarrow{(CH_3CO)_2O} \text{⟨⟩—NHCOCH}_3$$

$$\text{⟨⟩—NHCOCH}_3 \xrightarrow{HNO_3/H_2SO_4} O_2N\text{—⟨⟩—NHCOCH}_3 \xrightarrow[\triangle]{H_2O/H^+} O_2N\text{—⟨⟩—NH}_2$$

常用的酰化试剂有乙酸酐、乙酰氯和苯甲酰氯。酰化反应在药物合成上也有重要应用。

在碱存在下，伯、仲胺能与苯磺酰氯（或对甲基苯磺酰氯）发生磺酰化反应，氮上的氢原子被苯磺酰基（或对甲苯磺酰基）取代，生成磺酰胺。此反应叫作兴斯堡（Hinsberg）试验法，例如：

$$\text{⟨⟩—SO}_2Cl + \text{⟨⟩—NH}_2 \longrightarrow \text{⟨⟩—SO}_2NH\text{—⟨⟩} \downarrow$$

N-苯基苯磺酰胺

$$H_3C\text{—⟨⟩—SO}_2Cl + (CH_3)_2NH \longrightarrow H_3C\text{—⟨⟩—}\overset{\overset{O}{\parallel}}{\underset{\underset{O}{\parallel}}{S}}\overset{CH_3}{\underset{CH_3}{N}} \downarrow$$

N,*N*-二甲基对甲苯磺酰胺

在伯胺生成的磺酰胺中，氮上还有一个氢原子，由于它受磺酰基的强—I效应的影响而显酸性，故能溶于氢氧化钠或氢氧化钾溶液中。

$$\text{⟨⟩—SO}_2NH\text{—⟨⟩} \xrightarrow{NaOH} \left[\text{⟨⟩—SO}_2\bar{N}\text{—⟨⟩}\right]Na^+$$

N-苯基苯磺酰胺钠

仲胺生成的磺酰胺，由于氮原子上没有氢，因而不溶于氢氧化钠溶液，呈固体析出；叔胺的氮原子上没有氢原子，故不能发生磺酰化反应，呈油状物与碱溶液分层。根据磺酰化反应的现象不同可以鉴别伯、仲、叔三种胺。还可以利用磺酰化反应来分离伯、仲、叔胺。例如，在碱溶液中，将三种胺的混合物与苯磺酰氯反应后蒸馏，即得到叔胺；将剩下的溶液过滤，固体为仲胺的磺酰胺，加酸水解，即得仲胺；滤液酸化后加热水解，就得到伯胺。

（四）　与亚硝酸反应

用亚硝酸处理伯、仲、叔三种胺时，可获得不同的产物，因而此反应也可以用来鉴别这三类胺。由于亚硝酸不稳定，故在反应时一般用亚硝酸钠与盐酸或硫酸作用产生。

1. 伯胺与亚硝酸的反应

脂肪伯胺与亚硝酸反应时，生成极不稳定的脂肪族重氮盐，它甚至在低温下也立刻分解成醇或烯等混合物，因此，没有合成上的价值。但基于这个反应放出的氮气是定量的，故可用于氨基的定量分析。

$$R\text{—NH}_2 + NaNO_2 + HCl \longrightarrow 醇、烯、卤代烃等混合物 + N_2\uparrow$$

芳香伯胺与亚硝酸在低温及过量强酸水溶液中反应生成芳香重氮盐（diazonium salt），这一反应称为重氮化反应（diazotization）。

$$\text{⟨⟩—NH}_2 + NaNO_2 + 2HCl \xrightarrow{0\sim5℃} \text{⟨⟩—}\overset{+}{N}\text{=NCl}^- + NaCl + 2H_2O$$

芳香重氮盐易溶于水，在低温下是稳定的，但在室温或者加热即可分解成酚类和放出氮气。由于芳香重氮盐的用途很广，在有机合成中非常重要，在本章重氮盐中将继续讨论。芳香重氮盐只有在水溶液和低温时才稳定。遇热分解，干燥时易爆炸，所以芳香重氮盐的制备和使用都要在温度较低的酸性介质中进行。

2. 仲胺与亚硝酸的反应

脂肪族仲胺和芳香族仲胺与亚硝酸反应后生成黄色油状物或黄色固体 N-亚硝基胺：

$$(C_2H_5)_2NH + HNO_2 \longrightarrow (C_2H_5)_2N—N{=}O + H_2O$$
N-亚硝基二乙胺

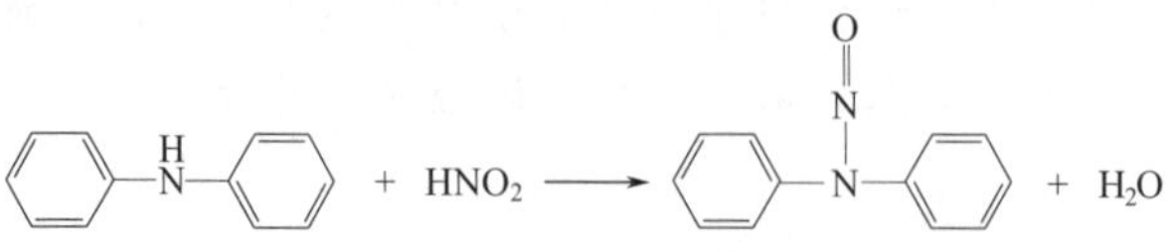

N-亚硝基二苯胺

N-亚硝基胺绝大多数不溶于水，而溶于有机溶剂。一系列的动物实验已证实 N-亚硝基胺类化合物有强烈的致癌作用，可引起动物多种器官和组织的肿瘤，现已被列为化学致癌物。现认为它在生物体内可以转化成活泼的烷基化试剂并可与核酸反应，这是它具有诱发癌变的原因。

食物中若有亚硝酸盐，它能与胃酸作用，产生亚硝酸，后者与机体内一些具有仲胺结构的化合物作用，生成 N-亚硝基胺，能引起癌变。所以，在制作罐头和腌制食品时，如用亚硝酸钠作防腐剂和保色剂，就有可能对人体产生危害。实验表明，维生素 C 能与亚硝酸钠起还原作用，阻断亚硝胺在体内的合成。

3. 叔胺与亚硝酸的反应

脂肪叔胺与亚硝酸作用生成不稳定的盐。该盐不稳定，易水解，与强碱作用则重新析出叔胺。

$$R_3N + HNO_2 \longrightarrow R_3\overset{+}{N}HNO_2^- \xrightarrow{NaOH} R_3N + NaNO_2 + H_2O$$

芳香叔胺由于氨基的强致活作用，芳环上电子云密度较高，易发生亲电取代反应。与亚硝酸反应生成对亚硝基胺，如对位被占据，则亚硝基取代在邻位。

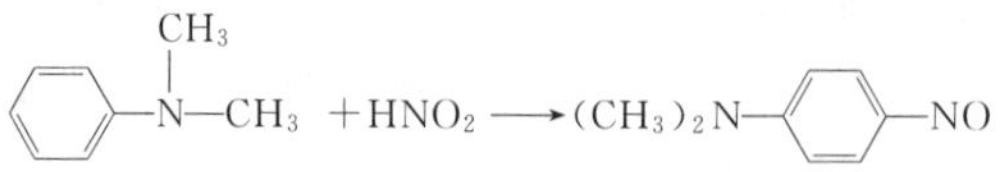

N,N-二甲基-4-亚硝基苯胺（翠绿色）

N,N-二甲基-4-亚硝基苯胺在强酸性条件下实际形成的是一个具有醌式结构的橘黄色的盐，只有用碱中和后才会得到翠绿色的 C-亚硝基化合物。

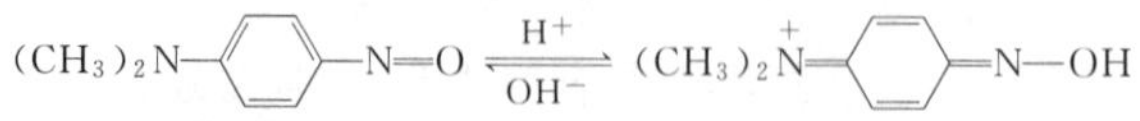

由于脂肪族及芳香族伯、仲、叔胺与亚硝酸的反应产物不同，现象有明显差异，故可以用这些反应鉴别胺类。

（五） 苯胺的亲电取代反应

芳胺的氨基的供电子共轭效应使苯环上电子云密度升高，因此芳胺的苯环上容易发生亲电取代反应。如苯胺与溴水反应，常温下会立即生成 2,4,6-三溴苯胺白色沉淀。利用此性质可以鉴别和定量分析苯胺。

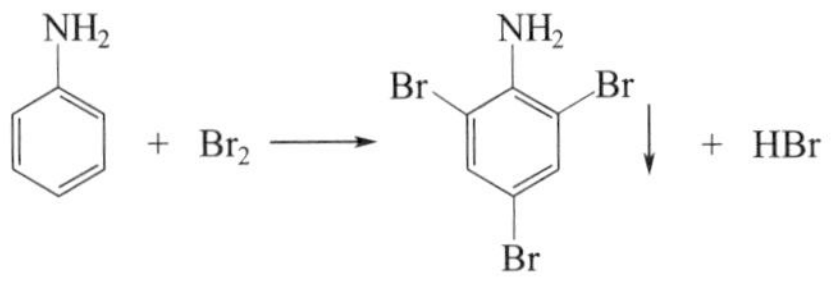

取代反应是定量进行的，因此可用于芳胺的鉴定和定量分析。若只要一卤代物，则需要将氨基酰化，以降低其活化能力。例如：

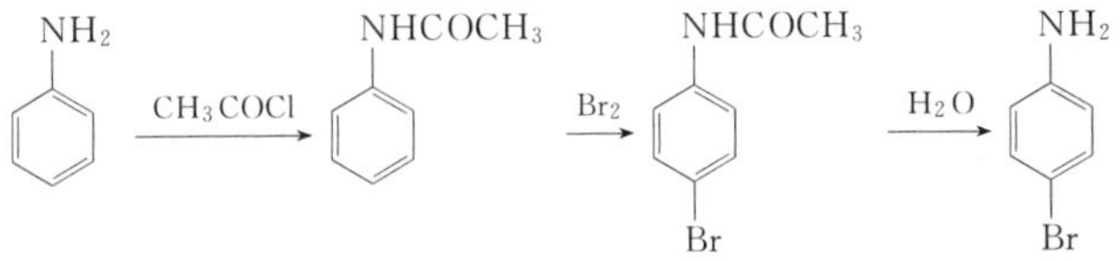

五、 胺的代表化合物

1. 乙二胺

乙二胺（$H_2NCH_2CH_2NH_2$）是无色黏稠液体，沸点 117.2℃，有类似于氨的气味，能溶于水和乙醇。它是制备药物、乳化剂、离子交换树脂和杀虫剂的原料，也可作为环氧树脂的固化剂。

乙二胺四乙酸是乙二胺的衍生物，简称 EDTA，是分析化学中一种重要的络合剂，用于多种金属离子的络合滴定，它可用乙二胺和氯乙酸来合成：

$$NH_2CH_2CH_2NH_2 \ + \ 4ClCH_2COOH \xrightarrow[\text{(2) H}^+]{\text{(1) NaOH}} \begin{array}{c} CH_2N(CH_2COOH)_2 \\ | \\ CH_2N(CH_2COOH)_2 \end{array}$$

乙二胺四乙酸 (EDTA)

2. 苯胺

苯胺存在于煤焦油中。新蒸馏的苯胺是无色油状液体，沸点 184.4℃，易溶于有机溶剂，有毒。长期放置后会因氧化而呈黄、红、棕色等，有色的苯胺可以通过蒸馏来精制。苯胺可由硝基苯还原得到：

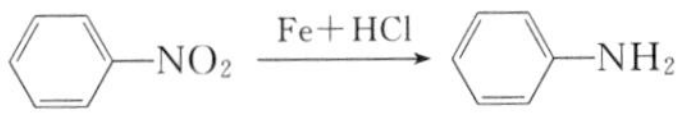

苯胺是合成染料和药物的重要原料，例如，苯胺盐酸盐用重铬酸钠或三氯化铁等氧化剂氧化可得到黑色的染料苯胺黑，用于涂刷实验桌面，有较好的耐酸和耐碱性。另外，像除草剂苯胺灵和氯苯胺灵也是以苯胺为主要原料合成的。

3. 胆胺和胆碱

胆胺(乙醇胺 $HOCH_2CH_2NH_2$)和胆碱(氢氧化三甲基羟乙基铵[$HOCH_2CH_2N^+(CH_3)_3$]OH^-)

常以结合状态存在于动植物体内，是磷脂类化合物的组成成分。胆胺为无色黏稠状液体，是脑磷脂水解的产物之一。胆碱是吸湿性很强的无色晶体，易溶于水和乙醇等极性溶剂，是卵磷脂的水解产物之一，由于最初是从胆汁中发现的，所以叫胆碱。胆碱能调节肝中脂肪的代谢，有抗脂肪肝的作用。它的盐酸盐氯化胆碱 $[(CH_3)_3N^+CH_2CH_2OH]$ Cl^- 是治疗脂肪肝和肝硬化的药物。胆碱与乙酸在胆碱酯酶的作用下发生酯化反应生成乙酰胆碱。

$$H_3C-\overset{\overset{O}{\|}}{C}-OCH_2CH_2\overset{+}{N}(CH_3)_3OH^-$$

乙酰胆碱是传导神经冲动的重要化学物质。动物体内的胆碱酯酶既能催化胆碱与乙酸合成乙酰胆碱，又能促进其水解。神经传导冲动时，不断合成乙酰胆碱；冲动停止，乙酰胆碱又在胆碱酯酶的作用下而水解，生成胆碱。许多有机磷农药，能强烈抑制胆碱酯酶的作用，从而破坏了神经的传导功能，造成乙酰胆碱积累，致使昆虫死亡。有机磷农药，对高等动物有同样的毒害作用，所以使用时，要注意人畜安全。

4. 肾上腺素和拟肾上腺素

肾上腺素是存在于动物体内的一种含氮激素，纯物质为白色晶体粉末，在空气中颜色变深，熔点为 211~212℃，有旋光性，难溶于水、乙醇及氯仿，可溶于酸和碱溶液。拟肾上腺素有许多种，它们是激动肾上腺素受体的药物，又称为 β-受体兴奋剂。

肾上腺素　　　　　　　　　去甲肾上腺素

肾上腺素和拟肾上腺素类化合物是生命活动中非常重要的物质，具有收缩血管、升高血压、扩大瞳孔、舒张及弛缓支气管和肠胃肌和加速心律等作用，临床上主要用作升压药、平喘药、抗心律失常药、治疗鼻充血药等。

5. 新洁而灭

新洁而灭即溴化二甲基十二烷基苄铵，简称溴化苄烷铵，属于季铵盐类。

新洁而灭在常温下为淡黄色的黏稠液体，具有很强的吸湿性，易溶于水或醇，其水溶液呈碱性。新洁而灭是含有长链烷基的季铵盐，属于阳离子型表面活性剂，有去污、清洁、抑菌、杀菌的作用，临床上用于皮肤、器皿和手术前的消毒。

第二节　重氮盐和偶氮化合物

重氮和偶氮化合物都含有"$-N_2-$"官能团，该官能团的两端均与烃基相连的化合物称为偶氮化合物。例如：

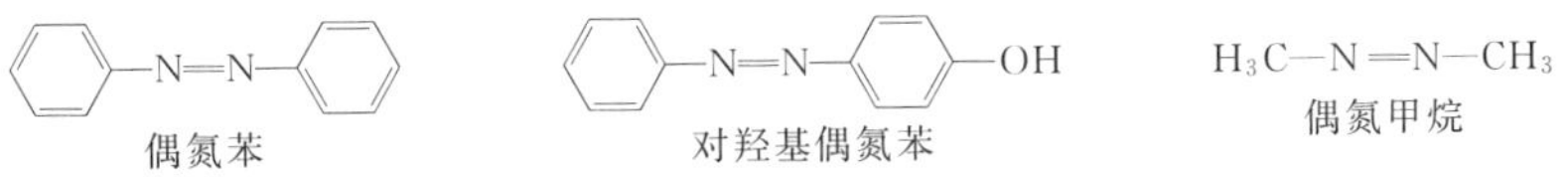

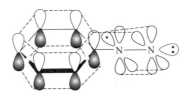

偶氮苯　　　　　　　　对羟基偶氮苯　　　　　偶氮甲烷

若该官能团的一端与烃基相连，另一端与其他原子（非碳原子）或原子团相连的化合物，称为重氮化合物。例如：

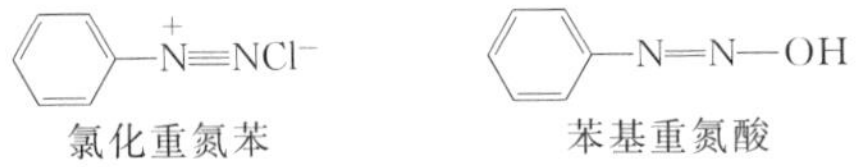

氯化重氮苯　　　　　　　苯基重氮酸

重氮和偶氮化合物在药物合成、分析及染料工业上有广泛的用途。

一、重氮盐的结构及制备

重氮盐是离子型化合物，具有盐的特点，易溶于水，不溶于有机溶剂。其结构一般表示为：$[ArN\equiv N]^+ X^-$ 或简写成 $ArN_2^+ X^-$。在重氮盐分子中 C—N—N 呈直线形，氮原子是以 sp 杂化成键，苯环的 π 轨道和重氮离子的 π 轨道形成共轭体系，使芳香重氮盐在低温下强酸介质中能稳定存在数小时。重氮苯离子的结构如图 11-5 所示。

图 11-5　重氮苯离子的结构

重氮盐的稳定性与它的酸根及苯环上的取代基有关，硫酸重氮盐比盐酸重氮盐稳定，氟硼酸重氮盐（$Ar\text{-}N_2^+ BF^-$）稳定性更高。苯环上连有吸电子基团如卤素、硝基、磺酸基等会增加重氮盐的稳定性。干的重氮盐极易爆炸，但水溶液无此危险，所以一般重氮化反应都要在低温酸性水溶液中进行，制得的重氮盐就不再分离，直接用于下一步反应。

重氮盐通过重氮化反应来制备。制备时，通常是先将芳香伯胺溶于过量的盐酸（或硫酸）中，冰水浴中（0～5℃）在不断搅拌下逐渐加入亚硝酸钠溶液，直到溶液对淀粉碘化钾试纸呈蓝色为止，表明亚硝酸过量，反应完成。例如制备硫酸重氮苯的反应：

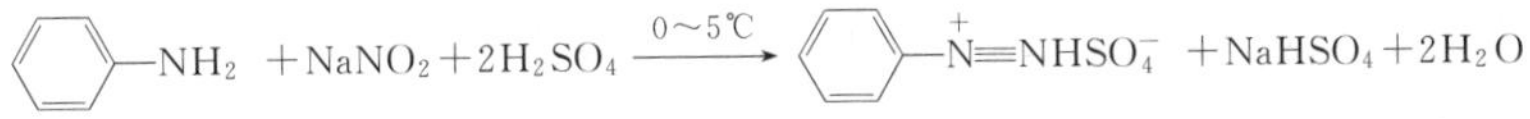

$$—NH_2 + NaNO_2 + 2H_2SO_4 \xrightarrow{0\sim5℃} —\overset{+}{N}\equiv NHSO_4^- + NaHSO_4 + 2H_2O$$

二、重氮盐的化学性质

芳香族重氮盐是重要的合成中间体，它的化学性质活泼，可发生许多反应，最重要的两类反应是放氮反应和留氮反应。

1. 重氮基被取代的反应（放氮反应）
芳香重氮离子中的重氮基带正电荷，强烈地吸引电子，使 C—N 键的极性增强，易断裂放出氮气，重氮基则可被羟基、卤素、氰基和氢原子等取代。由于放出氮气，故也称为放氮反应。利用这一反应，可以从芳香烃开始合成一系列芳香族化合物。

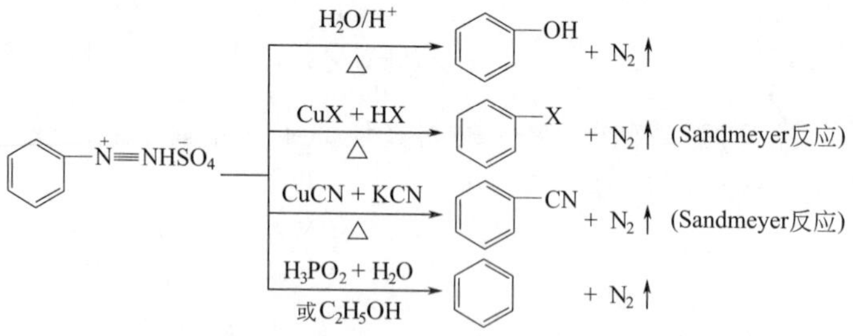

在芳香重氮盐的水解反应中，宜用硫酸重氮盐，而不用氯化重氮盐，原因是因为盐酸重氮盐会带来卤素取代的副产物。氯离子的亲核性比水分子的亲核性强，从而引起竞争反应生成氯代物。与此相反，HSO_4^- 离子的亲核性弱，不会产生竞争性反应。一般认为，这一反应是按 S_N1 机制进行的，首先是重氮正离子失去 N_2，生成苯基正离子。

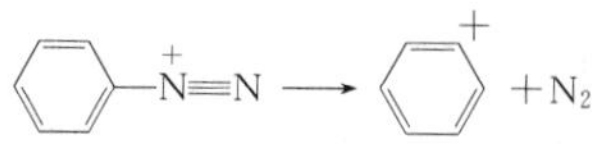

苯基正离子非常活泼，能与溶液中的亲核试剂发生亲核取代反应，氯离子的亲核性更强，容易与苯基正离子结合而生成氯苯。

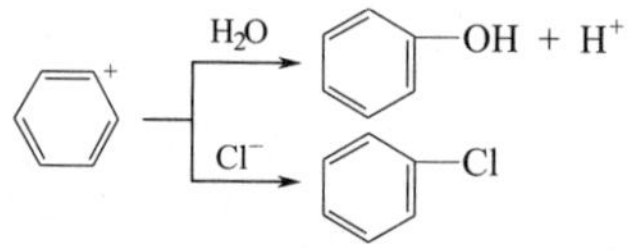

硫酸氢根离子的亲核性较弱，难以与水争夺苯基正离子，故反应的主要产物是酚。重氮盐的水解反应必须在强酸性溶液中进行，以免生成的酚与未作用的重氮盐发生偶联反应。

芳香重氮盐在亚铜盐的催化下，生成氯化物、溴化物和氰化物的反应，称为 Sandmeyer 反应，该反应的机理一般认为是自由基反应。如：

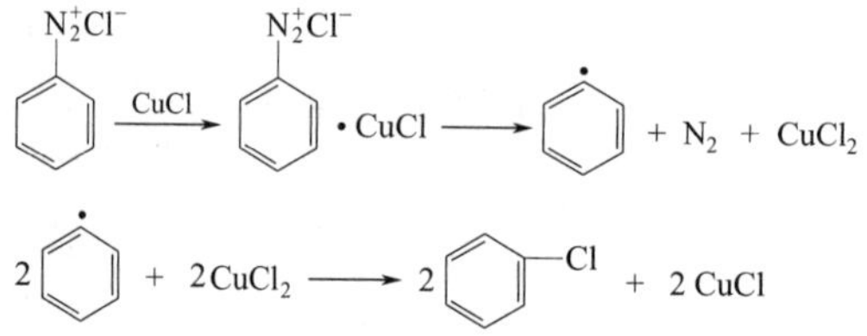

重氮盐与次磷酸或乙醇反应时，重氮基被氢原子取代，放出氮气，这个反应可以除去苯环上的氨基，例如，由甲苯合成 3,5-二溴甲苯。

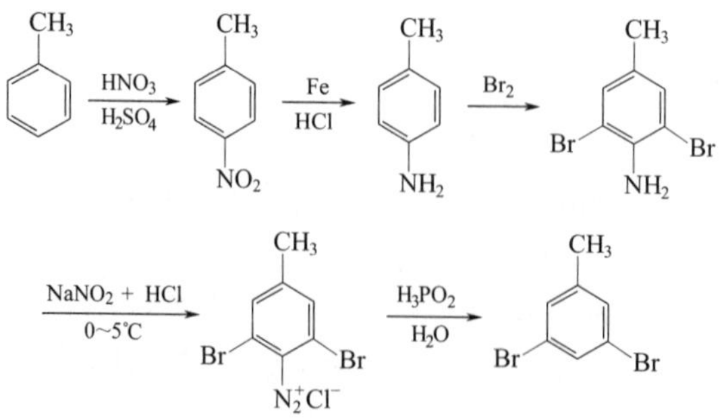

2. 偶联反应（留氮反应）

重氮盐与酚或芳香胺等化合物发生反应，由偶氮基—N＝N—将两个芳环连接起来，生成有颜色的偶氮化合物（azo-compound），此类反应称为偶联反应（coupling reaction）。

重氮离子的共振结构如下：

$$\text{Ar—}\overset{+}{\text{N}}\text{=N:} \longleftrightarrow \text{Ar—}\ddot{\text{N}}\text{=}\overset{+}{\text{N:}}$$

共振结构显示出重氮基的两个 N 原子都带正电荷。所以偶联反应可以看作重氮基是以 $\text{Ar—}\ddot{\text{N}}\text{=}\overset{+}{\text{N:}}$ 参与反应，属于重氮基进攻芳环的亲电取代反应。由于重氮正离子是较弱的亲电试剂，它只能进攻酚、芳胺等活性较高的芳环，发生亲电取代反应，故芳环上的电子云密度越大，越有利于偶联反应的发生。例如：

对羟基偶氮苯（橘黄色）

对二甲氨基偶氮苯（4-二甲氨基偶氮苯）

重氮盐与酚的偶联反应在弱碱性条件下进行最快。因为酚在弱碱性溶液中转变成酚盐，以芳氧负离子（Ar—O^-）参与反应，此芳氧负离子比"—OH"更强烈地供电子给苯环，使苯环的电子云密度增大，反应加快。但是，溶液的碱性不能太强，这是因为若在强碱性溶液中（pH 值＞10），重氮盐转变成重氮酸及重氮酸盐，就不能起偶联作用了。

重氮酸(pH值9～11)　　　　重氮酸盐(pH值11～13)

重氮盐与芳香胺一般在弱酸性或中性条件下反应。反应的最佳 pH 值为 5～7，这是因为胺类在中性或弱酸性溶液中主要以游离胺的形式存在，这时芳胺苯环上电子云密度较大，反应较快。溶液的酸性太强，芳香胺与酸作用生成铵盐，使苯环上的电子云密度降低，不利于偶联反应。

重氮盐与酚或芳香胺的偶联反应受电子效应和空间效应的影响，通常发生在羟基或氨基的对位，当对位被其他取代基占据时则发生在邻位。如下列化合物中箭头所指的位置为偶联反应发生的位置。

(G=—OH, —NH₂, —NHR, —NR₂)

偶氮芳烃有鲜艳的颜色，这是因为偶氮键—N＝N—使两个芳环共轭，大大扩展了 π 电子的离域范围，使得该化合物在可见光区域吸收光，因而显示颜色。偶氮芳烃现已广泛用作染料。有些偶氮染料可用作酸碱指示剂或生物切片的染色剂，如酸性橙 Ⅰ 常用于染羊毛、蚕丝等织物，也可用作生物染色剂；甲基橙则是常用的酸碱指示剂。

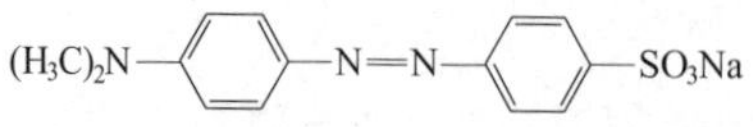

对二甲氨基偶氮苯磺酸钠(甲基橙) 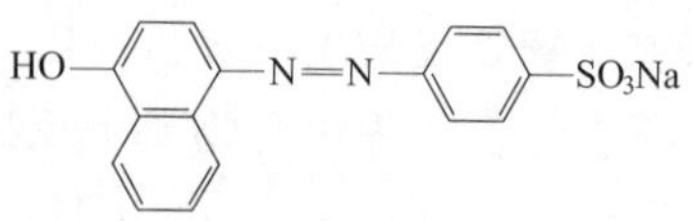　　　　　酸性橙Ⅰ

磺胺类药物

磺胺（sulfanilamdide，SN）是第一个治疗全身性细菌性感染的特效药，它开创了化学药物治疗的新纪元。磺胺类药物（sulfa drug）是继青霉素之后使用的一类化学抗菌药。磺胺类药物的基本结构是对氨基苯磺酰胺，简称磺胺，其结构如下：

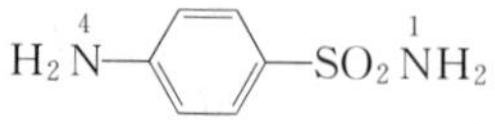

$$H_2N \overset{4}{} \quad \overset{1}{SO_2NH_2}$$

磺胺分子中有磺酰胺基和4-位的氨基两个重要基团，两个基团必须在苯环的对位，即对-氨基苯磺酰胺才有抑菌作用。当 N1 上的 H 原子被某些基团取代时，抗菌作用增强；若 N4 上的 H 被取代，则抗菌能力降低甚至丧失。所以大多数磺胺类药物是 N1 位上的 H 原子被取代的衍生物。

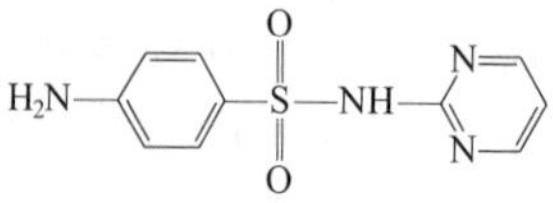

磺胺嘧啶　SD 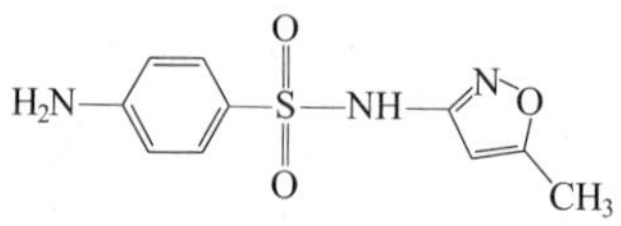　　　　　　　　磺胺甲基异噁唑　SMZ

磺胺类药物具有广谱抗菌作用，因为具有 N4 游离氨基的磺胺与细菌繁殖所需的对氨基苯甲酸结构极为相似，使酶难以识别而达到抑菌作用。

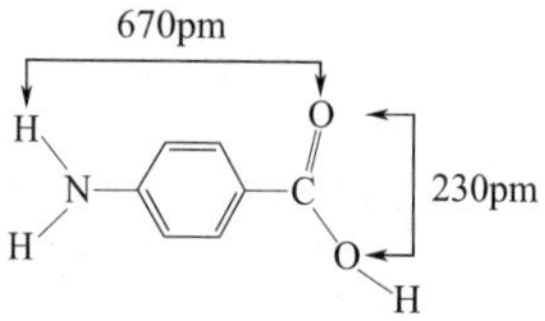

对氨基苯甲酸 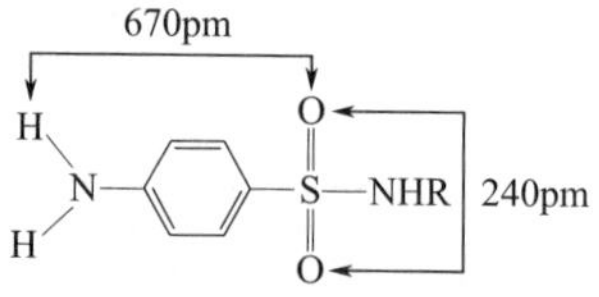　　　　　　　　　对氨基苯磺酰胺

第三节　生物碱

一、生物碱概述

生物碱（alkaloid）是一类存在于生物体内，具有显著生理活性的含氮有机化合物，大多具有碱性。除个别生物碱外，它们都是含氮杂环化合物的衍生物。

生物碱主要存在于植物中，所以又称植物碱。至今分离出的生物碱已有数千种。一种植物中可以含有多种生物碱。同一科的植物所含生物碱的结构往往相似。在植物体内，生物碱一般与有机酸（草酸、乙酸、乳酸、苹果酸等）或无机酸（磷酸、硫酸等）结合成盐而存在于不同器官中，也有少数以酯、糖苷、酰胺或游离碱的形式存在。

很多生物碱对人体或家畜是有效的药物，如麻黄素、小檗碱、阿托品等。当归、甘草、贝母、麻黄、黄连等许多中草药的有效成分都是生物碱。我国对中草药生物碱的研究已取得了显著成果，目前用于临床的生物碱有 100 种以上，如颠茄中的莨菪碱，其外消旋体就是阿托品，临床上用阿托品作抗胆碱药，也可用于平滑肌痉挛、胃和十二指肠溃疡病以及有机磷农药中毒的解毒剂。黄连中的小檗碱，又称黄连素，属于异喹啉类生物碱，可作为广谱抗菌剂，对多种革兰氏阳性细菌及阴性细菌有抑制作用。临床上用于治疗痢疾、胃肠炎等症。麻黄中的麻黄碱可用于平喘。

有一些生物碱使人成瘾，如吗啡、可待因和海洛因等，特别是海洛因，其成瘾性为吗啡的 3～5 倍，因此不作为药用，是一种对人类危害极大的毒品。

吗啡 (Morphine)　　　　可待因 (Codein)　　　　海洛因 (Heroin)

吗啡是中药阿片（旧称鸦片）中最重要、含量最多的有效成分，其纯品为无色六面棱锥状结晶，味苦，难溶于水、醚、氯仿等，较易溶于热戊醇及氯仿与醇的混合溶剂。分子中含有叔胺结构和酚羟基，为两性化合物。临床一般用吗啡的盐酸盐。它是最强烈的镇痛药物，镇痛作用可持续 6h，还能镇咳，但易成瘾，一般只为解除晚期癌症患者的痛苦而使用，正常大手术患者在三天内也可小剂量使用。

可待因也是阿片中的有效成分，为无色斜方锥状结晶，味苦，无臭，微溶于水，溶于沸水、乙醇等。临床一般用其磷酸盐，作用于中枢神经系统，主要用于镇咳，也有镇痛作用，但其强度较吗啡弱。因其成瘾性较吗啡弱，所以较吗啡安全，但长期使用也易成瘾。

二、 生物碱的一般性质和提取方法

多数生物碱是无色有苦味的晶体。分子中含有手性碳原子，具有旋光性，能溶于氯仿、乙醇、乙醚等有机溶剂，不溶或难溶于水，但其盐类一般易溶于水。生物碱可被许多试剂沉淀或与之发生颜色反应。能使生物碱沉淀的试剂有丹宁、苦味酸、磷钼酸、磷钨酸、$I_2 + KI$、$HgI_2 + KI$ 等，能与生物碱发生颜色反应的试剂有硫酸、硝酸、甲醛、氨水、高锰酸钾、重铬酸钾等。这些试剂统称生物碱试剂，它们常用于检验生物碱的存在。

从植物中提取生物碱，通常是把含有生物碱的植物切碎，用稀酸（盐酸或硫酸）处理，使生物碱成为无机盐而溶于水中，再在此溶液中加入氢氧化钠使生物碱游离出来，最后用有机溶剂提取，蒸出溶剂便得到较纯的生物碱。在某些情况下，也可用碱直接处理切碎的植物，游离出生物碱，然后再用有机溶剂萃取。有些生物碱（如烟碱）可随水蒸气挥发，因此可用水蒸气蒸馏法提取；个别生物碱（如咖啡碱）则可用升华的方法来提取。

三、 常见生物碱

大部分生物碱分子中均含有杂环结构，并具有碱性，另有部分生物碱分子中不含杂环，还有一些生物碱的结构尚未确定。常见重要生物碱名称、结构式、来源、性质和用途见表

11-3。

表 11-3　常见生物碱举例

名称	结构式	来源	性质和用途
麻黄碱		麻黄	麻黄碱为左旋体,无色晶体,熔点38℃,易溶于水和乙醇,有平喘、止咳、发汗的药理功能
秋水仙碱		秋水仙	浅黄色针状晶体,熔点155~157℃,易溶于氯仿,不溶于乙醚。毒性很大。临床可以用来治疗皮肤癌和乳腺癌
烟碱 (尼古丁)	 (含吡啶和四氢吡咯环)	烟草	无色液体,沸点247℃,左旋。味苦,可溶于水,有毒,可作农业杀虫剂
莨菪碱	 (含氢化吡咯和氢化吡啶环)	颠茄	白色结晶,难溶于水,易溶于酒精。具有镇痛及解痉挛作用,常用作麻醉前给药,眼科中常用来扩大瞳孔,能抢救有机磷中毒
黄连素 (小檗碱)	 (含异喹啉环)	黄连、黄柏	黄色结晶,味极苦,熔点145℃,易溶于水,系抗菌药物
茶碱		茶叶	嘌呤衍生物 收敛、利尿
奎宁		金鸡纳树	抗疟疾药,并有退热作用

■■■ 本章小结 ■■■

　　胺是氨的烃基取代物。根据与氮原子直接相连的烃基的种类不同,胺分为脂肪胺和芳香胺；根据氮原子上连接的烃基数目不同，胺分为伯胺、仲胺、叔胺；根据分子中所含氨基数目不同，胺还可以分为一元胺、二元胺和多元胺。简单胺的命名是在"胺"字前加上烃基名称，称"某胺"；芳香胺以芳胺为母体，脂肪烃基作为取代基写在母体名称前；复杂胺则将氨基作为取代基，以烃或其他官能团为母体来命名；季铵类化合物的命名与无机铵盐或氢氧化铵的命名相似。

脂肪胺具有与氨类似的结构；苯胺分子中氮原子的孤对电子所占的轨道与苯环的 π 轨道具有类似 p-π 共轭体系的结构特点。胺的水溶液呈碱性。胺的碱性强弱是电子效应、水的溶剂化效应和空间效应共同作用的结果，胺类化合物的碱性强弱顺序为：季铵碱＞脂肪胺＞氨＞芳香胺。

胺是亲核试剂，能与卤代烷发生烷基化反应，与酰氯或酸酐发生酰化反应，与苯磺酰氯或对甲苯磺酰氯发生磺酰化反应。伯、仲、叔胺与亚硝酸反应各不相同，脂肪胺和芳香也有差异。脂肪伯胺与亚硝酸反应生成醇以及烯、卤代烷等，并有氮气放出；芳香伯胺与亚硝酸在低温（一般＜5℃）及过量强酸水溶液中反应生成芳香重氮盐。脂肪仲胺和芳香仲胺与亚硝酸反应，都是在氮上引入亚硝基，生成 N-亚硝基化合物。脂肪叔胺与亚硝酸反应生成不稳定易水解的盐；芳香叔胺与亚硝酸反应，容易进行亲电取代反应，取代反应优先发生在氨基对位，当对位被其他取代基占据时则发生在邻位，生成 C-亚硝基化合物。

重氮盐在不同的条件下可以被羟基、氰基、卤素、氢原子等取代，生成酚类化合物、芳腈、卤代苯、苯等，同时放出氮气，所以这类反应也称为放氮反应。重氮盐能与活泼的酚或芳胺作用，通过偶氮基（—N＝N—）将两者连接起来，生成一类有颜色的偶氮化合物，该反应称为偶联反应，也称留氮反应。

生物碱又称植物碱，是一类含氮碱性有机化合物。大多数游离生物碱均不溶或难溶于水，易溶于有机溶剂。生物碱盐溶解性与生物碱相反。生物碱盐遇较强的碱，仍可变为不溶于水的生物碱。生物碱遇一些试剂能发生沉淀反应或产生不同的颜色，可用来鉴别生物碱。

习　题

11-1　命名下列化合物。

(1) $CH_3CH_2N(CH_3)_2$

(2) 结构式

(3) 结构式

(4) 结构式

11-2　写出下列化合物的结构式。

(1) 胆碱　　(2) 氢氧化四丁基铵　　(3) 2-氨基乙醇　　(4) N,N-二甲基苯胺

(5) 4-羟基-4'-溴偶氮苯　　(6) 碘化四异丙基铵　　(7) N-甲基苯磺酰胺

(8) 对氨基苯磺酰胺　　(9) 4-甲基-1,3-苯二胺　　(10) 邻苯二甲酰亚胺

11-3　将下列各组化合物按碱性强弱次序排列。

(1) 乙胺、氨、苯胺、二苯胺、N-甲基苯胺

(2) 苯胺、乙酰苯胺、苯磺酰胺、N-甲基乙酰苯胺

(3) 对甲苯胺，苄胺，2,4-二硝基苯胺，对硝基苯胺

11-4　完成下列反应方程式。

(1) $\underset{\text{(苯环)}}{\bigcirc}-NHCH_2CH_3 \xrightarrow{CH_3I}$

(2) $H_3CO-\underset{\text{(苯环)}}{\bigcirc}-NHCH_2CH_3 \xrightarrow{CH_3COCl}$

(3) $Br-\underset{\text{(联苯)}}{\bigcirc\bigcirc}-NO_2 \xrightarrow{?} Br-\underset{\text{(联苯)}}{\bigcirc\bigcirc}-NH_2 \xrightarrow{NaNO_2/HCl}$

11-5 用化学方法鉴别下列各组化合物。

(1) 苯胺、N-甲基苯胺、N,N-二甲基苯胺

(2) 苯胺、环己胺、苯甲酰胺

(3) 苯胺、苯酚、环己胺

11-6 完成下列合成。（无机试剂任选）

(1) 由 $\underset{\text{(苯环)}}{\bigcirc}-NH_2$ 合成 $H_2N-\underset{\substack{Br\\ \\Br}}{\bigcirc}-CH_3$

(2) 由 $H_2N-\underset{\text{(苯环)}}{\bigcirc}-CH_3$ 合成 $HOOC-\underset{\text{(苯环)}}{\bigcirc}-COOH$

11-7 化合物 A 的分子组成为 $C_7H_{15}N$。A 不能使 Br_2 的 CCl_4 溶液褪色，能与 HNO_2 作用放出气体，得到化合物 B，分子组成为 $C_7H_{14}O$；B 与浓硫酸共热得到化合物 C，分子组成为 C_7H_{12}；C 与 $KMnO_4$ 反应得到一氧化产物 D，分子组成为 $C_7H_{12}O_3$；D 与 NaIO 作用生成碘仿和己二酸。试推断 A、B、C、D 可能的分子结构，并写出有关的反应式。

11-8 分子式为 $C_7H_7NO_2$ 的化合物 A，与 Fe＋HCl 反应生成分子式为 C_7H_9N 的化合物 B；B 和 $NaNO_2$＋HCl 在 0～5℃反应生成分子式为 $C_7H_7N_2$ 的 C；在稀盐酸中 C 与 CuCN 反应生成化合物 C_8H_7N (D)；D 在稀酸中水解得到一个酸 $C_8H_8O_2$ (E)；E 用高锰酸钾氧化得到另一种酸 F；F 受热时生成分子式为 $C_8H_4O_3$ 的酸酐。试推测 A～F 的构造式，并写出各步反应式。

11-9 α-甲基多巴（α-methyldopa）是一种降压药，服后在体内脱羧，再 β-羟基化，得到活性化合物 α-甲基去甲肾上腺素（α-methylnorephrine）。试写出 α-甲基多巴脱羧中间体及 β-羟基化产物。

$$HO-\underset{HO}{\bigcirc}-CH_2-\overset{\overset{CH_3}{|}}{\underset{\underset{NH_2}{|}}{C}}-COOH$$

α-methyldopa

第十二章

杂环化合物

　　成环的原子除了碳原子外，还含有其他原子的环状有机化合物称为杂环化合物（heter-ocyclic compound）；环上除碳以外的原子称为杂原子（heteroatom），常见的杂原子有氧、硫、氮等。由于内酯、交酯、环状酸酐、内酰胺等性质上与相应的开链化合物相似，它们不属于杂环化合物。本章讨论的杂环化合物都具有不同程度的芳香性，被称为芳香杂环化合物（aromatic heterocycle）。它们一般比较稳定，不容易开环。

　　杂环化合物在自然界分布很广，种类繁多，数量庞大，约占有机化合物总数的半数以上。许多杂环化合物具有一定的生物活性，如叶绿素、氨基酸、维生素、血红素、核酸、生物碱等，大多数都在生命的生长、发育、遗传和衰亡过程中起着关键作用。药物中，杂环类化合物占了相当大的比重，如青霉素、头孢菌素（先锋霉素）、喹诺酮类以及治疗肿瘤的 5-氟尿嘧啶、喜树碱、紫杉醇等。近几十年来，杂环化合物的理论和应用研究有了很大的进展。因此，杂环在有机化合物中占有重要地位。

第一节　杂环化合物的分类和命名

　　杂环化合物按照所含杂原子的数目分为 1 个、2 个或多个杂原子的杂环；按环的形式又可分为单杂环和稠杂环；单杂环又可按环的大小分为五元杂环和六元杂环。详见表 12-1。

　　杂环化合物的命名比较复杂，我国目前主要采用"音译法"，即把杂环化合物的英文名称的汉字译音，再加上"口"字偏旁表示杂环名称。当杂环有取代基时，以杂环为母体，对环上的原子编号。编号的原则：从杂原子开始，依次为 1，2，3，…，或从杂原子旁边的碳原子开始，依次用 α、β、γ……编号，取代基的名称及在环上的位次写在杂环母体前。

表 12-1　常见杂环化合物结构和名称

杂环的种类	重要的杂环					
五元杂环	呋喃 (furan)	噻吩 (thiophene)	吡咯 (pyrrole)	噻唑 (thiazole)	吡唑 (pyrazole)	咪唑 (imidazole)

杂环的种类	重要的杂环
六元杂环	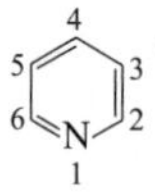 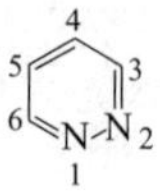 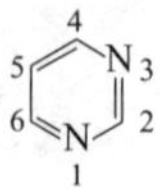 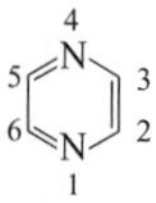 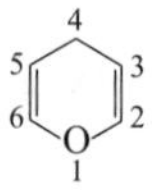 吡啶 (pyridine)　哒嗪 (pyridazine)　嘧啶 (pyrimidine)　吡嗪 (pyrazine)　吡喃 (pyran)
稠杂环	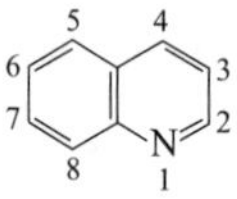 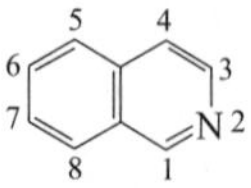 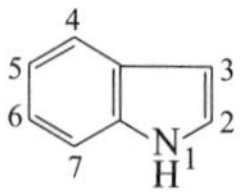 喹啉 (quinoline)　异喹啉 (isoquinoline)　吲哚 (indole)
	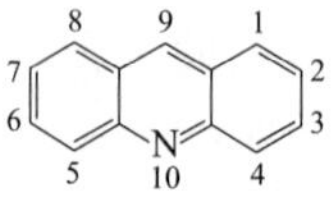 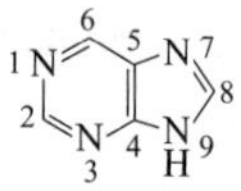 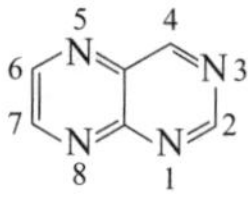 吖啶 (acricine)　嘌呤 (purine)　蝶啶 (pteridine)

当环上有两个或两个以上相同杂原子时，尽可能使杂原子编号最小；如果其中的一个杂原子上连有氢，应从连有氢的杂原子开始编号。如环上有多个不同种类杂原子时，则按 O、S、N 的顺序排列。例如：

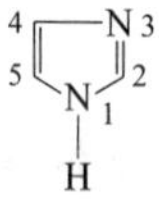

咪唑 (imidazole)　　噻唑 (thiazole)　　噁唑 (oxazole)

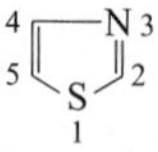

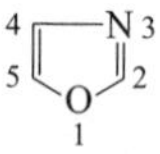

当环上有取代基时，先将取代基的名称放在杂环基本名称前面，并标明位置编号。如：

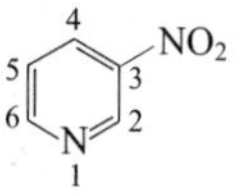

3-硝基吡啶 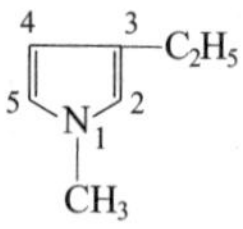　　　1-甲基-3-乙基吡咯

稠杂环有固定的编号顺序，通常从杂原子开始，依次编号一周（共用碳原子一般不编号），并尽可能使杂原子的编号小。例如：

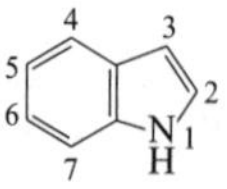

吲哚 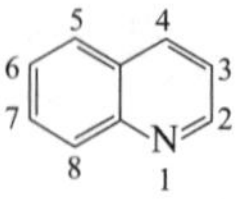　　　　喹啉

但有些稠杂环有特殊的编号顺序。例如：

嘌呤   异喹啉

第二节 五元杂环化合物

一、 吡咯、 呋喃、 噻吩的结构

  吡咯、呋喃与噻吩都是含有一个杂原子的五元杂环，它们具有相似的电子结构，环上的碳原子与杂原子均以 sp^2 杂化轨道与相邻的原子彼此以 σ 键构成五元环，成环的五个原子位于同一平面，每个原子都有一个未参与杂化的 p 轨道与环平面垂直，碳原子的 p 轨道有一个 p 电子，而杂原子的 p 轨道有 2 个电子，这些 p 轨道相互侧面重叠形成封闭的大 π 键，大 π 键的 π 电子数为 6 个，符合（$4n+2$）规则，因此，这些杂环具有芳香性。吡咯杂原子的第三个 sp^2 杂化轨道中有一个电子，与氢原子形成 N—H σ 键，呋喃和噻吩的杂原子均有一对未共用电子对（又称孤对电子），详见图 12-1。

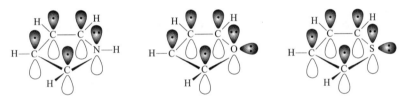

图 12-1 吡咯、呋喃和噻吩的轨道结构示意图

  吡咯、呋喃和噻吩是具有六个 π 电子的五元芳杂环，环上电子云密度比苯环上的大，因此它们是"富电子"芳杂环，均比苯活泼，容易进行亲电取代反应。

  由于杂原子（N、O、S）的电负性比碳大，导致吡咯、呋喃和噻吩杂环上的 π 电子云密度不像苯环那样均匀，这点从键长平均化程度的差异就可得到证实：苯的碳碳键长均为 139pm，而吡咯、呋喃和噻吩的键长平均化程度远不如苯。因此，它们与苯在芳香性上，既有共性又有程度上的差别。

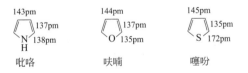

吡咯   呋喃   噻吩

二、 吡咯、 呋喃、 噻吩的化学性质

1. 亲电取代反应

  亲电取代是吡咯、呋喃和噻吩的典型反应。由于它们环上的电子云密度比苯大，因此亲电取代反应比苯容易发生，反应活性为吡咯＞呋喃＞噻吩＞苯，主要发生在电子云密度高的

α 位。

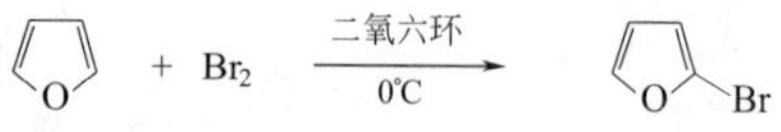

α-溴呋喃

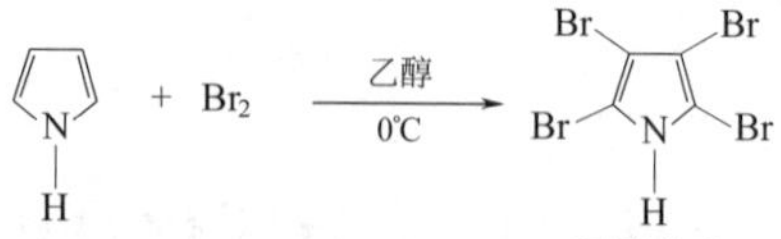

四溴吡咯

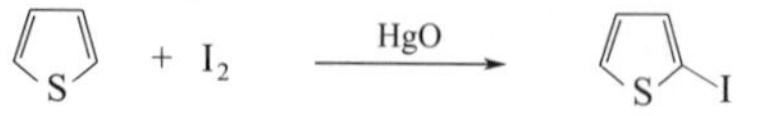

α-碘噻吩

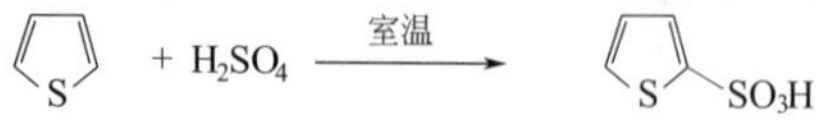

α-噻吩磺酸

由于吡咯、呋喃的反应活性比噻吩要大，在强酸条件下，易发生杂原子质子化，导致芳香大 π 键被破坏，所以吡咯和呋喃的硝化、磺化反应不能在强酸性条件下进行，需选用较温和的非质子试剂。磺化时，通常采用吡啶和三氧化硫的加合物进行反应。

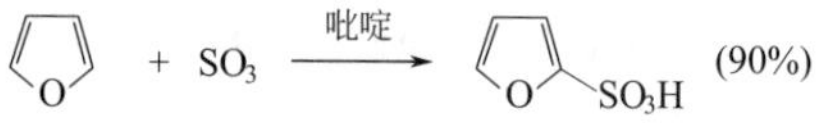

α-呋喃磺酸

而硝化则采用较温和的非质子性试剂硝乙酐（又称硝酸乙酰酯）在低温下进行：

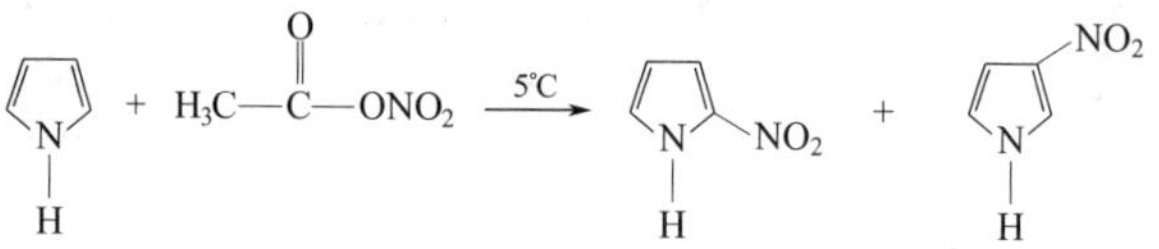

(83%) (7%)

α-硝基吡咯 β-硝基吡咯

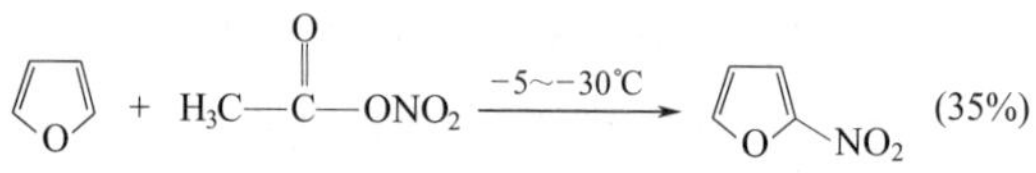

α-硝基呋喃

呋喃、吡咯和噻吩也能发生傅-克反应，如傅-克酰基化反应：

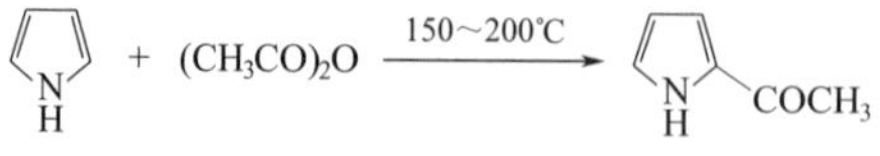

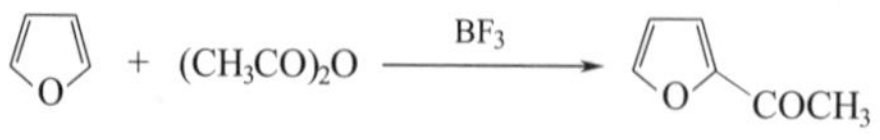

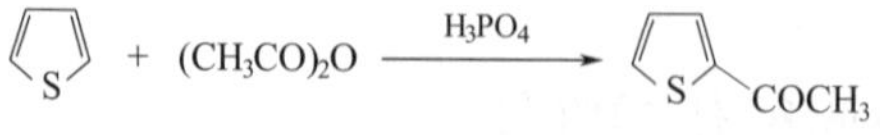

2. 吡咯的酸碱性

吡咯虽具有仲胺的结构，但几乎没有碱性，这是由于吡咯分子中的氮原子上未共用电子对参与环的共轭，使 N 上的电子云密度降低，不再具有给电子对的能力，与质子难以结合。

相反，由于这种共轭作用，使吡咯的 N—H 键极性增加，氢显示出弱酸性（p$K_a^{\ominus}$=17.5）。吡咯在无水条件下可以与固体氢氧化钾共热生成盐。

三、 重要的五元杂环化合物

1. 吡咯的衍生物

吡咯的衍生物在自然界分布很广，如植物的叶绿素、动物的血红素（heme）、维生素 B_{12} 以及许多生物碱等，它们都具有重要的生理活性。

血红素的基本结构含有卟吩（porphin）环，卟吩环是由 4 个吡咯环之间 α-碳原子通过四个次甲基（—CH＝）相连，形成一个含十八个 π 电子的芳香体系。

卟吩   血红素

血红素存在于哺乳动物的红细胞中，与蛋白质结合成血红蛋白，是运输氧和二氧化碳的载体。另外血红素还可以与一氧化碳、氰离子结合，结合方式也与氧气完全一样，所不同的是一氧化碳、氰离子与血红素结合得比氧牢固得多，一氧化碳、氰离子和血红素一旦结合就很难分开，这就是煤气和氰化物中毒的原理。遇到这种情况时，可以使用其他与卟吩环结合能力更强的物质来解毒，比如一氧化碳中毒也可以通过静脉注射亚甲蓝的方法来救治。

2. 咪唑及其衍生物

吡咯环上 3 位的 CH 被氮原子取代生成的化合物称为咪唑（结构式见表 12-1），咪唑 1 位和 3 位的氮都是 sp^2 杂化，但咪唑 1 位氮以一对 p 电子参与共轭（与吡咯相似），而咪唑中 3 位氮以一个 p 电子参与共轭（与吡啶相似）；咪唑 π 电子为 6，符合 Hückel 规则，具有一定的芳香性。

咪唑环中氮上的 H 可以转移到另一个 N 原子上，能发生互变异构现象，例如甲基咪唑。

咪唑   4-甲基咪唑   5-甲基咪唑

4-甲基咪唑和 5-甲基咪唑就是两个互变异构体。但如果咪唑氮上的氢被其他原子或基团取代，就不可能发生这种互变异构现象。

咪唑环既是质子给予体，又是质子接受体，在生物体内起着催化质子转移的重要作用。生物体内的组氨酸分子中含有一个咪唑基，它的 pK_a 值接近生理 pH 值（7.35）。它既是一个弱酸，又是一个弱碱。在生理环境中，它既能接受质子，又能解离质子，起到一种质子传递的作用。由于这些特性所致，组氨酸的咪唑基常是构成酶或蛋白质活性中心的重要基团。

咪唑的衍生物广泛存在于自然界，如组氨酸（histidine）、毛果芸香碱（pilocarpine）、维生素 H（vitamin H，或辅酶 R）等。

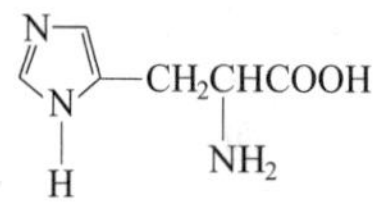

组氨酸 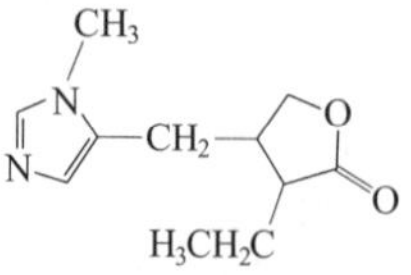　　　　　　　毛果芸香碱 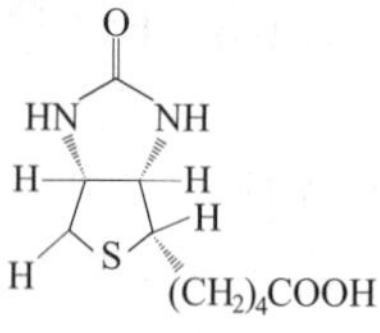　　　　　　　　维生素H

毛果芸香碱是重要的药物，常用于治疗青光眼和排除体内的汞、铅等盐类毒物。

维生素 H 又称作辅酶 R。它是活细胞中的一种生长因素，也叫作生物素，在动物的肝脏中含量最丰富（0.0001%）。

3. 噻唑及其衍生物

噻唑是含有氮和硫的五元杂环化合物，噻唑氮原子具有亲核性，可以发生烷基化反应，生成噻唑鎓盐。在青霉素和维生素 B_1 的结构中都含有噻唑或氢化噻唑环。

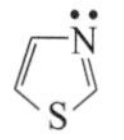

噻唑 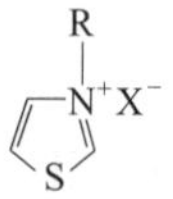　　　　　　　　噻唑鎓盐

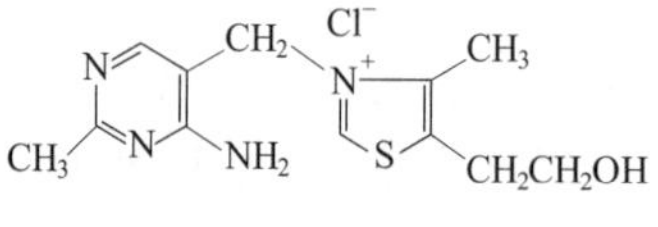

维生素B₁　　　　　　　　　　青霉素 (基本结构)

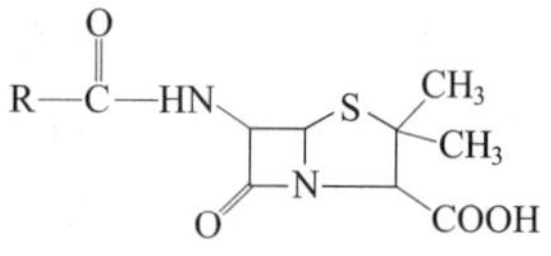

青霉素属于 β-内酰胺类抗生素，该类抗生素作用机制被认为是抑制细菌细胞壁的合成。青霉素能够与进行生物合成细胞壁主要酶上的氨基进行反应，使酶失去活性，如下所示：

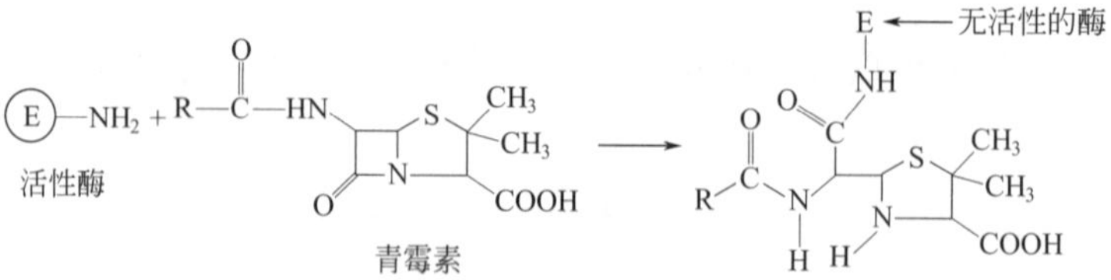

人类的细胞没有细胞壁，所以青霉素不会破坏人体细胞，副作用很小。

有些细菌对青霉素会产生耐药性，这是由于对青霉素产生耐药性的菌株产生了一种称为青霉素酶的酶，它使青霉素水解生成青霉素酸。青霉素酸分子中没有 β-内酰胺环，不能与进行生物合成细胞壁主要酶上的氨基反应，因此不能阻止细菌细胞壁的合成。

第三节 六元杂环化合物

六元杂环化合物分为含一个杂原子和多个杂原子的化合物，下面介绍吡啶及其衍生物。

一、 吡啶的结构

苯环的一个 CH 换成氮原子就是吡啶。环上的五个碳原子和一个氮原子都以 sp^2 杂化轨道相互重叠形成六个 σ 键，构成一个平面六元环。每个原子剩下的 p 轨道相互平行重叠，形成闭合的共轭体系，π 电子数为 6，符合 Hückel 规则，具有芳香性。此外，氮原子上的一对孤对电子占据一个 sp^2 杂化轨道，孤对电子不参与共轭体系，可以与质子结合，具有碱性。

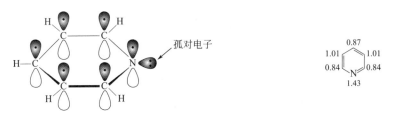

图 12-2　吡啶的轨道结构和各原子相对电子云密度

但是在吡啶的分子中，氮原子的作用类似硝基苯中的硝基，令环上的电子云密度降低了，环上各原子的相对电子云密度如图 12-2 所示。因此它又被称作"缺 π"芳杂环，这一作用也使吡啶具有较强的极性。

吡啶是一种应用广泛的溶剂。一方面，氮原子上的未共用电子对可以与水形成氢键，使吡啶能与水以任意比例互溶，且和水可形成共沸物（沸点 92.6℃，含水 43%）；另一方面，因氮原子还能与某些金属离子（如 Ag^+、Ni^{2+}、Cu^{2+} 等）形成配位键，而使吡啶可以溶解无机盐类；再者，由于吡啶结构中的烃基与有机分子有较大的亲和力，所以吡啶能溶解大多数极性和非极性的有机化合物。

二、 吡啶的化学性质

吡啶是一种具有特殊气味的无色液体，既能溶于水，又能溶于多种有机溶剂，是常用的高沸点溶剂，也是一种非常重要的有机合成原料。

1. 碱性

吡啶分子中的氮原子的一对未共用电子未参与形成闭合共轭体系，具有叔胺的类似结构，所以是一个碱，能与酸成盐。常利用吡啶的这个性质来洗除反应体系中的酸。

$$\text{吡啶} + \text{HCl} \rightleftharpoons \text{吡啶}^+ \text{N-H} \quad \text{Cl}^-$$

$$\text{吡啶} + \text{H}_2\text{O} \rightleftharpoons \text{吡啶}^+ \text{N-H} \quad \text{OH}^-$$

吡啶的 $pK_b = 8.8$，其碱性比苯胺强，比氨和脂肪胺弱，这是由于其氮原子上未参与共轭体系的一对未共用电子处于 sp^2 杂化轨道上，s 成分较多，电子受原子核束缚较强，因而碱性较弱。

2. 亲电取代与亲核取代反应

吡啶环上由于氮原子的电负性大，使得环上碳原子的电子云密度较苯低，尤其与质子或 Lewis 酸结合使氮原子带正电荷后，环上碳原子的电子云密度更低。吡啶的亲电取代要比苯难很多，与硝基苯相似，亲电取代反应主要发生在 β 位，而且一般产物的收率较低。例如：

$$\text{吡啶} + \text{HNO}_3 \xrightarrow[300\,^\circ\text{C}]{\text{KNO}_3} \text{3-NO}_2\text{吡啶} \quad (15\%)$$

β-硝基吡啶

$$\text{吡啶} \xrightarrow[250\,^\circ\text{C}]{\text{发烟 H}_2\text{SO}_4} \text{3-SO}_3\text{H吡啶} \quad (71\%)$$

β-吡啶磺酸

$$\text{吡啶} \xrightarrow[300\,^\circ\text{C}]{\text{Br}_2} \text{3-Br吡啶} \quad (39\%)$$

β-溴吡啶

另一方面，吡啶环上由于电子云密度比苯环小，是一个"缺 π"电子体系，所以较易进行亲核取代反应，主要生成 α-位取代产物。例如：

$$\text{吡啶} + \text{NaNH}_2 \xrightarrow{100\sim150\,^\circ\text{C}} \text{2-NHNa吡啶} \xrightarrow{\text{H}_2\text{O}} \text{2-NH}_2\text{吡啶}$$

当吡啶环的 α 位或 γ 位上有易离去基（如 Cl，Br）时，与较弱的亲核试剂（如 NH_3，H_2O 等）作用，就能发生亲核取代。例如：

$$\text{4-Cl吡啶} \xrightarrow[180\sim200\,^\circ\text{C}]{\text{NH}_3} \text{4-NH}_2\text{吡啶}$$

$$\text{2-Br吡啶} \xrightarrow[\triangle]{\text{NaOH/H}_2\text{O}} \text{2-OH吡啶}$$

3. 吡啶的氧化与还原反应

吡啶环较稳定，一般不容易被氧化，当环上连有烷基侧链时，侧链可被氧化为羧基。

$$\text{3-CH}_3\text{吡啶} \xrightarrow[\triangle]{\text{KMnO}_4} \text{3-COOH吡啶}$$

β-甲基吡啶 β-吡啶甲酸

$$\text{苯基吡啶} \longrightarrow \text{HOOC-吡啶}$$

γ-吡啶甲酸

相反，吡啶较苯易被还原，用还原剂（$Na + EtOH$）或催化加氢都可使吡啶还原为哌啶。

$$\text{哌啶 (六氢吡啶)}$$

三、 重要的六元杂环化合物

1. 吡啶的衍生物

吡啶的各种衍生物广泛存在于生物体内，并且大都具有较强的生物活性，在生物体的生长、发育等全过程都起着重要的作用。

β-吡啶甲酸（烟酸）为 B 族维生素之一，与 β-吡啶甲酰胺（烟酰胺）统称为"维生素PP"，在米糠、酵母、肝脏、牛乳、肉类和花生中含量较多，烟酸和烟酰胺可用于防治糙皮病、口腔炎及血管硬化等症。另外，4-甲基吡啶的氧化产物异烟酸（4-吡啶甲酸）是合成治疗结核病药物异烟肼（雷米封，Rimifon）的中间体。

β-吡啶甲酸 (烟酸)　　　　β-吡啶甲酰胺 (烟酰胺)　　　　异烟肼

维生素 B_6 在动植物体内分布很广，谷类外皮含量尤为丰富。维生素 B_6 是蛋白质代谢过程中的必需物质，临床上主要用于防治周围神经炎，减轻抗癌药和放射疗法引起的不良反应如恶心、呕吐以及白细胞减少症。

吡哆醇　　　　　　吡哆醛　　　　　　吡哆胺

维生素 B_6 包括吡哆醇（pyridoxine）、吡哆醛（pyridoxal）和吡哆胺（pyridoxamine），三者之间可以相互转化。维生素 B_6 在体内以磷酸酯的形式存在，磷酸吡哆醛和磷酸吡哆胺是其活性形式，是氨基酸代谢中的辅酶。

二氢吡啶类钙通道阻滞剂药物是一类在临床上广泛使用并非常重要的治疗心血管疾病的药物，具有很强的扩张血管作用，在整体条件下不抑制心脏，适用于冠脉痉挛、高血压、心肌梗死等疾病，如硝苯地平（Nifedipine）、尼莫地平（Nimodipine）等。

硝苯地平 (Nifedipine)　　　　　　尼莫地平 (Nimodipine)

2. 嘧啶及其衍生物

嘧啶是含有两个氮原子的六元杂环化合物，与吡啶相比，环上电子云密度更低，更难发生亲电取代反应。嘧啶是无色固体，熔点为 22℃，易溶于水，具有弱碱性（$pK_b=11.3$）。

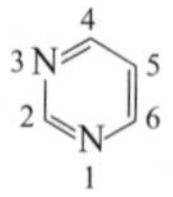

嘧啶在自然界并不存在，但它的衍生物在自然界分布很广，生物碱、核酸及很多药物中都含有嘧啶结构，氨基、羟基取代的嘧啶广泛存在于生物体中，如核酸是细胞中最重要的生物大分子，它的碱基组成中就有胞嘧啶（cytosine）、胸腺嘧啶（thymine）、尿嘧啶（uracil）等。它们具有重要的生物活性。

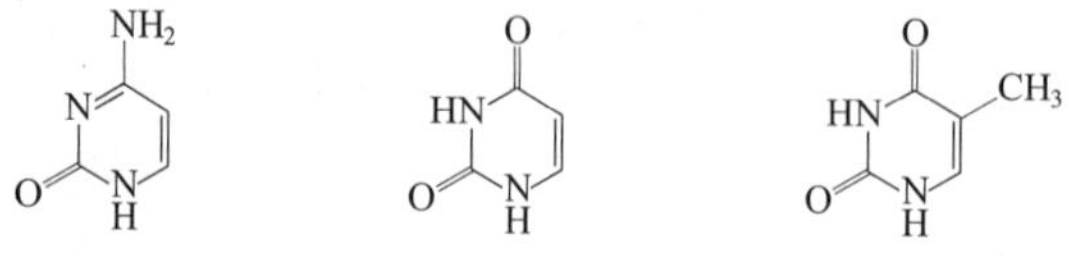

胞嘧啶 (C)　　　　尿嘧啶 (U)　　　　胸腺嘧啶 (T)

目前临床上使用的许多药物含嘧啶环，如抗癌药物氟尿嘧啶（Fluorouracil）、盐酸阿糖胞苷（Cytarabine Hydrochloride）等。

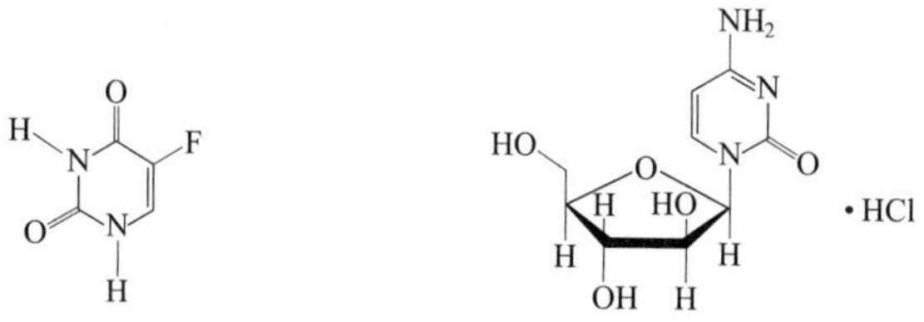

氟尿嘧啶　　　　　　　盐酸阿糖胞苷

第四节　稠杂环化合物

一、 吲哚和吲哚衍生物

吲哚（indole）由苯环与吡咯环稠合而成，存在于煤焦油、各种植物及粪便中，为无色晶体，熔点为 52℃，具有极臭的气味，但在极稀时则有香味，因此可以用作香料。

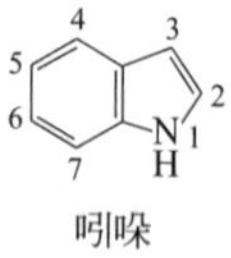

吲哚

吲哚为含有 10 个 π 电子的环状共轭体系，具有芳香性。吡咯环的电子云密度高于苯环，因此亲电取代主要在吡咯环上进行，反应一般发生在 C3 位。

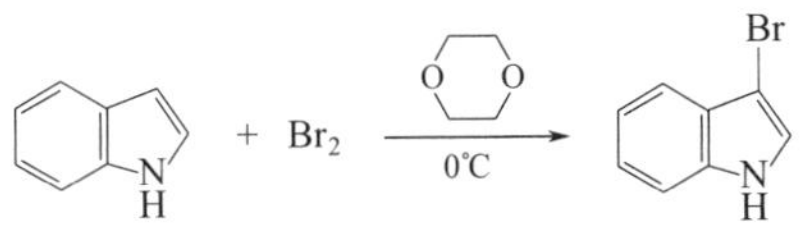

3-溴吲哚

吲哚的衍生物具有重要的生理功能，如 β-吲哚乙酸是一种植物生长调节剂；色氨酸是一种人体必需的氨基酸；5-羟色胺存在于哺乳动物的脑中，是活跃于中枢神经系统中的神经递质和血管收缩剂。

β-吲哚乙酸，首次是从尿中取得的，并证明为一种植物生长激素。少量时能促进植物生长，如用量大时则对植物有杀伤作用，侧链上如果再多一个 CH_2 就会失去其生理效能。

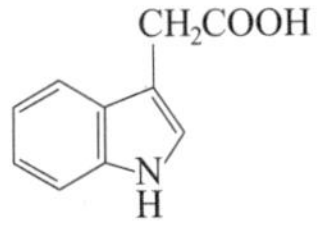

色氨酸广泛存在于天然蛋白质中，但是哺乳动物自身在体内并不能合成 L-色氨酸，而是必须要通过饮食从体外摄取，色氨酸在体内经过代谢以后主要生成 5-羟色胺。

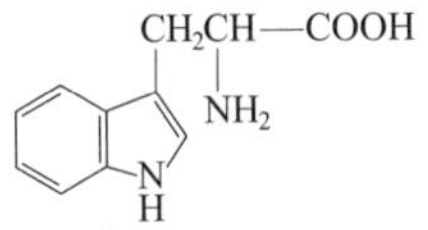

现代的研究初步证明，5-羟色胺在人的神经活动过程中起重要作用，也称它为神经营养物质，当人脑中的 5-羟色胺含量突然改变时，人就会表现出神经失常现象。

二、 喹啉和异喹啉

喹啉（quinoline）与异喹啉（isoquinoline）是由苯环与吡啶环稠合而成。

喹啉与异喹啉都存在于煤焦油和骨油中。喹啉是一种无色油状液体，有恶臭味，气味与吡啶类似，异喹啉为低熔点固体，气味与苯甲醛相似。

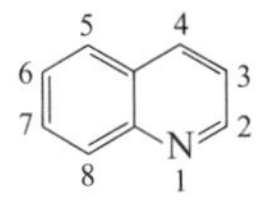

喹啉 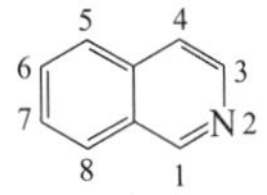　　　　　　　　　　异喹啉

喹啉和异喹啉都具有芳香性，但苯环的电子云密度比吡啶高，所以亲电取代反应在苯环上进行，主要发生在 C5 和 C8 位。

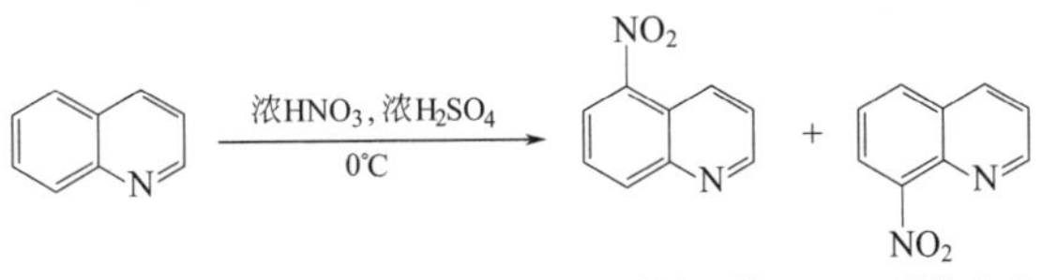

5-硝基喹啉　　8-硝基喹啉

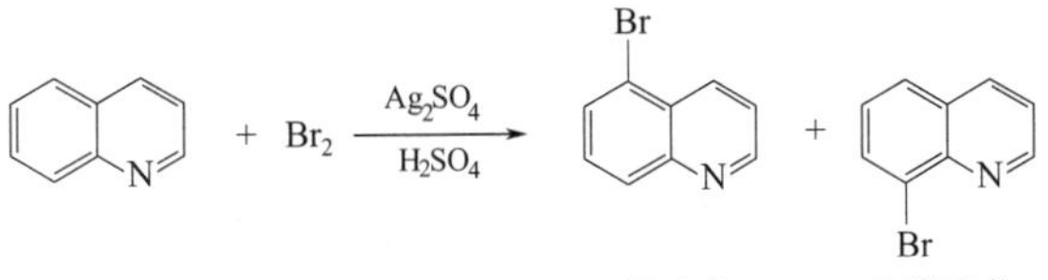

5-溴喹啉　　8-溴喹啉

喹啉与异喹啉氧化或还原都比苯容易。氧化易发生在电子云密度高的苯环上，而加氢还原则在电子云密度低的吡啶环上进行。

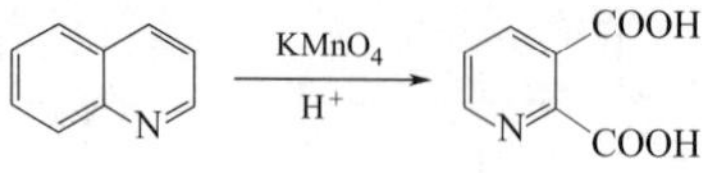

2,3-吡啶二甲酸

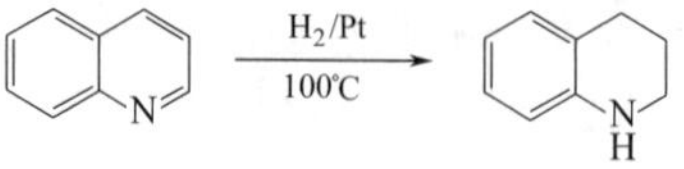

四氢喹啉

三、 嘌呤和嘌呤衍生物

嘌呤（purine）是咪唑和嘧啶并联的稠杂环，其编号也比较特殊，共用碳原子也要编号，需特别记忆。

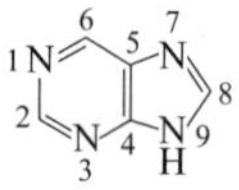

嘌呤

嘌呤为白色固体，熔点为 $216 \sim 217℃$，溶于水，水溶液呈中性。嘌呤可分别与酸或碱生成盐。嘌呤存在两个互变异构体，在生物体内平衡主要以 $9H$-嘌呤为主：

$9H$-嘌呤　　　　　$7H$-嘌呤

嘌呤本身在自然界中并不存在，但它的衍生物在自然界分布极为广泛。例如腺嘌呤（adenine）、鸟嘌呤（guanine）是两个重要的核酸碱基。

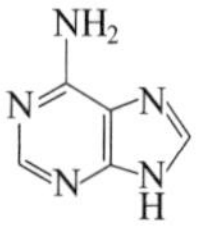

腺嘌呤 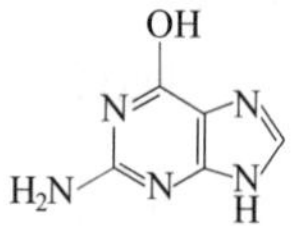　　　　　　鸟嘌呤

次黄嘌呤、黄嘌呤和尿酸是腺嘌呤与鸟嘌呤在体内的代谢物，存在于动物肝脏、血和尿中。尿酸具有酮式和烯醇式两种互变异构体，在生理 pH 值范围内以酮式为主。

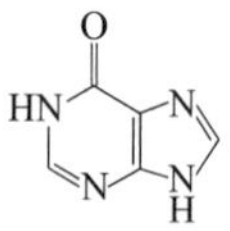

次黄嘌呤 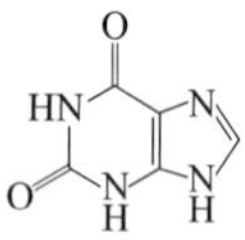　　　　　　黄嘌呤

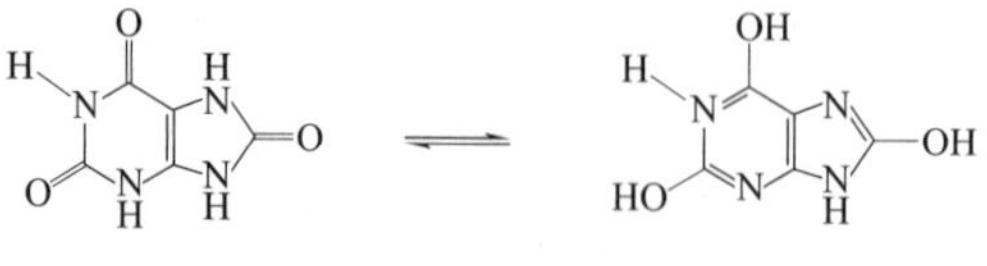

尿酸 (酮式)　　　　　　尿酸 (烯醇式)

尿酸是白色结晶，难溶于水，具有弱酸性，可与强碱成盐，尿酸为哺乳动物体内嘌呤衍生物的代谢产物，由尿排出，健康人每天的排泄量为 $0.5 \sim 1g$，但在嘌呤代谢发生障碍时，

血和尿中尿酸增加，严重时形成尿结石。血液中尿酸含量过多时，可能沉积在关节处，严重者导致痛风病。

咖啡因、茶碱都是黄嘌呤的衍生物，都具有显著的生理活性。

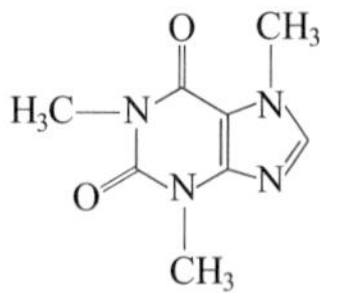

咖啡因 (利尿和兴奋中枢神经) 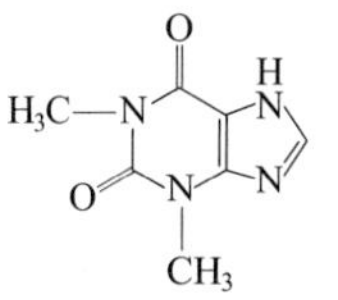　　　茶碱 (利尿和松弛平滑肌)

另外一些具有抗肿瘤、抗病毒、抗过敏、降胆固醇、利尿、强心等生物活性的物质，都有嘌呤类化合物的存在。

阅读材料

维生素

维生素（vitamin）是维持人体正常生命活动所必需的一类小分子有机化合物。维生素既不供给能量，也不构成机体和组织的成分；它的作用主要是调节体内物质代谢、参与辅酶组成、促进生长发育和维持生理功能；体内不能合成或合成甚微，必须由食物供给，需要量很少（$\mu g/d \sim mg/d$），但不可缺少。维生素按照其溶解性不同分为两大类：脂溶性维生素和水溶性维生素，然后将功能相近的归为一族，在一族里含有几种维生素时，则根据化学结构的不同在字母右下方注以1、2、3等，如A_1、D_3。

1. 水溶性维生素

水溶性维生素包括B族维生素和维生素C、维生素P等。B族维生素包括维生素B_1、维生素B_2、烟酸和烟酰胺、泛酸、维生素B_6、生物素、叶酸和维生素B_{12}等。水溶性维生素在组织内浓度恒定，构成辅酶成分，参与物质代谢。无中毒症，过多即随尿排出。

维生素B_1（又称硫胺素）

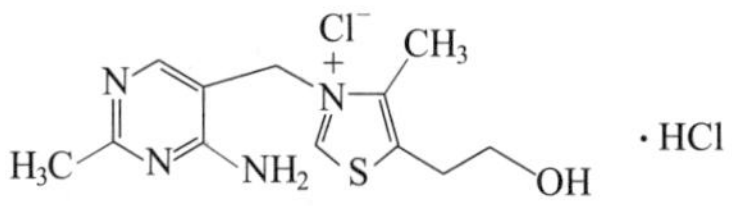

功能：参与糖的代谢；促进能量代谢；维持神经与消化系统的正常功能。长期摄入不足会出现周围神经炎、浮肿、心肌变性、情绪急躁、精神惶恐、健忘等。

来源：谷类、豆类、酵母、干果、动物内脏、蛋类、瘦肉、乳类、蔬菜、水果等。

维生素B_2（又称核黄素）

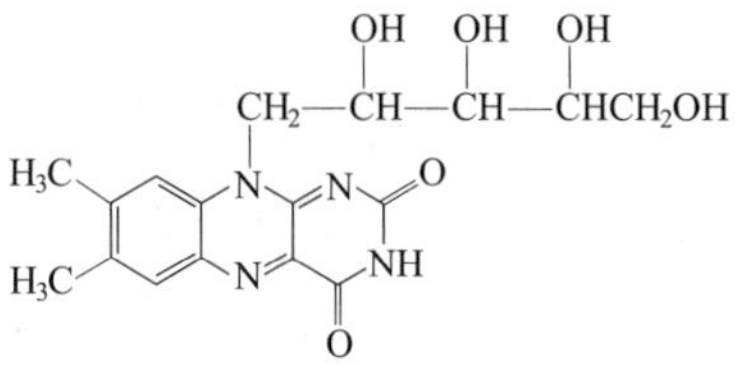

功能：促进糖、脂肪和蛋白质的代谢；维持皮肤、黏膜、视觉的正常机能。B_2缺乏可引起口角炎、舌炎、口腔炎、眼结膜炎、脂溢性皮炎和视觉模糊等。

来源： 奶类、 动物肝肾、 蛋黄、 鱼、 胡萝卜、 香菇、 紫菜、 芹菜、 柑、 橘等。

维生素 B_6

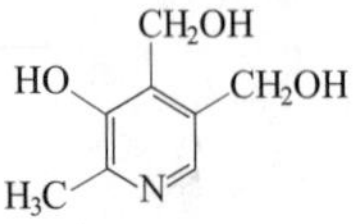

吡哆醇 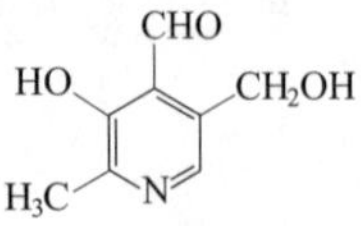　　　　　　吡哆醛 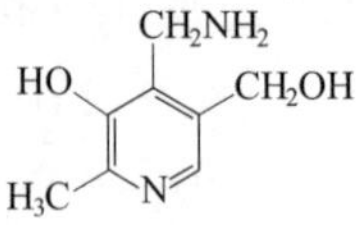　　　　　　吡哆胺

功能： 转氨酶及脱羧酶的辅酶， 镇吐。 缺乏时可致呕吐、 中枢神经兴奋等。

来源： 牛乳、 肉、 肝、 蛋黄、 谷物和蔬菜等。 人体肠道菌群可大量合成维生素 B_6。

维生素 B_{12}（又称钴胺素）

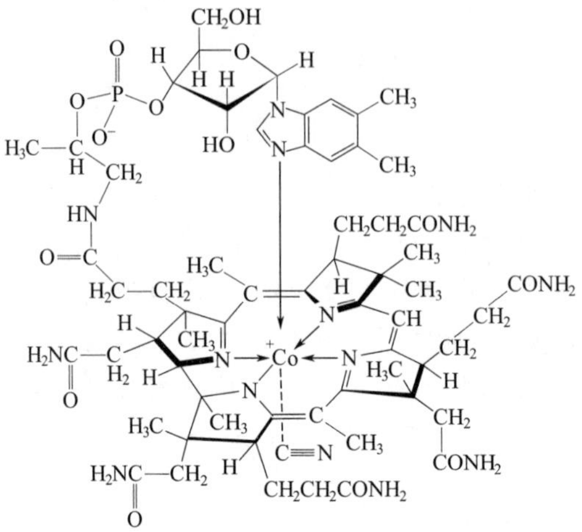

功能： 促进红细胞的发育和成熟， 使肌体造血机能处于正常状态， 预防恶性贫血； 促进三大代谢； 促进蛋白质、 核酸的生物合成。 B_{12} 严重缺乏会导致恶性贫血及精神抑郁、 记忆力下降等神经系统疾病。

来源： 主要是动物性食品， 内脏、 肉类、 贝壳类、 蛋类、 奶。

维生素 PP（称预防癞皮病因子）

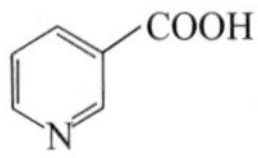

烟酸 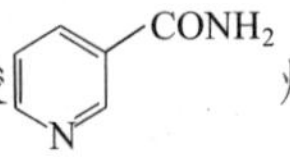　　　　　　烟酰胺

功能： 脱氢酶的辅酶； 参与糖、 脂类、 丙酮酸代谢及高能磷酸键的形成等。 维生素 PP 缺乏可致癞皮病。

来源： 动物肝肾、 瘦肉、 鱼、 卵、 麦制品、 花生、 梨、 枣、 无花果等。

泛酸

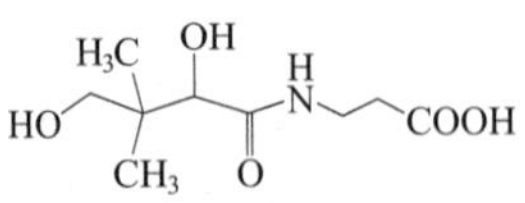

功能： 参与辅酶 A 的形成， 是酶的转酰基辅因子。 轻度缺乏可致疲乏、 食欲差、 消化不良等。 重度缺乏可致肌肉协调性差， 肌肉及胃肠痉挛等。

来源： 肉类、 动物肾脏与心脏、 谷类、 麦芽、 绿叶蔬菜、 啤酒酵母、 坚果、 糖蜜等。

维生素 C（又名抗坏血酸）

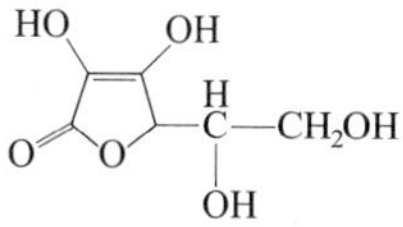

功能：天然抗氧化剂，防治维生素 C 缺乏病，保护牙齿、骨骼、增加血管壁弹性。缺乏时可致维生素 C 缺乏病，表现为疲劳、倦怠、易感冒。典型症状是牙龈出血、牙床溃烂、牙齿松动、毛细血管脆性增加，是最容易缺乏的维生素之一。

来源：新鲜水果和蔬菜。

维生素 P（又称芦丁，通透性维生素）

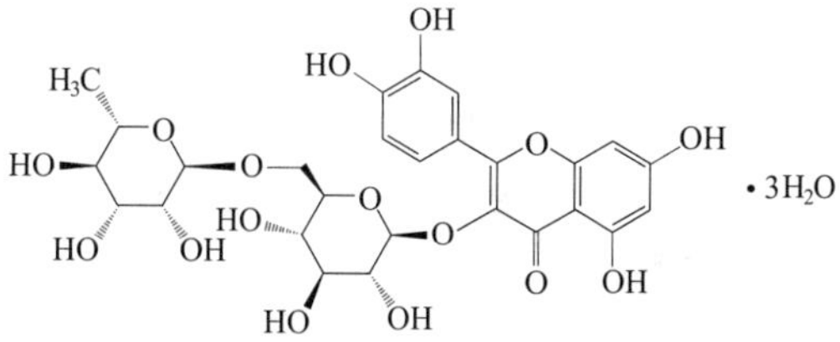

功能：增强毛细血管壁弹性、调整其吸收能力；增强人体细胞的黏附力及维生素 C 的活性。

来源：柑橘类（柠檬、橙、柚）、杏、荞麦粉、黑莓、樱桃等。

2. 脂溶性维生素

脂溶性维生素包括维生素 A（V_A）、维生素 D、维生素 E、维生素 K。脂溶性维生素在体内的排泄较慢，摄入量过多会在体内蓄积而导致中毒。

维生素A_1

维生素A_2

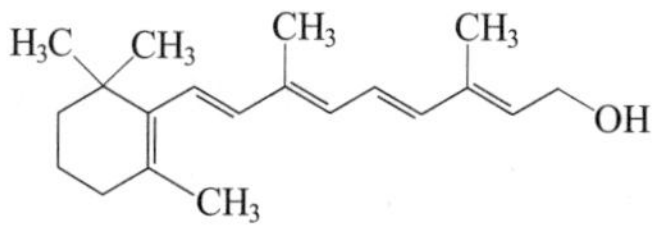

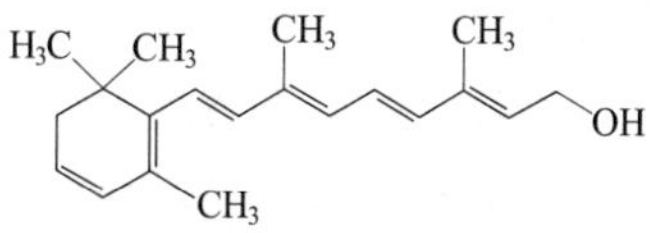

功能：构成视觉细胞内感光物质，维持上皮组织结构的完整，促进上皮细胞糖蛋白的合成，参与皮质激素、性激素合成及骨组织形成，促进生长发育。V_A 缺乏会导致黏膜干燥，眼干燥症；V_A 过量会引起恶心、头痛、皮疹等。

来源：动物性食品，如肝、蛋黄、奶油等，植物性食品如类胡萝卜素（维生素 A 原—本身不具有 V_A 活性，但在体内可转变为 V_A 的物质）。

维生素D_2

维生素D_3

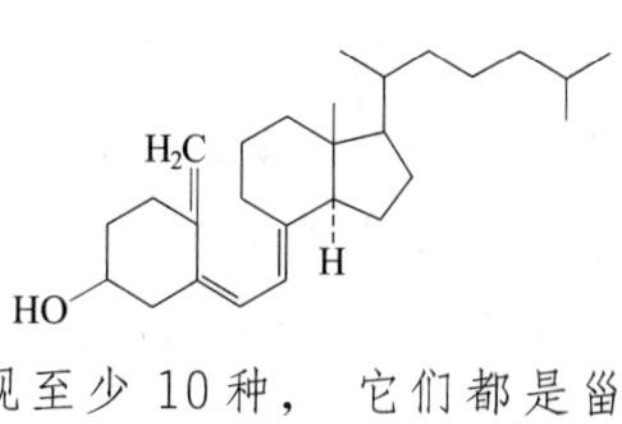

维生素 D 是一类抗佝偻病维生素的总称。已经发现至少 10 种，它们都是甾醇的衍生物，其中活性较高的是维生素 D_2 和维生素 D_3。维生素 D_2 和维生素 D_3 广泛存在于动物体中，含量最高的是鱼的肝脏，也存在于牛乳、蛋黄中。缺少维生素 D 会导致钙、磷吸收发生障碍，血液中钙、磷含量下降，影响骨骼、牙齿的正常发育。当维生素 D 严重不足时，婴儿引起佝偻病，成人则发生软骨病。日光浴是获得维生素 D_3 的最简易方法。

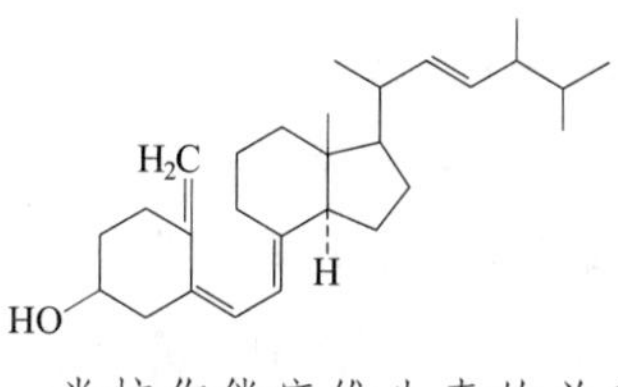

维生素 E（又称生育酚）

功能：参与多种酶活动，维持和促进生殖机能，天然抗氧化剂、抗衰老、防癌及增强免疫作用。

来源：植物油、麦胚、硬果、种子类、豆类、谷类。

功能：促进凝血因子形成，加速血液凝固。维生素K缺乏会导致凝血功能障碍，出现全身多部位出血甚至颅内出血。

来源：深绿色蔬菜，富含乳酸菌的食品及肉、蛋等。

本章小结

杂环化合物的命名在我国常采用音译法。简单杂环化合物，以杂环为母体，一般从杂原子开始给杂环编号，以注明取代基的位次。含有两个或两个以上相同杂原子的单杂环编号时，连有氢原子的杂原子编为1位，并使其余杂原子的位次尽可能小；如果环上有多个不同杂原子时，按氧、硫、氮的顺序编号。结构复杂的杂环化合物将杂环当作取代基来命名。稠杂环的编号一般和稠环芳烃相同，但有少数稠杂环有特殊的编号顺序。

由于吡咯氮原子上孤对电子参与环的共轭体系，使氮原子上电子云密度降低，吸引 H^+ 的能力减弱，碱性极弱。另一方面，由于这种 p-π 共轭效应使与氮原子相连的氢原子有解离成 H^+ 的可能，所以吡咯不但不显碱性，反而呈弱酸性，可与碱金属、氢氧化钾（或氢氧化钠）作用生成盐。呋喃、噻吩和吡咯环是富电子芳杂环，吡咯亲电取代反应（卤代、硝化、磺化和傅-克反应等）主要发生在电子云密度较大的 α 位上，而且比苯容易。

吡啶氮原子上的孤对电子不参与成环共轭，能与 H^+ 结合成盐，吡啶显弱碱性，碱性比苯胺强，但比脂肪胺及氨弱得多；吡啶环是缺电子芳杂环。亲电取代反应（卤代、硝化和磺化反应等）主要发生在电子云密度相对较高的 β 位上，而且比苯困难。吡啶对氧化剂相当稳定，比苯还难氧化；吡啶的烃基衍生物在强氧化剂作用下只发生侧链氧化，生成吡啶甲酸。吡啶比苯易还原，得六氢吡啶。

吲哚是由苯环和吡咯环稠合而成。吲哚是很弱的碱。色氨酸中含有吲哚环，色氨酸在体内经过代谢，主要生成5-羟色胺。5-羟色胺在人的神经活动过程中起重要作用，也称它为神经营养物质。

嘌呤是由嘧啶环和咪唑环稠合而成。嘌呤可分别与酸或碱成盐。嘌呤存在两个互变异构体，在生物体内主要以 9H-嘌呤形式存在。嘌呤多种衍生物在生物的生命过程中起着重要作用，如腺嘌呤、鸟嘌呤均为核酸的碱基。

12-1 命名下列化合物。

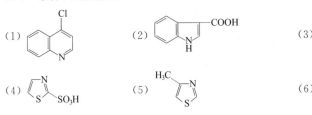

(1)　　　　　(2)　　　　　(3)

(4)　　　　　(5)　　　　　(6)

(7)　　　　　(8)

12-2 写出下列各化合物的结构式。

(1) 四氢呋喃　　(2) 糠醛　　(3) 3-吲哚丙酸　　(4) 8-溴异喹啉

(5) β-吡啶甲酰胺　　(6) 2-甲基-5-苯基吡嗪　　(7) 4-氯噻吩-2-羧酸

12-3 试比较吡咯与吡啶的结构特点及主要化学性质。

12-4 为什么吡啶的碱性比六氢吡啶更弱?

12-5 写出下列各反应的主产物结构。

(1) 吡啶＋CH_3I $\longrightarrow$　　(2) 吡啶＋H_2 $\xrightarrow[\text{加压}]{\text{Pt}}$

(3) 吡啶＋SO_3 $\xrightarrow[\text{加压}]{\text{Pt}}$　　(4) 呋喃＋ $(CH_3CO)_2O$ $\xrightarrow{BF_3}$

(5) β-乙基吡啶 $\xrightarrow[\text{OH}^-]{KMnO_4}$　　(6) 喹啉 $\xrightarrow{HNO_3，H_2SO_4}$

(7) 糠醛 $\xrightarrow{Ag(NH_3)_2^+}$　　(8) 吡啶 $\xrightarrow[300℃]{Br_2}$

第十三章

糖　类

糖类（saccharide）又称碳水化合物（carbohydrate），是自然界中存在最多、分布最广的有机化合物，它是植物光合作用的产物，占植物干重的80%。糖类在动、植体内的代谢作用中又可被氧化，最后生成二氧化碳和水，同时释放能量以供生命活动需要。

$$n CO_2 + m H_2O \xrightarrow[\text{叶绿素}]{h\nu} C_n(H_2O)_m + n O_2$$

早期发现组成糖类分子的碳、氢、氧的比例为$C_n(H_2O)_m$，氢和氧的比例与水相同，故将此类物质称为碳水化合物。现在发现不少糖类不符合此化学式，如鼠李糖和岩藻糖为$C_6H_{12}O_5$、2-脱氧核糖为$C_5H_{10}O_4$等，而有些化合物符合上述化学式，如乙酸（$C_2H_4O_2$），但其结构和性质与糖类完全不同。因此，把糖类称为"碳水化合物"是不确切的，但因沿用已久，至今仍在使用。从化学结构上讲，当代糖类化合物的定义是多羟基醛或多羟基酮，或能水解产生多羟基醛或多羟基酮的化合物。

糖类化合物按照其水解情况分为四类，即单糖、双糖、寡糖、多糖。单糖（monosaccharide）是不能水解的糖，如葡萄糖、果糖、核糖。水解后产生两分子单糖的称为双糖（disaccharide），如蔗糖、麦芽糖。寡糖（oligosaccharide）又称低聚糖，是指水解后能生成3～10个单糖的糖类。多糖（polysaccharide）是水解后能产生10个以上单糖的糖类，它们是十个到几千个单糖形成的高聚物，属于天然高分子化合物，如淀粉、纤维素。

糖类与蛋白质、核酸和脂类一起合称为生命活动所必需的四大类化合物，参与组织结构和提供能量是糖类化学物的主要功能。从20世纪80年代开始，糖脂和糖蛋白的研究进展迅速，不断从分子水平上揭示糖类结构与功能的关系以及在生命活动中的作用。从而认识到，糖不仅仅是动植物的结构组成成分，而且是重要的信息物质，在生命过程中发挥着重要的生理功能。糖类化合物的研究已成为有机化学及生物化学研究的热点之一。

第一节　单糖

单糖可分为醛糖与酮糖，又根据分子中碳原子数目分为三碳（丙）糖、四碳（丁）糖、五碳（戊）糖、六碳（己）糖等，两种方法联用可称为某醛糖或某酮糖。例如葡萄糖是己醛糖、果糖是己酮糖、核糖是戊醛糖。单糖中最简单的是丙醛糖和丙酮糖，自然界存在的大多是戊糖或己糖。有些糖的羟基可被氢原子或氨基取代，分别称为脱氧糖和氨基糖。

D-甘油醛　　1,3-二羟基丙酮　　D-2-脱氧核糖　　D-2-氨基葡萄糖

一、 单糖的开链结构

单糖的立体结构也可用 R/S 构型标记法标记，目前习惯用 D/L 构型标记法。用 Fischer 投影式表示单糖的结构时，竖线表示碳链，羰基碳具有最小编号。编号最大的手性碳（即离羰基最远的一个手性碳）的构型若与 D-甘油醛的构型相同，即为 D 型；反之为 L 型。自然界存在的单糖绝大多数是 D 型糖，例如 D-葡萄糖、D-果糖。

D-甘油醛　　D-葡萄糖　　L-甘油醛　　L-葡萄糖

单糖命名可用系统命名法，但常根据其来源用俗名，一对对映体用一个名字，用 D/L 区分。如含 4 个手性碳的己醛糖有 8 对 16 个对映异构体，见图 13-1。

相同碳数的己酮糖其手性碳的数量比己醛糖少一个，所以其对映异构体的数目就只有醛糖的一半，4 对 8 个，见图 13-2。

D-醛糖和 D-酮糖，多数存在于自然界，如 D-葡萄糖，D-核糖广泛存在于动植体内，少数 D-醛糖为人工合成。

从图 13-1 和图 13-2 可以看出 D-葡萄糖与 D-甘露糖仅 C2 构型不同、D-葡萄糖与 D-半乳糖仅 C4 构型不同、D-果糖与 D-阿洛酮糖仅 C3 构型不同等，它们的差别仅是一个手性碳原子的构型不同。像这样在含有多个手性碳原子的化合物中，只有一个手性碳原子的构型不同，其他手性碳构型均相同的非对映异构体称为差向异构体（epimer）。

二、 单糖的环状结构及 Haworth 结构式

单糖的许多化学性质证明其具有多羟基醛或多羟基酮的链状结构，但这种链状结构却与某些实验事实不符。例如 D-葡萄糖的有些性质用其开链结构就无法解释。①它具有醛基，但却不与 $NaHSO_3$ 发生加成反应。②醛在干燥 HCl 作用下应与二分子醇反应形成缩醛类化合物，但葡萄糖只与一分子甲醇反应生成稳定化合物。③D-葡萄糖在不同的条件下可得到两种结晶，从冷乙醇中可结晶得到熔点 146℃、比旋光度为 +112°的晶体，而从热吡啶中结晶得到熔点 150℃、比旋光度为 +18.7°的晶体。上述两种晶体溶于水后，其比旋光度随时间发生变化，并都在 +52.7°时稳定不变。这种比旋光度自行发生改变的现象称为变旋光现

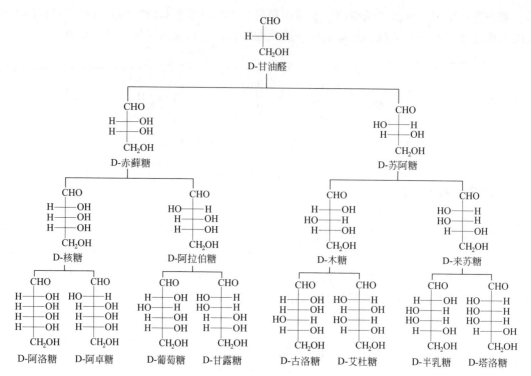

图 13-1 D-醛糖系列

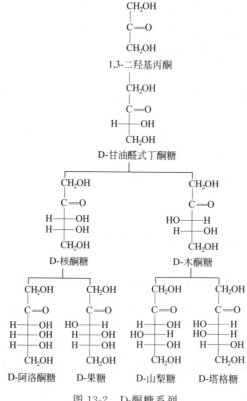

图 13-2 D-酮糖系列

象（mutarotation）。④固体葡萄糖的红外光谱不显羰基伸缩振动峰。

受醛可以与醇作用生成半缩醛这一反应的启示，人们注意到，葡萄糖分子中同时存在醛基和羟基，可发生分子内的羟基与醛的缩合反应而形成稳定的环状半缩醛，这种环状结构已被 X 射线衍射结果所证实。糖通常以五元或六元环形式存在，当以六元环形式存在时，与杂环化合物吡喃相似，称吡喃糖，若以五元环形式存在时，与杂环化合物呋喃相似，称呋喃糖。单糖的环状结构式称为 Haworth 结构式。

D-葡萄糖由开链式转变为环状半缩醛式时，原来没有手性的醛基碳原子变成了手性碳，因此同一单糖有两种不同的环状半缩醛，即 α、β 两种异构体，为非对映体。二者除半缩醛羟基构型不同外，其余手性碳原子的构型均相同，这种只有端基构型不同的异构体称为端基异构体（anomer）。

α-D-(+)-吡喃葡萄糖

β-D-(+)-吡喃葡萄糖

书写吡喃糖的 Haworth 结构式时，通常将氧原子写在环的右上角，碳原子按编号顺时针排列，则原来 Fischer 投影式中左侧的羟基处于环平面上方，位于右侧的羟基处于环平面下方。D 型与 L 型区别在于 C5 上的—CH$_2$OH，在环平面上方为 D 型，在环平面下方为 L 型。当 C1 的半缩醛羟基与 C5 上的—CH$_2$OH 在环平面同侧的为 β 构型，不同侧为 α 构型。

从乙醇中结晶的 D-葡萄糖可得到 α-D-葡萄糖，比旋光度为 +112°，从吡啶中结晶可得到 β-D-葡萄糖，比旋光度为 +18.7°。当把两种异构体溶于水后，它们可通过开链结构互相转化，最终达到动态平衡，平衡混合物中 β 异构体占 64%，α 异构体占 36%，开链结构占 0.02%，混合物比旋光度为 +52.7°。因此，当把比旋光度为 +112° 的 α-D-葡萄糖溶于水后，其通过开链结构与 β-D-葡萄糖相互转化，混合物中 α 型的含量不断减少，β 型含量不断增加，比旋光度不断下降，直至达到以上三者的平衡混合物，比旋光度稳定在 +52.7° 不再改变。

这就是葡萄糖产生变旋光现象的原因。同样，β-D-葡萄糖溶于水后，也有变旋光现象。由此可见，糖的两种环状半缩醛结构的存在，以及它们通过开链结构的互变，是产生变旋光现象的内在原因。

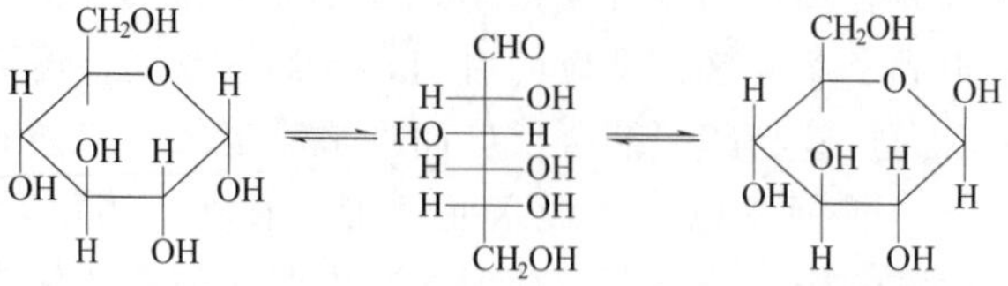

α-D-吡喃葡萄糖　　　　0.02%　　　　β-D-吡喃葡萄糖
36%　　　　　　　　　　　　　　　　　64%

　　果糖的吡喃结构也有 α 及 β 两种异构体，在水溶液中同样存在环式和链式的互变平衡体系，而且平衡混合物中除有两种吡喃型果糖外，还有两种呋喃型异构体。

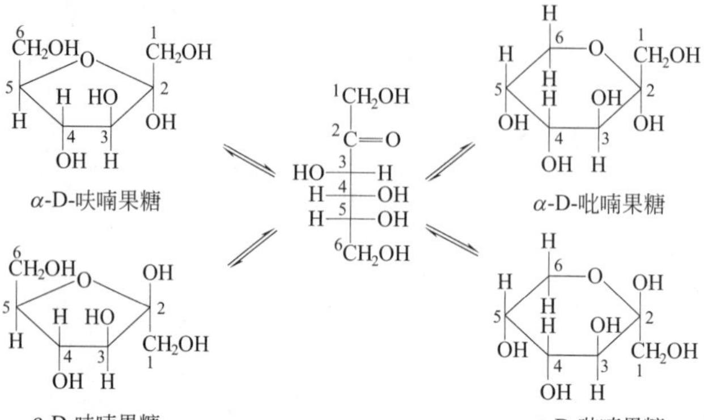

α-D-呋喃果糖　　　　　　　　　　　　　　α-D-吡喃果糖

β-D-呋喃果糖　　　　　　　　　　　　　　β-D-吡喃果糖

　　在 D-葡萄糖的水溶液中，β 型的含量要比 α 型高（64∶36），这是因为前者比后者稳定，这种相对稳定性与它们的构象有关。实际上，吡喃糖六元环的空间排列与环己烷类似，也具有稳定的椅式构象。如 β-D-葡萄糖的椅式构象为：

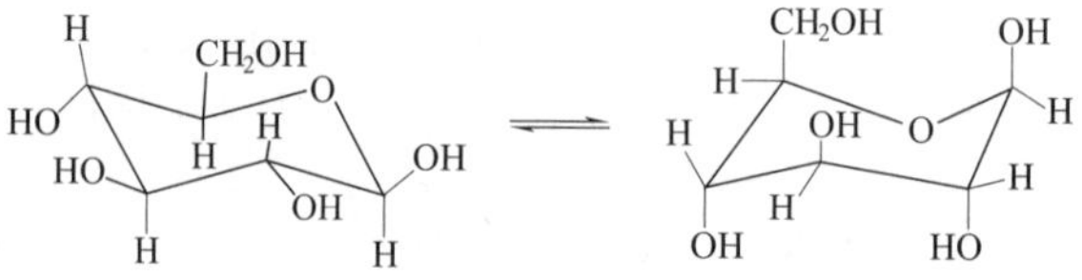

Ⅰ　　　　　　　　　　　　　　　Ⅱ

　　在以上两种椅式构象中，Ⅰ比Ⅱ稳定。因为Ⅰ中所有取代基都在 e 键上，而Ⅱ式中取代基均在 a 键。Ⅰ式比Ⅱ式位能低，故 β-D-葡萄糖的优势构象为Ⅰ。

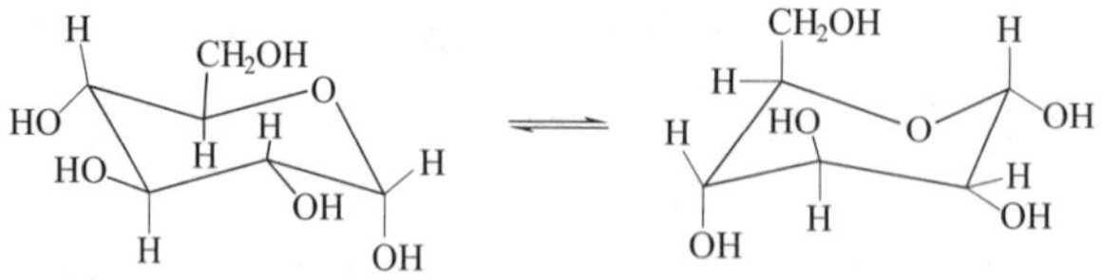

Ⅲ　　　　　　　　　　　　　　　Ⅳ

　　而在 α-D-葡萄糖的两种椅式构象Ⅲ和Ⅳ中，优势构象为Ⅲ。此构象中半缩醛羟基在 a 键上，故不如 β-D-葡萄糖的优势构象Ⅰ稳定。这就是葡萄糖的互变平衡混合物中 β 型含量较高的原因。在所有 D-型己醛糖中，只有 β-D-葡萄糖的五个取代基全在 e 键上，故具有很稳定的构象。这也是 D-葡萄糖在自然界含量最丰富、分布最广泛的原因。

三、 单糖的性质

（一） 物理性质

单糖是具有甜味（果糖最甜）的结晶物质，易溶于水，难溶于有机溶剂，易形成过饱和溶液——糖浆。水-醇混合溶液常用于糖的重结晶，不纯的糖很难结晶，有时采用色谱法分离纯化。环状结构的单糖有变旋光现象。表 13-1 列出了一些单糖的物理常数。

表 13-1　一些常见单糖的物理常数

糖	熔点/℃	比旋光度	糖	熔点/℃	比旋光度
D-核糖	87	$-23.7°$	D-果糖	104	$-92.4°$
D-2-脱氧核糖	90	$-59°$	D-半乳糖	167	$+80.2°$
D-葡萄糖	146	$+52.7°$	D-甘露糖	132	$+14.4°$

（二） 化学性质

单糖分子中既含有多个羟基，又含有羰基，故具有一般醛酮和醇的性质，如醛酮能发生氧化还原反应，醇能发生酯化反应。由于这些基团在同一分子内的相互影响，所以又有一些特殊性质。

1. 差向异构化

在弱碱性条件下，醛糖和酮糖能互相转化生成几种糖的混合物。例如：用稀碱处理 D-葡萄糖，就得到 D-葡萄糖、D-甘露糖和 D-果糖三者平衡混合物。这种转化是通过烯醇式完成的。由于 D-葡萄糖和 D-甘露糖互为差向异构体，因此它们之间的转化也称为差向异构化。如果将 D-甘露糖或 D-果糖用稀碱处理，同样得三者的平衡混合物。

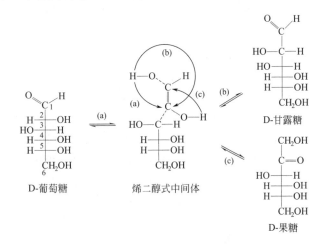

2. 成苷反应

单糖的环状半缩醛羟基可与含有活泼氢（如—OH，—SH，—NH₂）的化合物进行分子间脱水，生成的产物称为糖苷（glycoside）。这样的反应称为成苷反应。糖分子中参与成苷的基团为半缩醛羟基，通常称为苷羟基。例如：

D-葡萄糖 → α-D-甲基吡喃葡萄糖苷 + β-D-甲基吡喃葡萄糖苷

糖苷由糖和非糖部分组成，非糖部分称为苷元或配基，如 CH_3OH。连结糖与苷元之间的键称为糖苷键，与糖的 α 和 β 构型相对应，苷键也有 α 苷键和 β 苷键。根据苷键原子的不同，还可将苷键分为氧苷键、氮苷键、硫苷键和碳苷键等。糖苷中已无苷羟基，不能转变为开链结构，因而糖苷无还原性，也无变旋光现象。糖苷在结构上为缩醛，在碱中较为稳定，但在酸或酶的作用下，苷键可断裂，生成原来的糖和苷元。

3. 氧化反应

与碱性弱氧化剂的反应：Tollens 试剂、Fehling 试剂、Benedict 试剂等碱性弱氧化剂能将醛基氧化成羧基。单糖虽然具有环式半缩醛结构，但在溶液中能与开链结构处于动态平衡，所以醛糖能被银氨溶液氧化，产生银镜；也能被 Cu^{2+} 氧化产生 Cu_2O 沉淀。

酮糖（如果糖）也能被上述碱性弱氧化剂氧化，这是由于在弱碱性条件下单糖能发生差向异构化的结果。凡是能被碱性弱氧化剂氧化的糖称为还原糖，反之则为非还原糖。所有单糖都能被碱性弱氧化剂氧化，为还原糖。

与溴水的反应：溴水能与醛糖发生反应，选择性地将醛基氧化成羧基。由于在酸性条件（溴水 pH 值为 6.00）糖不发生差向异构化，因此溴水不氧化酮糖。所以溴水可用来鉴别醛糖和酮糖。

与稀硝酸的反应：当用较强的氧化剂如硝酸氧化时，醛糖中的醛基和伯醇基均被氧化，生成二元羧酸，称为糖二酸。如 D-葡萄糖被硝酸氧化，生成 D-葡萄糖二酸。

D-葡萄糖 → D-葡萄糖二酸

糖醛酸是醛糖末端的羟甲基被氧化为羧基的产物，如 D-葡萄糖醛酸。糖醛酸很难用化学方法由糖来制备，但在生物代谢过程中，在特殊酶的作用下，糖的某些衍生物可被氧化为糖醛酸。其中 D-葡萄糖醛酸在肝脏中能与一些含羟基的有毒物质结合成 D-葡萄糖醛酸苷，由尿中排出体外，起到解毒作用。

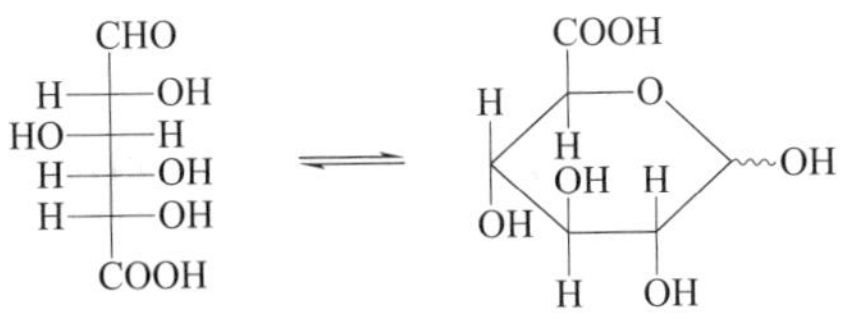

D-葡萄糖醛酸

4. 还原反应

用还原剂或催化氢化还原单糖可得到多元醇，称为糖醇。

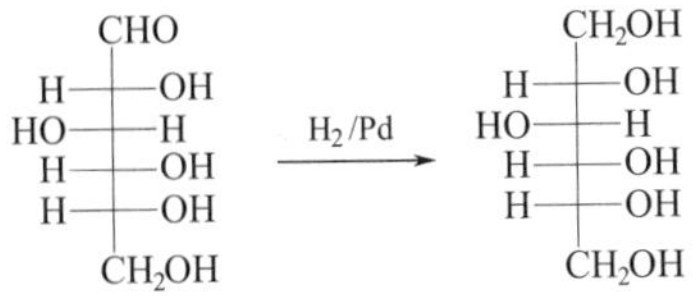

CHO → CH$_2$OH (H$_2$/Pd)

D-葡萄糖   D-葡萄糖醇

葡萄糖醇或山梨醇有甜味和吸湿性，可用作化妆品和用于饮食疗法中代替糖，且不易引起龋齿。

5. 维生素 C 的合成

维生素 C 又名抗坏血酸，广泛存在于新鲜的瓜果蔬菜中，柠檬、橘子、番茄中含量较多。维生素 C 的强还原性来自烯二醇结构，在参与体内氧化还原反应过程中，维生素 C 能使巯基酶的—SH 维持还原状态，可保护维生素 A、维生素 E 免遭氧化等，维生素 C 缺乏可患维生素缺乏病。

维生素 C 可看作是单糖的衍生物，以 D-葡萄糖为原料合成维生素 C 是糖类化学的一项重大成就。

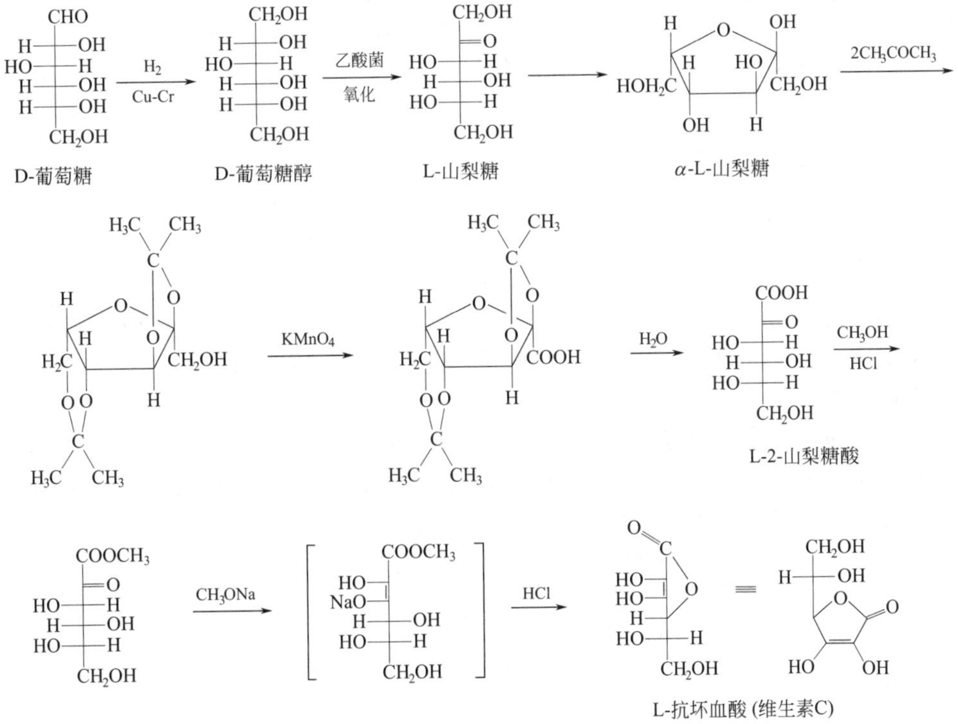

D-葡萄糖 →(H$_2$/Cu-Cr) D-葡萄糖醇 →(乙酸菌 氧化) L-山梨糖 → α-L-山梨糖 →(2CH$_3$COCH$_3$)

→(KMnO$_4$) →(H$_2$O) L-2-山梨糖酸 →(CH$_3$OH HCl)

→(CH$_3$ONa) →(HCl) L-抗坏血酸 (维生素C)

第二节 双糖、寡糖和多糖

双糖、寡糖和多糖都是单糖分子通过分子间脱水后以苷键连接所形成的化合物。双糖与单糖具有相似的物理性质,能成晶体,易溶于水,大多有甜味。自然界存在的双糖可分为还原性双糖和非还原性双糖。多糖是由许多单糖分子以苷键相连形成的高分子化合物。由于单糖环式结构有 α 和 β 两种构型,因此其形成双糖和多糖的苷键也有 α 苷键和 β 苷键之分。

一、双糖

双糖广泛存在于自然界中,它由两个相同或不同的单糖构成。连接两个单糖的苷键有两种情况:一种是一个单糖分子的苷羟基与另一单糖的醇羟基之间脱水形成,这样的双糖分子中仍有一单糖保留有苷羟基,可与开链结构互相转化,所以这类双糖具有变旋光现象,能被弱氧化剂氧化,表现出还原性,故称还原性双糖。另一种是两单糖分子均以苷羟基脱水形成糖苷,这样形成的双糖分子中不再含苷羟基,故无变旋光现象与还原性。以下介绍几种代表性的双糖。

1. 麦芽糖

麦芽糖(maltose)存在于麦芽中,麦芽中含有淀粉酶,可将淀粉水解成麦芽糖,麦芽糖由此得名。麦芽糖是由一分子 α-D-吡喃葡萄糖 C1 上的苷羟基与另一分子 D-吡喃葡萄糖 C4 上的醇羟基脱水而成的糖苷。因为成苷的葡萄糖单位的苷羟基是 α-型的,所以把这种苷键叫作 α-1,4-苷键。麦芽糖分子结构中还有一个苷羟基,所以有还原性。

(+)-麦芽糖 [4-O-(α-D-吡喃葡萄糖苷基)-D-吡喃葡萄糖]

麦芽糖结晶含一分子水,熔点 103℃ (分解),易溶于水,有变旋光现象,比旋光度为 $+136°$,甜度约为蔗糖的 40%,在酸性溶液中水解成两分子 D-葡萄糖。

2. 纤维二糖

纤维二糖(cellobiose)是纤维素部分水解生成的双糖,水解后也得到两分子 D-葡萄糖,纤维二糖不能被 α 葡萄糖苷酶水解,却能被 β 葡萄糖苷酶水解,因此组成纤维二糖的两个葡萄糖单位是以 β-1,4-苷键相连的。

(+)-纤维二糖 [4-O-(β-D-吡喃葡萄糖苷基)-D-吡喃葡萄糖]

纤维二糖化学性质与麦芽糖相似，为还原糖，有变旋光现象。由于纤维二糖与麦芽糖的苷键构型不同，使其在生理上有较大差别。如麦芽糖有甜味，可在人体内消化分解，而纤维二糖不能被人体消化吸收，也无甜味。

3. 乳糖

乳糖（lactose）存在于哺乳动物的乳汁中，人乳中含量约 7%～8%，牛乳中含量为 4%～5%，工业上可从制取奶酪的副产物乳清中获得。

乳糖是由 β-D-半乳糖和 D-葡萄糖以 β-1,4-苷键结合而成的，用酸或酶水解可以得到一分子 D-半乳糖和一分子 D-葡萄糖。

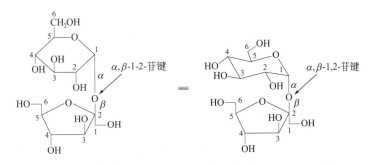

(+)-乳糖 [4-O-(β-D-吡喃半乳糖苷基)-D-吡喃葡萄糖]

乳糖晶体含一分子结晶水，熔点 202℃，比旋光度为 +53.5°，来源较少且甜味弱。乳糖是糖中水溶性较小的，医药上常利用其吸湿性小作为药物的稀释剂来配制散剂和片剂。

4. 蔗糖

蔗糖（sucrose）是自然界中分布最广泛也是最重要的非还原性双糖，主要存在于甘蔗和甜菜中。它是由 α-D-葡萄糖的 C1 苷羟基和 β-D-果糖的 C2 苷羟基脱水形成的，因此，蔗糖既是 α-D-葡萄糖苷，也是 β-D-果糖苷。

(+)-蔗糖 (α-D-吡喃葡萄糖苷基-β-D-吡喃葡萄糖苷)

蔗糖是白色晶体，熔点 186℃，甜味仅次于果糖，易溶于水，难溶于乙醇，其水溶液的比旋光度为 +66.7°，是右旋糖。蔗糖在酸或酶的作用下水解生成等分子的 D-葡萄糖与 D-果糖混合物，其比旋光度为 -19.7°，是左旋的，水解前后旋光方向发生了改变，所以我们把蔗糖的水解过程叫转化反应，把水解产物称转化糖（invert sugar）。蜜蜂体内就含有水解蔗糖的转化酶，所以蜂蜜的主要成分是转化糖。蔗糖在医药上用作矫味剂，常制成糖浆使用，把蔗糖加热至 200℃ 以上变成褐色焦糖后，可用作饮料和食品的着色剂。

$$\text{蔗糖} \longrightarrow \text{D-葡萄糖} + \text{D-果糖}$$

$$[\alpha]_D = +66.7° \qquad [\alpha]_D = +52.5° \qquad [\alpha]_D = -92.4°$$

$$\underbrace{\qquad\qquad\qquad}_{\text{转化糖}\ [\alpha]_D = -19.7°}$$

二、 寡糖

环糊精（cyclodextrin，简称 CD）是淀粉经环糊精糖基转化酶水解得到的多种环状低聚糖。一般是指由 6、7、8 个或更多的葡萄糖以 α-1,4-苷键形成的环状寡糖的总称，前三个分别叫 α、β、γ 环糊精。

环糊精的形状好似一个上端大、下端小的圆筒，不同的环糊精具有不同内径的空腔，如 α 环糊精内径为 450pm；β 环糊精为 700pm；γ 环糊精则为 800pm，其中研究最多的是 α 环糊精。环糊精作为主体，筒中的空腔可以容纳某些客体。环糊精的结构和形状见图 13-3。

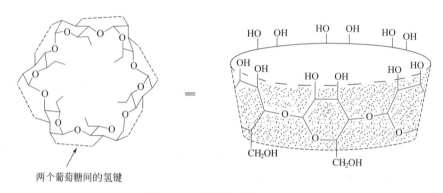

两个葡萄糖间的氢键

图 13-3　环糊精的结构示意图

筒状环糊精的外围上端是 C2—OH 和 C3—OH，下端是羟甲基，而环糊精的内腔由葡萄糖分子的 C—C、C—H、C—O 键组成，因此环糊精的外围是亲水的，圆筒的内部是疏水的。这样，环糊精就可以在分子内腔通过疏水性结合的范德华力包容一定大小的非极性分子或分子的非极性部分（客体）而形成包容复合物。原来不溶于水或其他极性溶剂的分子，由于钻入了环糊精的内腔中，便可被环糊精顺利带入水中。例如一种新的抗癌药碳铂难溶于水，就是这样被带入血液中而发挥其抗癌作用的。

环糊精包容复合物的稳定性取决于主体空腔的容积、客体分子的大小、性质及空间构型。只有当客体分子与环糊精空腔的几何形状相匹配时，才能形成稳定的包容复合物。例如苯只能进入 α 环糊精的空腔形成复合物。这表明环糊精对客体分子具有一定的识别能力，这与酶和底物的作用相类似，因此环糊精已成为目前广泛研究的酶模型之一。近年来，在 α 环糊精的结构修饰及提高其识别能力等方面都取得了较大的进展。

环糊精与客体形成包容复合物后，可改变客体分子的理化性质，例如溶解性、稳定性、气味、颜色等，因此被广泛应用于食品、医药、农药、化学分析等方面。此外，环糊精还可应用于有机合成，例如可以催化某些反应，并使一些反应具有立体或区域选择性等。

环糊精为晶体，具旋光性，无还原性。在碱性溶液中稳定，对酸则十分敏感。

寡糖与血型

人类的血型可分为 A 型、B 型、AB 型和 O 型四类。O 型血能与 A 型、B 型、AB 型血相匹配，但后三者却都不能成为 O 型血者的血源，否则将发生凝血而危及生命。这是因为人的红细胞质膜上结合着一个寡糖链，不同的血型，血液中红细胞表面的寡糖链不同。N-乙酰基-α-D-葡萄糖胺、β-D-半乳糖、N-乙酰基-α-D-半乳糖胺和 α-L-岩藻糖等是构成血型物质的组成成分。其结构如下：

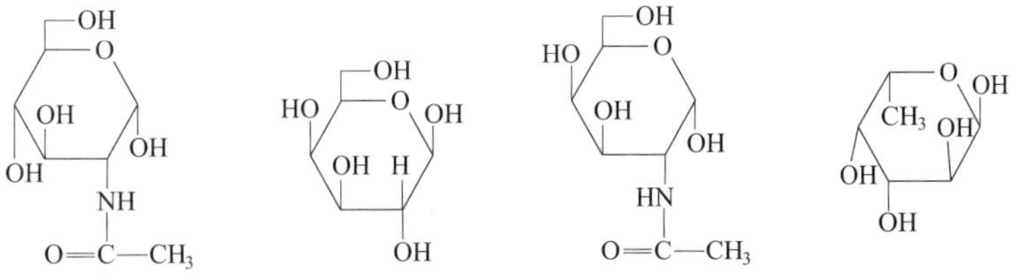

| N-乙酰基-α-D-葡萄糖胺 | β-D-半乳糖 | N-乙酰基-α-D-半乳糖胺 | α-L-岩藻糖 |

四种血型的血液中红细胞表面的寡糖链的基本组成分别如下：

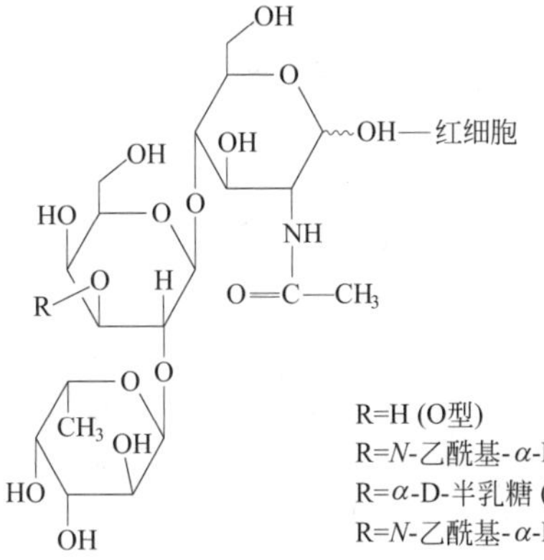

R=H (O型)
R=N-乙酰基-α-D-半乳糖胺 (A型)
R=α-D-半乳糖 (B型)
R=N-乙酰基-α-D-半乳糖胺和α-D-半乳糖 (AB型)

三、多糖

多糖是由许多单糖分子以苷键结合而成的天然高分子化合物。一分子多糖完全水解后可生成几百、几千甚至上万个单糖或单糖衍生物。组成多糖的单糖可以相同也可以不同，以相同的为常见，称均多糖，如淀粉、纤维素、糖原等；以不同的单糖组成的多糖称杂多糖，如阿拉伯胶最终水解产物是半乳糖和阿拉伯糖，黏多糖最终水解产物是氨基糖和糖醛酸等单糖衍生物。多糖不是一种单一的化学物质，而是聚合程度不同的多种高分子化合物的混合物。

生物体内存在着两种功能的多糖：一类多糖主要参与形成动植物的支持组织，如植物中的纤维素、甲壳类动物的甲壳素等。另一类多糖主要为动植物的贮存养料，需要时通过酶的作用释放单糖。如淀粉是植物中贮藏的养分，而糖原则是动物体内贮藏的养分。另外，许多植物多糖还具有重要的生物活性，如黄芪糖可增强人体的免疫功能；香菇多糖和茯苓多糖有明显的抑制肿瘤生长的作用；V-岩藻多糖可诱导癌细胞"自杀"等。多糖在保健食品和药品开发利用方面具有广阔的前景。

多糖与单糖、双糖的性质相差较大。多糖大多为无定形粉末，多数不溶于水，无甜味，个别能在水中形成胶体溶液，无变旋光现象及还原性。

1. 淀粉

淀粉（starch）是人类获取糖类的主要来源，它广泛存在于植物的种子、果实和块茎中。淀粉是白色粉末，是由直链淀粉和支链淀粉组成的混合物。这两种淀粉的结构与性质有一定的差异，它们在淀粉中所占比例因植物的品种而异。

直链淀粉也称糖淀粉，在淀粉中含量约为 20%。因来源、分离提纯方法不同，分子量也不同，不易溶于冷水，在热水中有一定的溶解度。直链淀粉一般是由 250～300 个 D-葡萄糖结构单位以 α-1,4-苷键连接而成的链状化合物，可被淀粉酶水解为葡萄糖。

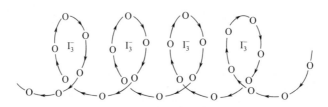

直链淀粉

直链淀粉并不是直线形分子，而是借助分子内羟基间的氢键卷曲成螺旋状，每一圈螺旋有六个葡萄糖单位。直链淀粉遇碘显蓝色，目前认为是由于直链淀粉螺旋结构的中空部分的空隙正好适合碘分子钻入，如图 13-4 所示，二者依靠分子间引力形成一种蓝色配合物所致。此反应非常灵敏，加热蓝色消失，放冷后重现。

图 13-4　淀粉分子与碘作用示意图

支链淀粉又称胶淀粉，在淀粉中的含量约占 80%，在热水中膨胀成糊状。支链淀粉也是由葡萄糖组成的，一般含 6000～40000 个 D-葡萄糖结构单位，主链由 α-1,4-苷键连接而成，分支处由 α-1,6-苷键连接。

支链淀粉

支链淀粉中每隔 20～25 葡萄糖单位有一个分支。因此，支链淀粉的结构比直链淀粉复杂，其形状如图 13-5（a）所示。支链淀粉与碘生成紫红色配合物。

以上两类淀粉均可在酸催化下加热水解，水解过程生成各种糊精和麦芽糖等中间产物，最终得到葡萄糖。糊精是分子量比淀粉小的多糖，包括紫糊精、红糊精和无色糊精等。糊精

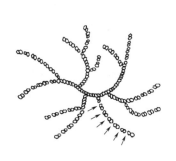
(a) 支链淀粉结构示意图

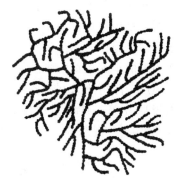
(b) 糖原的分支状结构示意图

图 13-5　支链淀粉与糖原结构示意图

能溶于水，其水溶液具有极强的黏性，可作黏合剂。淀粉的水解过程如下：

淀粉→紫糊精→红糊精→无色糊精→麦芽糖→葡萄糖

遇碘所显颜色　蓝色　紫蓝色　红色　不显色　不显色　不显色

2. 糖原

糖原（glycogen）为无色粉末，溶于水，遇碘随聚合程度不同显紫红色至红褐色。主要存在于肝脏和肌肉中，故有肝糖原和肌糖原之分，肝脏中糖原的含量约 $10\%\sim20\%$，肌肉中约 4%。糖原也称动物淀粉，是动物体内葡萄糖的贮存形式。当血糖浓度低于正常水平或急需能量时，体内肾上腺素分泌增加，肾上腺素激发糖原分解为葡萄糖以供能量；当血糖浓度高时，多余的葡萄糖就转化为糖原贮存于肝脏和肌肉中，糖原的生成受胰岛素的控制。

糖原的结构单位也是 D-葡萄糖，其结构与支链淀粉相似，但分支更多，结构更复杂。如图 13-5（b）所示。

3. 纤维素

纤维素（cellulose）是植物细胞壁的主要组分，构成植物的支持组织，也是自然界分布最广的多糖。棉花中含量高达 98%，木材约含 50%，脱脂棉及滤纸几乎全部是纤维素。

纤维素是纤维二糖的高聚体，彻底水解产物也是 D-葡萄糖。一般由 $8000\sim10000$ 个 D-葡萄糖单位以 β-1,4-苷键连接，直链，无分支。

纤维素

纤维素分子长链是平行排列的，分子链之间借助分子间氢键作用拧在一起，称为"微原纤维"，即几个纤维束像麻绳一样拧在一起形成绳索状分子，它是植物细胞壁的结构骨架，提供保护和支撑细胞作用，如图 13-6 所示。

图 13-6　拧在一起的纤维素链示意图

纤维素的结构类似于直链淀粉，二者仅是苷键的构型不同。这种 α 苷键和 β 苷键的区别有重要的生理意义，人体内的没有能水解纤维素 β-1,4-苷键的纤维素酶，因此人类只能消化淀粉而不能利用纤维素作为营养物质。食草动物依靠消化道内微生物所分泌的酶，能把纤维素水解成葡萄糖，所以可用草作饲料。

纯粹的纤维素是白色固体，不溶于水和一般的有机溶剂，无变旋光现象，不易氧化，遇碘不显色，在酸作用下的水解较淀粉难。

纤维素的用途很广，除可用来制造各种纺织品和纸张外，还能制成人造丝、人造棉、玻璃纸、火棉胶、电影胶片等；纤维素用碱处理后再与氯乙酸反应即生成羧甲基纤维素钠（CMCNa），常用作增稠剂、混悬剂、黏合剂和延效剂。

本章小结

单糖为多羟基醛或多羟基酮，有手性，多用 D/L 标记法标记，惯用俗名。常见的有 D-葡萄糖、D-甘露糖、D-半乳糖、D-果糖、D-核糖。单糖的结构有链状和环状，链状结构用 Fischer 投影式表示，环状结构用 Haworth 结构式表示，在晶体和溶液中主要以环状结构存在。环状结构有呋喃型和吡喃型，它们都有 α 和 β 两种端基异构体，在溶液中形成动态平衡。能被碱性弱氧化剂氧化的糖称为还原糖，差向异构化和变旋光现象都是以链状结构为基础的。溴水和硝酸为糖的选择性氧化剂，成苷反应是糖的苷羟基与糖或非糖分子间脱水，生成物为糖苷。

麦芽糖和纤维二糖都是由 D-葡萄糖通过不同糖苷键形成的双糖。半乳糖与葡萄糖脱水形成的乳糖、葡萄糖与果糖形成的蔗糖也是生物体内的重要双糖。这些双糖在代谢过程中都有专一性的酶水解不同的苷键。以 D-葡萄糖为基本单位的多糖有淀粉、糖原和纤维素，它们都是均多糖，是生物体的能量物质和结构物质。淀粉和糖原含有 α-1,4 苷键和 α-1,6 苷键；纤维素则是 β-1,4 苷键。淀粉水解路径：紫糊精→红糊精→无色糊精→麦芽糖→葡萄糖。环糊精的主-客体特性具有重要的化学和生物学意义。

习　题

13-1　试解释下列名词。

（1）端基异构体　　　（2）变旋光现象　　　（3）差向异构体

（4）苷键　　　　　　（5）还原糖与非还原糖

13-2　写出下列化合物的名称。

(1) 　　(2) 　　(3)

(4) 　　(5)

13-3　写出下列化合物的 Haworth 结构式，并指出有无还原性及变旋光现象。

（1）β-D-2-脱氧呋喃核糖　　　　　（2）α-D-吡喃葡萄糖

（3）2-乙酰氨基-α-D-吡喃半乳糖　　（4）苄基 β-D-吡喃甘露糖苷

13-4　写出 D-甘露糖与下列试剂反应的主要产物。

（1）Br_2/H_2O　　　（2）稀 HNO_3　　　（3）$CH_3OH + HCl$（干燥）

13-5　用简便化学方法鉴别下列各组化合物。

（1）D-葡萄糖和 D-果糖　　　　　（2）蔗糖和麦芽糖　　　　　（3）淀粉和纤维素

（4）β-D-吡喃葡萄糖甲苷和 2-O-甲基-β-D-吡喃葡萄糖

13-6　当 D-葡萄糖在碱性条件下较长时间存放时，会生产 D-甘露糖、D-果糖，为什么？

13-7　写出下列戊糖的名称、相对构型，哪些互为对映体？哪些互为差向异构体？

13-8　下列化合物哪些有还原性。

（1）D-半乳糖　　（2）淀粉　　（3）蔗糖

（4）纤维素　　（5）苯基-α-D-葡萄糖苷　　（6）D-阿拉伯糖

第十四章
脂类和甾族化合物

人体和动植物组织中含有油脂和类脂，它们总称为脂类（lipid）。脂类是维持正常生命活动不可缺少的物质。脂类化合物的共同特征是：难溶于水而易溶于乙醚、氯仿、丙酮、苯等有机溶剂，都能被生物体所利用，是构成生物体的重要成分，因此在生理上具有非常重要的意义。

油脂是油（oil）和脂肪（fat）的总称，其主要成分是三分子高级脂肪酸与甘油所形成的甘油三酯（又叫三酰甘油）。常温下呈液态的油脂称为油（如菜油、蓖麻油等）；而常温下呈半固态或固态的油脂称为脂肪（如猪油、牛油等）。脂肪在体内氧化时放出大量热量，作为能源的储备物，1g脂肪在体内完全氧化时可释放出38kJ（9.3kcal）能量，比1g糖原或蛋白质所放出的能量多两倍以上。它在脏器周围能保护内脏免受外力撞伤，在皮下有保温作用。脂肪还是维生素A、D、E和K等许多活性物质的良好溶剂。

类脂是指在结构或性质上类似油脂的化合物，它主要包括磷脂（phospholipids）和甾族化合物（steroid）等。磷脂是分子中含有磷酸二酯键结构的脂类，包括由甘油构成的甘油磷脂（phosphoglycerides）和由鞘氨醇构成的鞘磷脂（sphingomyelin）。磷脂是生物膜的必要组成成分，其分子中的不饱和脂肪酸是影响生物膜流动性的重要因素，饱和脂肪酸和胆固醇则可增加生物膜的坚韧性，而生物膜的屏障作用与磷脂有密切关系。甾族化合物是一类重要的天然产物，例如存在于动物体内的胆甾醇、胆汁酸、维生素D、肾上腺皮质激素和性激素；存在于植物中的强心苷和甾族生物碱等。它们在生物活动中都起着十分重要的作用。

第一节 油脂

一、 油脂的组成与命名

油脂的化学结构是由一分子甘油和三分子高级脂肪酸所形成的酯，称为三酰甘油（triacylglycerol），医学上称为甘油三酯（triglyceride）。三酰甘油可分为单三酰甘油和混三酰甘油。单三酰甘油中的三个脂肪酸是相同的，混三酰甘油中的三个脂肪酸则不相同。绝大多数是混三酰甘油。它们的结构通式如下：

$$
\begin{array}{c}
\text{(结构式: 甘油三酰酯)} \\
H_2C-O-C(=O)-R^1 \\
R^2-C(=O)-O-CH \\
H_2C-O-C(=O)-R^3
\end{array}
$$

天然油脂是各种混三酰甘油的混合物。自然界存在的混三酰甘油都具有 L 构型，即在 Fischer 投影式中 C2 上的酰基位于甘油基碳链的左侧。

油脂的命名通常把甘油名称写在前面，脂肪酸的名称写在后面，称甘油某酸酯，如甘油三软脂酸酯。有时也将脂肪酸的名称放在前面，甘油名称放在后面，甘油三软脂酸酯又称为三软脂酰甘油，如果是混甘油酯，则需用 α、α' 和 β 分别表明脂肪酸的位次。例如：

$$
\begin{array}{c}
H_3(H_2C)_{15}H_2C-C(=O)-O-CH \\
\overset{\alpha}{H_2C}-O-C(=O)-CH_2(CH_2)_{15}CH_3 \\
\overset{\beta}{|} \\
\overset{\alpha'}{H_2C}-O-C(=O)-CH_2(CH_2)_6CH=CH(CH_2)_7CH_3
\end{array}
$$

α-硬脂酰-β-软脂酰-α'-油酰甘油(甘油-α-硬脂酸-β-软脂酸-α'-油酸酯)

组成油脂的脂肪酸，已知的约有 50 多种。组成油脂的天然脂肪酸，绝大多数是含偶数碳原子的直链高级脂肪酸，其中以 16 个碳原子和 18 个碳原子的羧酸含量居多。油脂中的高级脂肪酸可分为饱和脂肪酸和不饱和脂肪酸，绝大多数天然存在的不饱和脂肪酸中的双键是顺式构型。饱和脂肪酸最多的是含 12~18 个碳原子的，其中以十六碳酸（软脂酸）分布最广，几乎所有的油脂中都含有；十八碳酸（硬脂酸）在动物脂肪中含量较多。油脂中常见的脂肪酸见表 14-1。

表 14-1 常见的脂肪酸

习惯名称	系统名称	结构式
月桂酸	十二碳酸	$CH_3(CH_2)_{10}COOH$
肉豆蔻酸	十四碳酸	$CH_3(CH_2)_{12}COOH$
软脂酸	十六碳酸	$CH_3(CH_2)_{14}COOH$
硬脂酸	十八碳酸	$CH_3(CH_2)_{16}COOH$
油酸	9-十八碳烯酸	$CH_3(CH_2)_7CH=CH(CH_2)_7COOH$
亚油酸	9,12-十八碳二烯酸	$CH_3(CH_2)_4CH=CHCH_2CH=CH(CH_2)_7COOH$
γ-亚麻酸	6,9,12-十八碳三烯酸	$CH_3(CH_2)_3(CH_2CH=CH)_3(CH_2)_4COOH$
α-亚麻酸	9,12,15-十八碳三烯酸	$CH_3(CH_2CH=CH)_3(CH_2)_7COOH$
花生四烯酸	5,8,11,14-二十碳四烯酸	$CH_3(CH_2)_3(CH_2CH=CH)_4(CH_2)_3COOH$
EPA	5,8,11,14,17-二十碳五烯酸	$CH_3CH_2(CH=CHCH_2)_5(CH_2)_2COOH$
DHA	4,7,10,13,16,19-二十二碳六烯酸	$CH_3CH_2(CH=CHCH_2)_6CH_2COOH$

多数脂肪酸在人体内都能合成，而亚油酸、α-亚麻酸在人体内不能自身合成，需从食物中摄取，花生四烯酸虽然人体能自身合成，但合成量太少，不能满足生理需求，还需要从食物中获得，故三者称为营养必需脂肪酸（essential fatty acid）。

脂肪酸的命名常用俗名，如月桂酸、亚油酸等。脂肪酸的系统命名法与一元羧酸系统命名法基本相同，不同之处是脂肪酸的碳原子有三种编码体系，并且系统命名可用简写符号来表示。Δ 编码体系是从脂肪酸羧基端的碳原子开始计数编号；ω 编码体系是从脂肪酸甲基端的甲基碳原子开始计数编号；希腊字母编号规则与羧酸相同，与羧基相邻的碳原子为 α 碳原子。离羧基最远的碳原子称为 ω 碳原子。脂肪酸碳原子的三种编码体系如下：

$$CH_3CH_2CH_2CH_2CH_2CH_2CH_2CH_2CH_2CH_2CH_2CH_2CH_2COOH$$

Δ 编码体系	14 13 12 11 10 9 8 7 6 5 4 3 2 1
ω 编码体系	1 2 3 4 5 6 7 8 9 10 11 12 13 14
希腊字母编号	ω ························· δ γ β α

脂肪酸碳原子的三种编码体系

脂肪酸系统名称可用简写符号表示，其书写规则是：用阿拉伯数字表示脂肪酸碳原子的总数，然后在冒号后写出双键的数目，最后在 Δ 或 ω 右上角标明双键的位置。例如，亚油酸 Δ 编码体系的系统名称为 $\Delta^{9,12}$-十八碳二烯酸，简写符号 $18：2\Delta^{9,12}$，表示亚油酸有 18 个碳原子，有两个双建，从羧基碳原子开始计数的第 9 和 10 位、第 12 和 13 位碳原子之间各有一个双键。ω 编码体系的系统名称为 $\omega^{6,9}$-十八碳二烯酸，简写符号 $18：2\omega^{6,9}$，表示亚油酸有 18 个碳原子，有两个双键，自甲基端数起第 6 和 7 位、第 9 和 10 位碳原子之间各有一个双键。硬脂酸的系统名称是十八碳酸，因分子中无双键，故简写符号为 $18：0$。

人体内的不饱和脂肪酸主要有 ω-3 族（如 α-亚麻酸）、ω-6 族（如亚油酸）、ω-7 族（如棕榈油酸）、ω-9 族（如油酸）等。族内的不饱和脂肪酸均可以本族的母体脂肪酸为原料在体内衍生，而不同族的脂肪酸不能在体内相互转化。α-亚麻酸是 ω-3 族的脂肪酸，人体内只要从食物中获得 α-亚麻酸就可以转化成 ω-3 族的多不饱和脂肪酸 EPA（5,8,11,14,17-二十碳五烯酸）和 DHA（4,7,10,13,16,19-二十二碳六烯酸）。ω-6 族的亚油酸在体内可以转化成 γ-亚麻酸，进而转化成花生四烯酸。海生动物及鱼油的油脂中主要含 ω-3 族的多不饱和脂肪酸，例如 EPA 和 DHA，植物油中的多不饱和脂肪酸主要为 ω-6 族的多不饱和脂肪酸。

多不饱和脂肪酸（polyunsaturated fatty acids，PUFAs），指含有两个或两个以上双键的长链不饱和脂肪酸。近几年的研究表明，在生物体内，ω-3 族的多不饱和脂肪酸具有重要的生物活性。ω-3 族的多不饱和脂肪酸是生物膜（细胞膜和细胞器膜）的主要成分，与膜的渗透性和流动性密切相关。ω-3 族的多不饱和脂肪酸对神经系统有重要作用。DHA 占大脑总脂肪酸的 95％，占视网膜总脂肪酸的 60％。ω-3 族的多不饱和脂肪酸对于心血管疾病的防治也有重要作用。EPA 和 DHA 具有降低血脂、减少血小板聚集和血栓形成的作用，可用于心血管疾病的防治。ω-3 族的多不饱和脂肪酸具有抗肿瘤作用。统计数据表明食物脂肪的摄取与乳腺癌和结肠癌的死亡率呈高度正相关；流行病调查显示，以海洋鱼油为主要脂肪来源的因纽特人，他们的乳腺癌和结肠癌的发病率以及心血管疾病的发病率明显低于其他地区的人群，其原因是与食物脂肪中 ω-3 族和 ω-6 族的多不饱和脂肪酸的高比例有关。动物实验证明，鱼油中 EPA 对乳腺癌的转移有抑制作用。

二、 油脂的物理性质

纯净的油脂为无色、无味的中性化合物，天然油脂（尤其是植物中的油脂）因混有维生素和色素而常带有颜色和特殊气味。油脂的密度小于 $1g/cm^3$，不溶于水，易溶于乙醚、石油醚、氯仿、苯及热乙醇等有机溶剂，可以利用这些溶剂提取动植物组织中的油脂。天然油脂是混甘油酯的混合物，所以没有固定的熔点和沸点。

油脂的熔点随不饱和脂肪酸的含量增大而降低，含有不饱和脂肪酸多的油脂有较高的流动性和较低的熔点。因为油脂中不饱和脂肪酸中碳碳双键绝大多数是顺式构型，如图 14-1 所示，这种构型使分子呈弯曲形，分子内羧酸脂肪链互相之间不能紧密排列，结构比较松散，使得分子间的作用力减小，因此熔点较低；而饱和脂肪酸具有锯齿形的长链结构，分子间能够互相靠近，吸引力较强，因此熔点较高。植物中含不饱和脂肪酸的比例较动物脂肪的大，因此常温下植物油呈液态，动物脂肪呈固态。

图 14-1　脂肪酸链的伸展状态

三、　油脂的化学性质

（一）　水解

油脂在酸或脂肪酶（如胰脂酶等水解酶）的作用下，可水解生成 1 分子甘油和 3 分子脂肪酸。油脂与强碱溶液混合后加热，则水解生成甘油和高级脂肪酸盐，水解生成的高级脂肪酸盐俗称肥皂，因此油脂在碱性溶液中的水解又叫作皂化（saponification）。例如：

$$
\begin{array}{l}
\text{H}_2\text{C}-\text{O}-\overset{\overset{\displaystyle O}{\|}}{\text{C}}-\text{R}^1 \\
\text{HC}-\text{O}-\overset{\overset{\displaystyle O}{\|}}{\text{C}}-\text{R}^2 \quad + \; 3\text{NaOH} \xrightarrow{\triangle} \\
\text{H}_2\text{C}-\text{O}-\overset{\overset{\displaystyle O}{\|}}{\text{C}}-\text{R}^3
\end{array}
\qquad
\begin{array}{ll}
\text{H}_2\text{C}-\text{OH} & \text{R}^1\text{COONa} \\
\text{HC}-\text{OH} \;+ & \text{R}^2\text{COONa} \\
\text{H}_2\text{C}-\text{OH} & \text{R}^3\text{COONa}
\end{array}
$$

普通肥皂是各种高级脂肪酸钠盐的混合物。油脂用氢氧化钾皂化所得的高级脂肪酸钾盐质软，叫作软皂。医学上常用以洗净皮肤的"来苏儿"就是由煤酚和软皂制成的。

1g 油脂完全皂化时所需氢氧化钾的毫克数，称为油脂的皂化值（saponification value）。根据皂化值的大小，可以判断油脂中三酰甘油的平均分子量，皂化值与油脂中三酰甘油的平均分子量成反比。皂化值还可检验油脂是否掺有其他物质，并可反映油脂在皂化时所需碱的用量。常见油脂的皂化值见表 14-2。

（二）　加成

油脂中的不饱和脂肪酸的碳碳双键能与氢气、卤素等发生加成反应。

1. 加氢

含不饱和脂肪酸的油脂，通过催化加氢可转变为含饱和脂肪酸的油脂。加氢可使液态的油转变为半固态或固态的脂肪，所以油脂的催化加氢也称油脂的硬化。油脂硬化后，可制成人造黄油供食用，这样可以防止由天然动物油中摄入过多的胆固醇，而且油脂硬化后不容易酸败。氢化后的油脂不易被氧化，而且便于贮藏和运输。

2. 加碘

碘能与油脂的不饱和脂肪酸中的碳碳双键发生加成反应。从一定量的油脂所能吸收碘的质量，可以判断油脂的不饱和程度。通常将 100g 油脂所吸收的碘的克数称为油脂的碘值（iodine number）。例如，大豆油的碘值为 $127\sim138\text{gI}_2/100\text{g}$，奶油的碘值为 $26\sim45\text{gI}_2/100\text{g}$，说明大豆油的不饱和程度比奶油大。油脂的碘值越大，油脂的不饱和程度就越高。由于碘与碳碳双键加成反应的速率很慢，实际测定时常用氯化碘或溴化碘的冰醋酸溶液作试剂与油脂反应。研究表明，长期食用低碘值的油脂，可导致动脉硬化等疾病。常见油脂的碘值见表14-2。

表 14-2　常见油脂中脂肪酸含量、皂化值和碘值

油脂名称	含量/%				皂化值/(mgKOH/g)	碘值/(gI₂/100g)
	软脂酸	硬脂酸	油酸	亚油酸		
牛油	24～32	14～32	35～48	2～4	190～200	30～48
猪油	28～30	12～18	41～48	2～8	195～208	46～70
蓖麻油	0～2	0.5～3	3～9	2～3.5	176～187	81～90
花生油	6～9	2～6	50～57	13～26	185～195	83～105
棉籽油	19～24	1～2	23～32	40～48	191～196	103～115
大豆油	6～10	2～4	21～29	50～59	189～194	127～138
奶油	25～30	10～13	30～40	4～5	189～196	26～45

（三）酸败

油脂在空气中放置过久，就会变质产生难闻的气味，这种现象叫作酸败（rancidity）。酸败是由空气中的氧、水分或微生物作用引起的。油脂中不饱和酸的双键部分受到空气中氧的作用，氧化成过氧化物，后者进一步分解或氧化，产生有臭味的低级醛或羧酸等。光、热或湿气都可以加速油脂的酸败。

油脂酸败的另一原因是微生物或酶的作用。油脂先水解为脂肪酸，脂肪酸在微生物或酶的作用下发生 β 氧化，即羧酸中的 β 碳原子被氧化为羰基，生成 β-酮酸，后者进一步分解则生成含碳较少的酮或羧酸。

油脂中游离脂肪酸的含量越高，酸败程度越大。油脂的酸败程度可用酸值来表示。中和 1g 油脂中的游离脂肪酸所需氢氧化钾的毫克数称为油脂的酸值（acid number）。酸值大说明油脂中游离脂肪酸的含量较高，即酸败程度较严重，油脂酸败的产物有毒性和刺激性，通常酸值大于 6.0 的油脂不宜食用。为防止油脂的酸败，油脂应贮藏于密闭容器中，放置在阴凉处。也可添加少量适当的抗氧化剂，例如维生素 E 等。

皂化值、碘值和酸值是油脂重要的理化指标，药典对药用油脂的皂化值、碘值和酸值都有严格的要求。

第二节　磷脂

磷脂是一类含磷的脂类化合物。它们在自然界的分布很广，种类繁多。按其化学组成大体上可分为两大类。一类是由甘油构成的称为甘油磷脂；另一类是由鞘氨醇构成的称为鞘磷脂（又叫神经磷脂）。

一、甘油磷脂

甘油磷脂（phosphoglyceride）可以看作是磷脂酸的衍生物。磷脂酸是由 1 分子甘油、2 分子高级脂肪酸和 1 分子磷酸通过酯键结合而成的化合物。天然磷脂酸中的脂肪酸，α 位通常是饱和脂肪酸，β 位常是不饱和脂肪酸。由于 α' 位磷酸的引入，磷脂酸分子具有手性。

$$
\begin{array}{c}
\text{H}_2\text{C}-\text{O}-\overset{\text{O}}{\overset{\|}{\text{C}}}-\text{R}^1 \\
\text{R}^2-\overset{\text{O}}{\overset{\|}{\text{C}}}-\text{O}-\text{CH} \\
\text{H}_2\text{C}-\text{O}-\overset{\text{O}}{\underset{\text{OH}}{\overset{\|}{\text{P}}}}-\text{OH}
\end{array}
\qquad
\begin{array}{c}
\text{H}_2\text{C}-\text{O}-\overset{\text{O}}{\overset{\|}{\text{C}}}-\text{R}^1 \\
\text{R}^2-\overset{\text{O}}{\overset{\|}{\text{C}}}-\text{O}-\text{CH} \\
\text{H}_2\text{C}-\text{O}-\overset{\text{O}}{\overset{\|}{\text{P}}}-\text{OCH}_2\overset{^+\text{NH}_3}{\text{CHCOOH}}
\end{array}
$$

磷脂酸 　　　　　　　　　　 磷脂酰丝氨酸

　　甘油磷脂又按性质的不同可细分为中性甘油磷脂和酸性甘油磷脂两类。前者如磷脂酰胆碱（卵磷脂）、磷脂酰乙醇胺（脑磷脂）、溶血磷脂酰胆碱等；后者如磷脂酸、磷脂酰丝氨酸等。

　　机体中的甘油磷脂，常见的是卵磷脂和脑磷脂。它们的结构式如下：

$$
\begin{array}{c}
\text{H}_2\text{C}-\text{O}-\overset{\text{O}}{\overset{\|}{\text{C}}}-\text{R}^1 \\
\text{R}^2-\overset{\text{O}}{\overset{\|}{\text{C}}}-\text{O}-\text{CH} \\
\text{H}_2\text{C}-\text{O}-\overset{\text{O}}{\underset{\text{O}^-}{\overset{\|}{\text{P}}}}-\text{O}-\text{CH}_2\text{CH}_2\overset{+}{\text{N}}(\text{CH}_3)_3
\end{array}
\qquad
\begin{array}{c}
\text{H}_2\text{C}-\text{O}-\overset{\text{O}}{\overset{\|}{\text{C}}}-\text{R}^1 \\
\text{R}^2-\overset{\text{O}}{\overset{\|}{\text{C}}}-\text{O}-\text{CH} \\
\text{H}_2\text{C}-\text{O}-\overset{\text{O}}{\underset{\text{O}^-}{\overset{\|}{\text{P}}}}-\text{O}-\text{CH}_2\text{CH}_2\overset{+}{\text{N}}\text{H}_3
\end{array}
$$

卵磷脂 　　　　　　　　　　 脑磷脂

　　卵磷脂和脑磷脂在组成上最主要的区别是卵磷脂中含有胆碱成分，脑磷脂中含有胆胺成分。胆碱和胆胺的结构式如下所示：

$$
\text{HOCH}_2\text{CH}_2\overset{+}{\text{N}}(\text{CH}_3)_3\text{OH}^- \qquad\qquad \text{HOCH}_2\text{CH}_2\text{NH}_2
$$

胆碱 　　　　　　　　　　　　　　 胆胺

　　卵磷脂为白色蜡状固体，吸水性强。在空气中放置，分子中的不饱和脂肪酸被氧化，将生成黄色或棕色的过氧化物。卵磷脂不溶于水和丙酮，易溶于乙醚、乙醇及氯仿。卵磷脂存在于脑组织、大豆，尤以蛋黄中含量最为丰富。卵磷脂是细胞膜的重要组成物质，能促进肝内脂肪的运输，是常用的抗脂肪肝药物。脑磷脂的结构和理化性质与卵磷脂相似，在空气中放置易变棕黄色，脑磷脂易溶于乙醚，难溶于丙酮，难溶于冷乙醇。卵磷脂易溶于乙醇，利用这一溶解性质的不同，可分离卵磷脂和脑磷脂。脑磷脂通常与卵磷脂共存于脑、神经组织和许多组织器官中，在蛋黄和大豆中含量也较丰富。存在于血小板内能促进血液凝固的凝血激酶，就是由脑磷脂和蛋白质组成的，所以脑磷脂与血液的凝固有关。

二、 神经磷脂

　　神经磷脂又称为鞘磷脂（sphingomyelin），其组成与结构和甘油磷脂不同，鞘磷脂的主链是鞘氨醇（神经氨基醇）而不是甘油，鞘氨醇（sphingol）是一类不饱和脂肪族长碳链的氨基二元醇，人体中以含十八碳的鞘氨醇为主。鞘氨醇的氨基与脂肪酸以酰胺键相连，形成 N-脂酰鞘氨醇即神经酰胺（ceramide），鞘氨醇和神经酰胺的结构式如下：

鞘氨醇   神经酰胺

神经酰胺 C1 上的羟基与磷酸胆碱（或磷酸乙醇胺）通过磷酸酯键相结合而形成鞘磷脂（sphingomyelin），鞘磷脂的结构式如下：

$$CH_2OPOCH_2CH_2N^+(CH_3)_3$$

鞘磷脂是白色晶体，化学性质比较稳定，在空气中不易被氧化，不溶于丙酮和乙醚，而溶于热乙醇。

鞘磷脂大量存在于脑和神经组织中，是围绕着神经纤维鞘样结构的一种成分，也是细胞膜的重要成分之一。

三、 磷脂与细胞膜

细胞膜（cell membrane）是细胞质和外界相隔的一层薄膜，也称质膜或外周膜。细胞膜的基本作用是隔开细胞的内外物质和形成屏障，同时又能使细胞与外界环境之间发生物质、能量与信息的交换。

细胞膜的化学成分包括有脂类、蛋白质、糖类、水和金属离子等，其中脂类和蛋白质是主要成分，构成膜的主体。构成膜的脂类以磷脂含量最多也最为重要，也有胆固醇和糖脂。磷脂分子由磷酸和碱基组成的极性亲水头部和长链脂肪酸组成的两条疏水尾部组成，如甘油磷脂的分子模型见图 14-2。

图 14-2　甘油磷脂的分子模型

在水溶液中磷脂亲水头部因对水的亲和力伸向水中，疏水尾部因对水的排斥而相互聚集，尾尾相连，以双分子层形式排列，于是就形成了热力学上稳定的脂双分子层，见图14-3。这种脂双分子层结构是细胞膜的基本构架。

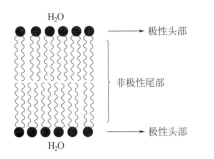

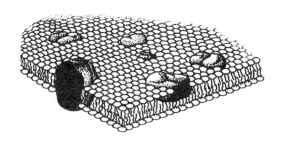

图 14-3　脂双分子层结构

多年来根据对天然细胞膜以及一些人工模拟膜的研究，至今科学家提出过几十种不同的细胞膜分子结构的模型，其中受到普遍认可的是 1972 年 Singer 和 Nicolson 提出的流体镶嵌模型（fluid mosaic model），该模型的基本内容是：膜的结构是以液态的脂双分子层为基架，其中镶嵌着可以移动的具有各种生理机能的球形蛋白质。

细胞膜的流体镶嵌模型强调了两点：一是膜的流动性，膜蛋白和膜脂均可侧向移动；二是和膜蛋白分布的不对称性，有的蛋白质镶在脂双分子层的表面，有的部分或全部嵌入，有的横跨整个脂双分子层。

膜的流动性是指膜内部的脂类和蛋白质两类分子的运动性，细胞膜的三大功能都与脂双分子层的流动性有关，如红细胞膜具有相当大的流动性才能使膜有变形能力，从而穿透毛细血管进行氧的运输。影响膜流动性的因素主要有膜本身的组分、遗传因子及环境因子等，其中与膜脂组成成分有关的有以下两点：

首先是磷脂分子中脂肪酸链的长度和不饱和程度，这是影响细胞膜流动性的重要因素。短链的脂肪酸能减少脂类分子疏水尾的相互作用，从而使膜的流动性较长链脂肪酸的大。饱和脂肪酸呈直线形，相互之间排列紧密，相互作用力大，膜的流动性减少，不饱和脂肪酸双键大多是顺式结构，使得碳链在碳碳双键处弯曲，分子链呈弯曲形，磷脂分子中两条脂肪碳链尾部难以互相靠近，排列较疏松，从而流动性增大。因此，细胞膜磷脂分子中脂肪酸碳链越短或不饱和程度越大，膜的流动性越大。

其次是膜的流动性与卵磷脂与鞘磷脂在膜中含量的比值有关。哺乳动物细胞中，卵磷脂与鞘磷脂的含量约占整个膜脂的 50%，二者在膜中都处于流动状态，但鞘磷脂的黏度比卵磷脂的黏度大 6 倍，因此鞘磷脂含量高则流动性差。在细胞衰老的过程中，卵磷脂与鞘磷脂的比值下降，膜的流动性随之降低。

生物膜结构和功能的研究，是目前分子生物学最活跃的部分。

第三节　甾族化合物

甾族化合物（steroid）是一类广泛存在于动植物体内的天然有机化合物，如甾醇、胆甾酸、甾体激素等。许多甾族化合物具有重要的生理作用。

一、 甾族化合物的结构特征

（一） 甾族化合物的母核结构

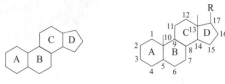

环戊烷并氢化菲　　　　甾族化合物的基本骨架

甾族化合物的甾字形象地表示了这类化合物的基本碳架，"田"表示四个环，"巛"表示两个角甲基和一个 C17 位上取代基的三个侧链。

甾族化合物也称类固醇化合物，广泛存在于生物体内，在动植物生命活动中起着重要的作用。其分子结构中都含有一个由环戊烷并氢化菲构成的基本骨架，4 个环用 A、B、C、D 表示，大多数甾族化合物在 C10 和 C13 上各连有一个甲基，称角甲基；在 C17 上连有一个不同碳原子数的碳链或取代基。

甾族化合物的结构复杂，其名称常用俗名。

（二） 甾族化合物的立体结构

天然的甾族化合物中，B 环和 C 环之间总是反式稠合；C 环和 D 环之间也几乎都是反式稠合（强心苷除外）；A 环和 B 环之间有顺式稠合，也有反式稠合。根据 C5 上 H 的构型不同，甾族化合物分为 5α-系和 5β-系两大类。对于 5α-系甾族化合物，C5 上 H 与 C10 位上的—CH_3（角甲基）在环平面异侧，即表示 A 环和 B 环为反式稠合。对于 5β-系甾类化合物，C5 上 H 与 C10 位上的—CH_3（角甲基）在环平面同侧，也即表示 A 环和 B 环为顺式稠合。

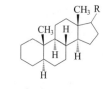

A/B (反)、B/C (反)、C/D (反)　　　A/B (顺)、B/C (反)、C/D (反)
5α-系甾族化合物　　　　　　5β-系甾族化合物

甾环碳架上所连的原子或基团在空间有不同的取向，其构型规定如下：取代基若与 C5、C10 角甲基在环平面异侧称为 α 型取代基，用虚线表示；与角甲基在环平面同侧的取代基称为 β 型取代基，用实线表示。

二、 重要的甾族化合物

（一） 甾醇

甾醇（sterol）常以游离状态或以酯或苷的形式广泛存在于动植物体内。甾醇可依照来源分为动物甾醇及植物甾醇两大类。天然的甾醇在 C3 上有一个羟基，并且绝大多数都是 β 构型。甾醇又称为固醇。

1. 胆固醇

胆固醇（cholesterol）又称胆甾醇，是一种动物甾醇，最初是在胆结石中发现的一种固体醇，所以称为胆固醇，是胆结石的主要组成成分。胆固醇分子的结构特点是：C3 上有一个 β 羟基，C5 和 C6 之间有一个碳碳双键，C17 上连有一个 8 碳原子的烷基侧链。胆固醇的结构式如下：

胆固醇

胆固醇是一种无色或略带黄色的结晶，熔点 148.5℃，难溶于水，易溶于乙醚、氯仿、热乙醇等有机溶剂。胆固醇分子中 C5 和 C6 之间有一个碳碳双键，它可以和一分子溴或溴化氢发生加成反应，也可以催化加氢生成二氢胆固醇。胆固醇分子中的羟基可酰化后形成酯，也可与糖的半缩醛羟基生成苷。溶于氯仿的胆固醇与乙酸酐及浓硫酸作用，颜色由浅红变蓝紫，最后转为绿色，此反应称为李伯曼-布查（Lieberman-Burchard）反应，常用于胆固醇定性、定量分析。

在动物体内，胆固醇大多以脂肪酸酯的形式存在，而在植物体内常以糖苷的形式存在。胆固醇是真核生物细胞膜脂质中的重要组分，生物膜的流动性和通透性与它有着密切的关系，同时它还是生物合成胆甾酸和甾体激素等的前体，在体内起着重要作用。但是胆固醇摄取过多或代谢发生障碍时，胆固醇就会从血清中沉积在动脉血管壁上，导致冠心病和动脉粥样硬化症；过饱和胆固醇从胆汁中析出沉淀则是形成胆固醇系结石的原因。不过体内长期胆固醇偏低也会诱发疾病。所以，既要给机体提供足够的胆固醇来维持机体的正常生理功能，又要防止胆固醇过量或过少所造成的不良影响，这些是现代人类健康生活所应关注的问题。

2. 7-脱氢胆固醇

7-脱氢胆固醇（7-dehydrocholesterol）是一种动物甾醇，与胆固醇在结构上的差异是 C7 与 C8 之间多了一个碳碳双键。

7-脱氢胆固醇　　　　　　　　　　维生素D₃

在肠黏膜细胞内，胆固醇经酶催化氧化成 7-脱氢胆固醇后，经血液循环输送到皮肤组织中，若再经紫外线照射，7-脱氢胆固醇的 B 环开环转变成为维生素 D$_3$。因此常做日光浴是获得维生素 D$_3$ 的最简易方法。

3. 麦角固醇

麦角固醇（ergosterol）是一种植物甾醇，存在于酵母和一些植物中，分子式为 $C_{28}H_{44}O$。麦角固醇分子结构中，比 7-脱氢胆固醇在 C24 上多了一个甲基，在 C22 和 C23 之间多一个碳碳双键。麦角固醇经紫外线照射后 B 环开环生成维生素 D$_2$。

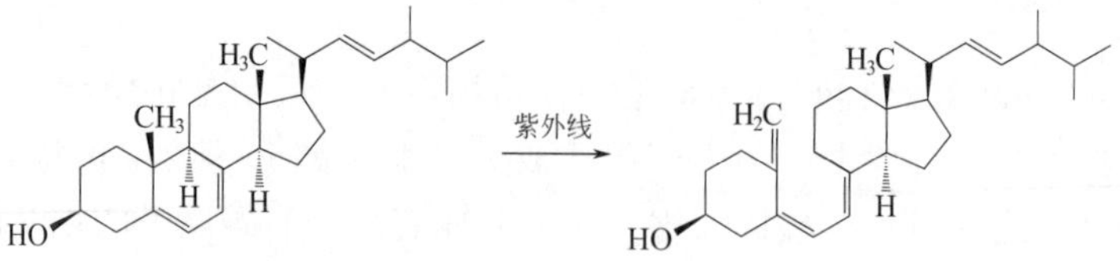

麦角固醇 → 紫外线 → 维生素D₂

维生素 D 是一类抗佝偻病维生素的总称。目前已知至少有 10 种维生素 D，它们都是甾醇的衍生物，其中活性较高的是维生素 D_2 和维生素 D_3。维生素 D 的主要生理功能是调节钙、磷代谢，促进骨骼正常发育。当维生素 D 缺乏时，儿童可患佝偻病，成人引起软骨症。

（二）胆甾酸

胆酸（cholic acid）、脱氧胆酸（deoxycholic acid）、鹅脱氧胆酸和石胆酸等存在于动物胆汁中，它们都属于 5β-系甾族化合物，并且分子结构中含有羧基，故总称它们为胆甾酸。胆甾酸在人体内可以以胆固醇为原料直接生物合成。至今发现的胆甾酸已有 100 多种，其中人体内重要的是胆酸和脱氧胆酸。

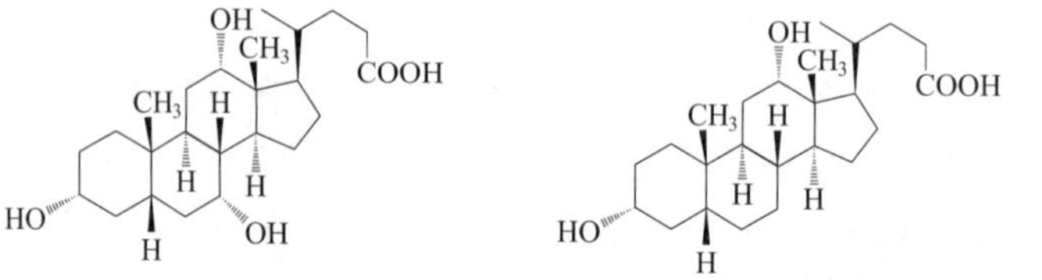

胆酸 　　　　　　　　脱氧胆酸

在胆汁中，胆甾酸分别与甘氨酸（NH_2CH_2COOH）或牛磺酸（$H_2NCH_2CH_2SO_3H$）通过酰胺键结合形成各种结合胆甾酸，这些结合胆甾酸总称为胆汁酸（blie acid）。例如脱氧胆酸与甘氨酸或牛磺酸反应分别生成甘氨脱氧胆酸和牛磺脱氧胆酸。

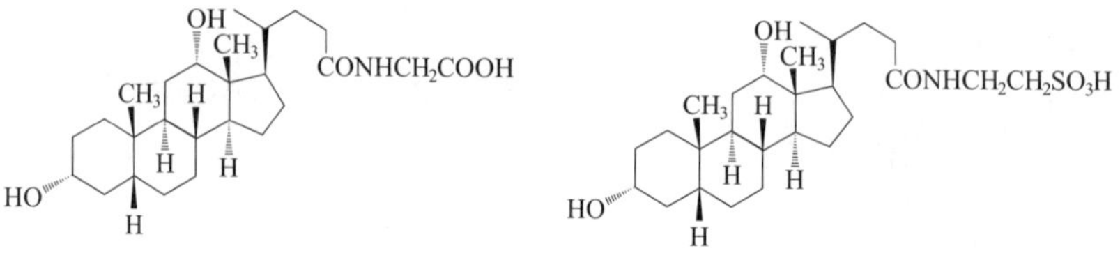

甘氨脱氧胆酸 　　　　　　　　牛磺脱氧胆酸

在人体及动物小肠的碱性条件下，胆汁酸以其盐的形式存在，称为胆汁酸盐（简称胆盐，bile salt）。胆汁酸盐分子内部既含有亲水性的羟基和羧基（或磺酸基），又含有疏水性的甾环，这种分子结构能够降低油/水两相之间的表面张力，具有乳化剂的作用，使脂肪及胆固醇酯等疏水的脂质乳化成细小微团，增加消化酶对脂质的接触面积，利于脂类的消化吸收。

（三）甾体激素

激素（hormone）又称荷尔蒙（hormone），它是由内分泌腺及具有内分泌功能的一些组织所产生的。激素是生物体内存在的一类具有重要生理活性的特殊化学物质，生理作用十分强烈，对生物的生长、发育和繁殖起着重要的调节作用。激素根据其来源可分为动物激素、昆虫激素和植物激素三类。根据其结构可分为含氮激素（肾上腺素、甲状腺素）、不饱和脂肪酸激素（前列腺素）和甾体激素三类。其中甾体激素（又称类固醇激素）是种类最多的。甾体激素又分为性激素和肾上腺皮质激素两类。

1. 性激素

性激素（sex hormone）是一类重要的甾体化合物，它是性腺（睾丸、卵巢、黄体）所分泌的甾体激素，按其生理功能分为雄性激素和雌性激素。性激素具有促进动物发育、生长及维持性特征的生理功能。

最早获得天然雄性激素（male hormone）纯品的是德国生物化学家 Butenandt（1939 年因发现并提纯出多种性激素而获诺贝尔化学奖），1931 年从 15000L 男性尿中分离得到 15mg 结晶雄酮。1935 年从公牛睾丸中分离出睾酮。天然雄性激素经结构分析为 19-碳甾族化合物，C17 位上无碳侧链，而连有羟基或酮基。重要的雄性激素有睾酮、雄酮和雄烯二酮，其中睾酮的活性最大。

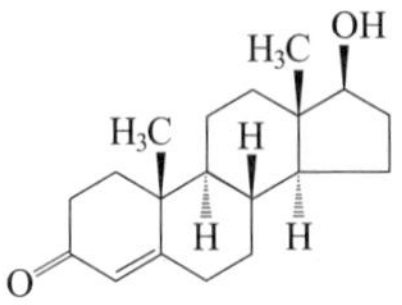

睾酮 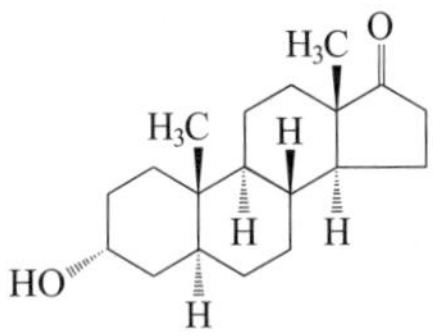　　　　　　　　　　　雄酮

从构效关系分析，3-酮和 3α—OH 的引入能增加雄性激素活性，17β—OH 是雄性激素所必需的基团，没有一种基团能达到 17β—OH 的效果，17α—OH 无活性。

雄性激素具有促进蛋白质的合成、抑制蛋白质代谢的同化作用，能使雄性变得肌肉发达，骨骼粗壮。

雌性激素（female hormone）主要由卵巢分泌，它包含雌激素和孕激素两类。

分泌雌激素（estrogen）的主要场所是在成熟的卵泡中。雌激素是引起哺乳动物动情的物质，并能促进雌性生殖器官的发育和维持雌性第二性征。20 世纪 30 年代早期先后从孕妇尿中分离得到雌酮和雌三酮，从卵巢分离得到雌三醇。雌酮和雌二醇系卵泡分泌的原始雌激素，两者在体内可以相互转变，再生物氧化形成雌三醇。三者的生物活性由强至弱的排序是：雌二醇＞雌酮＞雌三醇。

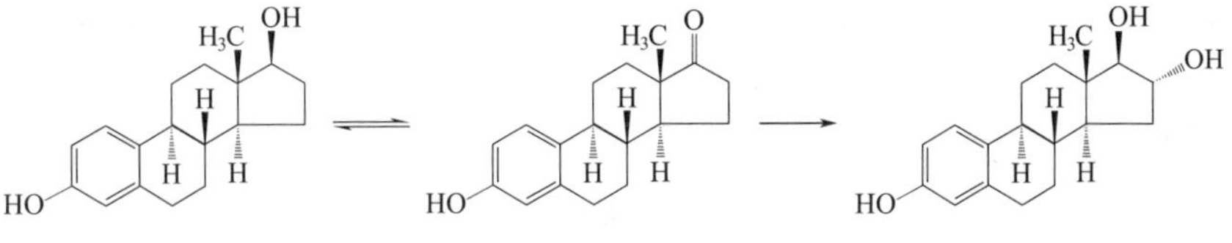

雌二醇　　　　　　　　　雌酮　　　　　　　　　雌三醇

天然雌激素属于 18-碳甾族化合物，结构特点是：A 环为苯环，C10 上没有甲基，C3 有一个酚羟基，故有酸性，C17 位为酮基或羟基。构效关系表明，酚环和 C17 位氧的存在是生物活性所必需的。

雌激素在临床上的主要用途是治疗绝经症状和骨质疏松，最广的用途是生育控制。人工合成的炔雌醇为口服高效、长效的雌激素，活性比雌二醇高 7～8 倍。临床上用于月经紊乱、子宫发育不全、前列腺癌等治疗。炔雌醇对排卵有抑制作用，可用作口服避孕药。

炔雌醇   黄体酮

孕激素（progestogen）主要从排卵后的破裂卵泡组织形成的黄体中分得，它们的主要生理作用是保证受精着床，维持妊娠。重要的天然孕激素是黄体酮，首次获得的 20mg 纯品天然黄体酮是从 2 万头母猪的卵巢中分离提取出来的。黄体酮属于 21 碳甾族化合物，C3 为酮基，C4 与 C5 之间有碳碳双键，C17 位上有一个 β-乙酰基。

黄体酮构效关系表明：17α 位引入羟基，孕激素活性下降，但羟基成酯作用增强。在 C6 位引入碳碳双键和甲基或氯原子都使活性增强。因此制药工业上，以黄体酮为先导化合物，对其进行结构改造，先后合成了一系列具有孕激素活性的黄体酮衍生物。孕激素临床上用于治疗痛经、功能性子宫出血和闭经。另一主要用途是与雌激素联用作为避孕药。

2. 肾上腺皮质激素

肾上腺皮质激素（adrenal cortical hormone）是肾上腺皮质分泌的激素，它是甾类中另一重要的激素。按照它们的生理功能可分为糖代谢皮质激素（如皮质酮、可的松等）和盐代谢皮质激素（如醛甾酮等）。糖代谢皮质激素主要影响糖、蛋白质与脂质代谢，盐代谢皮质激素主要影响组织中电解质的转运和水的分布。这两类皮质激素均是 21 碳甾族化合物，结构上的共同特点是：C3 上有酮基，C4 和 C5 之间有一个碳碳双键，C17 上连有一个 2-羟基乙酰基。主要皮质激素的化学结构如下：

皮质酮   可的松   醛甾酮

早在 1855 年，Addison 医生就发现了肾上腺皮质激素的重要性，肾上腺皮质分泌的激素减少，会导致人体极度虚弱，贫血、恶心、低血压、低血糖，皮肤呈青铜色，这些症状临床上称 Addison 病。因此，某些糖皮质激素作为药物在临床治疗中占有重要地位，如氢化可的松、泼尼松、地塞米松等都是较好的抗炎、抗过敏药物。

> **阅读材料**
>
> ### 硝酸甘油与 NO
>
> 硝酸甘油（又名甘油三硝酸酯）于 1846 年由意大利化学家 Ascanio Sobrebro 发明。硝酸甘油极不稳定，能发生爆炸，可用作炸药。诺贝尔将硝酸甘油与惰性物质（如二氧化硅）混合，使其由液态变成稳定的半固态，使其成为具有实用价值的炸药。1875 年诺贝尔将硝酸甘油与火棉（纤维素六硝酸酯）混合制得胶状爆炸力更强的炸药。
>
>
> 甘油（丙三醇）   硝酸甘油（甘油三硝酸酯）

诺贝尔生产炸药和经营油田，一生积累了巨大财富。逝世时将大部分遗产作为基金，每年以其利息（最初约20万美元）作为奖金，奖给前一年在物理、化学、医学或生理学、文学及和平方面对人类作出巨大贡献的人士，即诺贝尔奖，于1901年第一次颁发。1968年起，由瑞典国家银行提供资金增设诺贝尔经济学奖。

1879年英国医生（W. Murrell）发现将硝酸甘油稀释后转变成一种无爆炸性的物质，且该物质可作为治疗心绞痛的长效药物。诺贝尔患有较严重的心绞痛，他在去世前给身边的同事留言道："医生给我开的药竟是硝酸甘油，难道这不是对我一生的巨大讽刺吗？"

虽然科学家在19世纪已经知道硝酸甘油能治疗心绞痛，但却不清楚其作用机理。到20世纪70年代末，发现硝酸甘油进入体内后，能产生一种信号分子NO，NO可以使血管周围平滑肌细胞舒张，扩张血管增加心肌的血液供应，缓解心绞痛，揭开了硝酸甘油治疗心绞痛之谜。从而制造出更好的能在体内产生NO的药物。

诺贝尔去世后的一个世纪，1998年诺贝尔医学或生理学奖颁发给三位美国药理学家弗奇特、伊格纳和穆拉德，以表彰他们在研究体内信号系统的贡献。他们的研究使人们知道了具有爆炸性的硝酸甘油及其他有机硝酸酯类在体内通过释放信号分子NO，可舒张血管平滑肌，扩张血管，使缺血的心肌恢复血液供应，从而缓解心肌缺血引起的临床症状。

本章小结

脂类是广泛存在于生物体内的一大类有机化合物，主要有油脂、磷脂和甾族化合物等。油脂分为油和脂肪两大类。通常把在常温下呈固态或半固态的油脂称为脂肪，常温下呈液态的油脂称为油。油脂具有皂化、加成、酸败等化学性质。磷脂广泛存在于动物的肝、脑、神经细胞以及植物种子中。磷脂分为甘油磷脂和鞘磷脂两种，由甘油构成的磷脂称为甘油磷脂，由鞘氨醇构成的磷脂称为鞘磷脂。

甾族化合物广泛存在于动、植物组织内，它是在生命活动中发挥非常重要生理活性作用的一类化合物，主要包括甾醇、胆甾酸和甾体激素等。甾族化合物具有环戊烷并氢化菲（称为甾核或甾体）的环系结构，甾醇、胆甾酸和甾体激素都是重要的甾族化合物。

习 题

14-1 写出下列化合物的结构。

（1）亚油酸　　（2）顺，顺，顺，顺-$\Delta^{5,8,11,14}$-二十碳四烯酸

（3）三硬脂酰甘油　　（4）卵磷脂　　（5）7-脱氢胆固醇　　（6）胆酸

14-2 命名下列化合物。

14-3 完成下列反应方程式。

(1)

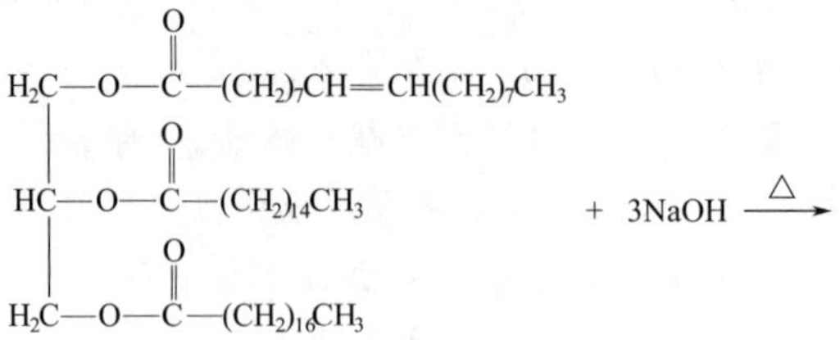

$$H_2C-O-\overset{\overset{\displaystyle O}{\|}}{C}-(CH_2)_7CH=\!\!\!=CH(CH_2)_7CH_3$$
$$HC-O-\overset{\overset{\displaystyle O}{\|}}{C}-(CH_2)_{14}CH_3 \qquad +\ 3NaOH\ \xrightarrow{\ \triangle\ }$$
$$H_2C-O-\overset{\overset{\displaystyle O}{\|}}{C}-(CH_2)_{16}CH_3$$

(2)

$$H_2C-O-\overset{\overset{\displaystyle O}{\|}}{C}-(CH_2)_7CH=\!\!\!=CH(CH_2)_7CH_3$$
$$HC-O-\overset{\overset{\displaystyle O}{\|}}{C}-(CH_2)_{14}CH_3 \qquad \xrightarrow[\text{Ni}]{H_2}$$
$$H_2C-O-\overset{\overset{\displaystyle O}{\|}}{C}-(CH_2)_{16}CH_3$$

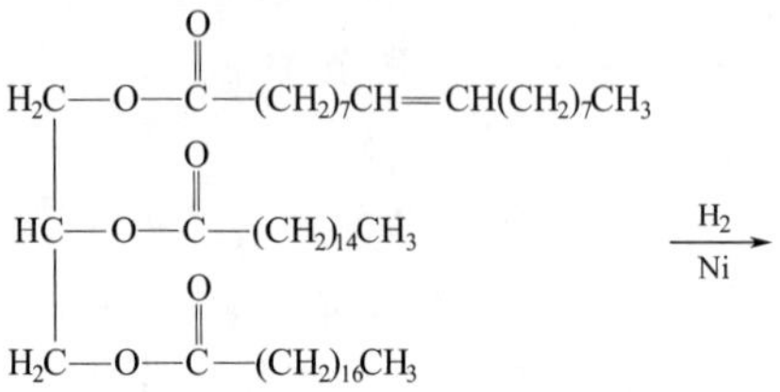

14-4 判断题

（1）卵磷脂水解可得到 4 种化合物：甘油、脂肪酸、磷酸和乙醇胺。

（2）动物脂肪较植物油一般具有低碘值和相对高的熔化温度。

（3）李伯曼-布查反应的颜色变化是先显现绿色，后变成蓝色，最后转变为紫红色。

（4）胆固醇的基本骨架是环戊烷多氢菲。

（5）油脂是高级脂肪酸和高级醇生成的酯。

14-5 天然油脂中脂肪酸的结构有哪些特点？

14-6 比较 α-亚麻酸与 γ-亚麻酸结构上的相同点和不同点，两者在人体内能否相互转化，为什么？

14-7 何为必需脂肪酸？常见的必需脂肪酸有哪些？

第十五章

氨基酸、多肽和核酸

蛋白质和核酸都是复杂的含氮高分子化合物，它们是生物体细胞的重要组成部分，是生命活动的重要物质基础。蛋白质可以被酸、碱或蛋白酶催化水解，在水解过程中，蛋白质分子逐渐降解成分子量越来越小的肽段，直到最终成为氨基酸混合物。氨基酸（amino acid）是分子中具有氨基和羧基的一类含有复合官能团的化合物，是蛋白质的基本组成成分；肽（peptide）是氨基酸分子间脱水后以肽键（peptide bond）相互结合的物质，除蛋白质部分水解可产生长短不一的各种肽段外，生物体内还有很多肽游离存在，它们具有各种特殊的生物学功能，在生长、发育、繁衍及代谢等生命过程中起着重要的作用。

核酸是一种重要的生物大分子，对遗传信息的贮存和蛋白质的合成起着决定性的作用。

第一节　氨基酸

氨基酸是分子中既含氨基又含羧基的化合物，根据氨基和羧基在分子中相对位置的不同，氨基酸可分为 α、β、γ 等类型。目前在自然界中发现的氨基酸有 700 种以上，除了构成蛋白质的 20 种氨基酸外，绝大多数属于非蛋白氨基酸。天然蛋白质完全水解的产物是各种不同的 α-氨基酸的混合物。因此 α-氨基酸是组成蛋白质的基本单元。

一、氨基酸的结构、分类和命名

组成蛋白质的 20 种氨基酸中，除脯氨酸为 α-亚氨基酸外，其余均属于 α-氨基酸，其结构通式如下（R 表示不同的侧链基团）：

$$
\begin{array}{c}
\text{R—CH—COOH} \\
| \\
\text{NH}_2
\end{array}
$$

由于氨基酸分子中既含有碱性的氨基又含有酸性的羧基，它们可以相互作用形成内盐，因此氨基酸的物理性质与一般游离态的有机化合物不同。

组成蛋白质的 20 种氨基酸除甘氨酸外，其他各种氨基酸分子中的 α-碳原子均为手性碳原子，都有旋光性。

氨基酸的构型通常采用 D/L 标记法，有 D 型和 L 型两种异构体。以甘油醛为参考标准，凡氨基酸分子中 α-氨基的位置与 L-甘油醛—OH 的位置相同者为 L 型，相反为 D 型。构成蛋白质的氨基酸均为 L 型。如用 R/S 法标记，则除半胱氨酸为 R 构型外，其余皆为 S 构型。

$$\begin{array}{cc} & \text{COO}^- \\ \text{H}_3\overset{+}{\text{N}} & \text{——H} \\ & \text{R} \end{array} \qquad \begin{array}{cc} & \text{COO}^- \\ \text{H——} & \overset{+}{\text{NH}}_3 \\ & \text{R} \end{array}$$

L-氨基酸　　　　　　　D-氨基酸

根据氨基酸侧链 R 的化学结构不同可分为脂肪族氨基酸、芳香族氨基酸和杂环氨基酸；根据分子中氨基和羧基的数目分为中性氨基酸（氨基和羧基数目相等）、酸性氨基酸（羧基数目大于氨基数目）和碱性氨基酸（氨基数目大于羧基数目）。中性氨基酸中的 R 基团含有烃基、芳基等非极性基团或羟基、巯基等极性基团（表 15-1），因此又可分为非极性中性氨基酸和极性中性氨基酸。

氨基酸可采用系统命名法命名，但天然氨基酸更常用的是俗名，即根据其来源和特性命名，如甘氨酸是因具有甜味而得名的；天冬氨酸最初是从天门冬的幼苗中发现的。常见的20 种氨基酸的名称、结构及中、英文缩写符号见表 15-1。

表 15-1　构成蛋白质的 20 种常见的氨基酸

名称	中文缩写	英文缩写		结构式	PI
甘氨酸（α-氨基乙酸） Glycine	甘	Gly	G	$\text{CH}_2\text{—COO}^-$ 中 $\overset{+}{\text{NH}}_3$	5.97
丙氨酸（α-氨基丙酸） Alanine	丙	Ala	A	$\text{CH}_3\text{—CH—COO}^-$ 中 $\overset{+}{\text{NH}}_3$	6.00
亮氨酸（γ-甲基-α-氨基戊酸）[①] Leucine	亮	Leu	L	$(\text{CH}_3)_2\text{CHCH}_2\text{—CHCOO}^-$ 中 $\overset{+}{\text{NH}}_3$	5.98
异亮氨酸（β-甲基-α-氨基戊酸）[①] Isoleucine	异亮	Ile	I	$\text{CH}_3\text{CH}_2\text{CH—CHCOO}^-$ 中 $\text{CH}_3\ \overset{+}{\text{NH}}_3$	6.02
缬氨酸（β-甲基-α-氨基丁酸）[①] Valine	缬	Val	V	$(\text{CH}_3)_2\text{CH—CHCOO}^-$ 中 $\overset{+}{\text{NH}}_3$	5.96
脯氨酸（α-四氢吡咯甲酸） Proline	脯	Pro	P	吡咯环—COO$^-$	6.30
苯丙氨酸（β-苯基-α-氨基丙酸）[①] Phenylalanine	苯丙	Phe	F	苯环—$\text{CH}_2\text{—CH—COO}^-$ 中 $\overset{+}{\text{NH}}_3$	5.48
蛋（甲硫）氨酸（α-氨基-γ-甲硫基丁酸）[①] Methionine	蛋	Met	M	$\text{CH}_3\text{SCH}_2\text{CH}_2\text{—CHCOO}^-$ 中 $\overset{+}{\text{NH}}_3$	5.74
色氨酸[α-氨基-β-(3-吲哚基)丙酸][①] Tryptophan	色	Trp	W	吲哚环—$\text{CH}_2\text{CH—COO}^-$ 中 $\overset{+}{\text{NH}}_3$	5.89

名称	中文缩写	英文缩写	结构式	PI
丝氨酸（α-氨基-β-羟基丙酸） Serine	丝	Ser	S	$\underset{\overset{\underset{+}{N}H_3}{\mid}}{HOCH_2-CHCOO^-}$	5.68
谷氨酰胺（α-氨基戊酰胺酸） Glutamine	谷胺	Gln	Q	$\underset{\overset{\underset{+}{N}H_3}{\mid}}{H_2N-\overset{\overset{O}{\parallel}}{C}-CH_2CH_2CHCOO^-}$	5.65
苏氨酸（α-氨基-β-羟基丁酸）① Threonine	苏	Thr	T	$\underset{\overset{OH}{\mid}}{CH_3CH}-\underset{\overset{\underset{+}{N}H_3}{\mid}}{CHCOO^-}$	5.60
半胱氨酸（α-氨基-β-巯基丙酸） Cysteine	半胱	Cys	C	$\underset{\overset{\underset{+}{N}H_3}{\mid}}{HSCH_2-CHCOO^-}$	5.07
天冬酰胺（α-氨基丁酰胺酸） Asparagine	天胺	Asn	N	$\underset{\overset{\underset{+}{N}H_3}{\mid}}{H_2N-\overset{\overset{O}{\parallel}}{C}-CH_2CHCOO^-}$	5.41
酪氨酸（α-氨基-β-对羟苯基丙酸） Tyrosine	酪	Tyr	Y	$HO-\langle\text{苯环}\rangle-\underset{\overset{\underset{+}{N}H_3}{\mid}}{CH_2-CHCOO^-}$	5.66
天冬氨酸（α-氨基丁二酸） Aspartic acid	天	Asp	D	$\underset{\overset{\underset{+}{N}H_3}{\mid}}{HOOCCH_2CHCOO^-}$	2.77
谷氨酸（α-氨基戊二酸） Glutamic acid	谷	Glu	E	$\underset{\overset{\underset{+}{N}H_3}{\mid}}{HOOCCH_2CH_2CHCOO^-}$	3.22
赖氨酸（α,ω-二氨基己酸）① Lysine	赖	Lys	K	$\underset{\overset{NH_2}{\mid}}{\overset{+}{N}H_3CH_2CH_2CH_2CH_2CHCOO^-}$	9.74
精氨酸（α-氨基-δ-胍基戊酸） Arginine	精	Arg	R	$\underset{\overset{NH_2}{\mid}}{H_2N-\overset{\overset{\overset{+}{N}H_2}{\parallel}}{C}-NHCH_2CH_2CH_2CHCOO^-}$	10.76
组氨酸[α-氨基-β-(4-咪唑基)丙酸] Histidine	组	His	H	$\underset{\overset{\underset{+}{N}H_3}{\mid}}{\langle\text{咪唑环}\rangle CH_2CH-COO^-}$	7.59

① 为营养必需氨基酸。

有些氨基酸在人体内不能合成或合成数量不能满足人体需求，必须由食物蛋白质补充才能维持身体正常生长发育，这类氨基酸称为营养必需氨基酸（essential amino acids），主要有八种（表 15-1 中标有①者）氨基酸称为营养必需氨基酸。此外，组氨酸和精氨酸在婴幼儿和儿童时期因体内合成不足，也需依赖食物补充一部分。早产儿还需要补充色氨酸和半胱氨酸。

自然界还发现大量以各种形式分布于植物、细菌和动物体内的修饰氨基酸和非蛋白质氨基酸，它们大多是 α-氨基酸的衍生物，如胱氨酸是由两个半胱氨酸的巯基氧化形成的；也

有些是 β-氨基酸、γ-氨基酸、δ-氨基酸，还发现 D 型氨基酸。

$$\underset{\text{L-胱氨酸}}{\overset{\displaystyle \text{COO}^-\quad\quad\text{COO}^-}{H_3\overset{+}{N}-\underset{\displaystyle CH_2-S-CH_2}{C}-H\quad H_3\overset{+}{N}-C-H}}$$

二、 氨基酸的性质

（一） 氨基酸的物理性质

氨基酸都是无色结晶。由于氨基酸具有内盐（两性离子）的结构，显示出盐的性质，因此，氨基酸与一般有机物质不同，都有较高的熔点（＞200℃），较相应的胺或羧酸高，熔融时分解。能溶于水，难溶于乙醇、乙醚、苯等非极性有机溶剂，氨基酸在等电点时溶解度最小，可形成两性离子并以结晶形式析出。

（二） 氨基酸的化学性质

1. 两性电离和等电点

氨基酸分子中含有酸性的羧基和碱性的氨基，因此氨基酸是两性化合物，能分别与酸或碱作用成盐。一般情况下氨基酸溶于水时，氨基和羧基同时电离成为一种两性离子（zwitterion）。若将此溶液酸化，则两性离子与 H^+ 离子结合成为阳离子；若向此水溶液中加碱，则两性离子与 OH^- 结合成为阴离子。

$$\underset{\text{阴离子 (pH值>pI)}}{R-\underset{\displaystyle NH_2}{CH}-COO^-}\underset{OH^-}{\overset{H^+}{\rightleftharpoons}}\underset{\text{两性离子 (pH值=pI)}}{R-\underset{\displaystyle \overset{+}{N}H_3}{CH}-COO^-}\underset{OH^-}{\overset{H^+}{\rightleftharpoons}}\underset{\text{阳离子 (pH值<pI)}}{R-\underset{\displaystyle \overset{+}{N}H_3}{CH}-COOH}$$

由上可见，氨基酸的荷电状态取决于溶液的 pH 值，利用酸或碱适当调节溶液的 pH 值，可使氨基酸的酸性解离与碱性解离相等，所带正、负电荷数相等，这种使氨基酸处于等电状态时溶液的 pH 值称为该氨基酸的等电点（isoelectric point），以 pI 表示。在等电点时，氨基酸溶液的 pH 值＝pI，氨基酸主要以电中性的两性离子存在，在电场中不向任何电极移动；溶液的 pH 值＜pI 时，氨基酸带正电荷，在电场中向负极移动；溶液的 pH 值＞pI 时，氨基酸带负电荷，在电场中向正极移动。

各种氨基酸由于组成和结构不同，具有不同的等电点。等电点是氨基酸的一个特征常数，常见氨基酸的等电点见表 15-1。中性氨基酸由于羧基的电离略大于氨基，故在纯水中呈微酸性，其 pI 略小于 7，一般在 5.0～6.5 之间，酸性氨基酸的 pI 在 2.7～3.2 之间，而碱性氨基酸的 pI 在 7.5～10.7 之间。

利用氨基酸等电点的不同，可以分离、提纯和鉴定不同氨基酸。氨基酸在等电点时，净电荷为零，在水溶液中溶解度最小。在高浓度的混合氨基酸溶液中，逐步调节溶液的 pH 值，可使不同的氨基酸在不同的 pI 时分步沉淀，即可得到较纯的氨基酸。在同一 pH 值的缓冲液中，各种氨基酸所带的电荷不同，它们在直流电场中，移动的方向和速率不同，因此可利用电泳分离或鉴定不同的氨基酸。

2. 与亚硝酸反应

除脯氨酸等外，α-氨基酸具有伯胺的性质，能与亚硝酸反应定量放出氮气，利用该反应可测定蛋白质分子中游离氨基或氨基酸分子中氨基的含量。此方法称为 van Slyke 氨基氮测定法。

$$R\text{—}\underset{\underset{NH_2}{|}}{C}HCOOH + HNO_2 \longrightarrow R\text{—}\underset{\underset{OH}{|}}{C}HCOOH + N_2\uparrow$$

3. 成肽反应

在适当条件下，氨基酸分子间氨基与羧基相互脱水缩合生成的一类化合物，叫作肽。二分子氨基酸缩合而成的肽叫二肽。

$$H_2N\text{—}\underset{\underset{R^1}{|}}{C}HCOOH + H_2N\text{—}\underset{\underset{R^2}{|}}{C}HCOOH \xrightarrow{-H_2O} H_2N\text{—}\underset{\underset{R^1}{|}}{C}HCONH\underset{\underset{R^2}{|}}{C}HCOOH$$

肽分子中的酰胺键（—CO—NH—）常称作肽键（peptide bond）。二肽分子中仍含有自由的羧基和氨基，因此可以继续与氨基酸缩合成为三肽、四肽……多肽、蛋白质等。十肽以下的肽称为寡肽。大于十肽的称为多肽。

4. 脱羧反应

氨基酸与氢氧化钡共热或在高沸点溶剂中回流，可脱去羧基变成相应的胺类物质。

$$R\underset{\underset{NH_2}{|}}{C}HCOOH \xrightarrow{Ba(OH)_2} RCH_2NH_2 + CO_2\uparrow$$

生物体内脱羧反应是在酶的作用下发生的，如蛋白质腐败时，精氨酸与鸟氨酸可发生脱羧反应生成腐胺，赖氨酸脱羧生成尸胺。某些鲜活食物中含有丰富的氨基酸，如鳝鱼中含有大量的组氨酸，对人体营养成分的改善有很大益处，但鳝鱼死后一段时间，组氨酸在脱羧酶的作用下，可转变为组胺，过量的组胺在肌体内易引起变态反应。由于氨基酸脱羧生成的产物大多呈碱性，若这些物质不能正常代谢，堆积在体内，会引起碱中毒。

$$\underset{\text{组氨酸}}{\underset{\underset{\overset{+}{NH_3}}{|}}{CH_2CHCOO^-}} \xrightarrow{-CO_2} \underset{\text{组胺}}{CH_2CH_2NH_2}$$

$$\underset{\text{赖氨酸}}{H_2NCH_2CH_2CH_2\underset{\underset{NH_2}{|}}{C}HCOOH} \xrightarrow[\triangle]{-CO_2} \underset{\text{尸胺}}{H_2NCH_2CH_2CH_2CH_2NH_2}$$

5. 与茚三酮反应

α-氨基酸与水合茚三酮溶液共热，能生成蓝紫色物质。

$$\underset{}{} + NH_3^+\underset{\underset{R}{|}}{C}H\text{—}COO^- \xrightarrow{\triangle}$$

罗曼氏紫（Rubeman's purple）颜色的深浅及 CO_2 的生成量均可作为 α-氨基酸定量分析的依据，该显色反应也常用于氨基酸和蛋白质的定性鉴定及标记，如在色谱、电泳等实验中应用。

在 20 种 α-氨基酸中，脯氨酸与茚三酮反应显黄色。N-取代的 α-氨基酸以及 β-氨基酸、γ-氨基酸等不与茚三酮发生显色反应。

第二节　多肽

一、　多肽的结构和命名

生物化学中，通常将分子量在 10000 以下的称为多肽，10000 以上的称为蛋白质。

肽链中的氨基酸因脱水缩合后而不再是完整的氨基酸，故将肽中的氨基酸单位称为氨基酸残基。多肽链有两端，游离的—NH_3^+ 一端，称为氨基末端或 N 端，通常写在左边；另一端保留着未结合的—COO^-，称为羧基末端或 C 端，通常写在右边。一般用通式表示：

$$\overset{+}{H_3}NCHCO-NH-CHCO-NH-CHCO-NH-CHCO \cdots NH-CHCOO^-$$

$$\underset{\text{N 端}}{\underset{|}{R^1}} \quad\quad \underset{|}{R^2} \quad\quad \underset{|}{R^3} \quad\quad \underset{|}{R^4} \quad\quad \underset{\text{C 端}}{\underset{|}{R^n}}$$

肽的结构不仅取决于组成肽链的氨基酸种类和数目，而且也与肽链中各氨基酸残基的排列顺序有关。例如，由甘氨酸和丙氨酸组成的二肽，可有两种不同的连接方式，形成两种异构体：

$$\underset{\text{甘氨酰丙氨酸（甘丙肽）}}{\overset{+}{H_3}NCH_2CONH\overset{|}{\underset{}{C}}HCOO^-}\quad\quad\quad \underset{\text{丙氨酰甘氨酸（丙甘肽）}}{\overset{CH_3}{\overset{|}{H_3}}NCHCONHCH_2COO^-}$$

同理，由 3 种不同的氨基酸可形成 6 种不同的三肽，由 4 种不同的氨基酸可形成 24 种不同的四肽。因此氨基酸按不同的排列顺序可形成大量的异构体，它们构成了自然界中种类繁多的多肽和蛋白质。

肽的命名方法是以含 C 端的氨基酸为母体，把肽链中其他氨基酸残基称为某酰，按它们在肽链中的排列顺序由左至右逐个写在母体名称前。在大多数情况下，多肽常使用缩写式，用表 15-1 中的英文三字母或单字母表示，连接氨基酸残基的肽键用"-"表示，如：

$$\overset{+}{H_3}NCH_2CONHCHCONHCHCOO^-$$
甘氨酰丙氨酰丝氨酸（甘丙丝肽）

Gly-Ala-Ser 或 G-A-S

二、　肽键平面

肽键是构成多肽的基本化学键，肽键与相邻的两个 α-碳原子所组成的基团（—C_α—

CO—NH—C$_\alpha$—）称为肽单位（peptide unit）。肽链就是由许多肽单位连接而成的，它们构成多肽链的主链骨架。各种多肽链的主链骨架都是一样的，但侧链 R 的结构和顺序不同，这种不同对多肽的空间构象有重要影响。

根据对一些简单的多肽和蛋白质中肽键进行的精细测定分析，得出如图 15-1 所示的结果。

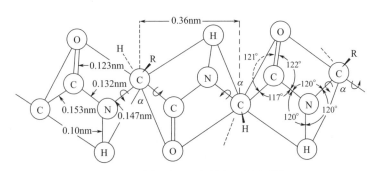

图 15-1　肽键平面及各键长、键角数据

从图 15-1 有关数据可知，肽键具有以下特征：

① 肽键的 C 及 N 周围的 3 个键角和均为 360°，说明与 C—N 相连的 6 个原子处于同一平面上，这个平面称为肽键平面。

② 肽键中的 C—N 键长为 0.132nm，较相邻的 C$_\alpha$—N 单键的键长（0.147nm）短，但比一般的 C＝N 双键的键长（0.127nm）长，表明肽键中的 C—N 键具有部分双键性质，因此肽键中的 C—N 之间的旋转受到一定的阻碍。

③ 肽键呈反式构型。由于肽键不能自由旋转，肽键平面上各原子可出现顺反异构现象，与 C—N 键相连的 O 与 H 或两个 C$_\alpha$ 原子之间一般呈较稳定的反式构型。

肽键平面中除 C—N 键不能旋转外，两侧的 C$_\alpha$—N 和 C—C$_\alpha$ 键均为 σ 键，因而相邻的肽键平面可围绕 C$_\alpha$ 旋转，多肽链的主链也可看成是由一系列通过 C$_\alpha$ 原子连接的肽键平面所组成的。肽键平面旋转所产生的立体结构可呈现多种状态，从而导致蛋白质和多肽呈现不同的构象。

肽的化学性质在某些方面与氨基酸类似，各种氨基酸残基的 R 基团对肽的性质有较大的影响。肽与氨基酸一样含有—COO$^-$ 和—NH$_3^+$ 等基团，因此也以偶极离子形式存在，具有各自的等电点。在水溶液中的酸碱性质主要取决于侧链可解离的 R 基团的数目和性质。肽也能发生类似于氨基酸所发生的反应，如脱羧反应、与亚硝酸反应、酰化反应、显色反应等。由于多肽是由不同的氨基酸残基连接而成的，所以它的性质和功能与氨基酸又有明显的差异。如三肽以上的多肽能发生缩二脲反应，而氨基酸无此现象。因此，缩二脲反应被广泛用于肽和蛋白质的定性和定量分析。

三、 多肽结构测定和端基分析

测定多肽的结构是一项相当复杂的工作，不但要确定组成多肽的氨基酸的种类和数目，还需要确定肽链中氨基酸残基的排列顺序。

（一） 组成测定

测定多肽的组成时，将多肽在酸中加热使其彻底水解，得到各种游离氨基酸的混合溶液，通过电泳法、色谱法或氨基酸分析仪将水解混合物进行分离、鉴定，并测定其相对含量，然后根据分子量计算出各种氨基酸分子的数目。

（二）序列测定

氨基酸在肽链中的排列顺序，一般可用末端残基分析法和部分水解法配合进行。

1. 末端残基分析法

末端残基分析法即定性确定肽链中 N 端和 C 端的氨基酸。

N 端分析可用 2,4-二硝基氟苯（DNFB）法、Edman 降解法和丹磺酰氯（DNS-Cl）法等。在弱碱性（pH 值为 8～9）条件下，多肽链 N 端的氨基与 2,4-二硝基氟苯（DNFB）反应生成 N-二硝基苯基肽衍生物（DNP-肽），由于 DNP 基团与 N 端氨基结合较牢固，故当用酸再将 DNP-肽彻底水解成游离氨基酸时，可得黄色的 DNP-氨基酸和其他氨基酸的混合物。其中只有 DNP-氨基酸溶于乙酸乙酯；故用乙酸乙酯抽提，再将抽提液进行色谱分析，并用标准的 DNP-氨基酸作为对照即可鉴定 N 端氨基酸。

DNFB

DNP-氨基酸

异硫氰酸苯酯可与多肽 N 端氨基作用生成苯基硫脲衍生物。该衍生物在无水氯化氢的作用下，选择性地将 N 端残基以苯基乙内酰硫脲的形式从肽链上断裂下来，将断裂下来的化合物进行鉴定，而肽链的其余部分则可完整地保留，不受影响，缩短的肽链又可再做类似的分析，如此逐个鉴定氨基酸的排列顺序。此法称为 Edman 降解法。应用此原理设计的自动氨基酸顺序仪已能测定多达 60 个氨基酸以下的多肽结构。目前肽末端氨基酸残基广泛采用 Edman 降解法。

C 端的氨基酸残基的测定常采用羧肽酶法。羧肽酶法能选择性地将 C 端的氨基酸肽键水解，这样可以反复用于缩短的肽，逐个测定新的 C 端的氨基酸。

2. 部分水解法及其氨基酸顺序的确定

实际工作中，即使是最常用也是最有效的 Edman 降解法一次也只能连续降解几十个残基，因此对于分子量较大的多肽必须先将大分子的肽链部分水解成小分子肽的片段，分离纯化后，再对每一肽段进行氨基酸序列分析。

蛋白酶可选择性地催化水解肽键，不同的蛋白酶水解肽链的不同部位。如胰蛋白酶能专一性地水解精氨酸或赖氨酸的羧基肽键，其水解产物的 C 端为精氨酸或赖氨酸；糜蛋白酶可水解芳香族氨基酸的羧基肽键，从而获得各种水解肽段。通过分析各肽段中的氨基酸残基顺序，再进行组合、排列对比，找出关键性的重叠，推断各小分子肽片断在肽链中的位置，就可能得出整个肽链中各氨基酸残基的排列顺序。

四、生物活性肽

生物体内某些重要活性肽（active peptide）含量很少，却具有重要的生理功能。生命科学中某些重要的课题研究都涉及活性肽的结构和功能，现简要介绍几种重要的活性肽。

1. 谷胱甘肽（glutathione）

谷胱甘肽是一种广泛存在于生物细胞中的重要三肽，它由 L-谷氨酸、L-半胱氨酸和甘氨酸组成，其结构式为：

$$\overset{+}{H_3}NCHCH_2CH_2CONHCHCONHCH_2COO^-$$

$$\underset{COO^-}{\qquad\qquad}\qquad\underset{CH_2SH}{\qquad}$$

谷胱甘肽分子中含有巯基，故称为还原型谷胱甘肽（GSH），通过巯基的氧化可使两肽链间形成二硫键，即成为氧化型谷胱甘肽（G-S-S-G）。

$$GSH \underset{[H]}{\overset{[O]}{\rightleftharpoons}} G\text{-}S\text{-}S\text{-}G$$

还原型谷胱甘肽在人类及其他哺乳动物体内可保护细胞膜上含巯基的膜蛋白或含巯基的酶类免受氧化，从而维持细胞的完整性和可塑性、还原性。谷胱甘肽另一重要功能是解毒，目前临床上已将谷胱甘肽用于肝炎的辅助治疗、有机物及重金属的解毒、癌症辐射和化疗的保护等。

2. 催产素（oxytocin）和加压素（vasopressin）

催产素和加压素都是脑垂体分泌的肽类激素。这两种激素在结构上较为相似，都是由 9 个氨基酸残基组成的，肽链中的两个半胱氨酸通过二硫键形成部分环肽，只是残基 3 和 8 不同，其余氨基酸顺序一样：

催产素　　　　　　　　　　加压素

催产素能促使子宫平滑肌收缩，具有催产及排乳作用；加压素能使小动脉收缩，从而增高血压，并有减少排尿作用，也称为抗利尿激素，对于保持细胞外液的容积和渗透压有重要的作用，是调节水代谢的重要激素。近年来有资料表明加压素还参与记忆过程，分子中的环状部分参与学习记忆的巩固过程，分子中的直线部分则参与记忆的恢复过程；催产素正好与加压素相反，是促进遗忘的。

3. 脑啡肽

脑啡肽是近年来在高等动物脑中发现的比吗啡更具有镇痛作用的活性肽，由五个氨基酸残基组成，包含甲硫氨酸脑啡肽和亮氨酸脑啡肽两种结构，结构如下：

甲硫氨酸脑啡肽：Tyr—Gly—Gly—Phe—Met

亮氨酸脑啡肽：Tyr—Gly—Gly—Phe—Leu

脑啡肽的发现推动了神经科学领域的研究和发展，其后又陆续发现了十几种内源性阿片肽，如 β-内啡肽、强啡肽 A 等，它们结构中 N 端的前 4 个氨基酸残基均与脑啡肽相同（Tyr—Gly—Gly—Phe）。

分析脑啡肽的结构，发现其中第一位 Tyr、第三位 Gly 和第四位 Phe 为活性基团，若这些位置上的氨基酸残基被其他氨基酸残基取代后即失去活性。此外脑啡肽易被氨肽酶和脑啡肽酶所降解，为了增加脑啡肽的稳定性而不被酶解，可人工合成脑啡肽类似物来制备有效的镇痛药物。

近年来可通过重组 DNA 技术及化学合成等途径制备肽类药物及多肽疫苗，为现代多肽药物化学的研究开辟了新的领域。

第三节　核酸

核酸是一种重要的生物大分子，对遗传信息的贮存和蛋白质的合成起着决定性的作用。一切生物无论大小都含有核酸，它是存在于细胞中的一种酸性物质。核酸的结构与功能比较复杂，所以人类对核酸的研究比对蛋白质的研究要晚些。核酸（nucleic acid）由瑞士生物学家 Miescher 于 1869 年首先从脓细胞核中分离得到，当时被称为"核质"（nuclein），二十年后，更名为核酸。核酸的发现为人类提供了解开生命之谜的金钥匙。1944 年，Oswald Avery 经实验证实了 DNA 是遗传的物质基础。此后大量实验证实，生物体的生长、繁殖、遗传、变异和转化等生命现象，都与核酸有关。1953 年，Watson 和 Crick 提出了 DNA 的双螺旋结构模型，巧妙地解释了遗传的奥秘，并将遗传学的研究从宏观的观察进入到分子水平。

一、核酸的分类

根据分子中所含戊糖的种类，核酸可分为核糖核酸（ribonucleic acid，RNA）和脱氧核糖核酸（deoxyribonucleic acid，DNA）。DNA 主要存在于细胞核和线粒体内，它是生物遗传的主要物质基础，承担体内遗传信息的贮存和发布。约 90% 的 RNA 在细胞质中，而在细胞核内的含量约占 10%，它直接参与体内蛋白质的合成。

根据 RNA 在蛋白质合成过程中所起的作用不同又可分为三类：

① 核蛋白体 RNA（ribosomal RNA，rRNA），又称核糖体 RNA，细胞内 RNA 的绝大部分（80%～90%）都是核蛋白体组织。它是蛋白质合成时多肽链的"装配机"。参与蛋白质合成的各种成分最终必须在核蛋白体上将氨基酸按特定顺序合成多肽链。

② 信使 RNA（messenger RNA，mRNA），它是合成蛋白质的模板，在蛋白质合成时，控制氨基酸排列顺序。

③ 转运 RNA（transfer RNA，tRNA），在蛋白质的合成过程中，tRNA 是搬运氨基酸的工具。氨基酸由各自特异的 tRNA "搬运"到核蛋白体，才能"组装"成多肽链。

二、核酸、核苷和核苷酸

（一）核酸

核酸分子中所含主要元素有 C、H、O、N、P 等。其中含磷量为 9%～10%，由于各种核酸分子中含磷量基本接近恒定，故常用含磷量来测定组织中核酸的含量。

像蛋白质的基本组成单位是氨基酸一样，核酸的基本组成单位是核苷酸（polynucleotide），核苷酸由核苷和磷酸组成，核苷由碱基和戊糖组成。核酸由数 10 个以至千万的单核苷酸（mucleotide）组成。核酸完全水解可以得到磷酸、嘌呤碱和嘧啶碱（简称碱基）、核糖和脱氧核糖。

$$核酸 \longrightarrow 核苷酸 \begin{cases} 磷酸 \\ 核苷 \begin{cases} 戊糖（核糖或脱氧核糖）\\ 有机碱（嘌呤碱和嘧啶碱）\end{cases} \end{cases}$$

两类核酸水解所得产物列于表 15-2 中。

表 15-2　核酸水解后的主要最终产物

水解产物类别	RNA	DNA
酸	磷酸	磷酸
戊糖	D-核糖	D-2-脱氧核糖
嘌呤碱	腺嘌呤　鸟嘌呤	腺嘌呤　鸟嘌呤
嘧啶碱	胞嘧啶　尿嘧啶	胞嘧啶　胸腺嘧啶

核酸中的戊糖有两类，即 β-D-核糖和 β-D-2-脱氧核糖，β-D-核糖存在于 RNA 中，而 β-D-2-脱氧核糖存在于 DNA 中。它们的结构及编号如下：

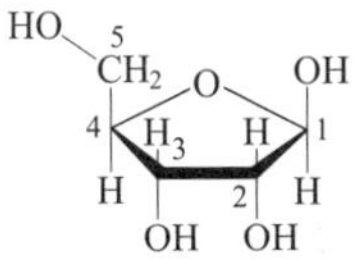

β-D-核糖 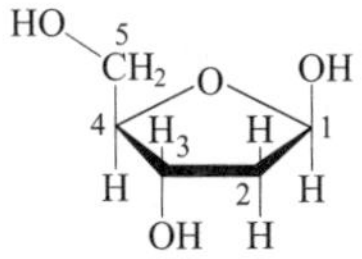　　　　　　　　β-D-2-脱氧核糖

RNA 和 DNA 中所含的嘌呤碱相同，都含有腺嘌呤和鸟嘌呤，而含的嘧啶碱不同，两者都含有胞嘧啶，RNA 中含有尿嘧啶而不含胸腺嘧啶，DNA 中则相反。

两类碱基的结构及缩写符号如下：

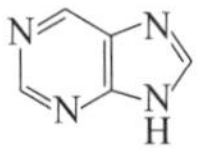

嘌呤 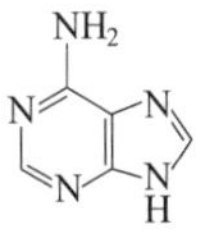　　　　　　腺嘌呤(A) 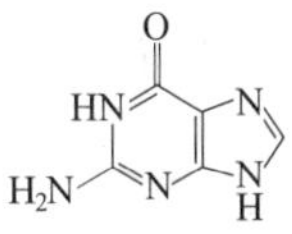　　　　　　鸟嘌呤(G)

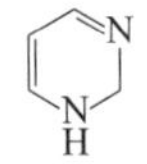

嘧啶 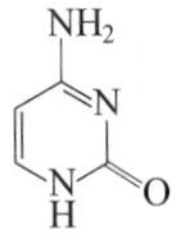　　　胞嘧啶(C) 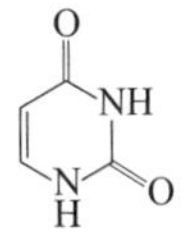　　　尿嘧啶(U) 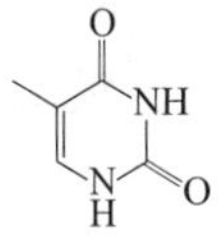　　　胸腺嘧啶(T)

两类碱基可发生酮式-烯醇式互变，如：

鸟嘌呤　　　　　烯醇式　　　　　　酮式

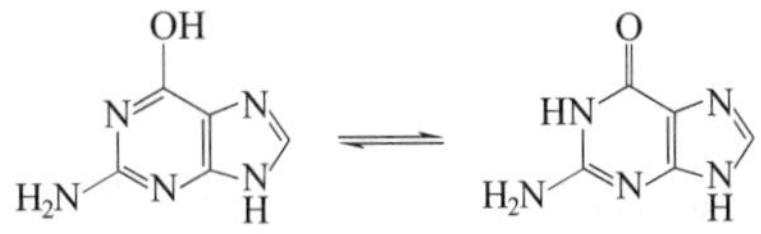

胞嘧啶　　　　　烯醇式　　　　　　酮式

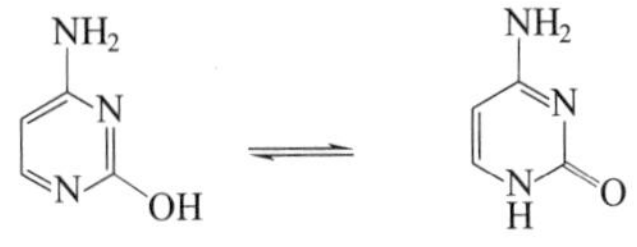

在生理条件下或者酸性和中性介质中，它们均以酮式为主。

（二）核苷

核苷（nucleoside）是由戊糖 C1 上的 β-半缩醛羟基与嘌呤碱 9 位或嘧啶碱 1 位氮原子上的氢脱水缩合而成的氮苷。在核苷的结构式中，戊糖上的碳原子的编号总是以带撇数字表示，以区别于碱基上原子的编号。

核苷命名时，如果是核糖，词尾用"苷"字，前面加上碱基名称即可。如腺嘌呤核苷，简称腺苷。如果是脱氧核糖，则在核苷前加上"脱氧"二字，如胞嘧啶脱氧核苷，简称为脱氧胞苷。

氮苷与氧苷一样对碱稳定，但在强酸溶液中可发生水解，生成相应的碱基和戊糖。

在 DNA 中常见的 4 种脱氧核糖核苷的结构式及名称如下：

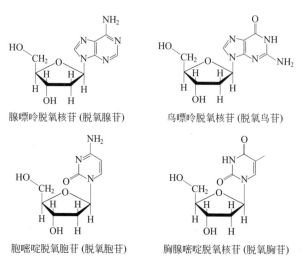

腺嘌呤脱氧核苷 (脱氧腺苷)   鸟嘌呤脱氧核苷 (脱氧鸟苷)

胞嘧啶脱氧胞苷 (脱氧胞苷)   胸腺嘧啶脱氧核苷 (脱氧胸苷)

RNA 中常见的 4 种核苷的结构式及名称如下：

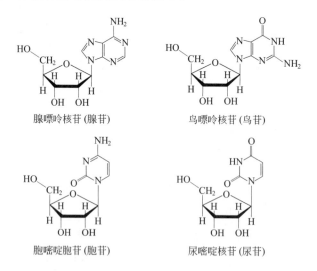

腺嘌呤核苷 (腺苷)   鸟嘌呤核苷 (鸟苷)

胞嘧啶胞苷 (胞苷)   尿嘧啶核苷 (尿苷)

（三）核苷酸

核苷酸（nucleotide）是核苷分子中的核糖或脱氧核糖的 $3'$ 或 $5'$ 位的羟基与磷酸所生成

的酯。生物体内大多数为 5′核苷酸。组成 RNA 的核苷酸有腺苷酸、鸟苷酸、胞苷酸和尿苷酸，组成 DNA 的核苷酸有脱氧腺苷酸、脱氧鸟苷酸、脱氧胞苷酸和脱氧胸苷酸。

　　腺苷酸和脱氧胞苷酸结构如下：

腺苷酸　　　　　　　　　脱氧胞苷酸

　　核苷酸的命名应包括糖基和碱基的名称，同时要标出磷酸连在戊糖上的位置。例如：腺苷酸又叫腺苷-5′-磷酸（adenosine-5′-phosphate）或腺苷一磷酸（adenosine monophosphate，AMP）。如果糖基为脱氧核糖，则要在核苷酸前加"脱氧"二字。例如：脱氧胞苷酸又叫脱氧胞苷-5′-磷酸或脱氧胞苷-磷酸（deoxycytidine monophosphate，DCMP）等。

三、 核酸的结构和理化性质

（一） 核酸的一级结构

　　核酸分子中各种核苷酸排列的顺序即为核酸的一级结构，又称为核苷酸序列。由于核苷酸间的差别主要是碱基不同，又称为碱基序列。在核酸分子中，各核苷酸间是通过 3′，5′-磷酸二酯键来连接的，即一个核苷酸的 3′-羟基与另一个核苷酸 5′-磷酸基形成的磷酯键，这样一直延续下去，形成没有支链的核酸大分子。

　　DNA 和 RNA 的部分多核苷酸链结构简式可用图 15-2 表示。

　　以上表示方法直观易懂，但书写麻烦。为了简化烦琐的结构式，常用 P 表示磷酸，用竖线表示戊糖基，表示碱基的相应英文字母置于竖线之上，用斜线表示磷酸和糖基酯键。以上 RNA、DNA 的部分结构可表示如下。

　　还可用更简单的方式表示，如上面 RNA 和 DNA 的片段可表示为：

　　　　RNA　5′ pApGpCpU—OH 3′或 5′ AGCU 3′

　　　　DNA　5′ pApGpCpT—OH 3′或 5′ AGCT 3′

根据核酸的书写规则，DNA 和 RNA 的书写应从 5′端到 3′端。

（二） DNA 的双螺旋结构

　　关于 DNA 分子结构的研究，早在 20 世纪 40 年代就已经开始。1953 年，Watson 和 Crick 根据前人研究的 X 射线和化学分析结果，提出了著名的 DNA 分子的双螺旋（double-helix）结构模型。

　　这一模型设想的 DNA 分子由两条核苷酸链组成。它们沿着一个共同轴心以反平行走向

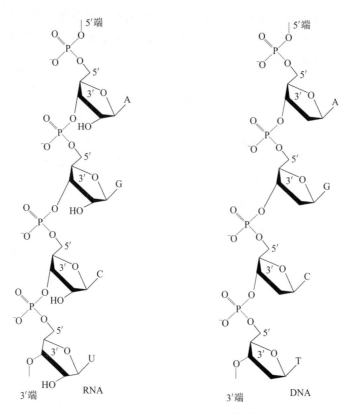

图 15-2　DNA 和 RNA 的链状结构

盘旋成右手双螺旋结构，如图 15-3 所示，在这种双螺旋结构中，亲水的脱氧戊糖基和磷酸基位于双螺旋的外侧，而碱基朝向内侧。一条链的碱基与另一条链的碱基通过氢键结合成对，如图 15-4 所示。碱基对的平面与螺旋结构的中心轴垂直。这种结构像一个盘旋的梯子：梯子的外边是两条由戊糖（脱氧核糖）和磷酸基交替排列而成的多核苷酸主链，两条链之间填入相互配对的碱基，这样就形成了梯子的横档，并且把两条链拉在一起。

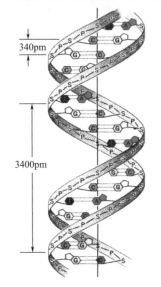

图 15-3　DNA 的双螺旋结构

配对碱基始终是腺嘌呤（A）与胸腺嘧啶（T）配对，形成两个氢键（A =====: T），鸟嘌呤（G）与胞嘧啶（C）配对，形成三个氢键（G =====: C）。由于几何形状的限制，只能由嘌呤和嘧啶配对才能使碱基对合适地安置在双螺旋内。若两个嘌呤碱配对，则体积太大无法容纳，若两个嘧啶碱配对，由于两链之间距离太远，无法形成氢键。这些碱基间互相匹配的规律称为碱基互补规律（basecomplementry）或碱基配对规律。

在双螺旋结构中，双螺旋直径为 2000pm，相邻两个碱基对平面间距离为 340pm，每 10 对碱基组成一个螺旋周期，因此双螺旋的螺距为 3400pm。碱基间的疏水作用可导致碱基堆积，这种堆积力维系着双螺旋的纵向稳定，而维系双螺旋横向稳定的因素是碱基对间的氢键。

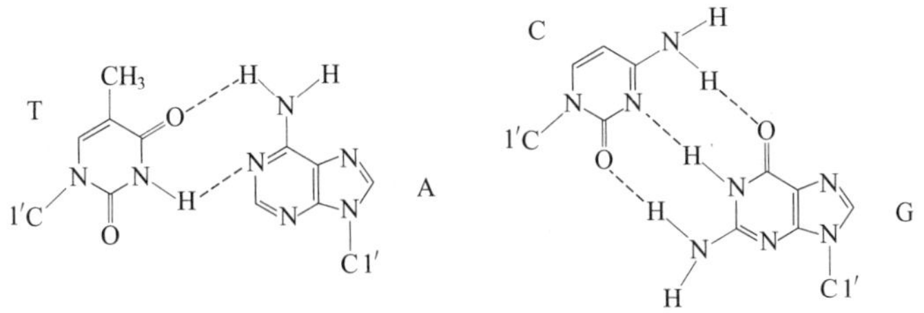

图 15-4　配对碱基间氢键示意图

由碱基互补规律可知，当 DNA 分子中一条多核苷酸链的碱基序列确定后，即可推知另一条互补的多核苷酸链的碱基序列。这就决定了 DNA 在控制遗传信息、从母代传到子代的高度保真性。

沿螺旋轴方向观察发现碱基对并不充满双螺旋的空间。由于碱基对的方向性，使得碱基对占据的空间是不对称的，因此在双螺旋的外部形成了一个大沟（majorgroove）和一个小沟（minorgroove）。这些沟对 DNA 和蛋白质相互识别是非常重要的。因为只有在沟内才能觉察到碱基的顺序，而在双螺旋结构的表面，是脱氧核糖和磷酸的重复结构，不可能提供信息。

DNA 右手双螺旋结构模型是 DNA 分子在水溶液和生理条件下最稳定的结构，称为 B-DNA。此外，人们还发现了 Z-DNA 和 A-DNA，可见，自然界 DNA 存在形式不是单一的。

（三）核酸的理化性质

1. 物理性质

DNA 为白色纤维状固体，RNA 为白色粉末。两者均微溶于水，易溶于稀碱溶液，其钠盐在水中的溶解度比较大。DNA 和 RNA 都不溶于乙醇、乙醚、氯仿等一般有机溶剂，而易溶于 2-甲氧基乙醇。

核酸分子中存在嘌呤和嘧啶的共轭结构，所以它们在波长 260nm 左右有较强的紫外吸收，这常用于核酸、核苷酸、核苷及碱基的定量分析。

核酸溶液的黏度比较大，DNA 的黏度比 RNA 更大，这是 DNA 分子的不对称性引起的。

2. 核酸的酸碱性

核酸分子中既含磷酸基，又含嘌呤和嘧啶碱，所以它是两性化合物，但酸性大于碱性。它能与金属离子成盐，又能与一些碱性化合物生成复合物。例如：它能与链霉素结合而从溶液中析出沉淀，还能与一些染料结合，这在组织化学研究中，可用来帮助观察细胞内核酸成分的各种细微结构。

核酸在不同的 pH 值溶液中带有不同电荷，因此它可像蛋白质一样，在电场中产生电泳现象，迁移的方向和速率与核酸分子的电荷量、分子的大小与分子的形状有关。

================ 本章小结 ================

分子中既含有羧基又含有氨基的化合物称为氨基酸，构成蛋白质的氨基酸主要有 20 种，除脯氨酸外均为 α-氨基酸。氨基酸为偶极离子，具有内盐的物理性质：高熔点、难溶于非极性溶剂、相对易溶于水。氨基酸具有氨基和羧基的性质，如可发生酯化、酰化及与亚硝酸放氮反应；另还具有两官能团相互影响产生的特性，如两性和等电点、脱羧反应等。

多个氨基酸通过酰胺键（肽键）缩合在一起称为肽。肽分为寡肽、多肽，一般将分子量在一万以上的多肽称为蛋白质。它们都有游离的氨基（N 端）和游离的羧基（C 端）。命名从 N 端到 C 端。多肽的结构不仅与组成的氨基酸的种类和数目有关，还与氨基酸残基在肽链中的排列次序有关。多肽分子中各种氨基酸的结合顺序，需要用端基分析和部分水解等方法来测定。

核酸是生物体遗传的物质基础。核酸分为核糖核酸（RNA）和脱氧核糖核酸（DNA）。核酸的组成：

$$核酸（多核苷酸）\leftarrow （单）核苷酸 \leftarrow \begin{cases} H_3PO_4 \\ 核苷 \begin{cases} 戊糖（核糖或脱氧核糖）\\ 含氮有机碱（嘌呤和嘧啶） \end{cases} \end{cases}$$

其中核苷为戊糖和碱基之间脱水缩合的产物；核苷酸是核苷的磷酸酯。核苷酸的命名包括糖基和碱基的名称，同时还要标出磷酸连在戊糖上的位置。

核酸的一级结构是指在核酸分子中，含有不同碱基的各种核苷酸按一定的排列次序，通过 $3',5'$-磷酸二酯键彼此相连而成的多核苷酸链。

DNA 的双螺旋结构中，两条 DNA 链之间通过碱基间形成的氢键相连，并以相反方向围绕中心轴盘旋成螺旋状结构。碱基配对的规律为：A ===== T、G ===== C，形成氢键的两个碱基都在同一个平面上。

习　题

15-1　组成天然蛋白质的氨基酸有哪些？写出其结构式和名称，它们在结构上有何共同点？

15-2　维系 DNA 的二级结构稳定性的因素是什么？

15-3　写出丙氨酸与下列试剂反应的产物。

(1) $NaNO_2 + HCl$　　　　(2) $NaOH$　　　　(3) HCl

(4) CH_3CH_2OH/H^+　　　　(5) $(CH_3CO)_2O$

15-4　写出在下列不同 pH 值介质中各氨基酸的主要荷电形式。

(1) 谷氨酸在 pH 值＝3 的溶液中。

(2) 赖氨酸在 pH 值＝12 的溶液中。

15-5　将组氨酸、酪氨酸、谷氨酸和甘氨酸混合物在 pH 值＝6 时进行电泳，哪些氨基酸留在原点？哪些向正极移动？哪些向负极移动？

15-6　用化学方法鉴别下列物质。

(1) 丝氨酸和乳酸　　　　(2) 甘氨酰半胱氨酸和谷胱甘肽

15-7　某三肽完全水解时生成甘氨酸和丙氨酸两种氨基酸，该三肽若用 HNO_2 处理后再水解得到 2-羟基乙酸、丙氨酸和甘氨酸。试推测此三肽的可能结构式。

15-8　某十肽水解时生成：缬-半胱-甘；甘-苯丙-苯丙；谷-精-甘；酪-亮-缬；甘-谷-精。试写出其氨基酸顺序。

15-9　一段 DNA 分子中核苷酸的碱基系列为 TTAGGCA，与这段 DNA 链互补的碱基顺序应如何排列？

附　　录

附录一　习题参考答案

第一章

1-1　（1）
$$\begin{array}{c} H \\ | \\ H-C-O-H \\ | \\ H \end{array}$$
（2）
$$\begin{array}{c} H \quad\quad H \\ | \quad\quad | \\ H-C-O-C-H \\ | \quad\quad | \\ H \quad\quad H \end{array}$$

（3）
$$\begin{array}{c} H\ O \\ |\ \| \\ H-C-C-O-H \\ | \\ H \end{array}$$
（4）
$$\begin{array}{c} H\ H\quad H \\ |\ |\quad | \\ H-C-C-N \\ |\ |\quad | \\ H\ H\quad H \end{array}$$

1-2　（1）sp^3 杂化、σ 键，（2）sp^2 杂化、1 个 σ 键和 1 个 π 键，（3）sp 杂化、1 个 σ 键和 2 个 π 键。

1-3　（1）双键、烯烃；（2）三键、炔烃；（3）卤素、卤代烃；（4）羟基、醇；（5）醚键、醚；（6）醛基、醛；（7）氨基、胺；（8）羧基、羧酸。

1-4　H^+、BF_3、$AlCl_3$ 为 Lewis 酸，NH_3、$C_2H_5O^-$、CH_3OCH_3 是 Lewis 碱。

1-5　（1）CH_3O^-；（2）Cl^-；（3）CH_3COO^-；（4）$CH_3CH_2S^-$。

1-6　键的极性是由两成键原子的电负性决定的，分为极性共价键和非极性共价键，是共价键的内在性质。键的极化性表示成键的电子云在外界电场的作用下，发生变化的相对难易程度，是共价键受外界影响的难易程度。

1-7　
$$\left[\ddot{O}=C\begin{array}{c}\ddot{O}^- \\ \ddot{O}\end{array} \longleftrightarrow \ddot{O}^-\!-C\begin{array}{c}\ddot{O} \\ \ddot{O}^-\end{array} \longleftrightarrow \ddot{O}^-\!-C\begin{array}{c}\ddot{O} \\ O\end{array} \right]$$

1-8　（1）和（2）为均裂，（3）和（4）为异裂。

第二章

2-1　名词解释

（1）手性：互为实物和镜像关系，相似而不能相互重合的特性称为手性。

（2）对映体：互为镜像又不能重合的构型异构体互称为对映异构体，简称对映体。

（3）手性碳原子：连有四个不同的原子或基团的碳原子称为手性碳原子。

（4）手性分子：与其镜像不能重合的分子称为手性分子。

（5）旋光度：旋光性物质使偏振面旋转的角度叫作旋光度。

（6）比旋光度：在特定的温度下，用特定波长的光源，盛液管的长度为 1dm，待测物的浓度为 1g/mL 时测得的旋光度，称为比旋光度。

（7）内消旋体：由于分子内含有相同的手性碳原子，两个手性碳原子的构型相反，它们的旋光性在分子内相互抵消，整个分子不具有旋光性，这种分子叫作内消旋体。

（8）外消旋体：一对对映体的等量混合物称为外消旋体。

2-2　一对对映体除（4）旋光性外，其他物理性质都相同。

2-3　可的松的比旋光度为$+172.8°$。

2-4　选择题　（1）B，（2）D，（3）D，（4）B。

2-5

（1）

```
  CH2CH3        CH2CH3
Cl─┼─H        H─┼─Cl
  CH2CH2CH3     CH2CH2CH3
     R             S
```

（2）

```
   CH3          CH3          CH3
H─┼─Br       H─┼─Br      Br─┼─H
H─┼─Br      Br─┼─H        H─┼─Br
   CH3          CH3          CH3
   S,R          S,S          R,R
```

（3）

```
   CH3          CH3          CH3          CH3
H─┼─OH      HO─┼─H       H─┼─Cl      Cl─┼─H
H─┼─Cl      Cl─┼─H      HO─┼─H       H─┼─OH
   CH3          CH3          CH3          CH3
 (2S,3R)      (2R,3S)      (2S,3S)      (2R,3R)
```

（4）

```
  CH=CHCH3      CH=CHCH3
H─┼─OH       HO─┼─H
  CH2CH3        CH2CH3
     R             S
```

（5）

```
  CH(CH3)2      CH(CH3)2
Br─┼─H        H─┼─Br
  CH3           CH3
     S             R
```

（6）

```
   COOH         COOH         COOH         COOH
H─┼─OH      HO─┼─H       H─┼─OH      HO─┼─H
H─┼─OH      HO─┼─H      HO─┼─H       H─┼─OH
   CH2CH3       CH2CH3       CH2CH3       CH2CH3
 (2R,3R)      (2S,3S)      (2R,3S)      (2S,3R)
```

2-6　（1）$-Br>-CH_2CH_2OH>-CH_2CH_3>-H$；

　　　（2）$-OH>-COOH>-CHO>-CH_2OH$。

2-7　是 R 构型。与其构型相同的有（2）和（5），是对映体的有（1）、（3）、（4）、（6）、（7）。

第三章

3-1 单项选择题

（1）B，（2）D，（3）C，（4）A，（5）C，（6）D，（7）B，（8）A，（9）B。

3-2

（1）3,3-二乙基戊烷　　　　　　（2）2,9-二甲基-5-异丙基癸烷

（3）2,3,6-三甲基辛烷　　　　　（4）1,1-二氯环庚烷

（5）顺-1,3-二甲基环戊烷　　　　（6）2,4-二甲基-5-环丙基庚烷

（7）环己基环己烷

3-3

（1）　　　　　　　　　　　　　（2）(H₃C)₂HC─⬡─CH₃

(3) 　(4) $\underset{\underset{CH_3}{|}}{\overset{\overset{CH_3}{|}}{CH_3-\underset{|}{C}-CH_3}}$

3-4

(1) $CCl_4 + HCl$　　(2) $\underset{Cl}{\overset{}{CH_2}}\underset{}{CH_2}\underset{Cl}{\overset{}{CHCH_3}}$　　(3)

(4) 　　(5) $CH_3CH_2\underset{\underset{Br}{|}}{CHCH_3}$　　(6) $\underset{\underset{Br}{|}}{\overset{\overset{CH_3}{|}}{CH_3-C-CH_2-CH_3}}$

3-5　③＞②＞④＞①＞⑤

3-6　（1）$\begin{matrix}丙烷\\环丙烷\end{matrix}\xrightarrow{Br_2/CCl_4}\begin{bmatrix}×\\褪色\end{bmatrix}$　　（2）$\begin{matrix}环丙烷\\环戊烷\end{matrix}\xrightarrow{Br_2/CCl_4}\begin{bmatrix}褪色\\×\end{bmatrix}$

3-7　

3-8　（1）$\underset{\underset{CH_3}{|}}{\overset{\overset{CH_3}{|}}{CH_3-C-CH_2-CH_3}}$　　（2）$\underset{\underset{CH_3}{|}}{\overset{\overset{CH_3}{|}}{CH_3-CH-CHCH_3}}$

第四章

4-1　（1）B，（2）D，（3）C，（4）A，（5）B，（6）A，（7）C，（8）C。

4-2　（1）2-丁烯＞丙烯　　　　（2）2-甲基-1-丁烯＞1-戊烯
　　　（3）2-甲基丙烯＞2-丁烯　（4）丙烯＞3,3,3-三氯丙烯

4-3　（1）5-甲基-2-己炔　　（2）4-甲基-1,3-戊二烯　　（3）3-乙基-4-己烯-1-炔
　　　（4）3-乙基-1-戊烯　　（5）5-甲基-1,3-环己二烯
　　　（6）（2Z，4E）-2,4-庚二烯或顺，反-2,4-庚二烯　　　（7）（E）-3-甲基-3-庚烯

4-4　（1）　　（2）$HC\equiv C\underset{\underset{CH_3}{|}}{\overset{\overset{CH_3}{|}}{C}}CH_2CH_2CH_3$　　（3）$H_2C=CH-\underset{\underset{CH_3}{|}}{C}=\underset{\underset{CH_3}{|}}{C}HCH_2CH_2CH_3$

（4）$H_2C=CH-\underset{\underset{C_2H_5}{|}}{C}H-C\equiv CH$　　（5）　　（6）

4-5　d、e、a、b、c

4-6　（1）$CH_3CH_2CH_2CH_2Br$　　（2）$\underset{\underset{OH}{|}}{CH_3CH-CH_3}$　　（3）$CH_2Cl-CH_2-CF_3$

（4）；CH_3CHO　（5）　（6）$NaC\equiv CNa$；$CH_3CH_2C\equiv CCH_2CH_3$

（7）$CH_3CH_2CH_2COOH+CO_2$　　（8）$\underset{\displaystyle CH_3}{CH_3CH_2\overset{\displaystyle O}{\overset{\|}{C}}CH_3}$

（9）$CH_3CHO+CH_3COCHO+CH_3COCH_3$

4-7　（1）$\left.\begin{array}{l}1\text{-庚炔}\\3\text{-庚炔}\\\text{庚烷}\end{array}\right\}\xrightarrow{\text{酸性}KMnO_4}\left\{\begin{array}{l}\text{褪色}\\\text{褪色}\\\text{不褪色}\end{array}\right\}\xrightarrow{\text{硝酸银的氨溶液}}\left\{\begin{array}{l}\text{白色沉淀}\\\text{无沉淀}\end{array}\right.$

（2）$\left.\begin{array}{l}1\text{-戊炔}\\2\text{-戊炔}\\1\text{-戊烯}\end{array}\right\}\xrightarrow{\text{银氨溶液}}\left\{\begin{array}{l}\text{白色沉淀}\\\text{无沉淀}\\\text{无沉淀}\end{array}\right\}\xrightarrow{\text{酸性}KMnO_4}\left\{\begin{array}{l}\text{褪色无气体生成}\\\text{褪色有气体生成}\end{array}\right.$

4-8　（1）$CH_3CH_2CH_3$　　　　　　（2）$CH_3CBr_2CH_3$

（3）$AgC{\equiv}CCH_3$　　　　　　（4）$H_2C{=}CHCH_3$

（5）CH_3COCH_3　　　　　　　（6）$HCBr{=}CBrCH_3$

4-9　（1）$\underset{\displaystyle Br\quad Br}{CH_3CH{-}CHCH_2CH{=}CHBr}$　　　（2）$\underset{\displaystyle Br\ Br}{(CH_3)_2C{-}CHCH_2CH{=}CH_2}$

（3）$\underset{\displaystyle Br\quad Br}{CH_3CH{-}CHCH_2CH{=}CHCF_3}$

4-10　（1）$CH_3CH_2CH{=}CHCH_2CH_3$　　（2）$CH_2{=}CHCH{=}CH_2$

（3）　　　　　　　　　　（4）$(CH_3)_2C{=}CH_2$　　（5）

4-11　先加入酸性 $KMnO_4$（Br_2 的 CCl_4）溶液，如溶液颜色变浅或褪去，证明有烯烃杂质；加入硫酸然后分液即可除去杂质（因烯烃与硫酸加成后得到的硫酸氢酯能溶于硫酸，而庚烷无此性质。利用此法可除去混合物中的少量烯烃杂质。）

4-12　A 的结构式为 $HC{\equiv}CCH_2CH_2CH_2CH_3$；B 的结构式为 $CH_3CH{=}CHCH{=}CHCH_3$。

第五章

5-1　单项选择题

（1）C，（2）B，（3）D，（4）A，（5）A，（6）C，（7）D，（8）B，（9）D，（10）B。

5-2

（1）对硝基甲苯　　　　（2）4-丙烯基甲苯　　　（3）邻甲基苯磺酸

（4）氯化苄（苄基氯）　（5）2,6-二甲基萘　　　（6）β-萘磺酸

（7）α-萘乙烯　　　　（8）1,2,4-三甲苯　　　（9）2-甲基-9-蒽酚

（10）9-溴菲

5-3

（1）　　　　＋　　　　　　　（2）

（3）（上）CH_2Br 苯甲基溴　（下）邻溴甲苯 ＋ 对溴甲苯　（4）苯甲酸 $COOH$

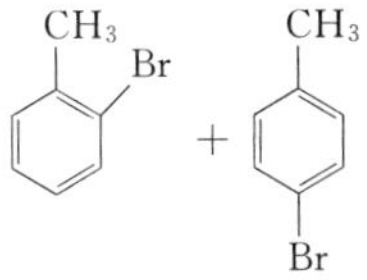

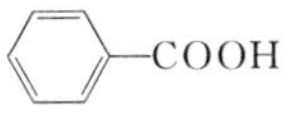

（5）二苯甲烷 CH_2　（6）萘-2-磺酸 SO_3H　（7）邻硝基甲苯 CH_3 NO_2 ＋ 对硝基甲苯 CH_3 NO_2

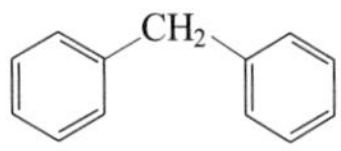

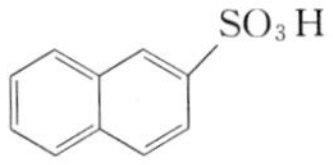

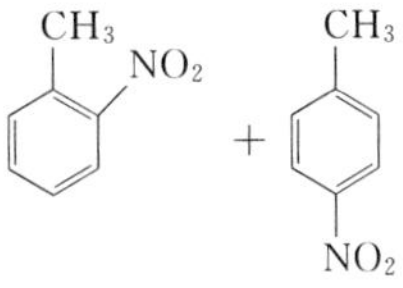

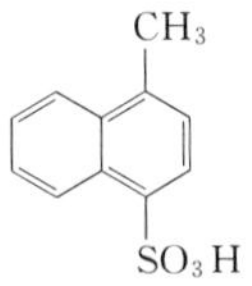

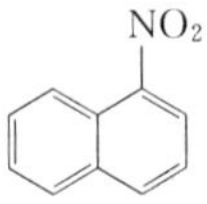

（8）4-甲基萘-1-磺酸 CH_3 / SO_3H　（9）1-硝基萘 NO_2　（10）$C(CH_3)_3$

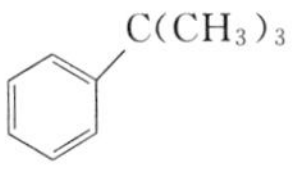

5-4　按亲电取代反应活性由大到小的顺序排列：

（1）B＞A＞C＞D　　　（2）C＞D＞A＞B　　　（3）A＞C＞B　　　（4）B＞D＞A＞C

5-5

（1） 
苯
甲苯 　→（溴水）　{ × × 溴水褪色 }　→（$KMnO_4/H^+$）　{ × 褪色 }
苯乙烯

（2） 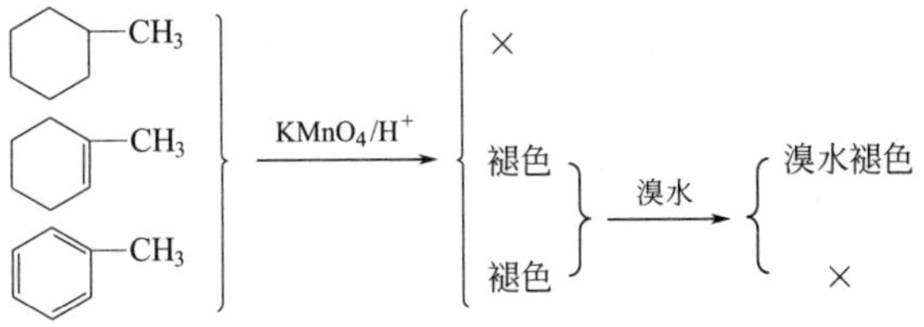
甲基环己烷 CH_3
甲基环己烯 CH_3 　→（$KMnO_4/H^+$）　{ × 褪色 褪色 }　→（溴水）　{ 溴水褪色 × }
甲苯 CH_3

5-6

（1）对甲基苯乙酮 CH_3 / $COCH_3$
（2）4-氯苯酚 Cl / OH
（3）$NHCOCH_3$ / NO_2
（4）H_3C—甲苯基—CH_2—苯基—NO_2
（5）1-甲基萘 CH_3
（6）$COCH_3$ 萘
（7）2-甲氧基萘 OCH_3
（8）1-萘甲酸 $COOH$

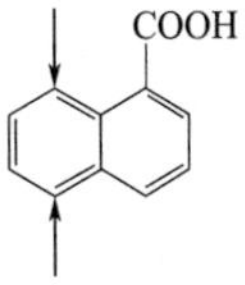

5-7

（1）苯 →（CH_3Br / $AlBr_3$）→ 甲苯 CH_3 →（HNO_3 / H_2SO_4）→ 对硝基甲苯 CH_3 / NO_2 →（$KMnO_4$ / H^+）→ 对硝基苯甲酸 $COOH$ / NO_2

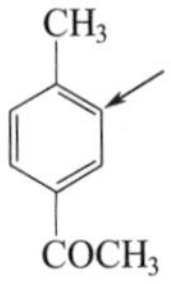

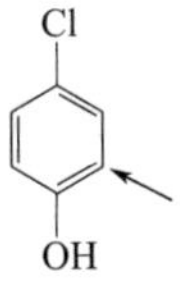

（2）苯 →（CH_3Br / $AlBr_3$）→ 甲苯 CH_3 →（浓 H_2SO_4）→ 对甲苯磺酸 CH_3 / SO_3H →（Br_2 / $FeBr_3$）→ CH_3 Br Br / SO_3H

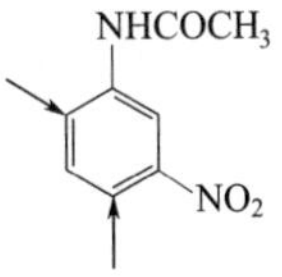

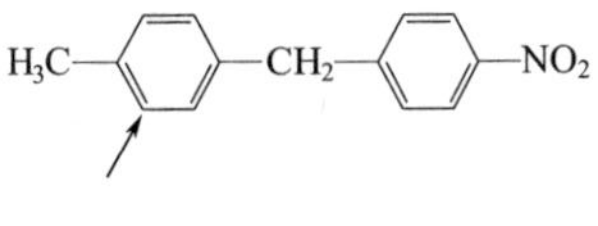

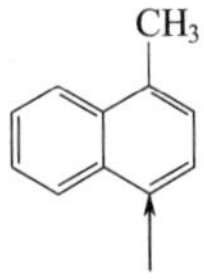

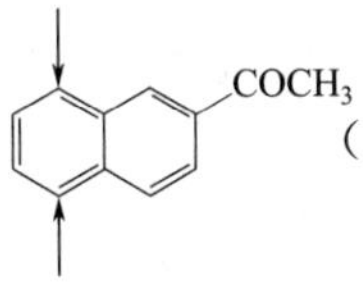

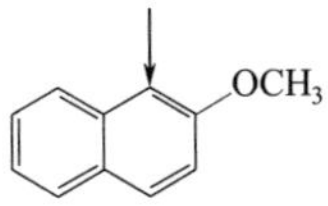

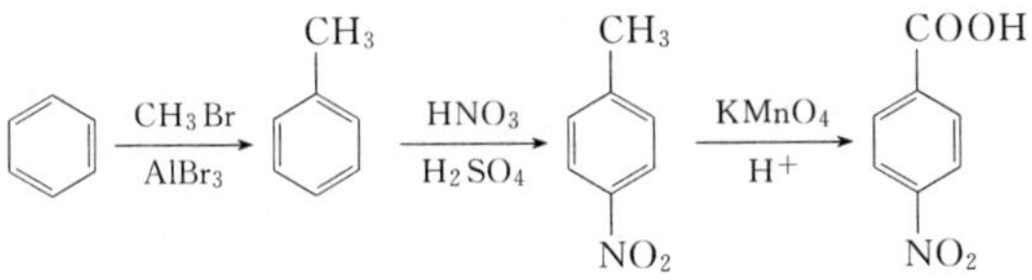

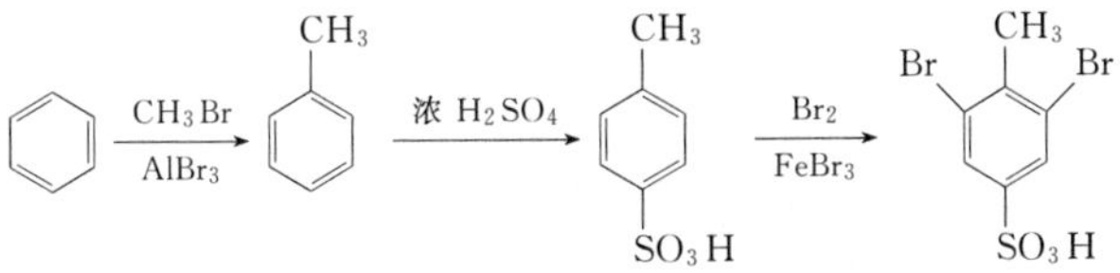

（3）

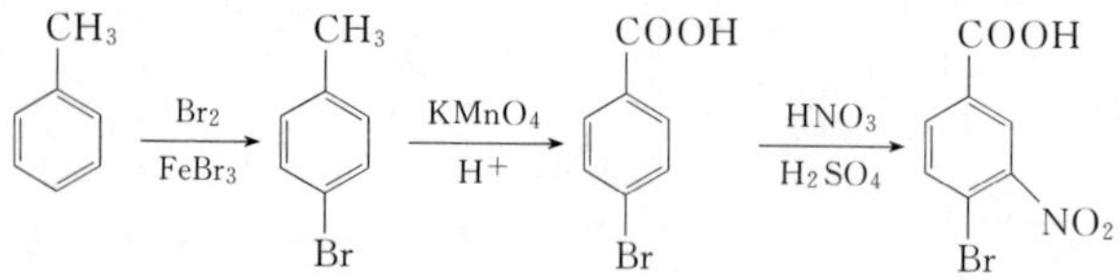

5-8 结构推导题

（1）A、B、C、D的结构分别为：A 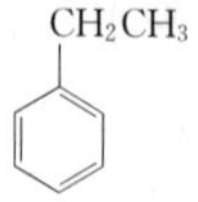 B 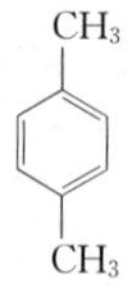 C  D

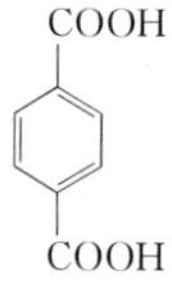

相关反应式：

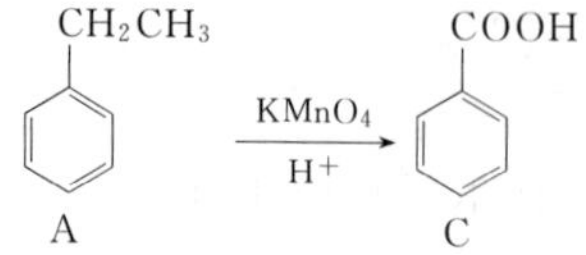

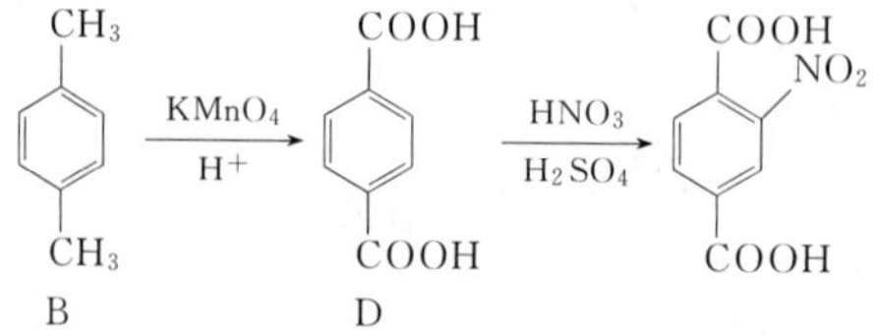

（2）A 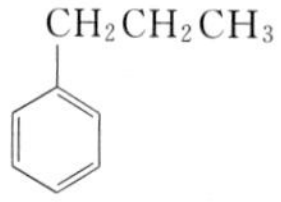 或 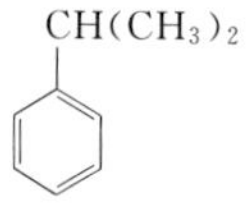 B 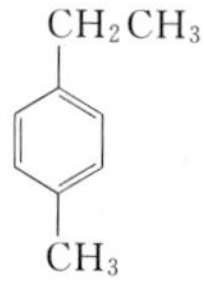 C

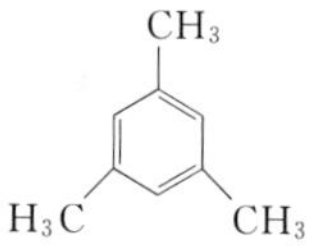

相关反应式：

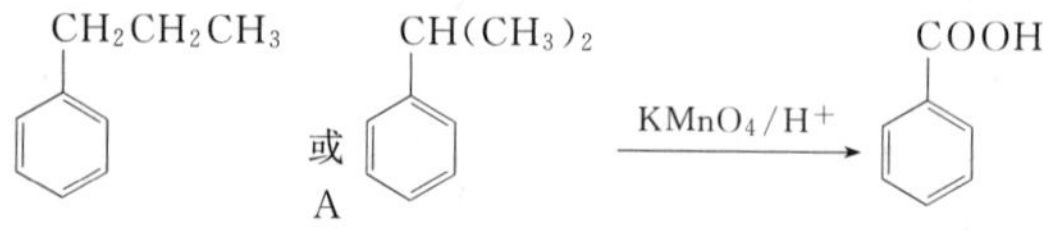

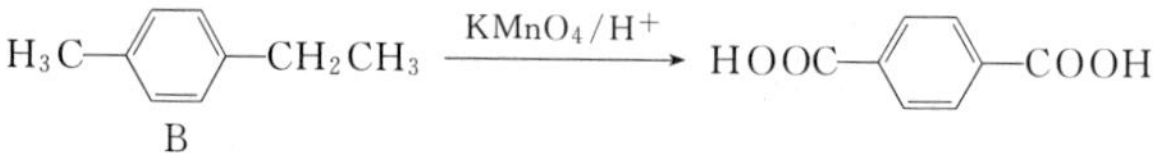

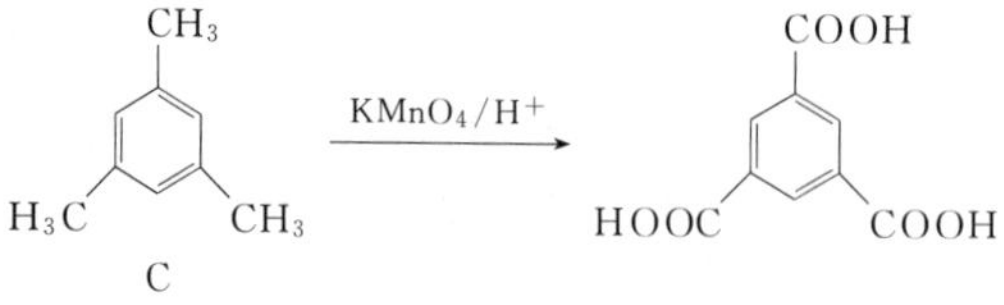

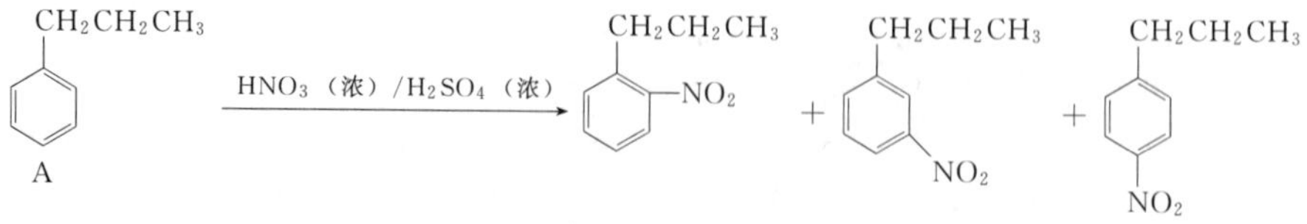

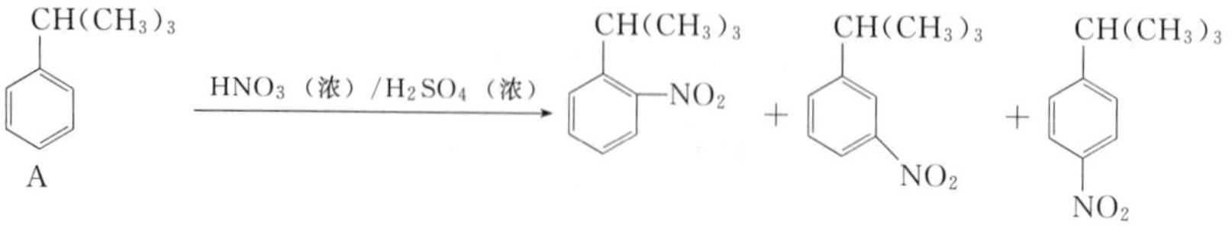

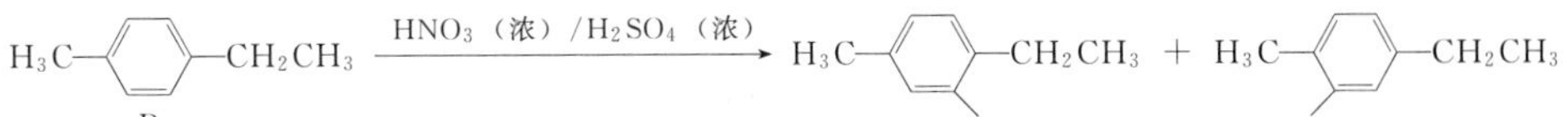

B

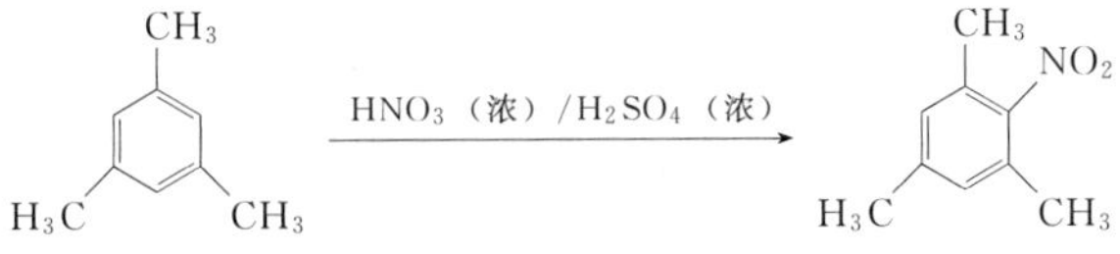

C

第六章

6-1

（1）2-甲基-4-溴戊烷　　（2）*E*-2-氯-3-庚烯　　（3）2-苯基-4-溴-戊烷

（4）*E*-3-溴-2-己烯　　（5）3-乙基-5-氯-2-溴己烷　　（6）1,1-二甲基-2-溴环戊烷

（7）*R*-2-溴丁烷　　（8）1-甲基-3-氯环己烯

6-2

（1）$(H_3C)_2C{=}CHCH_2CH_3$　　（2）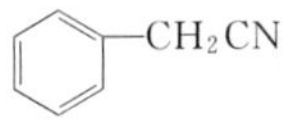

（3）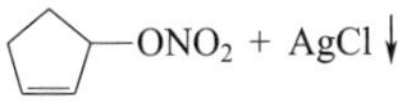　　（4）$CH_3CH_2CH_2Br$　$CH_3CH_2CH_2OH$

（5）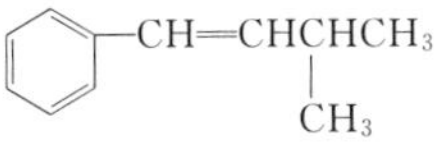　　（6）$CH_3CH_2CH(CH_3)CH_2CH_2MgCl$

6-3

属于 S_N1 历程的有：(2)、(5)

属于 S_N2 历程的有：(1)、(3)、(4)、(6)

6-4　按 S_N2 反应活性排序：

（1）$CH_3CHClCH{=}CH_2 > CH_2ClCH_2CH{=}CH_2 > CH_3CH_2CH{=}CHCl$

（2）$CH_3CH_2CH_2Br > CH_3CHBrCH_3 > CH_3CBr(CH_3)CH_3$

6-5　按 E1 消除反应的活性排序：

（1）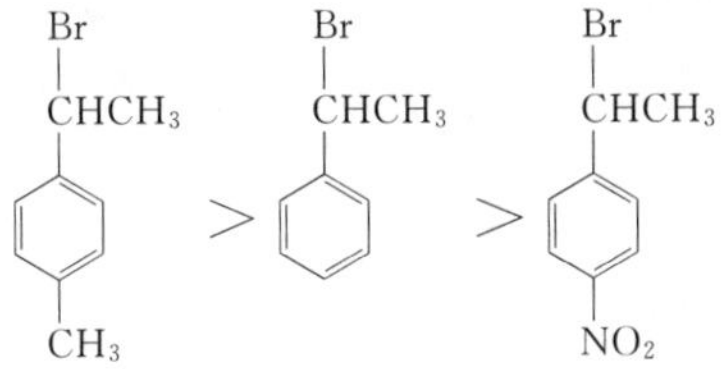

（2）$CH_3CBr(CH_3)CH_2CH_3 > CH_3CH_2CHBrCH_3 > CH_3CH_2CH_2CH_2Br$

6-6　A $CH_3\overset{Br}{\underset{|}{C}}HCH_2CH_3$　　B $CH_2{=}CHCH_2CH_3$　　C $CH_3CH{=}CHCH_3$

6-7　A $CH_3\overset{Br}{\underset{|}{C}}H\overset{}{\underset{|}{C}}HCH_3$（下 CH_3）　　B $CH_3\overset{}{C}{=}CHCH_3$（下 CH_3）　　C $CH_3\overset{O}{\overset{\|}{C}}CH_3$

D CH_3COOH　　E $CH_3\overset{Br}{\underset{|}{C}}HCH_2CH_3$（下 CH_3）

$$CH_3\overset{Br}{\underset{|}{C}}H\overset{}{\underset{CH_3}{C}}HCH_3 \xrightarrow[\text{ROH}]{\text{NaOH}} CH_3\overset{}{\underset{CH_3}{C}}{=}CHCH_3$$

$$CH_3\overset{CH_3}{\underset{}{C}}{=}CHCH_3 \xrightarrow[\text{H}^+]{\text{KMnO}_4} CH_3\overset{O}{\overset{\|}{C}}CH_3 + CH_3COOH$$

$$CH_3\overset{}{\underset{CH_3}{C}}{=}CHCH_3 \xrightarrow{\text{HBr}} CH_3\overset{Br}{\underset{CH_3}{C}}CH_2CH_3$$

6-8　A ⬠　　B ⬠-Br　　C ⬠(烯)

⬠ $\xrightarrow[\text{光照}]{\text{Br}_2}$ ⬠-Br　⬠-Br $\xrightarrow[\text{ROH}]{\text{KOH}}$ ⬠

⬠ $\xrightarrow[\text{Zn/H}_2\text{O}]{\text{O}_3}$ $OHCCH_2CH_2CH_2CHO$

第七章

7-1

（1）2-甲基-1-丁醇　　（2）2-戊烯-1-醇　　（3）2，2-二甲基-1-丁醇

（4）4-乙基苯酚　　（5）甲基丙基醚　　（6）对甲氧基甲苯或 4-甲氧基甲苯

（7）1,3-丙二醇　　（8）2,3-二甲基环氧乙烷

7-2

（1） ⬡CH_2OH

（2） $CH_3CH_2CH_2\overset{}{\underset{CH_2CH_3}{C}}HCH_2CH_2OH$

（3） $CH_3CH_2\overset{}{\underset{OH}{C}}HCH_2CH_2CH_2OH$

（4） ⬡$\overset{}{\underset{}{C}}HCH_2OH$（$CH_3$）

（5） ⬡OCH_2CH_3

（6） ⬡OH（Br）

7-3

戊醇的构造异构体共有八种，分别为：

$$CH_3CH_2CH_2CH_2CH_2OH$$

1-戊醇（伯醇）

$$\underset{\underset{OH}{|}}{CH_3CH_2CH_2CHCH_3}$$

2-戊醇（仲醇）

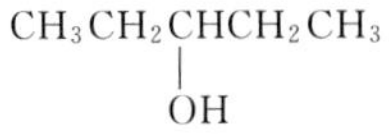

$$\underset{\underset{OH}{|}}{CH_3CH_2CHCH_2CH_3}$$

3-戊醇（仲醇）

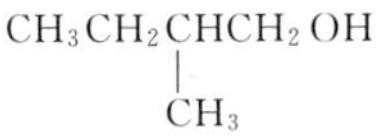

$$\underset{\underset{CH_3}{|}}{CH_3CH_2CHCH_2OH}$$

2-甲基-1-丁醇（伯醇）

$$\underset{\underset{CH_3}{|}}{CH_3CHCH_2CH_2OH}$$

3-甲基-1-丁醇（伯醇）

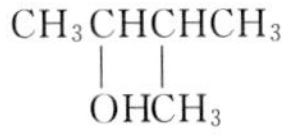

$$\underset{\underset{OHCH_3}{|}}{CH_3CHCHCH_3}$$

3-甲基-2-丁醇（仲醇）

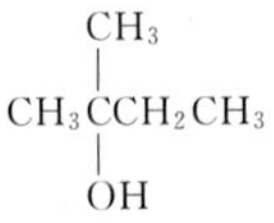

$$\overset{\overset{CH_3}{|}}{\underset{\underset{OH}{|}}{CH_3CCH_2CH_3}}$$

2-甲基-2-丁醇（叔醇）

$$\overset{\overset{CH_3}{|}}{\underset{\underset{CH_3}{|}}{CH_3CCH_2OH}}$$

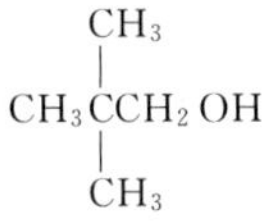

2,2-二甲基-1-丙醇（伯醇）

7-4 在酸存在下脱水反应后的主要产物：

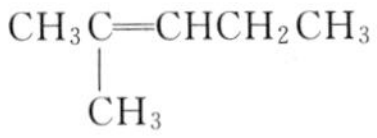

（1）$\underset{\underset{CH_3}{|}}{\overset{\overset{CH_3}{|}}{CH_3}}C{=}C\overset{\overset{CH_3}{|}}{\underset{\underset{CH_3}{|}}{}}$

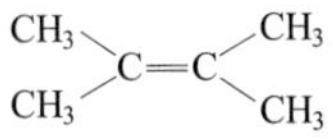

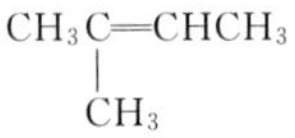

（2）$\underset{\underset{CH_3}{|}}{CH_3C{=}CHCH_2CH_3}$

（3）$\underset{\underset{CH_3}{|}}{CH_3C{=}CHCH_3}$

（4）$\underset{\underset{CH_3}{|}}{CH_3C{=}C}\overset{\overset{CH_3}{|}}{H}$

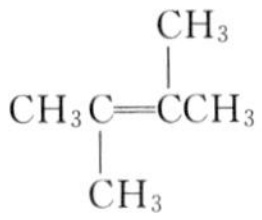

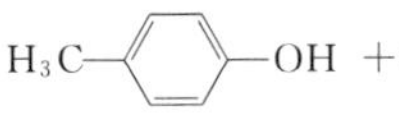

7-5 主要反应产物：

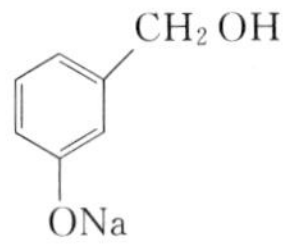

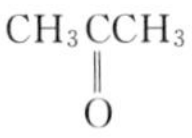

（1）$CH_3CH_2CH_2ONa$

（2）苯基—$CH{=}CHCH_2CH_3$

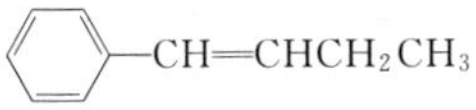

（3）H_3C—苯环—$OH + CH_3I$

（4）含CH_2OH和ONa取代的苯环

（5）$\underset{\underset{O}{\|}}{CH_3CCH_3}$

（6）$O{=}$醌$={}O$

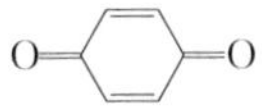

7-6

（1）$\begin{array}{l}1\text{-丁醇}\\2\text{-戊烯-1-醇}\end{array}\xrightarrow{Br_2/CCl_4}\begin{array}{l}\text{不褪色}\\\text{褪色}\end{array}$

（2）$\begin{array}{l}\text{邻甲苯酚}\\\text{苯甲醇}\end{array}\xrightarrow{FeCl_3\ \text{溶液}}\begin{array}{l}\text{变色}\\\text{不变色}\end{array}$

（3）$\begin{array}{l}1\text{-丁醇}\\\text{丁醚}\\\text{苯酚}\end{array}\xrightarrow{FeCl_3\ \text{溶液}}\begin{array}{l}(-)\\(-)\\\text{变色}\end{array}\xrightarrow{\text{酸性}K_2Cr_2O_7}\begin{array}{l}\text{绿色}\\(-)\end{array}$

（4）$\begin{array}{l}2\text{-甲基-1-丙醇}\\2\text{-丁醇}\\2\text{-甲基-2-丁醇}\end{array}\xrightarrow{\text{卢卡斯试剂}}\begin{array}{l}\text{室温不出现浑浊}\\\text{几分钟后出现浑浊}\\\text{立即出现浑浊}\end{array}$

7-7

（1）$CH_3CH_2CH_3 + Cl_2\xrightarrow{h\nu}CH_3CH_2CH_2Cl + \underset{\underset{Cl}{|}}{CH_3CHCH_3}\xrightarrow[C_2H_5OH]{KOH}$

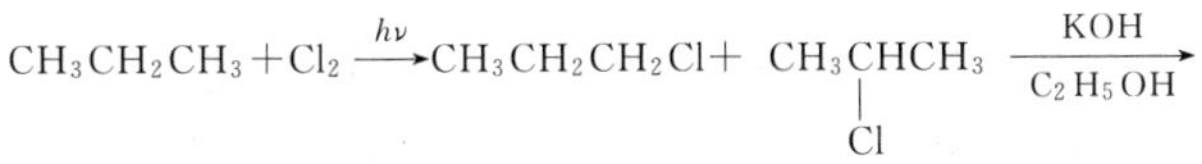

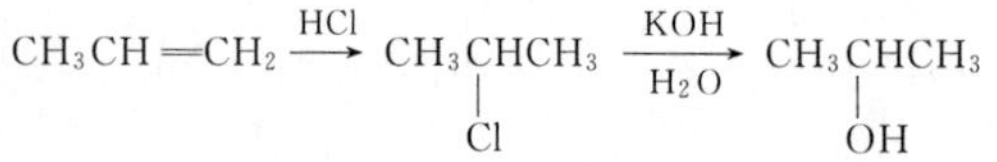

$$CH_3CH=CH_2 \xrightarrow{HCl} CH_3\underset{Cl}{CH}CH_3 \xrightarrow[H_2O]{KOH} CH_3\underset{OH}{CH}CH_3$$

（2）$CH_3CH_2CH_3 + Cl_2 \xrightarrow{h\nu} CH_3CH_2CH_2Cl + CH_3\underset{Cl}{CH}CH_3 \xrightarrow[C_2H_5OH]{KOH}$

$$CH_3CH=CH_2 \xrightarrow{NBS} BrCH_2CH=CH_2 \xrightarrow[H_2O]{KOH} CH_2=CHCH_2OH$$

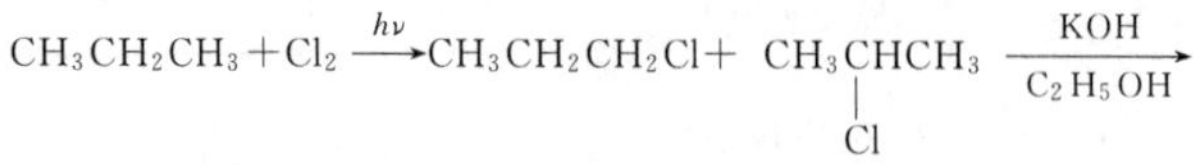

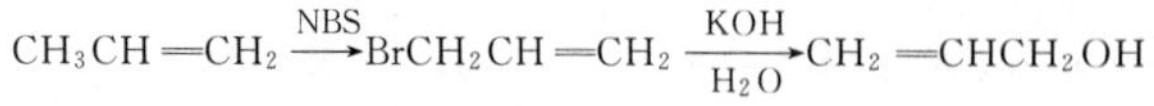

7-8　（1）苯酚酸性强于环己醇。因酚羟基中氧上的未共用电子对与苯环形成 p-π 共轭，使羟基的 O—H 键极性增大，酚羟基上的氢更容易电离，故酚表现出弱酸性。

（2）当环氧乙烷的环碳原子上连接取代基时，在酸性条件和碱性条件下，亲核试剂进攻不同的碳原子，得到不同的开环产物。在酸性条件下，亲核试剂主要进攻连烃基较多的碳原子。在碱性条件下，反应按 S_N2 机制进行，亲核试剂进攻含取代基较少的碳原子。

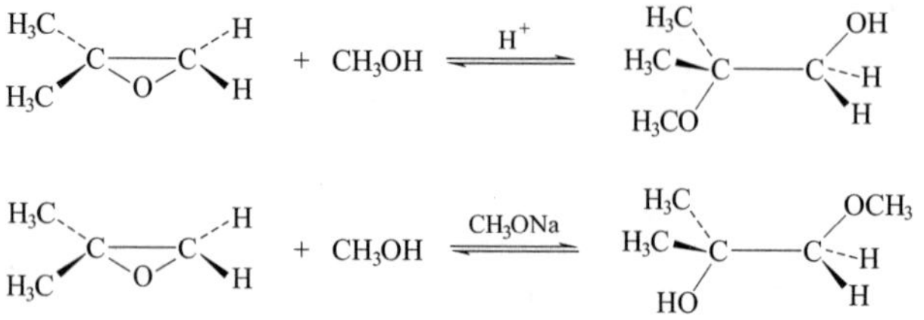

7-9　A 的名称是 3,3-二甲基-2-丁醇，其结构为：

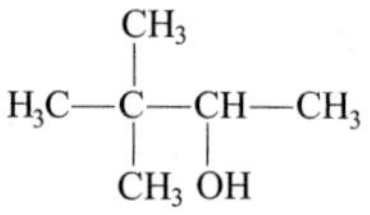

有关反应式为：

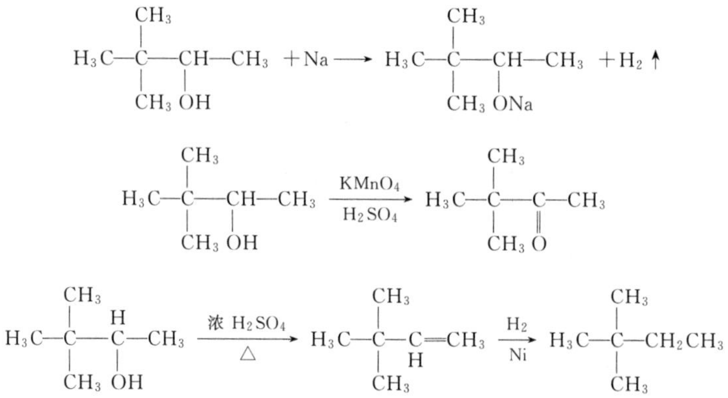

7-10　A 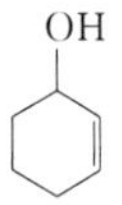
　　　B 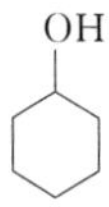
　　　C 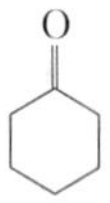
　　　D

第八章

8-1

（1）苯乙酮　　　　　　（2）邻羟基苯甲醛（水杨醛）　　　（3）4-硝基-3-氯苯甲醛

（4）2-甲基丙醛　　　　（5）对甲基苯乙醛　　　　　　　　（6）3-甲基-2-丁酮（3-甲基丁酮）

（7）4-羟基-2-丁酮　（8）2,4-己二酮

8-2

（1） 苯-CH$_2$COCH$_3$（苯基，侧链 CH$_2$COCH$_3$，上方有 O）

（2）HCCH$_2$CH$_2$CH$_2$CH（两端各有 O）

（3）苯-CH(CH$_3$)CHO

（4）CH$_3$CCH$_2$CCH$_3$（两个 O）

（5）O=环己基-CH$_3$

（6）H$_2$C=CHCH$_2$CCH$_3$（有 O）

8-3

（1）CH$_3$CH=CHCH$_2$OH

（2）苯-CH$_2$CH$_2$CH$_3$

（3）环己基=N—NH—苯环（带 NO$_2$，O$_2$N）

（4）CH$_3$CH$_2$CH(OH)CH(CH$_3$)CHO
（OH、O 标注）

（5）环己基螺二氧环（偕二甲基）

（6）CHI$_3$ + CH$_3$CH$_2$COONa

8-4　用下列化学方法鉴别：

（1）
A　丙醛
B　丙酮
C　异丙醇
{ —2,4-二硝基苯肼→ 沉淀 → A、B → 托伦试剂 → 银镜 → A；（-）→ B
（-）→ C }

（2）
A　戊醛
B　2-戊酮
C　环戊醇
{ —托伦试剂→ 银镜 → A；（-）→ B、C → I$_2$/NaOH → 黄色沉淀 → B；（-）→ C }

8-5

（1）
A　(CH$_3$)$_2$CH—CH(OH)—CH$_3$

B　(CH$_3$)$_2$CH—CO—CH$_3$

C　(CH$_3$)$_2$C=CH—CH$_3$

有关反应式为：

(CH$_3$)$_2$CH—CH(OH)CH$_3$ —[O]→ (CH$_3$)$_2$CH—CO—CH$_3$ (B)
B —NH$_2$NH—苯环(2,4-二硝基)→ (CH$_3$)$_2$CH—C(CH$_3$)=N—NH—苯环(2,4-二硝基)
B —I$_2$/NaOH→ (CH$_3$)$_2$CH—COOH + CHI$_3$

(CH$_3$)$_2$CH—CH(OH)CH$_3$ —(浓)H$_2$SO$_4$→ (CH$_3$)$_2$C=CH—CH$_3$ (C) —KMnO$_4$/H$^+$→ CH$_3$—CO—CH$_3$ + CH$_3$COOH

（2）
A　CH$_3$CH(CH$_3$)—CO—CH$_2$CH$_3$

B　(CH$_3$)$_2$CH—CH(OH)CH$_2$CH$_3$（H 标注）

C　(CH$_3$)$_2$C=CHCH$_2$CH$_3$

D CH_3CH_2CHO E $CH_3\overset{\overset{O}{\|}}{C}CH_3$

有关反应式为：

$$CH_3\underset{\underset{A}{\underset{|}{CH_3}}}{\overset{\overset{O}{\|}}{C}}CH_2CH_3 \xrightarrow{H_2/Ni} \underset{B}{\underset{H_3C}{\overset{H_3C}{>}}C\underset{\overset{|}{OH}}{\overset{H}{\underset{|}{|}}}CHCH_2CH_3} \xrightarrow{H_2SO_4(浓)} \underset{C}{\underset{H_3C}{\overset{H_3C}{>}}C=CHCH_2CH_3}$$

$$\xrightarrow{O_3/Zn} \underset{E}{CH_3\overset{\overset{O}{\|}}{C}CH_3} + \underset{D}{CH_3CH_2CHO}$$

（3）A $CH_3CH_2CHO + CH_3MgX$ B $CH_3CHO + CH_3CH_2MgX$

8-6

（1）$CH_3CH_2OH \xrightarrow{CrO_3 \cdot (Py)_2} CH_3CHO \xrightarrow{HCN} CH_3\underset{\overset{|}{CN}}{\overset{|}{CH}}OH \xrightarrow[H_2O]{H^+} CH_3\underset{\overset{|}{OH}}{\overset{|}{CH}}CHCOOH$

（2）$CH\equiv CH \xrightarrow[H_2O]{HgSO_4, H_2SO_4} CH_3CHO \xrightarrow[\triangle]{稀 OH^-} CH_3CH=CHCHO \xrightarrow{H_2/Ni} CH_3CH_2CH_2CH_2OH$

（3）$CH_3CH_2CH_2OH \xrightarrow{HBr} CH_3CH_2CH_2Br \xrightarrow[Et_2O]{Mg} CH_3CH_2CH_2MgBr \xrightarrow[2)\ H^+]{1)\ HCHO} CH_3CH_2CH_2CH_2OH$

8-7   （1）$CH_3\underset{\overset{|}{OH}}{\overset{|}{CH}}CH_3$ 仲醇   （2）$CH_3\underset{\overset{|}{OH}}{\overset{\overset{CH_3}{|}}{C}}CH_3$ 叔醇

（3）$\underset{H_3C}{\overset{H_3C}{>}}C=NNH-\!\!\!\!\bigcirc\!\!\!\!-NO_2$ 苯腙

（4）$CH_3\underset{\overset{|}{CN}}{\overset{\overset{|}{OH}}{C}}CH_3$ 氰醇   （5）$CH_3\underset{\overset{|}{OCH_3}}{\overset{\overset{OCH_3}{|}}{C}}CH_3$ 缩酮   （6）无反应

8-8

（1）$CH_3\overset{\overset{O}{\|}}{C}CH_2CH_2CH_3$，还原产物：$CH_3\underset{\overset{|}{OH}}{\overset{|}{CH}}CH_2CH_2CH_3$ 手性分子；

（2）$CH_3CH_2\overset{\overset{O}{\|}}{C}CH_2CH_3$，还原产物：$CH_3CH_2\underset{\overset{|}{OH}}{\overset{|}{CH}}CH_2CH_3$，非手性分子；

（3）$CH_3\overset{\overset{O}{\|}}{C}CH(CH_3)_2$，还原产物：$CH_3\underset{\overset{|}{OH}}{\overset{|}{CH}}CH(CH_3)_2$，手性分子。

第九章

9-1

（1）2-甲基-2-戊烯酸   （2）3-羟基戊酸   （3）2-酮己二酸

（4）2-甲基-2-环己基丙酸   （5）4-硝基-3-溴苯甲酸   （6）3-苯基丁酸

9-2 化合物的结构式：

(1)
$$CH_3-CH-CH-COOH$$
(phenyl below, OH below on 3rd carbon)

(2) structure: benzene ring with COOH, OH, H₂N substituents

(3) HO—(cyclohexane)—COOH

(4)
$$HO-\overset{H}{\underset{}{C}}-COOH$$
$$HO-\overset{}{\underset{H}{C}}-COOH$$

(5)
$$H_2C-COOH$$
$$HO-\overset{}{\underset{}{C}}-COOH$$
$$H_2C-COOH$$

(6) HOOCCOOH

9-3 各反应的主要产物：

(1) $CH_3CH_2CH_2COCl$

(2) $C_2H_5-\overset{O}{\overset{\|}{C}}-OCH_3$

(3) benzene ring—OH

(4) phthalic anhydride structure

(5) $CH_3(CH_2)_4\overset{}{\underset{O}{C}}COOH$ (C=O下)

(6) cyclohexene ring with COOH

(7) HOOC—(cyclohexanone ring with O)

(8) cyclohexane—COOH

(9) benzene ring—$\overset{O}{\overset{\|}{C}}$—NHCH₂CH₃

9-4 (1)
$$\left.\begin{array}{l}\text{甲酸}\\\text{草酸}\\\text{乙酸}\end{array}\right\}\xrightarrow{\text{托伦试剂}}\begin{array}{l}\text{Ag}\\\text{无}\\\text{无}\end{array}\left.\right\}\xrightarrow{KMnO_4/H^+}\begin{array}{l}\text{褪色}\\\text{无}\end{array}$$

(2)
$$\left.\begin{array}{l}\text{苄醇}\\\text{水杨酸}\\\text{苯甲酸}\end{array}\right\}\xrightarrow{FeCl_3}\begin{array}{l}\text{无}\\\text{蓝紫色}\\\text{无}\end{array}\left.\right\}\xrightarrow{\text{卢卡斯试剂}}\begin{array}{l}\text{浑浊}\\\text{无}\end{array}$$

9-5 按酯化反应由难到易的顺序排列：

(1) (环己烷基带COOH和C(CH₃)₃) < (环己烷基带COOH和CH₃) < (环己烷—COOH) < HCOOH

(2) $(CH_3)_3COH < (CH_3)_2CHOH < CH_3CH_2OH < CH_3OH$

9-6 按酸性由强到弱的顺序排列为：

(1) 丙二酸＞甲酸＞苯甲酸＞乙酸＞丙酸

(2) p-溴苯甲酸＞苯甲酸＞p-甲基苯甲酸

9-7 A $CH_3-\overset{OH}{\underset{H}{C}}-\overset{CH_3}{\underset{H}{C}}-COOH$

B $CH_3-CH=\overset{}{\underset{CH_3}{C}}-COOH$

C CH_3COOH

D $CH_3-\overset{O}{\overset{\|}{C}}-COOH$

9-8 A $\begin{array}{l}CH_2COOH\\CH_2COOH\end{array}$

B $CH_3-CH\overset{COOH}{\underset{COOH}{\big<}}$

C (succinic anhydride structure, O=C—O—C=O ring)

D CH_3CH_2COOH

第十章

10-1 (1) 异丁酸酐 (2) 2-氯苯甲酰溴 (3) β-甲基-γ-丁内酯

（4）乙酰甲酸环己酯（丙酮酸环己酯）　　　　（5）3-羟基-N-甲基苯甲酰胺

（6）乙二醇二乙酯　　　　（7）邻苯二甲酰亚胺　　　　（8）间硝基苯甲酸

（9）丙烯酰氯　　　（10）γ-己内酯

10-2　（1） 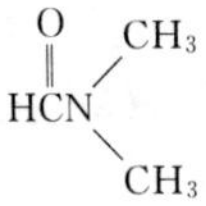　　（2） 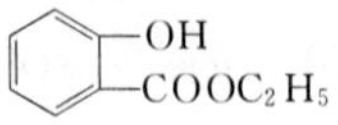　　（3）

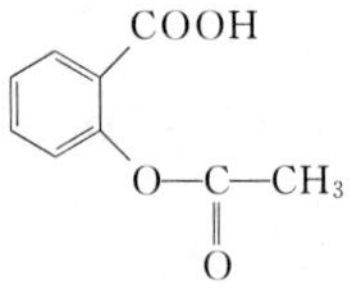

（4）$BrCH_2COBr$　　（5） 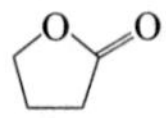　　（6）$CH_2=CHCOOCH_3$

（7） 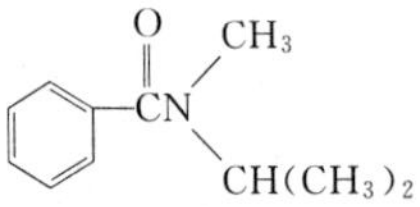　　（8）

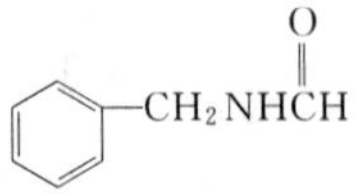

10-3　（1） 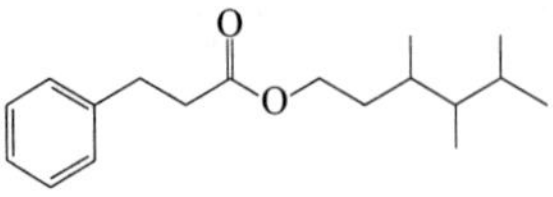 $+ HCl$　　（2）

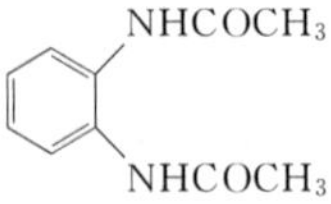

（3） 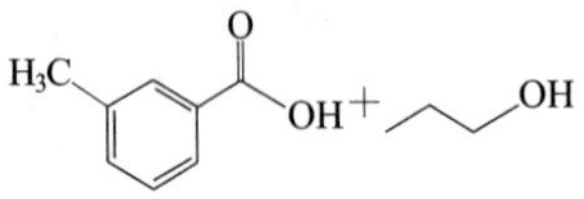　　（4）

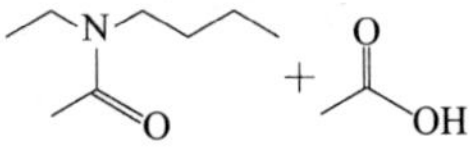

10-4　（1）

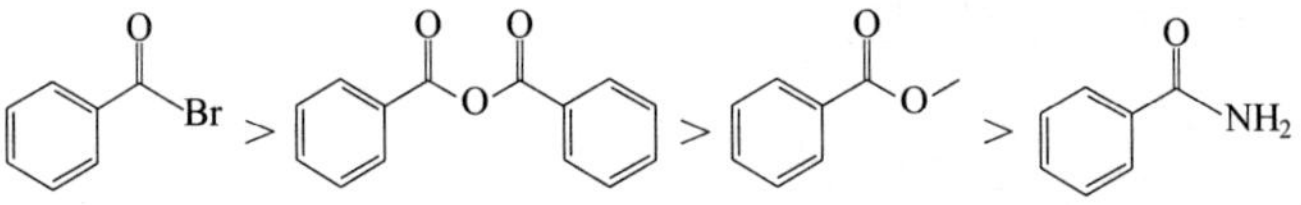

（2）

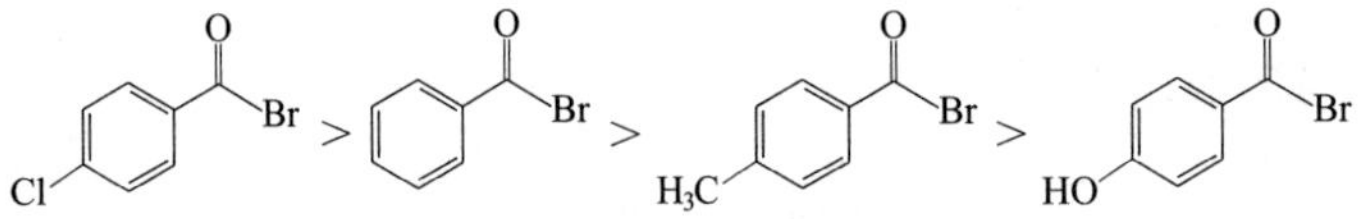

（3）

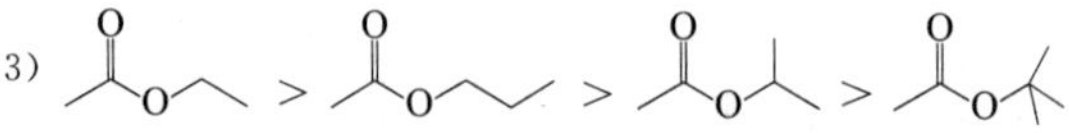

10-5　

第十一章

11-1　（1）二甲乙胺　　（2）N-甲基-N-乙基苯胺　　（3）3,4-二甲基-N-甲基苯胺
（4）N-甲基-N-乙基环己胺

11-2　（1）$HOCH_2CH_2\overset{+}{N}(CH_3)_3OH^-$　　　　（2）$(CH_3CH_2CH_2CH_2)_4\overset{+}{N}OH^-$

（3）$H_2NCH_2CH_2OH$

（4） 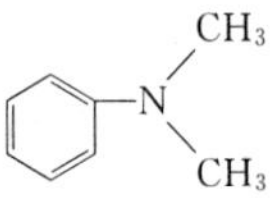　　（5） 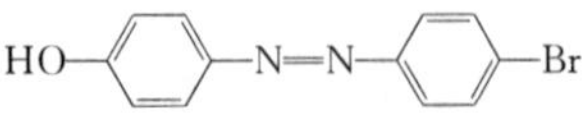　　（6）

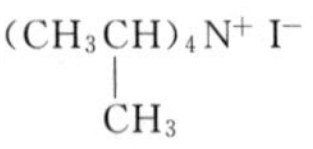

（7） 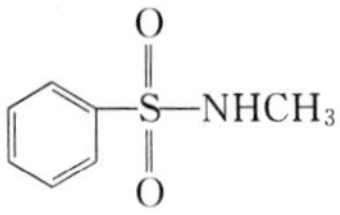　　（8） 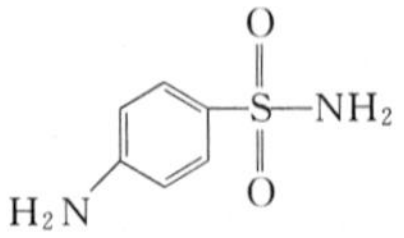　　（9）

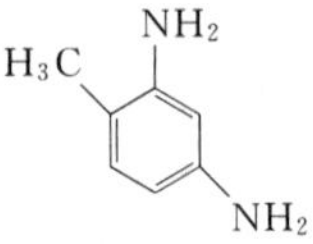

（10）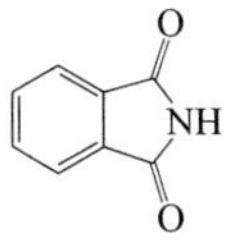

11-3 （1）乙胺＞氨＞苯胺＞N-甲基苯胺＞二苯胺

（2）苯胺＞乙酰苯胺＞N-甲基乙酰苯胺＞苯磺酰胺

（3）苄胺＞对甲苯胺＞对硝基苯胺＞2，4-二硝基苯胺

11-4 （1）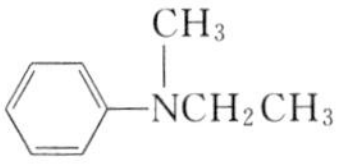　（2）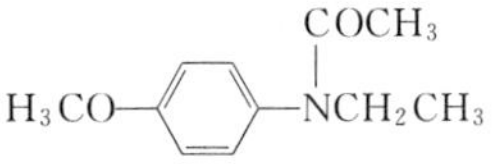

（3）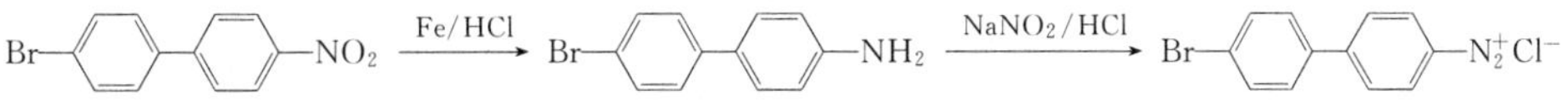

11-5 （1）苯胺、N-甲基苯胺、N,N-二甲基苯胺 —苯磺酰氯→ 沉淀、沉淀、不反应；沉淀、沉淀 —氢氧化钠溶液→ 沉淀溶解、沉淀不溶

（2）苯胺、环己胺、苯甲酰胺 —溴水→ 沉淀、无沉淀、无沉淀；无沉淀、无沉淀 —苯磺酰氯→ 沉淀、无沉淀

（3）苯胺、苯酚、环己胺 —溴水→ 沉淀、沉淀、无沉淀；沉淀、沉淀 —$FeCl_3$→ 不显色、显色

11-6 （1）由 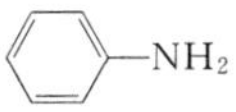 合成 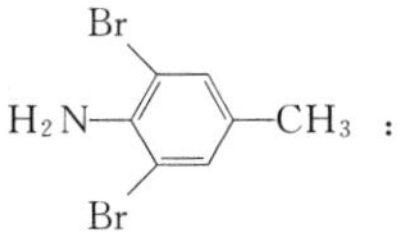：

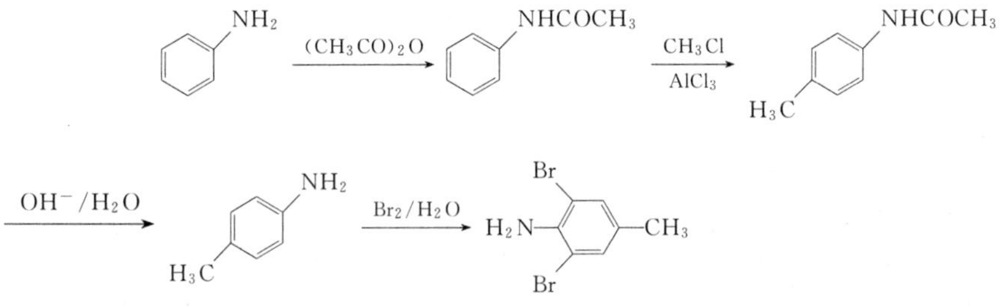

（2）由 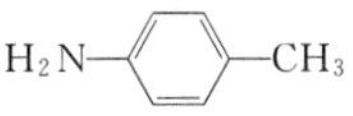 合成 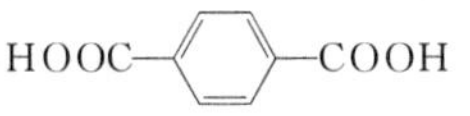：

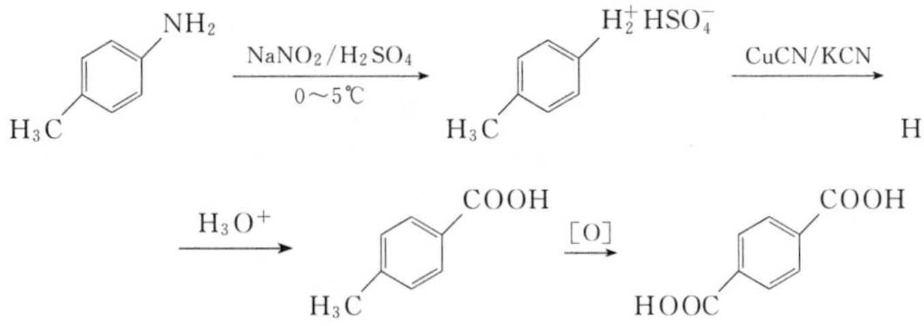

11-7 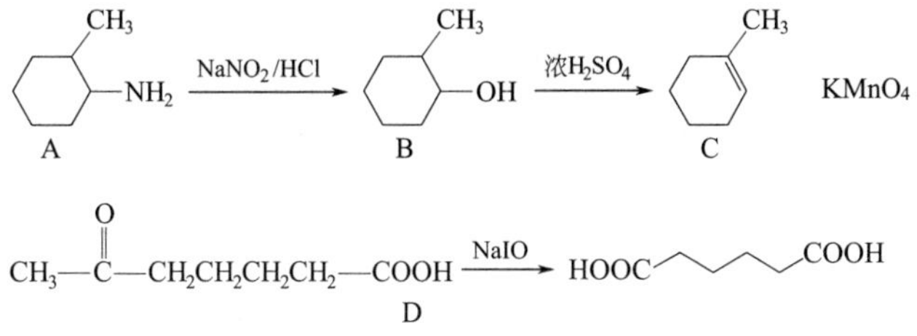

11-8

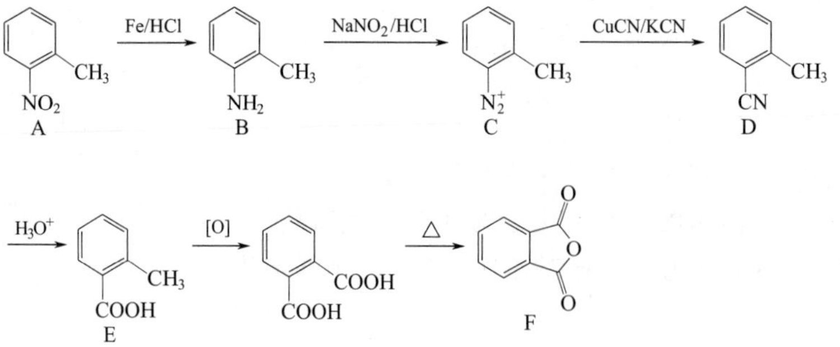

A → Fe/HCl → B → NaNO₂/HCl → C → CuCN/KCN → D

(with CH₃ and NO₂/NH₂/N₂⁺/CN substituents)

H₃O⁺ → E → [O] → (COOH, COOH) → Δ → F

11-9

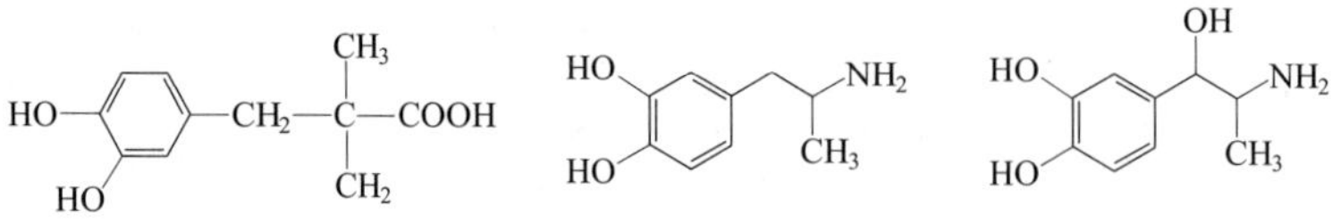

α-methyldopa   α-甲基多巴脱羧中间体   β-羟基化产物

第十二章

12-1　（1）4-氯喹啉　　　（2）3-吲哚甲酸　　　（3）4-羟基嘧啶

　　　（4）2-噻唑磺酸　　（5）4-甲基噻唑　　　（6）2-吡嗪甲酰胺

　　　（7）6-氨基嘌呤　　（8）2-羟乙基噻吩

12-2　（1） 　（2） 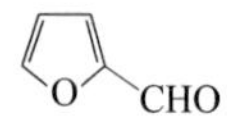　（3）

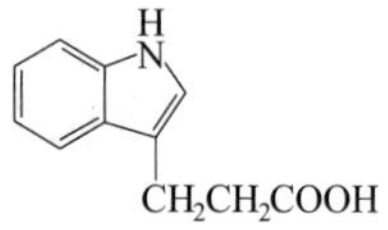

　　　（4） 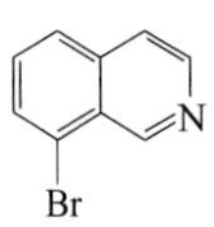　（5） 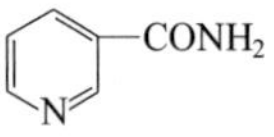　（6）

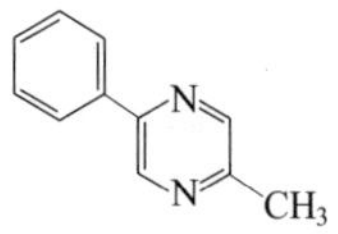

　　　（7）

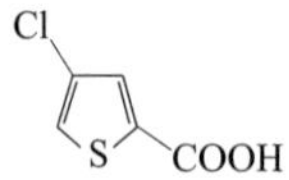

12-3　吡咯，五元芳杂环，富 π 芳杂环，与苯环相比，易发生亲电取代反应；氮上氢有一定的弱酸性，可以与活泼金属钠、钾以及氢氧化钠、氢氧化钾作用生成盐。吡啶，六元芳杂环，缺 π 芳杂环，与苯环相比，亲电取代变难，亲核取代变易，氧化变难，还原变易；氮原子有一孤对电子未参与成键，故具有碱性可以与酸反应生成盐，也可作为亲核试剂与卤代烃或酰卤反应生成盐。

12-4　吡啶氮原子上的未共用电子位于 sp² 杂化轨道，六氢吡啶氮上的孤对电子位于 sp³ 杂化轨道，s 成分越多，电子受核束缚力越强，给电子倾向越小，与质子结合越难，其碱性也就弱些，故吡啶碱性弱些。

12-5　（1） 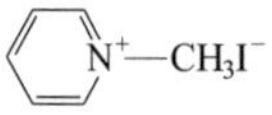　（2） 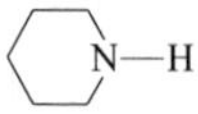　（3）

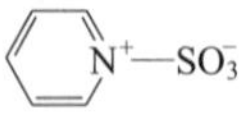

　　　（4） 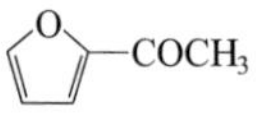　（5） 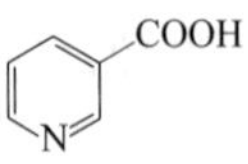　（6）

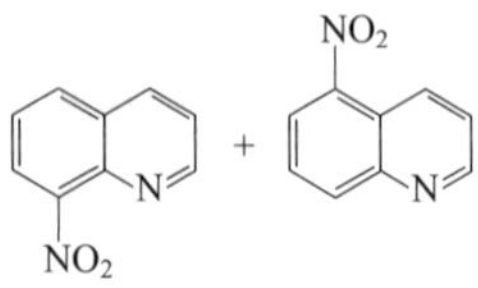

　　　（7） 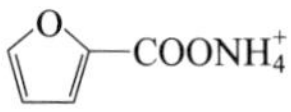　（8）

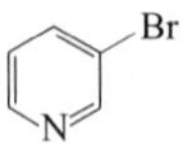

第十三章

13-1　（1）糖的环式结构中，半缩醛羟基构型相反，其余手性碳构型均相同称为端基异构体。

（2）糖在水溶液中自动改变比旋光度，最后达到稳定值的现象称为变旋光现象。

（3）D-葡萄糖和 D-半乳糖仅 C4 位的构型不同，像这种在有多个手性碳的非对映异构体中，彼此间只有一个手性碳构型不同，而其余都相同的异构体，称为差向异构体。

（4）糖的半缩醛羟基与其他含活泼 H 化合物分子脱水键合所形成的键称为苷键。

（5）凡是能被碱性弱氧化剂（Tollens 试剂、Fehling 试剂、Benedict 试剂）氧化的糖称为还原糖，不能被碱性弱氧化剂氧化的糖称为非还原糖。

13-2　（1）β-D-呋喃果糖；（2）α-D-2-脱氧呋喃核糖；（3）D-葡萄糖；

　　　　（4）β-D-吡喃甘露糖；（5）苄基-β-D-吡喃葡萄糖苷

13-3　（1）　（2）　（3）　（4）

（1）、（2）、（3）有还原性和变旋光现象。

13-4　（1）　（2）　（3）

13-5　（1）分别与 Br_2-H_2O 作用，褪色的为 D-葡萄糖；（2）与 Tollens 试剂作用产生 Ag↓为麦芽糖；（3）使 I_2 显蓝色的为淀粉；（4）与 Tollens 试剂作用产生 Ag↓为 2-O-甲基-β-D-吡喃葡萄糖。

13-6　D-葡萄糖在碱性条件下能发生互变异构，通过烯二醇转化成 D-甘露糖和 D-果糖。

13-7　（1）D-核糖，（2）D-阿拉伯糖，（3）L-核糖，（4）D-木糖；（1）与（3）互为对映异构体，（1）与（2）、（1）与（4）互为差向异构体。

13-8　（1）D-半乳糖，（6）D-阿拉伯糖。

第十四章

14-1　（1）$CH_3(CH_2)_4CH=CHCH_2CH=CH(CH_2)_7COOH$

（2）

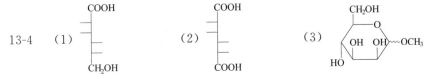

（3）

$$H_2C-O-\overset{\overset{\displaystyle O}{\|}}{C}-CH_2(CH_2)_{15}CH_3$$
$$HC-O-\overset{\overset{\displaystyle O}{\|}}{C}-CH_2(CH_2)_{15}CH_3$$
$$H_2C-O-\overset{\overset{\displaystyle O}{\|}}{C}-CH_2(CH_2)_{15}CH_3$$

（4）

$$R^2-\overset{\overset{\displaystyle O}{\|}}{C}-O-\overset{H_2C-O-\overset{\overset{\displaystyle O}{\|}}{C}-R^1}{\underset{H_2C-O-\overset{\overset{\displaystyle O}{\|}}{\underset{\overset{|}{O^-}}{P}}-O-CH_2CH_2\overset{+}{N}(CH_3)_3}{\overset{|}{C}H}}$$

（5）

（6）

14-2 （1）牛磺脱氧胆酸 （2）脑磷脂

14-3 （1）
$$\begin{array}{l} H_2C-OH \\ HC-OH \\ H_2C-OH \end{array} \quad + \quad \begin{array}{l} CH_3(CH_2)_7CH=CH(CH_2)_6CH_2COONa \\ CH_3(CH_2)_{15}CH_2COONa \\ CH_3(CH_2)_{15}CH_2COONa \end{array}$$

（2）
$$H_2C-O-\overset{\overset{\displaystyle O}{\|}}{C}-(CH_2)_{16}CH_3$$
$$HC-O-\overset{\overset{\displaystyle O}{\|}}{C}-(CH_2)_{14}CH_3$$
$$H_2C-O-\overset{\overset{\displaystyle O}{\|}}{C}-(CH_2)_{16}CH_3$$

14-4 （1）错 （2）对 （3）错 （4）对 （5）错

14-5 天然油脂中脂肪酸一般都是含偶数个碳原子的直链饱和脂肪酸和非共轭的不饱和脂肪酸。绝大多数脂肪酸含 12～18 个碳原子，而且不饱和脂肪酸中的双键多是顺式构型。

14-6 α-亚麻酸（9,12,15-十八碳三烯酸）与 γ-亚麻酸（6,9,12-十八碳三烯酸）在结构上的相同点是：二者都是十八碳三烯酸，在 $\omega^{6,9}$ 位上都有碳碳双键，二者的区别在于 α-亚麻酸在 ω^3 位上有一碳碳双键，属于 ω-3 族多烯脂肪酸，而 γ-亚麻酸的 ω^{12} 位上有一碳碳双键，属于 ω-6 族多烯脂肪酸。由于不同族的脂肪酸不能在体内相互转化，所以 α-亚麻酸和 γ-亚麻酸的人体内不能相互转化。

14-7 必需脂肪酸是指人体不能合成或合成不足，必须从食物中摄取的高级脂肪酸。常见的有亚油酸、α-亚麻酸、花生四烯酸等。

第十五章

15-1 组成蛋白质的氨基酸，除脯氨酸为 α-亚氨基酸外，均属于 α-氨基酸，共 20 种，其结构式和名称见教材表 15-1；除甘氨酸外，其他各种氨基酸分子中的 α 碳原子均为手性碳原子，都有旋光性，为 L 型，除半胱氨酸为 R 构型外，其余皆为 S 构型。

15-2 双螺旋结构中的氢键和碱基间的堆积力是维系 DNA 结构稳定的主要因素。

15-3 （1）
$$\underset{\overset{|}{OH}}{CH_3CHCOOH}$$
（2）
$$\underset{\overset{|}{NH_2}}{CH_3CHCOO^-}$$
（3）
$$\underset{\overset{|}{\overset{+}{N}H_3}}{CH_3CHCOOH}$$

（4）
$$\underset{\overset{|}{NH_2}}{CH_3CHCOOC_2H_5}$$
（5）
$$\underset{\overset{|}{NHCOCH_3}}{CH_3CHCOOH}$$

15-4　（1）谷氨酸的 pI＝3.22，溶液的 pH 值＜pI，主要以阳离子形式存在，即：

$$\underset{HOOCCH_2CH_2CHCOOH}{\overset{\overset{\displaystyle NH_3^+}{|}}{}}$$

（2）赖氨酸的 pI＝9.74，溶液的 pH 值＞pI，主要以阴离子形式存在，即：

$$\underset{H_2NCH_2CH_2CH_2CH_2CH—COO^-}{\overset{\overset{\displaystyle NH_2}{|}}{}}$$

15-5　组氨酸、酪氨酸、谷氨酸和甘氨酸的等电点分别为：7.59、5.66、3.22、5.97，当溶液的 pH 值＝6 时，它们分别以以下电荷形式存在：阳离子、阴离子、阴离子、偶极离子，故进行电泳时，甘氨酸留在原点、酪氨酸和谷氨酸向正极移动，组氨酸向负极移动。

15-6　（1）与亚硝酸作用放出氮气者为丝氨酸；
（2）与稀的 $CuSO_4$ 碱溶液作用现紫红色（缩二脲反应）者为谷胱甘肽。

15-7　$\underset{}{NH_3^+CH_2CONHCHCONHCH_2COO^-}$ 或 $NH_3^+CH_2CONHCH_2CONHCHCOO^-$
　　　　　　　　　　|　　　　　　　　　　　　　　　　　　　　　　|
　　　　　　　　　 CH_3　　　　　　　　　　　　　　　　　　　　 CH_3

15-8　酪-亮-缬-半胱-甘-谷-精-甘-苯丙-苯丙。

15-9　AATCCGT

附录二　部分鉴别反应

序号	试剂	现象	可鉴别的化合物
1	Br_2/H_2O	褪色、白色沉淀	醛糖和酮糖、苯酚等酚类
2	Br_2/CCl_4	褪色	烯、炔、小环环烷烃
3	$AgNO_3$ 氨溶液、$CuCl_2$ 氨溶液	白色沉淀、砖红色沉淀	RC≡CH 端炔
4	$AgNO_3$ 醇溶液	卤化银沉淀	卤代烃
5	Tollens 试剂	银镜	醛、还原糖、α-羟基酸
6	Fehling 试剂、Benedict 试剂	砖红色 Cu_2O 沉淀	脂肪醛、还原糖
7	$FeCl_3$ 水溶液	显色	酚、烯醇
8	亚硝酸	气体、黄色油状物或固体	伯、仲、叔胺、氨基酸、脲
9	苯磺酰氯	沉淀及在碱溶液中溶解与否	伯、仲、叔胺
10	2,4-二硝基苯肼	黄色沉淀	醛、酮
11	茚三酮溶液/加热	蓝紫色或黄色	氨基酸、多肽、蛋白质
12	$KMnO_4$ 溶液	褪色	不饱和烃、伯醇
13	醋酐-浓硫酸	红-紫-褐-绿色	胆固醇和某些甾族化合物
14	重氮盐	有色偶氮化合物	酚和芳香胺
15	碘	蓝紫色、红色	淀粉、糖原
16	碘的氢氧化钠溶液	淡黄色沉淀	乙醛、甲基酮、$CH_3CH(OH)R$
17	碱性硫酸铜溶液	紫红色或紫色	两个及以上酰胺键化合物
18	碱性稀硫酸铜溶液	沉淀溶解、深蓝色溶液	邻二醇类化合物
19	铬酸试剂	橙红色变为绿色	不饱和烃、伯醇和仲醇
20	卢卡斯(Lucas)试剂	出现浑浊快慢	伯、仲、叔醇

附录三 部分元素的共价半径和电负性

元素名	元素符号	共价半径	电负性
氢	H	32	2.20
锂	Li	123	0.98
硼	B	81	2.04
碳	C	77	2.55
氮	N	74	3.04
氧	O	74	3.44
氟	F	72	3.98
钠	Na	157	0.93
镁	Mg	136	1.31
铝	Al	125	1.61
硅	Si	117	1.90
磷	P	110	2.19
硫	S	104	2.58
氯	Cl	99	3.16
钾	K	203	0.82
钙	Ca	174	1.00
铁	Fe	117	1.83
铜	Cu	118	1.90
锌	Zn	121	1.65
溴	Br	114	2.96
银	Ag	134	1.93
镉	Cd	138	1.69
碘	I	133	2.66
铅	Pb	150	1.85

附录四　有机化学文献和手册中常见的英文缩写

缩写	全称	中文名	缩写	全称	中文名
aa	acetic acid	乙酸	d	decomposes	分解
abs	absolute	绝对的	dil	diluted	稀释、稀的
ac	acid	酸	diox	dioxane	二噁烷、二氧杂环己烷
Ac	acetyl	乙酰基	distb	distillable	可蒸馏的
ace	acetone	丙酮	dk	dark	黑暗的、暗(颜色)
al	alcohol	醇(常乙醇)	diq	deliquescent	潮湿的、易吸潮气的
alk	alkali	碱	dmf	dimethyl formamide	二甲基甲酰胺
Am	amyl[pentyl]	戊基	Et	ethyl	乙基
anh	anhydrous	无水的	eth	ether	醚、(二)乙醚
aqu	aqueous	水的,含水的	exp	explodes	爆炸
as	asymmetric	不对称的	extrap	extrapolated	外推(法)
atm	atmosphere	大气,大气压	et. ac	ethyl acetate	乙酸乙酯
b	boiling	沸腾	fl	flakes	絮片体
bipym	bipyramidal	双锥体的	flr	fluorescent	荧光的
bk	black	黑(色)	fr	freezes	冻、冻结
bl	blue	蓝(色)	fr. p	freezing point	冰点、凝固点
br	brown	棕(色),褐(色)	fum	fuming	发烟的
bt	bright	嫩(色)、浅(色)	gel	gelatinous	凝胶的
Bu	butyl	丁基	gl	glacial	冰的
bz	benzene	苯	gold	golden	(黄)金的、金色的
c	cold	冷的	gran	granular	粒状
c	percentage concentration	百分(比)度浓度	gy	gray	灰(色)的
c	coefficient	系数	glyc	glycerin	甘油
cal	calorie	卡	h	hot	热
cap	capacity	容量	hp	heptane	庚烷
cat	catalyst	催化剂	hing	heating	加热的
chl	chloroform	氯仿	hx	hexane	己烷
col	colorless	无色	hyd	hydrate	水合物
comp	compound	化合物	i	insoluble	不溶(解)的
con	concentrated	浓的	i	iso-	异
cr	crystals	结晶、晶体	in	inactive	不活泼的、不旋光的
cy	cyclohexane	环己烷	inflame	inflammable	易燃的

缩写	全称	中文名	缩写	全称	中文名
infuse	infusible	不熔的	s	secondary	仲,第二的
irid	iridescent	虹彩的	s	soluble	可溶解的
la	large	大的	sc	scales	秤、刻度尺、比例尺
lf	leaf	薄片、页	sf	soften	软化
lig	ligroin	石油醚	silv	silvery	银的、银色的
liq	liquid	液体、液态的	sl	slightly	轻微的
lo	long	长的	so	solid	固体
lt	light	光、浅(色)的	sol	solution	溶液、溶解
m	melting	熔化	solv	solvent	溶剂、有溶剂力的
m	meta	间位、偏(无机酸)	st	stable	稳定的
mol	monoclinic	单斜(晶)的	sub	sublimes	升华
me	methyl	甲基	suc	supercooled	过冷的
met	metallic	金属的	sulf	sulfuric acid	硫酸
min	mineral	矿石、无机的	sym	symmetrical	对称的
mod	modification	(变)体、修改	syr	syrup	浆、糖浆
mut	mutarotatory	变旋光(作用)	t	tertiary	叔、第三的
n	normal chain	正链、折射率	ta	tablets	平片的
nd	needles	针状结晶	tcl	triclinic	三斜(晶)的
o	ortho-	正、邻(位)	tet	tetrahedron	四面体
oct	octahedral	八面的	tetr	tetragonal	四方(晶)的
og	orange	橙色的	thf	tetrahydrofuran	四氢呋喃
ord	ordinary	普通的	to	toluene	甲苯
org	organic	有机的	tr	transparent	透明的
orh	orthorhombic	斜方(晶)的	undil	undiluted	未稀释的
os	organic solvents	有机溶剂	uns	unsymmetrical	不对称的
p	para-	对(位)	unst	unstable	不稳定的
par	partial	部分的	vac	vacuum	真空
peth	petroleumether	石油醚	var	variable	蒸气
pk	pink	桃红	vic	vicinal	连(1,2,3)
ph	phenyl	苯基	visc	viscous	黏(滞)的
pr	prisms	棱镜、三棱形	volat	volatile	挥发(性)的
Pr	propyl	丙基	vt	violet	紫色
purp	purple	红紫(色)	w	water	水
pw	powder	粉末、火药	wh	white	白(色)的
pym	pyramids	棱锥形、角锥	wr	warm	温热的、(加)温
rac	racemic	外消旋的	wx	waxy	蜡状的
rect	rectangular	长方(形)的	xyl	xylene	二甲苯
res	resinous	树脂的	ye	yellow	黄(色)的
rh	rhombic	正交(晶)的	z	atomie number	原子序数
rhd	rhombohedral	棱形的、三角晶的			

参考文献

［1］邢其毅．基础有机化学．第 3 版．北京：高等教育出版社，2005.

［2］唐玉海．医用有机化学．第 2 版．北京：高等教育出版社，2007.

［3］徐春祥．医学化学．北京：高等教育出版社，2008.

［4］贾云宏．有机化学．北京：科学出版社，2008.

［5］魏俊杰．有机化学．第 2 版．北京：高等教育出版社，2010.

［6］陆阳．有机化学．第 8 版．北京：人民卫生出版社，2013.

［7］赵骏，等．有机化学．北京：中国医药科技出版社，2015.

［8］林友文．有机化学．北京：中国医药科技出版社，2016.

［9］赵骏，等．有机化学．第 2 版．北京：人民卫生出版社，2016.

［10］吉卯祉，等．有机化学．第 4 版．北京：科学出版社，2016.